U0192704

从史前建筑的萌芽到现代建筑的蓬勃发展

世界建筑简史

A History of Architecture

[美] 金博尔　[美] 埃杰尔◎著

蒋洁◎译

地震出版社

Seismological Press

图书在版编目（CIP）数据

世界建筑简史 / (美) 金博尔，(美) 埃杰尔著；蒋洁译 . -- 北京：地震出版社，2022.4

ISBN 978-7-5028-5417-1

Ⅰ . ①世… Ⅱ . ①金… ②埃… ③蒋… Ⅲ . ①建筑史 —世界 Ⅳ . ① TU-091

中国版本图书馆 CIP 数据核字 (2021) 第 279125 号

地震版 XM4864/TU（6227）

世界建筑简史

［美］金博尔　　［美］埃杰尔　　著

蒋洁　译

责任编辑：范静泊

责任校对：凌　樱

出版发行：**地震出版社**

北京市海淀区民族大学南路 9 号　　　　　　邮编：100081

发行部：68423031　　68467991　　　　传真：68467991

总编室：68462709　　68423029

证券图书事业部：68426052

http : //seismologicalpress.com

E-mail : zqbj68426052@ 163.com

经销：全国各地新华书店

印刷：固安县保利达印务有限公司

版（印）次：2022 年 4 月第一版　　2022 年 4 月第一次印刷

开本：710×960　　　1/16

字数：493 千字

印张：28.5

书号：ISBN 978-7-5028-5417-1

定价：79.80 元

过去20年，新的考古发现将建筑起源向前推动了一千年，建筑的后期发展也进入全新的篇章，内容更加丰富多彩。学者对许多特殊要点展开细致的研究后，改变或推翻了目前仍经常重复引用的19世纪得出的结论。例如，一些学者不得不放弃如下假设：亚述和伊特鲁里亚在使用拱门方面与埃及和希腊相比有所进步，希腊柱式的比例在给定方向一致演变，罗马建筑的特征是拱形建筑物中不一致的柱式应用。我们可援引中世纪和现代建筑中的类似示例，了解人们从这些事例中就事实问题达成的新共识。

对许多问题进行解读时所持的态度变化亦至关重要。当下学者们强调的是风格形成中的精神影响和自发创作部分，以平衡19世纪作家对物质环境影响的片面肯定。许多形式存在的理由是在纯粹的正式表达中寻找的，而非在假定的结构必要性当中。如今人们已然不再将风格历史与有机生命的增长以及不可避免的衰退之间进行类比，亦清楚不得强制使材料必须符合其他任何具有误导性的类比理念。最重要的是，人们认识到在艺术史中，如同在历史的其他分支中一样，主观批评必须让位于公正客观的研究，这类研究的重要性标准是历史影响。继人们摆脱了教条式评估之后，罗马建筑、文艺复兴时期建筑、巴洛克建筑，尤其是现代建筑，可开始凭借其影响力向世人展现价值。现代历史学家，如同切斯特顿的现代诗人一样，会直接表达主题而非套上"缰绳"或赋予其"光环"。

本书内容分配区别于以往同类著作，后者常大篇幅讨论古代建筑风格，而对近期发展一笔带过。鉴于近代发展的脚步已然趋近，笔者认为在本书中应对近代建筑发展予以更高的重视，增加论述篇幅。不曾有证据表明传统艺术在某个具体时期消亡，相反，其发展一直延续至今日，因为人类的创造活力永无止境。因此，作者希望专业建筑师及其他已熟悉该主题的读者可在本书中寻得新灵感。

最近大多数作家对"文艺复兴时期的建筑"一词的用法仅限于更严格意义上的文艺复兴时期建筑（约到1550年或1600年），并未扩展到涵盖古典形式后期的发展阶段。故此目前亟须确定如何统称下一时期的所有作品，无论出于学术目的或其他。德国和意大利学者试图扩展"巴洛克建筑"一词涵盖上述期间作品，但这种扩展背离了巴洛克风格的最初含义，违反了法语和英语的用法。因此，本书作者大胆地提出了一个不言自明的新词语："后文艺复兴时期建筑"。

本文试图以发展的角度描述每个建筑风格，而非程式化地使用某些被称为鼎盛时期纪念性建筑的惯用词语。文章首先概述各建筑风格的整体发展，简述单个纪念性建筑，然后在专门章节针对某一具体建筑形式和类型发展进行详述。

每个章节末尾均有按时间顺序排列的大纲。插图均根据建筑和考古学的最新趋势选定，不仅有单独的细部和纪念性建筑插图，还有整体图。如插图清单所示，非摄影作品的插图尽可能从原始资料中复制。在此，笔者向允许使用其材料的慷慨的版权所有者致以诚挚感谢；此外，还感谢巴茨福德公司、普特南森出版公司、双日出版社和麦克米兰出版公司允许复制其他材料；感谢克拉姆和弗格森先生、查尔斯·普拉特和弗兰克·劳埃德·赖特先生以及罗马美国学院和美国大都会博物馆慷慨地提供了照片，否则我们无法获得这些珍贵资料。一些无法直接复制的图版由M. B. 格利克先生和A. P. 埃文斯, Jr先生绘制。

本书涉及中世纪的部分（第六至九章）由埃杰尔先生编写，涉及古代和现代的部分以及东方建筑的章节由金博尔先生编写。

金博尔

埃杰尔

　　衣食住行，是人类生活中必不可少的因素。单拿"住"这一项来说，它原本只是一个遮挡风雨，抵挡野兽伤害的场所，但是在人类数万年的历史长河中，"住所"不再是字面意思这么简单，它演化成了"建筑"这一专门的门类，同时，受到建筑所处的历史时期、地域环境和宗教文化的影响，建筑的风格各式，功能也不尽相同。

　　建造宽敞、坚固又满足艺术感的建筑，是许多建筑师在建筑出现之初便追求的三个重要的目标。这三个目标都有着自身的可能性和困难，同时，受到建筑所处的自然环境和当地人口的生活习惯等普遍特性的影响，特定历史时期和地理位置的建筑在一定程度上是有其同一性。本书作为对各种建筑问题历史解决方案研究的初级读物，着重对这些不变的因素进行了分析。

　　本书的作者是金博尔先生和埃杰尔先生。金博尔在哈佛大学取得建筑学硕士学位，是建筑师、建筑历史学家和博物馆馆长，同时也是美国建筑保护领域的先驱，他的代表作品有《美国建筑》《洛可可式的创造》等。埃杰尔是哈佛大学美术系的教授，曾任哈佛大学建筑学院院长，波士顿博物馆馆长。

　　全文共有十四章，第一章总体介绍了建筑的要素，从第二章开始，分别介绍了十三个不同历史时期、地区的建筑以及一些特定的建筑风格。分别是史前建筑、古典期前建筑（包括埃及建筑、美索不达米亚建筑、波斯建筑、爱琴海建筑）、希腊建筑、罗马建筑、早期基督教建筑、拜占庭建筑、罗马风建筑、哥特式建筑、文艺

复兴时期建筑、后文艺复兴时期建筑、现代建筑、美国建筑、东方建筑。从富饶的尼罗河流域的埃及金字塔，到希腊、罗马辉煌的建筑，再到具有浓厚宗教色彩的拜占庭建筑、融合了现代和古典元素的现代建筑以及极具东方风情的东方建筑，我们沿着史前建筑的脚步慢慢向现代追寻，惊叹于人类的智慧和每种建筑的魅力。

建筑行业有一些使用面窄、专业性强的名词和术语，必须准确、恰当地进行翻译，才能表达其特定概念。一些专有名词在现实生活中很少遇到，如多立克柱式（Doric）、飞扶壁（flying buttress）、桁架（trusses）、柱式（order）、楼座（galleries）、表反曲线（cyma recta）等。还有相当数量的常见日常词汇，在建筑领域被赋予了新的含义，如："reinforced concrete"中的"concrete"在日常英语中为"具体的"，而在此文中表示"混凝土"；"boring"在文中只能译作"钻孔"而不能译成一般英语中的"令人厌烦的"；"building acts"只能译作"建筑法规"，而不能译成"建筑行为"；"abacus"只能译作"顶板"，而不能译成"算盘"；"garden"只能译作"庭院"，而不能译作"花园"，这样的例子不胜枚举。因此，译者在翻译此部建筑小史的时候，结合了建筑专业英语的语篇特点，在确保"信、准"的前提下，遵守了汉语习惯的表达方式和专业规范的表达要求，力求做到"达、顺"，给读者流畅的阅读体验。

同时，书中含有大量插图，每个章节的末尾也制定了相应历史时期的建筑大纲，方便读者理解和查找特定历史时期的建筑，增加了本书的可读性。

总体而言，本书阐述了世界不同建筑类型的特色、历史以及演变的过程，是这一领域的可读性很强的经典和权威之作。对人们了解世界上不同历史时期、不同地区建筑的发展和特色是很有帮助的。

CONTENTS \ 目 录

世界建筑简史
A History of Architecture

第一章　建筑要素

　　建筑在其历史之初便存在一个三重问题或目标：宽敞、坚固又满足艺术感。每个问题均有其自身的可能性和困难，根植于自然条件和人类普遍特征，因此在一定程度上保持不变。作为对建筑问题各种历史解决方案研究的初级读物，这些不变因素值得简要论述。

　　大多数建筑之所以产生，当然是因为人们需要一个可以遮风挡雨的封闭空间。这是一个四面由墙包围的有屋顶且需要一些具有实用价值的要素——门、窗、烟囱的事物。除最原始建筑外的几乎所有建筑物内部都必有隔断，将不同用途的房间隔开，并根据各房间大小和关系决定其用途。当这些房间数量较多或者占据多个楼层时，满足屋内照明以及确保房间之间的连通问题变得极为复杂。为确保整个室内光线充足，建筑整体必须保持相对较薄，或者房间必须围绕在面积或大或小的内院周围。在原始建筑中，不同房间和庭院的功能可能没有严格划分，要前往具有某种用途的房间可能需要穿过多个具有其他用途的房间。在更高级的建筑中，各房间功能变得专门化，并创建了一类独特的连通要素。考虑到保护各房间的隐私，人们开始设计走廊和楼梯井作为通道，后来又隔出了专用于接待陌生人和提供服务的房间。

　　如同此类房间功能复杂一样，影响便利性和外观的建筑几何结构也发生了变化。平面图要素——房间和庭院的形状可能极其不规则且为并列，忽视了它们之间的相互关系或由此产生的整体轮廓。在其他地方，此类要素呈矩形，轮廓呈现出具特定规则的几何形状，且要素之间通过几条轴线得以连通。在较高级建筑结构中主

要元素分布在一条对称轴上，或拥有两个或更多形成直角的对称轴。更高级的建筑中可能出现多条短轴，与主轴相关联并共同形成复杂有序的系统。此类设计可供人们对所有组成部分有清晰的了解，在头脑中对建筑格局有整体把握，否则，整个结构可能只是一个混乱的迷宫。

建成封闭空间抵抗各种崩解力最重要的是牢固的墙体。在最简单的建筑形式中，墙体是否坚固，在于其上方的重量是否会压挤或压碎下方的材料或是否将其从侧面推出。可以通过加厚墙壁来扩大受压面，直至达到足够安全为止。若是地基下的土壤具有可压缩性，同样至关重要的是，各处压力都应与土壤的承载力相适应，否则会导致不均匀的沉降和裂缝。在所有墙壁或墙墩中，底部石材明显比顶部石材更能承重，因此通过偶尔增加厚度或利用恒定斜坡使底部墙壁厚于顶部墙壁才符合逻辑，且往往是现实需要。所允许的安全度范围通常较大，因此除极高的墙壁外，仅材料本身的重量实际上并不需要设计斜坡，且无论考虑实用性或艺术性，都不会优先考虑斜坡。因此，更常见的情况是，仅在必须支撑集中重量处如地板处，才会有厚度增加的垂直表面。另一种增加厚度的情况是将抗压强度较大的材料置于较弱的材料上时，如将一层切割好的石头置于碎石基底或普通土壤上的基础墙上。此类情况通常也是在地板水平面、不同材料的交界处以及地基处存在和形成水平线脚的原因，而这些地方则被称为束带层或带状层。

一系列独立支撑物，即圆柱体或其他形式的墙墩可代替连续的墙体。在柱体的数量超过墙的数量时，通常我们会发现圆柱直径向下逐渐增大或向上逐渐减小。此处同样常见的还有过渡构件、支撑上方载荷的柱头以及将重量分散在下部结构上的底座。

在墙壁中或在独立的支撑物之间开一处开口时会出现新问题。仅在其端部支撑的横梁或过梁中，重力作用不仅在承载支撑件的部分上产生挤压趋势，并且必须大到足以抵抗这种作用，而且还会产生恰好在支撑件停止点剪切横梁的趋势，以及弯曲并最终在中跨折断横梁的趋势。面对这两种趋势，具有晶体或颗粒状结构的石材仅可提供相对于其重量而言极为微弱的抵抗力。断裂趋势的增速比开口的长度变化快得多，获取更大石块的难度和成本同样急剧增加。因此，人们使用石过梁时很少将其用于跨度超过10英尺①的间隔，24英尺已经是极端情况。相反，木材轻便和纤维性的特质使其非常适合跨越长距离，前提是上方的重量在一定范围内。现代，钢铁让以相对较低的成本制造出强度和跨度极大的横梁成为可能。

在用砖石砌出宽阔开口或在仅有小石块、砖块可自由使用的情况下，必须采用某种形式的拱，与此同时还出现了新崩解要素——水平推力。拱的基本形式是突拱，建在平砌层上，各在下面的砌层前面突出些许，最后在洞口中心会合。真拱与突拱的不同之处在于其连接处的线条呈放射状，原则上由称为拱石的楔形块组成，拱可以呈半圆形、椭圆形或尖形，比例或高或低。拱顶的重量倾向于用力将两侧分开，这种力相对而言在宽而低的拱中比在高而窄的拱中更大。拱两侧需紧靠大量泥土或砖石，通过其他拱的反推力来达到平衡，若是不采用这些方法，也可使用拉杆进行连接。在连续拱廊中或一系列靠在墙墩、柱子上的拱中，推力互相抵消，仅在所有中间支撑件上产生垂直压力。因此，仅需在两端设巨大的拱座，而居间的墙墩可建得更为细长。

屋顶覆盖了由墙壁封闭的空间，受气候、材料和下方形状的影响呈现出多种形式。只有在无雨气候下，屋顶才会非常平坦，接缝才能穿透屋顶而无须任何重叠保护。在所有其他条件下，必须有一个或大或小的斜坡来带走雨水或融雪。若是使用像黏土、焦油或焊接金属这样不透水的连续性覆盖材料，使得斜坡坡度不甚明显，屋顶仍可形成一个相当平坦的平台。若覆盖材料是小型的重叠块，例如，屋顶瓦、石板或瓷砖，则为确保水可流出，屋顶必须有明显的倾斜度。在积雪很深的地方，屋顶必须足够坚固以支撑更大重量，或足够陡峭以在雪堆积产生危险前让雪掉落。气候温和的南方屋顶平坦，而北方的屋顶则陡峭，这一说法显然过于笼统。在大多数情况下，气候这一因素的重要程度低于覆盖材料。屋顶形式也可能受到覆盖区域形状的影响，或者相反，屋顶形式一旦采用，可能会决定平面图的布置。倾斜或斜面屋顶要求建筑相对狭窄和统一，前提是屋脊不提升过高以免浪费，形式也无须过度复杂。平屋顶则不会影响建筑物的形状和大小。无论哪种情况，在屋顶和墙壁的交接处进行特殊处理，其中既有现实的原因，也考虑了艺术效果，屋顶为平屋顶

① 英美制长度单位，1英尺=0.3048米。——编者注

003

时，需要与胸齐高的护墙；屋顶为斜面屋顶时，需要挑檐来支撑檐槽或保持来自屋檐的滴水不接触墙壁。

屋顶的支撑件及其内部形式又提出了另一个问题。若是建筑物宽度较小，则横梁可直接从一面墙跨到另一面墙，或者搁在墙上的两组斜椽可在屋脊处相连接。若是宽度较大，则必须有中间支撑件、木桁架或金属构件，从而在大跨度范围内支撑良好；否则，必须用拱形砌筑的拱顶来代替上述构件。拱顶的优势在于防火，但它具有水平推力，因而需要合适的拱座。连续的半球形或半圆柱形拱顶——圆屋顶或筒形拱顶——必须有连续的厚壁支撑。但由相交表面或搁置拱组成的拱顶，推力可能集中在几个点上，在这些点推力可能会更有效地被墙壁或凸出的扶壁抵消。有时建筑只有单层覆盖物：横梁和桁架的屋顶结构在室内，或者拱顶的形状直接在室外呈现。但为使室外和室内覆盖层发挥各自功能，通常需要较大的自由度。因此，天花板可安装在屋顶梁下方，也可安装在拱顶上方的独立屋顶上。

随着对强度和实用性的渴望，人们也开始有意识地追求艺术效果。即使在最实用的建筑中，在选择材料或形式时也有一定的选择余地，因此不可避免地会存在一些有意或无意的艺术偏好。正是此类表达的总和，部分是有意识偏好，部分是传统用法，部分是自然条件和实际需要，这些构成了建筑结构的艺术特征。

人们如此表达的艺术理念的种类繁多，可以是明确表达为实现实际功能对建筑结构的调整、其各部分的用途和关系，可以是强调特定特征：宗教性、公共性、军事性或是纪念性。环境的性质也可能在设计形式中有所体现。建筑物的大小或"规模"可通过特征来明确，其大小与所用材料或人形雕塑有着必要联系。对材料本身的处理可能会使其颜色、质地或纹理展示出各样的特征，还可以揭示结构系统的原理，每处细节的存在理由也会变得显而易见。最后是纯粹形式的理念，仅用大小、形状、颜色和明暗来表达。建筑与绘画、雕塑领域都有纯形式这一说法。但在建筑领域，形式不具代表性，而具有抽象的几何性，此外，它还具有其他艺术所缺乏的可能性。这种可能性是创造室内空间形式的可能性，观察者位于其中。在所有此类建筑表达及其相互关系中，可能或多或少地存在着一定程度的一致性、协调性和趣味性。某些表达甚至与其他表达不兼容，因此每个建筑中的每次表达融合均会以牺牲许多其他表达为代价，因而也算得上是一种独特的创造。

　　但在一定的周期或区域内，许多要素仍保持不变。某些材料或建筑系统的使用可能会由地质构造、气候条件或居民隔离所决定。即使这类限制很少，习俗的力量也仍存在，使多种起源不同的建筑特征和方法继续延续下去。更古老的文明和邻近文明的影响也常常会在一定方向上稳步地发挥作用。因此，在表达艺术直觉时，同一个时代、同一个地区的人拥有共同的形式词汇，往往会说一种共同的建筑语言，如同他们说着通用语言一样。我们谈及历史建筑风格时所指的正是此类建筑语言，在每个国家、省份和每一代人中均有所不同。

第二章　史前建筑

从前冰期迷雾中的人类起源到有文字记载的历史，经过一段历时很长的逐渐发展过程。不同民族的发展脚步大同小异，尽管某一时期的进步程度差异很大。人类在一个又一个时代中不断发展，在这期间，人类将石头、青铜和铁用作工具和武器，而其他文化分支也获得相应的发展进步。埃及人和美索不达米亚民族已完成这一发展，而中欧居民仍处于石器时代，欧洲人又发现美洲印第安人和其他民族竟不知道青铜和铁为何物。因此，在中欧，我们最能追踪在更受青睐的地区更早发生而在不太受青睐的地区仍未完成的变化。

石器时代　在石器时代早期（即旧石器时代），工具仍比较粗糙，人类以狩猎和捕鱼为生。这个时代的人类居住在洞穴、地洞内或用杆子和兽皮搭建的帐篷内。在石器时代晚期（或新石器时代），人类学会打磨石器、饲养牲畜和耕作时，新的居住方式出现了。人类用涂有黏土的杆子和芦苇建造茅屋，并盖上茅草作为屋顶。有时将茅屋地板架在木桩上远离地面，防止敌人攻击以及动物和害虫侵袭。有时甚至将茅屋建在水中的木桩之上。在瑞士和意大利的湖泊中，整个村庄均采用这种湖边桩屋，其遗迹显示了木工的开端。但在这个时代，湖边桩屋的重要性不如逝者坟墓和宗教纪念性建筑。逝者坟墓和宗教纪念性建筑采用石头建成（通常不是采用小块石头，而是"巨石"），一块巨大的石块足以构成一面墙或一个屋顶。墓室由两块带有盖板的石块组成，形成了所谓的墓室。

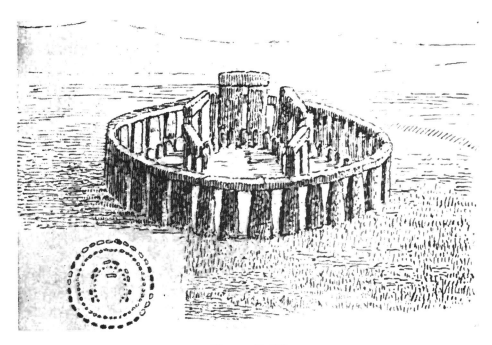

图2-1　巨石阵

　　墓室有时埋在地下，或在前面修建具有顶盖通道。其他很可能具有宗教意义的纪念性建筑包括糙石巨柱（或单根柱子）和环状列石（或石圈）。布列塔尼的竖石纪念碑的全高达到70英尺。其中最著名的环状列石是英国索尔兹伯里市附近的巨石阵（图2-1），其有两块呈同心圆的高立石，上面有过梁，每块石头内部均有小石圈，中间还有巨大的"祭坛石"。

　　青铜时代和铁器时代　　金属加工技术的出现，意味着开始进入青铜时代，这使得更先进的木工和石工作品成为可能。青铜时代出现在约公元前2000年的欧洲中部。继那些在陆地上建造了经过改良的桩基住宅村庄后（例如意大利的土性沉积物及其城墙和护城河），又出现了在地面上建造的茅屋。这类茅屋起初呈圆形或椭圆形，但后来逐渐发展成矩形。在北方的气候条件下，茅屋最早期的锥形屋顶或圆顶式屋顶后来由带有纵向屋脊的斜面屋顶取代。约在公元前7世纪，中欧出现了铁，但几乎未改变建筑方式。中欧的建筑基本上保持原始状态，直至受到在地中海东部周围发展起来的先进风格分支的影响。下一章的目标是探讨这类建筑的起源。

第三章　古典期前建筑

埃及

　　建筑的第一次显著发展出现在富饶的尼罗河流域。在基督出现前的第三个千年之初，在强大的中央集权统治下建造了最早的埃及大型皇家陵墓，底格里斯河和幼发拉底河流域似乎尚未拥有任何在工艺或规模上可与之媲美的纪念性建筑。大金字塔是胡夫在公元前2800年后建造的，作为自己的墓地，大金字塔不仅是所有建筑作品中体积最大，也是建造方案执行得最完美的墓地之一。尽管一侧超过750英尺，但布局极其精确，因此皮特里报告称，大金字塔的每侧相等性、方正度和水平面的精度偏差不大于其用最现代的测量仪器测得的概率误差。

　　一般特性　挖掘过程揭示了埃及艺术的多样性，在其持续三千年的活跃期中，与最初认为存在的一致性大相径庭，但可总结其建筑的某些持久特征。这些特征在很大程度上受宗教信仰的制约，宗教信仰要求坟墓和神庙、逝者和神灵的住所最为富丽堂皇和持久，与甚至可满足最伟大生者的需求的灯塔和相对临时的房屋形成对比。通过几乎仅采用细碎石（尼罗河流域的悬崖提供了大量细碎石），并通过采用（作为主要结构类型）简单石块、柱子、过梁实现这种持久性。拱（在最早时期偶尔使用）限制在下部结构，而下部结构有大量拱座且位置隐蔽。此外，建筑构件通常体积较大且厚重，尽管有时极其精致，且在某些情况下甚至极其精密。平面图中的传统构成要素在许多类型的建筑中重现，这些要素包括开放庭院（通常由连续的室内柱廊或列柱廊包围）和洞口设在其更宽敞前部的矩形房间（天花板由柱子支撑）。如果采用无雨气候允许的平屋顶，则房间可并列布置，除需要采光外，无任何其他限制。建筑构件通常覆盖有鲜明的浮雕，到处闪耀着和谐色彩，部分由于宗教信仰，部分无疑是出于自然偏好。建筑与雕塑和绘画形成了平等的结合。尼罗河丰富的植物群（尤其是莲花和纸莎草）引发了装饰的主要艺术思想，甚至暗示了结构构件的形式。

发展 埃及建筑从其最早的痕迹到基督纪元，显示出从未遭到任何外来破坏，以及很少因此而中断的连续性。最早来自亚细亚的闪米特人入侵（用于解释埃及语言的结构）必然早在我们掌握最偏远的知识前便已发生。埃及艺术的各种发展本质上是本土发展，由许多当地学校的相互作用和连续的至上地位所致，此类学校因其中心的政治重要性而变得突出。

提尼斯时代 此类学校中最早获得总体优势的是位于蒂斯城的学校，一座位于从三角洲到第一大瀑布之间距离的三分之二处的城市。蒂斯城成为美尼斯的首都，约公元前3400年，美尼斯第一次成功统一了北方和南方的早期王国，其第一和第二王朝的继任者在这里生活了约400年。从这个时代保存下来的少量建筑遗迹表明建筑尚处于原始状态，主要材料为土坯，尽管不久后引进了石砌体甚至拱。坟墓和神庙的基本形式与房屋类似，这种相似性甚至在以后的时代里也继续存在，这表明从人们的简单住所中衍生的共同点。

斐斯时代或"古王国" 随着政府所在地转移至现代开罗往南一点儿的孟菲斯，埃及艺术开始了第一次大繁荣。在第三王朝的国王统治下，皇家陵墓逐渐采用了金字塔的形式，随着第四王朝的第一位国王胡夫的到来，吉萨大金字塔的孟菲斯建筑达到了顶峰（图3-1）。这位国王及其"古王国"的直接继任者为建筑制定了尺寸和工艺标准，后来的标准无法与之相匹敌。建筑形式尽管简单，却最为精致。神庙的庭院和过道采用了柱廊，首次出现了有特色和美丽的"纸莎草"或"莲花芽"柱子。逐渐衰落后，孟菲斯随着第六王朝的结束而显得无足轻重。相对荒芜的时代随之而来，约在公元前2160年出现了第十一王朝和随后王朝的强大君主，其王朝统治时期构成了"中王国时期"。其所在地为底比斯，也在上埃及地区内，即埃及往南一点儿。

图3-1　吉萨，哈弗拉金字塔和胡夫金字塔

底比斯时期　　在"中王国时期"和"帝国时期"，开始了底比斯艺术的长期统治（直接或间接地主导了埃及建筑的发展），直至在罗马人统治下的历史结束。占领埃及的亚细亚"希克索斯"的入侵导致出现一段过渡时期（约前1675—前1575年），但随后的帝国几乎在中王国时期放弃这种艺术时再继续下去。尽管后来的统治者拆除了入侵前的大部分建筑，但此类建筑显然成了神庙及其他建筑后期形式的原型。在对抗入侵者的过程中，伴随着第十八和第十九王朝君主统治下最伟大的辉煌时代，从第四大瀑布到幼发拉底河的纪念性建筑展示了埃及建筑的通常理念。

在公元前1500年后的350年内，修建了德尔·巴赫里、阿布辛贝和哈布城的大神庙、象岛的精致神殿、卡纳克和卢克索的华丽过道和庭院、底比斯后面山谷的坟墓，也许是所有保存下来的埃及建筑的一半。柱形建筑的规模达到顶峰。在这个相对短暂的世界帝国和艺术辉煌时期，少数情况下高60至70英尺的柱子以及净跨度为24英尺的过梁是取得胜利的结构之一。这个时期结束时，艺术冲动已耗尽。拉美西斯三世（最后一位伟大的帝国法老）的建筑显示出设计的沉重感和执行的疏忽。在随后不久的万花筒般的篡夺王朝统治下（即坦尼王朝、利比亚王朝和努比亚王朝），仅一位君主偶尔有权尝试复兴皇家建筑的辉煌。

赛伊斯时期　然而，在政治堕落的过程中，一种新的艺术开始发酵了。约在公元前660年，驱逐亚述征服者，在三角洲赛伊斯地区统治者统治下，艺术再次蓬勃发展，这是500年来从未有过的景象。尽管这些精明君主的政策是恢复底比斯文化，甚至恢复古王国的风格，但其艺术家的独创性不容否认，因此产生了美丽的新改造。随之而来的是波斯人的统治，这一时期的建筑几乎遭到彻底破坏，但我们可从托勒密王朝和罗马人建造的复杂多样的神庙柱子中发现这类建筑的创新之处。

托勒密和罗马时期　埃及建筑保留的正是赛伊斯建筑师留下的特征，直至其最终在基督教出现前屈服。希腊人和罗马人都带来了其自身的民族形式，但这些形式无法在三角洲城市以外造成任何实质性的变化。征服者自己采用了本土建筑，至少对于传统宗教的神庙而言是这样。在亚历山大的威望下，带有希腊细节的埃及布置蔓延至埃及境外。列柱廊庭院和过道、侧天窗及其他特色要素从此国际化。

坟墓　在这段漫长的历史中，最重要的纪念性建筑是坟墓和神庙。埃及宗教信仰要求为逝者和生者提供庇护和食物。因此，人们会采取精心设计的预防措施来保护坟墓内的尸体，滋养现在与躯体分离的"灵魂"或生命力。坟墓的形式在不同地区各不相同，尽管在每个时期往往会采取在政治上占主导地位的地区的习惯形式。在下埃及地区，人们更喜欢在平原上建造砖石结构，而在上埃及地区，则更喜欢在谷壁的岩石中挖掘腔室和通道。砌石墓在室外呈现平面图所载的简单质量矩形方面非常相似，因其开口而几乎未遭到破坏，这类坟墓在几何形状和室内布置上有所不同。

马斯塔巴　在古王国，最常出现的形式是孟菲斯贵族所采用的，即所谓的"石室坟墓"，这是一种低平顶的墓群，规模依墓主的重要性而定，且其前面向后倾斜约75度。石室坟墓的实际容积最初仅包含地下坟墓填满的柱身至下方墓室，以及用于置放祭品的祭庙。后来，增加许多上室，用来举行仪式以及储藏食物和家用器皿。

金字塔　从孟菲斯王朝开始，法老们采用类似于金字塔的独特形状。第三王朝第一任法老昭赛尔在萨卡拉以7个巨大的后退阶梯形状修建其坟墓，该王朝最后一任法老斯奈鲁夫在美杜姆以三个阶梯形状修建一座坟墓，在代赫舒尔以真正的金字塔形状修建另一座坟墓，从而奠定了该时期的类型。最引人注目的金字塔群是位于吉萨的第四王朝墓场。这里矗立着胡夫、哈弗拉和孟卡拉三人所修建的金字塔

群——古典作家基奥普斯、考夫拉和米克里诺斯，周围是由贵族修建的较小型皇家金字塔和密集排列的石室坟墓。在金字塔内，如同在石室坟墓内一样，内部布局有所不同，相似之处在于墓室由花岗岩吊门和迷宫通道提供精巧保护。然而，往往仅在几代人之后，这些都无法保护尸体免受掠夺者的侵害。金字塔前侧是用于服务和祭祀的大规模祭庙，且可通过从河流向上延伸的石头堤道进入。这些最伟大的埃及纪念性建筑以其规模和简单形状给人留下一种庄严与力量无与伦比的印象。

图3-2　贝尼哈桑，坟墓柱廊

石窟墓　　在中王国时期底比斯君主统治下，中上埃及现存的地方类型得到发展，金字塔石室坟墓是一种顶部修建小型金字塔的石室坟墓，这种坟墓开凿在西边悬崖上（图3-2）。在帝国统治下，法老们所使用的最后一种类型成了最广泛使用的类型。每个富裕的底比斯家庭都拥有自己的隐蔽拱顶，前面有一个石窟祭庙。为保护其尸体，法老们将逐渐下降并受到小坟墓所中断的通道修建在数百英尺的悬崖上。但祭祀厅堂与坟墓分开。墓堂矗立在面向河流的悬崖前平原上，随着时间推移，这些墓堂可与对岸的神庙相媲美。

哈特舍普苏女王于公元前1500年至公元前1480年间修建的第一个此类祭庙是所有埃及纪念性建筑中最原始最精致的一个（图3-3）。该厅堂坐落在称为戴尔·巴哈利的山谷中，从三个设有巨大柱廊的阶梯一直延伸到在岩石中开凿的神殿。建筑形式是最简单的正方形或十六边形柱子，但比例如此恰到好处，效果如此纯粹，以至于让人想起伯里克利时代的希腊。

图3-3　德尔·巴赫里，哈特舍普苏女王神殿

神庙　在第十九王朝和第二十王朝拉美西斯法老统治下最终形成的形式中，祭庙与神庙非常类似，同样是长期演变的产物。神和死者一样，都需要居所和食物。他们住在坚固华丽的居所，被供奉美酒佳肴和娱乐消遣物件，所有这些供奉均附带着日益增多的仪式。由于是法老为这一切提供供品，因此理论上是他进行供奉。而事实上，供奉是通过祭司、其代表以及民众的参与进行的，只有在节日时供奉给神之后，才在神庙庭院分发供品。尽管神庙的许多元素似乎是从古王国时代就开始使用，而且在中央王国时期已呈现出某种最终联系，但只有得到充分保存的帝国时期和后来时期的神庙才展现出整体视觉概念。

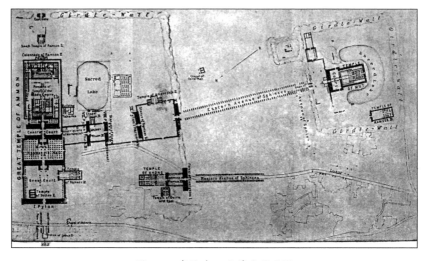

图3-4　卡纳克，主神庙平面图

图3-5　卡纳克，阿蒙神庙多柱式大厅的中央走廊
美国大都会博物馆模型

帝国神庙　在底比斯卡纳克神庙雄伟的阿蒙敬拜国家中心（图3-4）建有许多神庙，这是长期发展的产物。几个相对较小的神庙很好地展示了相似之处，以及在底比斯时期神庙中发现的细微差异。每座神庙的后侧基本上都有一个小神殿，两侧是宗教三位一体的次要神灵小室（由祭庙和储藏室组成），前面是一个设有柱廊的大厅，即所谓的"多柱式大厅"（图3-5），将其宽阔的一面变成一个受柱子包围的正方形庭院。在两座高大的四角形塔楼之间，正面有一条巨大门道，其正面从垂直方向向后倾斜，一起构成一座"塔式门楼"。塔式门楼前矗立着方尖碑、巨大的法老或神雕像以及挂着飘带的木杆，在神庙前面，通常还留有长长的神道，两边设立成排的公羊或斯芬克斯像。人从阳光照耀的庭院向内穿过一个又一个越来越小和逐渐下降的大厅时，光线会逐渐减弱，神殿几乎陷入一片黑暗，奇妙地增强了宗教神秘和敬畏的效果。

特殊类型　在最重要的神庙（例如卡纳克阿蒙神庙和卢克索神庙），历代君主竞相增加元素。他们在早期塔式门楼前修建了新的更大的多柱式大厅和庭院，这种情况持续到卡纳克大神庙，在托勒密王朝统治下第七座塔式门楼正在修建当中。类似地，在他们最喜爱的神殿菲莱，托勒密王朝和罗马君主修建了许多庭院、亭子和后期宗教祭仪所要求的附属建筑。在这里，岛屿的不规则性迫使其偏离惯常建制，但在这种情况下，埃及其他地方巧妙的改编产生了一种具备最大魅力的创作。

在最小的神庙中，发现了一种通常与埃及建筑相关的沉重和庄严相去甚远的效果，其中一座由阿蒙霍特普三世修建于象岛、现已被毁的神庙就因其比例之美和端庄优雅而闻名。

住所　我们仍对底比斯宫殿安全性知之甚少。法老们似乎不喜欢以前有人居住过的住所，废弃旧宫殿而修建新宫殿的做法仓促即兴，从而导致建筑遭废弃但很少遗留下来的情况。底比斯阿蒙霍特普三世的庄园修建有一面将小庭院、立有柱子的房间和黑暗小室组成的迷宫般建筑围起来的长方形外墙，所有这些均采用土坯修建，抹上灰泥并绘有鲜艳富丽的壁画。其他地方的壁画展现富人的房子，四周是绿荫葱茏的花园。贫民阶层的房子紧密地建在街区内，通常是按照常规计划修建，房子样式最为简单，包括一个小型正方形庭院，沿着庭院后面是一个长方形房间，进入口设置在较宽的一面。

柱子：起源　对埃及建筑细节的兴趣集中在柱子的发展上，埃及人最早使用柱子，他们以高超的机械技能和艺术品位处理圆柱。在第四王朝，我们发现没有任意分割或装饰的正方形整块墙墩——支撑和过梁体系处于最低水平。所谓的斯芬克斯像神庙位于通往哈弗拉金字塔堤道脚下的一个等候大厅（照此修建），是通过其比例和完美的工艺呈现效果。到了第五王朝，我们发现第一种在后期埃及建筑中非常常见的圆形柱子。他们设计的艺术思想来自棕榈叶和纸莎草或莲花，棕榈叶垂直刻在柱身顶部，在顶板的重量下优雅地弯曲，柱身本身制成几个莲花或纸莎草茎捆绑在一起的形状，花蕾在顶部隆起形成柱头。

后期形式　在中王国的统治下，最流行的形式是抽象的几何柱子，平面上为多边形，或者带有凹形垂直菱形饰纹。无论是哪种情况，顶部都是由一个简单的正方形顶板构成。例如在贝尼哈桑和后期的戴尔·巴哈利，此类柱子与希腊的多立克式柱子具有大致相似之处，然而，多立克式柱子似乎是独立派生。在帝国统治下，仍使用所有这些类型，纸莎草或莲花蓓蕾形状仍在流行，但一种新的类型被赋予了多柱式大厅高大中央走廊神圣的地位（图3-5）。这是一根拥有一个倒钟状（模仿莲花）柱头的柱子。在其神殿中，采用了一个带有牧牛女神哈托尔头像的柱头，而以站立巨像为正面的墙墩也很常见，尤其是在伟大的拉美西斯统治下。赛伊斯王朝和托勒密建筑师精心设计了柱头，尤其是钟状柱头，通过在光滑表面上运用从本土

植物中提取的艺术思想——优美有序地密布树叶、花朵、蓓蕾。尽管总是成对出现，但建筑师甚至在同一个柱廊中使用不同类型，按照轴线两侧以相等距离放置，却并未尝试为每种类型的柱子开发单独的形式系统。建筑学研究发现相同类型的檐口带有小凹圆饰（或凹弧饰），从垂直构件过渡到屋顶的水平投影线。

列柱廊　尽管延伸到整个房间的柱子将许多埃及大厅细分，但一个同样别具特色的布局是内部列柱廊，或连续环绕的柱子队列。这种在有柱廊的开放庭院中更受欢迎的布局是典型的东方风格，在美索不达米亚和整个东方十分常见。也许是由于埃及生活和埃及宗教的保守性质，类似的列柱廊在外部较为罕见，示例就是象岛小神庙。

拱　拱有时会用于坟墓，特别是在阿比多斯的塞提一世神庙的神殿，但在所有如此重要的建筑中，这仅仅是一个带突拱的拱，由水平层的突出石头切割而成。真正的拱在第三王朝时代的地下墓室中比比皆是，显然最早出现在美索不达米亚。拉美西姆的储藏室——底比斯拉美西斯二世的神殿展示了一系列放置在轻质中隔墙上的平行筒形拱顶。然而，对于在上层建筑中使用，真正的拱似乎被认为太不安全。

侧天窗　埃及人首先发明了一种注定在后期建筑中发挥重要作用的装置，这就是在帝国统治下引入的侧天窗。为照亮外部没有窗户的宽阔多柱式大厅，屋顶抬高至三个中央走廊之上，光线从而通过侧面较低屋顶上的格栅开口透进来（图3-5）。

建筑方法　埃及屋顶均为平坦式屋顶，因为少雨天气允许采用这种屋顶。那些神庙是由直接放置在过梁上的石板修建而成，无须任何木材。坚实的土壤无须深层地基。在最大的示例中，原本是整块的墙墩和柱子不得不像塔楼一样采用粗糙的填料修建而成，这通常不太稳固。在帝国后期的大规模仓促修建中，砖石建筑逐渐失去了最早纪念性建筑的精密度，但修建方法几乎未发生变化。

装饰　在不同时期，装饰性表现的元素也基本保持不变。这些元素或基于自然形状（例如莲花和棕榈叶），或基于传统几何线条（例如螺旋）。神庙被构想为现实世界，其墙壁绘有传统风景画，天花板上繁星点缀。神话传说和法老功绩遍布每一个可利用空间，毫不谦虚地赞扬希望通过反射光来发出光芒的修建者、修复者和篡夺君主的荣耀。

建筑师　在整个埃及历史上，正如在建筑成为君主的一大部分活动时可预料的那样，建筑师占有重要地位。来自第五王朝的墓葬铭文显示，至少在两种情况下，宰相、审判长、皇家建筑师的职能均结合为一体。在叙述其职责时，托米斯三世的宰相的墓葬铭文载有亲自视察正在修建当中的纪念性建筑。无论真正的设计师是谁，他们绝不仅仅是传统的奴隶，当中的某些人（比如戴尔·巴哈利的建筑师塞奈姆特）就展示了自己本身是最具天赋的人才。

最重要的是，正是其力量和尊严决定了效果。在许多形式中，埃及建筑不像雕塑那样具有结构性，但却具有广度和纪念性的品质。在其最纯粹和最精巧时，埃及建筑通常富丽堂皇，但缺乏某种庄严感，这在其主要作品中得到普遍公认。

美索不达米亚

底格里斯河和幼发拉底河孕育着一个可能比埃及更古老的文明。要追溯任一国家最原始纪念性建筑的年份是不可能的，因为确定其起源优先顺序的标准不够准确。然而，在一种成熟风格的形成和第一等级纪念性建筑的建造方面，美索不达米亚平原的人民比埃及人落后数个世纪。

自然条件和建筑方式　在许多方面，自然条件均不如埃及有利。由于没有任何良好的本地建筑石材或丰富的木材，因此土坯成为大量可利用的最佳材料。尽管建筑的墙体用烧成砖砌成，且修建在巨大的平台上，但暴雨和频繁洪水令建筑使用期限相对较短。在巴比伦尼亚地区，早期几乎不可能获得石头。甚至在亚述，将石头从山里开采出来也困难重重，以至于石头甚至不能用来制作过梁。本身很难获得的木材必须用来制作柱子和天花板横梁，以便支撑厚重的黏土屋顶。有了可利用的材料，唯一会为上方承载巨大重量的空间提供永久覆盖物的结构是拱。从最早时候起，其原则在美索不达米亚就广为人知，且经常运用于地下拱顶、大门和大门之中，这些地方均不缺乏拱座。无论是通过木梁还是由筒形拱顶横跨，这些房间均偏向于形成一种长条矩形形状。传统规定，正如在埃及，这种房间的入口应设在较长一侧；换句话说，房间宽又浅，而非窄又深。平屋顶使房间能够以任何方便布局的形式聚集，但不会使处理雨水变得复杂。因此，正如在埃及，房间和庭院的群聚

（而非孤立街区）已成惯例。与修建一样，建筑的装饰必须主要由黏土制成。

流行类型　与大多数早期的人们一样，神庙非常重要。另一方面，对未来生活相当悲观的看法并未鼓励人们建造精致的坟墓。亚述国王的宫殿在建筑规模上比埃及的更大，这与地球上生命的相对重要性相适应。频繁遭受侵略，使军事建筑得到发展，埃及却没有这样的机会。

发展　在美索不达米亚建筑史上，可区分出四个主要活动时期，依次是在迦勒底、"古巴比伦"王国、亚述以及新巴比伦王国。

起源地　最早的美索不达米亚文化似乎来自迦勒底河口附近，从而蔓延至山谷的下半部分，包含后来成为巴比伦尼亚的地方。原始城邦之间的斗争在这个地区比埃及持续更长的时间，且统一推迟至美尼斯实现尼罗河两岸统一后整整一千年。楔形文字中的语言差异给苏美尔土著居民的古老传统增添了色彩，在借鉴其文明和艺术的入侵的闪米特人面前逐渐让步。这两者在形成期是并存的，且可能只是一个茎干的两个分支。

迦勒底　保留在苏美尔拉格什中心的现代古特罗城，包括一座乌尔尼那国王的建筑——美索不达米亚迄今发现的最古老的建筑—可追溯到约在公元前3000年建造。还发现由古地亚约在公元前2450年建造、合并到后期宫殿中的阶梯塔楼碎片。早期的闪米特宗教中心位于尼普尔，在那里，神庙区的废墟包括几个阶梯塔楼的叠加遗迹，可追溯到最早时候。这些建筑与后来的亚述和巴比伦建筑的相似性确立了美索不达米亚建筑的基本延续性。

"古巴比伦"王国　尽管早在公元前2650年，阿卡德城闪米特国王已将其统治扩展到地中海地区，但在伟大的巴比伦国王汉穆拉比的统治下，巴比伦尼亚的内部巩固直至约公元前2100年才得以完成。其城市（迄今为止相对不重要）如今成为一个强大国家的中心，即所谓的"古巴比伦王国"。该时期的住宅平面图已展示典型的巴比伦正方形庭院体系，主房位于其南侧。当时所确立的街道和街区在整个城市的历史中均保持不变。该王国在约公元前1750年仍保持繁荣，直到被喀西特王朝入侵者征服。

亚述霸权　接下来领导权落入亚述——仍山谷的北半部，约公元前2000年南方闪米特人在此开拓殖民地，而如今此地又开启了一段独立的旅程。托米斯三世征服亚细亚，其伟大的继任者在公元前15和14世纪将亚述和巴比伦扩展到与埃及毗邻，他们的国王向埃及赠予了礼物。截至公元前1100年，亚述强大到足以将喀西特人从南方驱逐出去，并在短时间内统治一个统一的国家。

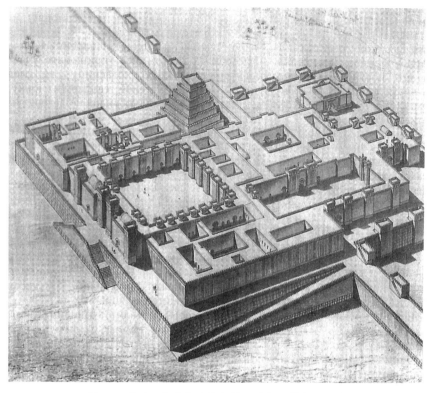

图3-6 杜尔-舍鲁金（豪尔萨巴德），萨尔贡王宫

在中断两个世纪后，亚述再次采取了侵略政策，且截至公元前700年，在一系列强大国王的统治下，亚述征服了整个西亚细亚。尽管皇家住宅经常保持在这两个地方和尼尼微，但后期首都（最初是在亚述）通常是在迦拉。在公元前722年至公元前705年实行统治的萨尔贡二世为其首都建立了一座新城市——杜尔舍鲁金（现代豪尔萨巴德），其继任者西拿基立将尼尼微升级为首都，这种地位一直维持到帝国的衰落。他受到驱使去摧毁造反的巴比伦，然而，其儿子以撒哈顿复原了巴比伦。在以撒哈顿的统治下，甚至埃及也一度受到亚述人的奴役。在亚述巴尼帕和平时期（前668—前626年）达到了顶峰。亚述巴尼帕在尼尼微的宫殿仅次于西拿基立的宫殿，装饰着生动自然的浅浮雕。

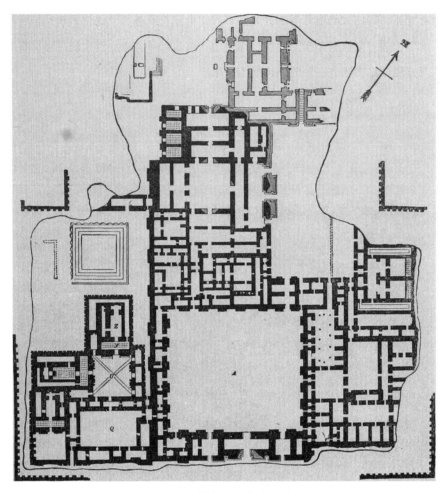

图3-7 萨尔贡王宫平面图

杜尔–舍鲁金　在所有美索不达米亚纪念性建筑中，保存最完好的是杜尔-舍鲁金的萨尔贡王宫-现代豪尔萨巴德（图3-6和图3-7），这是亚述建筑成熟时期最生动的象征。这座城市（这是城市的一个组成部分）形成了一个各边略超1英里[①]、由一座150英尺宽和60英尺高的城墙包围起来的矩形，设有城垛、塔楼和外堡。与大多数美索不达米亚的建筑一样，其角朝向指南针的方向，这与埃及的相反——边朝向基本方位。

萨尔贡王宫　宫殿本身位于西北墙中间的一个巨大平台上，占地25英亩。该

[①]　英美制长度单位，1英里=1.609千米。——编者注

平台面向巨大的石灰石块（此处可使用），石灰石也作为粗糙砖墙的墙基层使用。一个斜坡和一个纪念性楼梯从城市穿过拱形高耸的大门，通向两个大庭院，宫殿的主要部分围绕着这两个庭院。可确定识别出在中心的大礼堂，以及东角的商队客店或服务区域。墙体很厚，有一层楼高，且成直角。这些房间相对较小且较阴暗，通向一个又一个小庭院，布置不规则。尽管该平面图非常复杂，而且主要部分分开，但缺乏任何高度组织化的沟通系统，也没有任何内部布局的延伸对称或表现。

神庙 在与宫殿相同的平台上，矗立着第二群建筑——一组与塔庙或高耸的阶梯塔楼（"天地纽带"）密切相关的神庙，这是美索不达米亚宗教建筑群最显著的特征。在神庙区有三个显然是供奉不同神灵的套间，每个套间基本上包括一个正方形庭院、一个宽阔门厅以及一个长形大厅，尽头有一间小室，显然是真正的圣殿。在这些套间内，建立了神殿，这里供奉着祭品并存放着国王们最珍贵的许愿供品。

塔庙 神本身及其伴侣的特殊住所是形成塔庙的房间 ——"山之房"。在杜尔-舍鲁金，支撑塔庙的塔楼是由一个平面上连续的斜坡正方形组成，像一个旋转七圈的螺丝钉一样上升。墙壁依次涂有象征着天体的白色、黑色、紫色、蓝色、朱红色、银色和金色。其塔群底座是140平方英尺，每旋转一圈上升20英尺。一些亚述古塔庙似乎有三个或五个台阶；有时每一个台阶均为一个通过楼梯与其他平台相连的水平阶地。这些平面图以前是正方形，现在又是矩形。

新巴比伦王国 亚述巴尼帕死后二十年内，其帝国就已屈服于米底人。曾经帮助过他们的巴比伦获得独立，并开启辉煌的复兴。在其伟大国王尼布甲尼撒的治理下，尤其是从公元前604年至公元前561年，建造了宏伟的城墙、神庙、宫殿和所谓的"空中花园"以及伟大的塔庙，这激起了希罗多德和其他旅行者的钦佩。巴比伦国王所拥有的财富使其能够从远方获取砖块和搬运石头，但基本建筑体系仍未发生改变。宫殿平面图展示了比亚述宫殿更为规律的布局，重复出现类似形状的套间作为生活住所，且走廊为出入提供了便利。神庙（在平面图中为正方形或接近正方形）设有一个中央庭院，神殿及其门厅通常位于南侧（图3-8），很像巴比伦人的住宅平面图。与尼普尔的塔庙一样，巴比伦的塔庙矗立在一个巨大的围壁内，其前面是小庭院。在城堡的宫殿内，有一个巨大的下部结构，其中有两个保留着明显砖砌拱顶痕迹的平行房间。开凿者尝试在这种不熟悉的布局中识别"空中花园"的

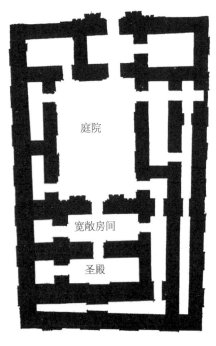

庭院

宽敞房间

圣殿

图3-8 宁玛赫神庙平面图

地基，因此，凭借着如此新颖的支撑方法对观察者所造成的惊讶而获得了该美誉。巴比伦荣耀的复兴昙花一现。公元前538年，这座城市在征服一切的波斯人居鲁士面前沦陷了，其本土艺术的至高无上也告一段落。

屋顶和拱顶 自古以来，正如现在，美索不达米亚建造屋顶的正常方法是通过木梁支撑一层芦苇垫，然后采用一层厚厚的黏土层进行分级，同时稍微倾斜以便于排水。铭文讲述了从阿曼努斯山和黎巴嫩运来的雪松、松树和橡树梁，用于构建神庙和宫殿的天花板。

最早的研究人员做出了毫无根据的假设，即亚述宫殿的大多数房间均采用筒形拱顶，这种推论来自其通常细长的形状和厚厚的墙壁，以及没有任何天花板横梁的遗迹。此外，尼尼微一处著名的浅浮雕展示了外部覆盖着蛋形圆顶的房屋，与数个世纪后波斯萨珊王朝的建筑类似。已发现至少一处被认为可追溯到苏美尔时代的此类圆顶遗迹。然而，现在普遍认为，即使是美索不达米亚建筑中的单个拱顶房间也是例外，且据我们所知，巴比伦宫殿中的独立式拱顶群在亚述和巴比伦时代均独一无二。它们有时为半圆形，有时为部分尖形，在连续的环中建造时非常引人注目，这些环并非垂直，而是倾斜。通过这种倾斜，修建者可在空无一物的情况下搬运其拱顶，无须任何木制脚手架或拱鹰架。每一层均连接前面，并得到支撑，只需要有一堵墙或一个拱作为起点。

柱子 使用柱子（但较少）作为轻型、独立结构的支撑，以及沿着庭院侧面的柱廊。很明显，它们大部分是木制的，涂有油漆或盖有金属板。在亚述发现的一些石柱碎片上有雕花柱头和底座，通常为垫层形状。一幅来自尼尼微的浅浮雕展示了一座立有柱子的神殿，其柱头带有两对涡卷形装饰或涡卷饰，一个在另一个之上。这些都与希腊人后期的爱奥尼亚式柱头非常类似，且无疑对其产生了影响。

装饰　雕刻在高浮雕上的有翼公牛用于装饰拱形门门窗边框和塔楼底座。代表历史题材或狩猎场景的低浮雕雕带装饰着宫殿的大礼堂。彩釉砖也是人们最喜爱的表面装饰方式。在杜尔舍鲁金，宽阔的条纹环绕着拱；在巴比伦，一个围捕狮子的雕带沿着游行街道，且宫殿的墙壁上排列着柱子的图案。

所有美索不达米亚建筑的功劳都归于君主，而建造这些建筑的人却名不见经传，他们的工作在性质上确实不如官员那么个人化。这些建筑不断重复包括无尽的塔楼和城垛在内的巨大矩形群，有力地表达了东方君主国的规模和宏伟。

波斯

波斯人继承了居鲁士和其他阿契美尼德国王统治下的西亚，其建筑借鉴了被征服地区即美索不达米亚、爱奥尼亚和埃及的某些形式。然而，波斯建筑保留了大量的原生元素，使人联想到原始的木质柱状建筑。类似木制建筑的记录可追溯到爱奥尼亚，尤其是在利西亚，但波斯建筑仅仅是在模仿这些建筑的可能性似乎较小，所有建筑都是从一种或多或少的常见类型中派生而来，是类似条件下的产物。在伊朗的高原和小亚细亚的海岸都能找到木材和石头，早期自然而然地使用木材，财富和权力增长后使用石头。在波斯整个阿契美尼德王朝时期，柱子和屋顶框架仍是木制的，这使得柱子异乎寻常地细长且间距较宽。就像在亚述和早期希腊一样，屋顶本身是一层厚厚的黏土，呈阶梯状，倾斜度非常小。尽管波斯人借鉴了其他国家的一些装饰形式，但主要来源是亚述。只是笨拙地模仿人首翼牛像和浅浮雕，甚至波斯艺术的杰作——苏萨的彩绘釉瓷砖雕带，与巴比伦的原型相比也显得相对粗糙。

发展　阿契美尼德工朝艺术的发展沿袭了该王朝的戏剧史。约公元前550年，它突然出现在居鲁士身边，居鲁士在征服美索不达米亚和爱奥尼亚时吸收了这些国家的元素，在征服冈比西斯后吸收了埃及的艺术思想。在与亚历山大的斗争中，这个庞大的帝国崩溃了，阿契美尼德艺术在希腊文明之前突然消失。

建筑类型　波斯的古老宗教拜火教没有神像，也不需要真正的神庙或坟墓。然而，阿契美尼德国王未遵守《阿维斯陀》规定的死后暴露尸体的习俗，其陵墓是波斯建筑的主要遗迹之一。更重要的是宫殿，反映了阿契美尼德国王引以为傲的专制主义。

宫殿 帕萨尔加德和波斯波利斯的波斯宫殿像亚述的宫殿一样矗立在巨大平台上。在这里，这些都是用石头建造的，同时提供了军事安全和纪念性背景（图3-9）。在波斯波利斯，一个巨大的双楼梯从平原通向平台，通过一个高大的柱廊，柱廊两侧是人首翼牛像，在较大平台上的低矮平台上矗立着三座宫殿，分别是大流士、薛西斯和阿塔薛西斯三世的宫殿，总体布局相似：一个大型方形柱状大厅，前面有一条长长的柱廊，周围是一些小房间。

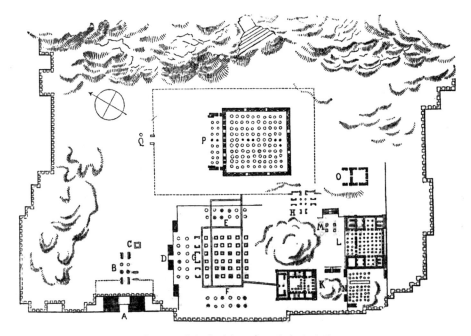

图3-9　波斯波利斯，宫殿平台平面图

谒见厅 大流士和薛西斯宏伟的谒见厅独立于宫殿之外，每间占地超过一英亩[①]。

在布局上，它们再现了宫殿的中心特征，但规模更为宏大。大流士的宫殿大厅两侧各有10根柱子，每根柱子都由巨大的墙壁包围着。一个八柱宽、两柱深的柱廊两侧是巨大的人首翼牛像。薛西斯的大厅中间只有6根柱子，但三面都有柱廊，宽

---

① 英美制面积单位，1英亩=4046.864798平方米。

度与柱子相同，柱子相距30英尺，高近70英尺，与埃及和希腊最大的柱状建筑齐名。

陵墓 一般认为最早的皇家陵墓是居鲁士的陵墓——一个安装在7个大台阶上的小山墙屋顶的地窖——显然是模仿爱奥尼亚建筑。后世君主的陵墓似乎受到了埃及石窟墓的启发。这些陵墓是在波斯波利斯宫殿平台后面的悬崖上发现的，就在现在称为"纳克什·鲁斯塔姆"的岩石附近（图3-10）。所有陵墓都很相似，门上雕刻了一个由四根附墙柱组成的柱廊，上面有一个巨大的浅浮雕，下方是一个大小相同的空间。他们的主要兴趣在于展示波斯的木质柱上楣构。其柱顶过梁由三条重叠的条纹组成，上面有突出的梁端，这显然与希腊的爱奥尼亚式柱上楣构的形式有关。

图3-10 纳克什·鲁斯塔姆，大流士之墓

宗教建筑 尽管古代波斯人没有真正的神庙，但他们的圣火需要一个封闭的小神龛，以便让圣火持续燃烧，还需要露天祭坛，以便偶尔用圣火点燃以供人献祭。也许，在帕萨尔加德和波斯波利斯附近仍保存着的带空窗的小方形塔楼内，以及在纳克什·鲁斯塔姆岩石和其他地方的不确定日期的祭坛里，都能看出圣火的痕迹。

柱子　　波斯柱细长，顶端有一个特殊的柱头，两头公牛的头部和前部在柱顶过梁的方向上背对背地连在一起。在一些示例中，柱头下方放置多层成对的连续涡卷饰，然后是直立和倒置的钟，顺序不连贯。因此，柱头变得很长，与下方的柱身不成比例。

在柱子和过梁问题上，波斯建筑与希腊的古典建筑有关联，希腊的古典建筑与波斯建筑大致是同时代的，且在技术设施和精致方面有了更进一步的解决方案。

爱琴海

在文明和建筑方面，希腊传统种族的直接先驱是爱琴海岛屿和海岸的早期居民，后来的部落用铁剑剥夺了他们与生俱来的权利。与早期的看法相反，现在看来很清楚，整个东地中海的文明几乎是同时发展起来的，在克里特和小亚细亚发现了与埃及最早的纪念性建筑同时代的遗迹，尽管在艺术特征上没有那么先进。

发展　　可看出两个主要时期在建筑类型上表现出相当大的差异。早期，克里特与埃及和叙利亚保持着密切联系，处于领袖地位，这一时期称为"米诺斯时期"，始于传说中的海王米诺斯。后期，即所谓的迈锡尼时期，大陆城市迈锡尼、梯林斯、阿尔戈斯和其他城市的居民——可能是荷马史诗中的阿开奥斯人——推翻了克里特的政治霸权，延续了克里特的文化时期。约公元前3000年引入青铜后，米诺斯艺术的长期发展随着约公元前1400年克诺索斯的毁灭而中断。直至公元前19世纪下半叶，缝制合身的服装、铺设管道工程几乎无人能与之匹敌，这些都是令人惊讶的奢华文明的证据。它是在大陆上的延续，在生活和艺术上稍显逊色，一直延续到约公元前1100年多里安人入侵后的黑暗时代。

类型　　在当时的宗法君主政体中，宫殿自然而然地成了主要建筑。在克里特，统治权依赖于海权，这些地方几乎没有设防；在迈锡尼、梯林斯和特洛伊，有坚固且巧妙的城墙抵御陆路攻击。宗教仪式似乎不需要任何高度专业化的建筑。安葬是普通的葬礼习俗，但对于在山坡上挖掘的某些坟墓被赋予了纪念性。建筑材料和气候对形式选择几乎无限制，柱子、过梁和突拱都有专门用途。

东方元素和欧洲元素　　除了许多独特的本土元素，其中最引人注目的是两个相邻侧面的入口柱廊，克里特建筑还显示出许多具有东方特色的特征。

　　其中包括平屋顶，允许房间复杂并置，以及由连续的列柱廊环绕的庭院。另一方面，大陆的建筑布局显示出欧洲起源的迹象；可不间断地从北方种族常见的原始小屋中找到踪迹。主要房间的位置孤立，只有一端有入口，这表明它们为山墙屋顶所覆盖。庭院并未形成一个同质的整体，而是由周围的单元组合而成，墙壁或柱廊相互独立。尽管这两个地区的布局明显不同，但装饰形式基本相同，都是大陆借鉴而来的，还有一些次要的艺术，借鉴自克里特。

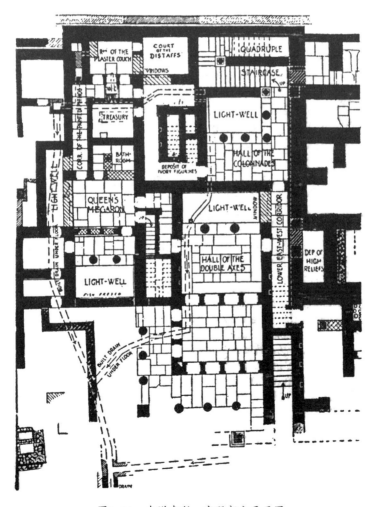

图3-11　克诺索斯，宫殿部分平面图

克里特岛　　克诺索斯的宫殿是克利特岛中心最大的一座宫殿（图3-11中显示了一部分），事实上它是一座"迷宫"，很可能是经典传说的起源。在一个长长的长方形铺成的庭院周围，是一组组的房间和弯弯曲曲的通道，混乱无序。在东侧，它们至少叠在两层楼里，下层楼从狭窄的光井里采光。许多部分的功能仍不确定，但似乎从未按逻辑对其进行分组。更重要的房间前面是已提到的典型的对角地柱廊。一个显著特征是贯穿三层楼的巨大楼梯及其倾斜的柱廊。另一个是"剧场区"，这是一个铺砌的空间，两边有台阶，显然是为观众准备的。在类似的费斯托斯宫殿中也发现了一个，其有自己的特色，包括在正门前16个宽阔台阶组成的不朽阶梯。在戈尔尼娅发掘出一座完整的城市，有用石头和烧结砖搭造的简易房屋，有狭窄蜿蜒的街道，还有一个小型中央宫殿和祭坛。

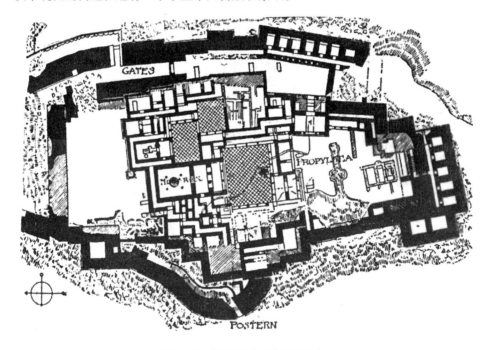

图3-12　梯林斯（卫城平面图）

大陆　　在迈锡尼、梯林斯（图3-12）和其他后来重要城市的城堡宫殿在规划方面是不规则的，就像他们加顶的坚固顶峰，但他们显示出类似形式的某些反复出现的元素。其中最主要的是正厅，一个正方形的房间，中央有一个壁炉，前面有一个门厅和一个有列柱的柱廊，通向主庭院。可通过一些纪念性门道或通廊进入这个庭院，就像它前面的前院一样。每一座都有一扇门，门内外都有侧墙之间的小柱廊（或称为壁角柱）保护着。

墙、洞口和拱顶　有些墙用最好的石块砌成，有些墙用土坯砌成。用石头建造堡垒和挡土墙，至少将石头用作住宅墙的墙基。

在梯林斯的宫殿内，上层建筑似乎使用了用木梁黏合的土坯建成。有些堡垒的墙用不规则的石块砌成，这些石块体积巨大，也因此将这些堡垒称为巨石式建筑。有些墙用带多边形块或长方形块的料石砌成，就像石头的天然裂隙所显示的那样。尽管迈锡尼的修建者经常使用料石，但他们显然对大石梁的强度表示怀疑。由于不知道真拱，他们就将突拱和拱顶建造成非平行结构，突拱和拱顶用相互突出的平石砌成，直至最终接触。例如，迈锡尼的"狮子门"就通过一个突拱为过梁减轻了相当大的重量（图3-13）。梯林斯墙上狭窄的走廊上使用了叠涩拱，这是重要墓室最常用的覆盖方式。在克里特伊索帕塔，墓室呈矩形，两条长边在上面一起弯曲，形成拱顶。人们意识到圆形墓室的强度更高，在迈锡尼和奥尔霍迈诺斯后期的一些坟墓里有直径接近50英尺的"蜂巢"拱顶。

图3-13　迈锡尼，狮子门

柱子和过梁　　克里特和其他地方的圆柱和柱顶过梁都是木质的，大部分未能存留至今。"阿特柔斯宝库"的柱子显示出有时既用木材也用石头，除了圆柱形的柱子和通常类型的柱子之外，其他柱子的底部都比顶部大，还有些柱子顶部比底部大。这些与结构化倾向相矛盾，但扩大幅度很小，以至于它们并不缺乏优雅和趣味。保存下来的石头柱头有一个由圆形垫子或圆环支撑的正方形顶板，有时下方有一个小凹圆饰。石头柱上楣构显然是模仿木质结构，因为圆梁的末端在柱顶过梁的上方。对于泥砖墙，木材显然是用来面对洞口，以及墙的末端或壁角柱。

图3-14　　"阿特柔斯宝库"的入口（施皮尔复原）

装饰　　装饰的基本元素是用在条纹或雕带中的螺旋形、锯齿形和玫瑰花形。另一种典型的雕带由一对背对背的棕榈饰品组成，中间有一个矩形空间。在"狮子门"过梁上方的三角形空间中，有一个浮雕，代表一根柱子或祭坛，两侧是两只狮子（图3-13）。一般认为类似浮雕占据了其他门道和出入口的相应空间，例如"阿特柔斯宝库"（图3-14）。

与多立克式建筑的关系　　在历史悠久的希腊建筑中，许多迈锡尼形式反复出现，尤其是由伯罗奔尼撒半岛的征服者发展起来的多立克式风格建筑。通廊的平面图相同，神庙的平面图保留了迈锡尼正厅的形式，其柱子以相对柱式排列。多立克式柱头、壁角柱、直立石头的高墙基都让人想起早期形式，这表明即使实际上无连续性，也是非常相近的模仿。在许多情况下，尽管新的活力和需求改变了既有类型并产生新类型，但征服者仍为被征服者的艺术所陶醉。然而，爱琴海的史前建筑不仅仅是希腊古典建筑发展过程中的一个半开化阶段。其本身是完整的，适应当时文明的需要，结构和装饰系统已完全建立起来。古典时期的建筑在表现力和组织性方面超越了它，而它也并不比介入其中的黑暗时代的笨拙设计更优越。

在黎凡特和西亚占有一席之地的前古典风格是在三种主要潮流中发展的，这些潮流在很大程度上是本土的且彼此独立。我们拥有大量经久不衰的纪念性建筑都要归功于它们绵延两三千年甚至更长时间的生命中几个短暂的时期。埃及第四王朝和第十八王朝、亚述的鼎盛时期和巴比伦的文艺复兴时期以及克诺索斯和迈锡尼的宫殿建造时期，都是漫长的几个世纪的政治动荡和艺术探索带来的时刻。在公元前的第一个千年，它们的影响集中在希腊，在希腊演变出一种风格，注定在欧洲后期建筑中留下不可磨灭的印记。

埃及建筑时期	中心
1.史前时期，到公元前3400年①。 2.提尼斯时代，前3400—前2980年。第一至二王朝。 3.古王国，约前2980—前2475年。第三至六王朝。 　　金字塔－胡夫、哈弗拉、孟卡拉。 第一个过渡时期——王国衰落。第七至十王朝。	孟菲斯
4.中王国时期，约前2160—前1788年。第十一至十二王朝。 　　卡纳克早期的大厅。贝尼哈桑的坟墓。利斯特的金字塔。 第二个过渡时期——希克索斯入侵。	底比斯 法尤姆
5.帝国，约前1580—前1090年。第十八至二十王朝。 　　形成时期，到托米斯三世。哈特舍普苏女王（前1501—前1447年）。 　　德尔·巴赫里的神殿。卡纳克的"游行大厅"。 　　中心时期，在阿蒙霍特普三世时期达到顶峰（前1411—前1375年）。 　　卢克索的庭院和多柱式建筑大厅。 　　象岛神庙。	底比斯
埃赫那吞领导下的革命（阿蒙霍特普四世）（前1375—前1358年）。	阿玛纳
第十九王朝治理下的复兴。塞提一世，拉美西斯二世（前1313—前1225年）。 　　卡纳克的大礼堂。阿布辛贝的神庙。 拉美西斯时期。第二十王朝。拉美西斯三世（约前1198—前1167年）。 　　哈布城的神殿。	底比斯
第三过渡时期。利比亚王朝和努比亚皇帝统治下的衰落。亚述人的征服和霸权，约前670—前660年。	
6.文艺复兴时期，约前663—前525年。第二十六王朝。 　　普萨姆提克。第四个过渡时期。波斯征服。	赛伊斯 地区
7.希腊罗马时期，公元前332年后。 　　托勒密时期，至公元前30年。 　　　　丹德拉、艾德夫和菲莱的神庙。 　　罗马帝国统治，至公元395年。 　　　　菲莱的后期建筑。	亚历山 大港

---

① 早期采用最广受认可的"柏林"系统进行年代测定，但仍存在一些不确定性。

美索不达米亚时期	中心
1.史前时期，至约公元前3000年。	拉格什（古特罗城）
2.原始时期——巴比伦城邦的发展和斗争，约前3000—前1900年。 　　拉格什的古地亚宫，约公元前2450年。 　　尼普尔的亚述古塔庙。	苏美尔人：拉格什 闪米特人：阿卡德城，尼普尔
3.古巴比伦王国，约前2100—前1750年。汉穆拉比。 　　美索不达米亚建筑主线确立。 喀西特王朝统治了巴比伦尼亚地区，约前1750—前1100年。	巴比伦
4.亚述的崛起，约前1650—前1100年，在首次征服巴比伦尼亚地区时达到顶峰。 阿拉米游牧民族占领亚述，约前1050—前900年。	阿舒尔
5.亚述帝国，约前885—前607年。 　　征服西亚完成，约公元前700年。 　　杜尔－舍鲁金的萨尔贡王宫，前722—前705年。 　　巴比伦的毁灭和重建。 　　征服下的埃及。西拿基立，以撒哈顿。 　　　　尼尼微的宫殿。 　　亚述巴尼帕统治下达到顶峰，前668—前626年。 　　　　尼尼微的宫殿。 　　米底人和巴比伦人对尼尼微的破坏，约公元前607年。	尼尼微
6.新巴比伦王国，约前607—前538年。尼布甲尼撒二世。 波斯国王居鲁士征服巴比伦，公元前538年。	巴比伦
7.波斯帝国，约前550—前330年。阿契美尼德王朝。 　　爱奥尼亚和美索不达米亚时期的影响。赛勒斯。 　　　　帕萨尔加德的居鲁士之墓。 　　美索不达米亚和埃及时期的影响。大流士，薛西斯。 　　　　波斯波利斯的宫殿和坟墓。 　　亚历山大征服波斯。	波斯波利斯

爱琴海建筑时期	中心
1.史前时期，石器时代，约公元前3000年。	波斯波利斯
2.米诺斯早期，约前3000—前2200年。青铜的起源。 　　特洛伊遗址上的第二座城市或被烧毁的城市。 米诺斯一世中期，约前2200—前2000年。 　　克诺索斯和费斯托斯的早期宫殿。 米诺斯二世中期，约前2000—前1850年。 　　第一次达到顶峰，以第一次毁灭克诺索斯而告终。 米诺斯三世中期，约前1850—前1600年。 　　后来在克诺索斯建造宫殿。 米诺斯一世和二世后期，约前1600—前1400年。 　　后来在费斯托斯建造宫殿，在克诺索斯重建了宫殿。迈锡尼、梯林斯和其他大陆城市的崛起。克诺索斯陷落，约公元前1400年。	克里特岛
3.迈锡尼时期，约前1400—前1100年。 　　迈锡尼、梯林斯、特洛伊（第六城或荷马城）等地的米加隆宫殿。多里安人入侵伯奔尼撒半岛。小亚细亚爱奥尼亚人定居点。过渡到铁器时代。	希腊本土

第四章　希腊建筑

希腊建筑师首先关注柱子和过梁问题，创造了后来西方人从未完全忘记的形式。气候带来的露天生活和简朴的希腊理想对覆盖过梁未能满足的大空间不做要求，拱仍局限于次要用途。尊重传统使得某些类型的基本形式保持相对稳定，并为研究更微妙的表达问题提供了机会。两个独立的柱式系统即多立克式和爱奥尼亚式，在长期的发展中由希腊种族的两个主要分支加以完善。这些形式结合到一起时，其细节并未混合在一起，而是按照公认的"柱式"保持差异。第三种是科林斯柱式，一种相对较晚的艺术创作。

自然条件和材料　与气候条件极端、建筑材料的选择受到限制的埃及或巴比伦相比，希腊建筑风格的形成较少受到外界的强制影响。干旱和洪水都不常见，木材和石头都不缺。当然，自然条件还是让人以一种更微妙的方式感觉到了。结构构件的比例受可用石头的强度和细度的影响。西方和早期的希腊本土使用一种粗糙、多孔石灰石，爱奥尼亚使用纹理相对较细且坚固的大理石，雅典在公元前5世纪开始普遍使用大理石。然而，即使在早期，各地的材料在形式选择上都留下了很大的自由。

希腊建筑师的个性和理想　正是在希腊，建筑师的个性首次变得清晰，尽管受传统的限制。正如一长串技术著作的标题所证明的那样，他们知道并讨论了自己在做什么。他们的基本理论是一种形式理论，希望用"多样中的统一"这句话来穷尽美的意义。最受欢迎的美的示例是音乐与其物理规律的和谐。在所有艺术中，

这与建筑最为相似。因此，从广义上说，在所有其他品质中寻求对称就不足为奇了。罗马作家维特鲁威从希腊文献中取材，将对称定义为"作品中相同构件的适当一致，以及几个部分与整个物体形式的成比例对应"。希腊人出于不同的目的把不同的单元区分开来，并可在每个单元上留下一个同质的形式，在现代限制意义上也是对称的，即有相对应的一半。他们研究比例，不仅是为确保所有部分相对厚重或细长的总体和谐，也是为确保其尺寸之间的数学关系如比例相等或公共分割模块。然而，他们并不是机械性地应用这些统一的原则，引入细微的修改是为确保更高程度的组织结构，有时是为完全避免过于单调的一致性。

发展　希腊建筑的发展是从不确定性到极端精致，再到不那么拘束的华丽。早期纪念性建筑的元素逐渐协调一致，直至公元前5世纪在雅典的伯里克利时代达到顶峰。随后，人们的精力不完全放在阐述和改变公认的主题方面，而是寻找新的艺术思想，同时解决由财富和奢侈产生的新问题。

时期　历史悠久的希腊的主要种族最早出现在公元前1100年古老的爱琴海文明的废墟上。他们特有的古老风的形成时期大致始于公元前776年的第一届奥林匹克运动会，这是国家团结的第一次表现，其以公元前480—公元前479年最终击退波斯人和迦太基人的进攻而告终，这使希腊人意识到自身的力量，并刺激了他们创作更成熟的艺术作品。土著发展时期大致延续到马其顿人征服希腊和亚细亚，即公元前338—公元前323年。这一辉煌的扩张称为希腊化时代艺术，其中希腊的遗产受亚细亚的影响而有所改变，一直持续到公元前2世纪罗马人征服了希腊，这种扩张将希腊人的精力带向了一个新方向。

多立克式建筑和爱奥尼亚柱式建筑的关系　多立克式建筑和爱奥尼亚柱式建筑最初的风格截然不同，随后的混合不应掩盖其各自的起源和不同的命运。在这一历史时期开始时，多里安人占领了伯罗奔尼撒半岛和希腊中部，镇压了早期的一些部落，并迫使其他部落向东迁移。爱奥尼亚人占领了阿提卡、爱琴海的中心岛屿以及对面的小亚细亚海岸，具体称为爱奥尼亚；伊奥尼亚人则居住在北面的亚细亚海岸。正是在爱奥尼亚和伊奥尼亚城镇，在亚细亚模式的影响下，被称为爱奥尼亚的风格开始兴起，直至公元前5世纪后期，这种风格几乎一直局限在这个地区和邻近的岛屿上。与此同时，包括阿提卡在内的所有其他希腊人都在致力于发展另一种与此形成对比的风格，称为多立克式风格，而这种风格则是植根于本土文明的民族传承。如果爱奥尼亚当时在文明、财富和艺术方面未处于领先地位，则很可能会将爱奥尼亚人称为"外省人"。他们坚持自己的风格，所以在亚细亚的土地上只发现了一座多立克神庙。直至雅典海上同盟使两岸关系更加密切之后，爱奥尼亚形式才开始在相当大的程度上渗透到希腊大陆，或者受到多立克式建筑的影响。

古风时代（前776—前479年）　希腊形成时期艺术生产力的领导者是小亚细亚的爱奥尼亚城市和新建立的殖民地，主要是意大利南部的多利安和西西里岛。它们的土地比希腊本土更肥沃，居民更有进取心，因此很早就获得了超越大陆城市一般简朴的财富和文化。提及爱奥尼亚更重要的中心，可能会让人想到以弗所和萨摩斯，以及其巨大的早期神庙。除了诸如防御工事和喷泉屋等实用建筑外，几乎唯一的公共纪念性建筑就是神庙。它们单独或令人印象深刻地聚集在卫城或神圣的围墙内，俯瞰着城市中不起眼的房屋。爱奥尼亚形式与可用材料相协调，精致、纤细、优雅，在柱头有完整宽阔曲线的多立克形式通常很重。各种细节的调整仍受到很大不确定性的影响，特别是在多立克柱式中，在亚加亚人或伊奥尼亚人的影响下，有着不可克服的困难和殖民地的多样性。直至公元前6世纪最后几年，才有了最终的解决方案。

中心时期（公元前5世纪）　波斯战争后民族意识觉醒，以及随后50年的相对和平，开创了希腊艺术的伟大时期。希腊北部和中部遭毁坏的纪念性建筑的重建在公元前5世纪刺激了希腊迅速发展到成熟。可以肯定的是，爱奥尼亚恢复缓慢，建筑很少，但在希腊其他地方的活动却非常活跃。尽管西部殖民地保持了繁荣，但大陆的艺术文化却迅速走在了前列。战利品促进了伟大国家圣殿的发展，如德尔斐、奥林匹亚和提洛岛及其神庙、通廊和宝库（图3-14）。戏剧的演变首先增加了剧场的建筑问题。多立克柱式的形式呈现出它们正常的关系，无论在哪里使用这种风格都会强加上这种关系。

伯里克利统治下的雅典（前461—前430年）　在雅典，破坏最为彻底，随后的胜利也是硕果累累，与环境的完美结合造就了独特精致的建筑。

图4-1 雅典，帕特农神庙西北侧视图

图4-2 雅典，帕特农神庙（恢复到罗马时代的状态，美国大都会博物馆模型）

图4-3　雅典，厄瑞克修姆神庙西侧视图

正是在海上霸权、亚细亚征服使雅典与爱奥尼亚族的丰富艺术密切联系的时刻，所有圣殿都要重建。现在首先欣赏的彭忒利科斯山大理石是一个有价值的媒介，提供了更纤细的形式。爱奥尼亚的热情给庄严的多立克式建筑注入了新的优雅精神，甚至也采用了爱奥尼亚形式本身，尽管多立克传统从根本上改变了它。要不是伯里克利这样一个有见识的人主宰了雅典的民主制度，雅典就不会抓住这一时刻的全部优势。他把得洛斯宝藏转移至雅典的装饰上，这使得同时代的人都谴责他，但也使他的城市受到了全世界的钦佩。帕特农神庙（图4-1和图4-2）、雅典卫城的通廊、雅典娜胜利神庙和厄瑞克修姆神庙（图4-3）展示了希腊艺术在寻求其他不太微妙的表达之前保持了几年的极度精致。菲迪亚斯和他的学校的合作制作了一个高贵和适当的雕塑装饰。在比雷埃夫斯，伯里克利几乎可全权支配，他根据米利都的希波丹姆绘制的矩形街道平面图，将整个城市纳入建筑构成中。

中心时期（公元前4世纪）　公元前4世纪发生的内战使得大陆衰败，内战持续时间很短，直至为马其顿人所征服，几乎很少鼓励发展建筑。尤其是在战败的雅典，除了迫在眉睫的实际需要外，缺乏其他手段。然而，其他城市正是从雅典大胆的创新以及前一时期的精彩纪念性建筑中获得了灵感。随着历史的发展，斯巴达和底比斯相继掌权，尽管时间短暂以至于他们未取得太大成就，但有迹象表明他们开始鼓励艺术发展。伯罗奔尼撒半岛、曼提尼亚、大都会和麦西尼的新城市是这一时期的典型。在西部，迦太基人在公元前409—公元前406年摧毁了西西里的希腊城市，之后是长时间的瘫痪，在此期间，暴君狄奥尼修斯位于锡拉库扎的宫殿几乎是唯一重要的作品。公元前4世纪末，随着城市的复兴，一些神庙建筑又再次开始建造。尽管小亚细亚的城市再次部分地处于波斯的统治之下，但在这些城市里却建立了当时最伟大和最有特色的纪念性建筑。许多神庙已荒废一百多年，这些神庙的重建工作已开始，其规模之大令发源地的一切黯然失色。以弗所和普里埃内的爱奥尼亚神庙在公元前334年亚历山大入侵时完成，最大的神庙位于米利都附近的狄杜玛，紧接其后就开始修建了。对于半独立的卡里亚统治者来说，希腊艺术家设计了哈利卡纳苏斯城，并在那里建造了巨大的摩索拉斯陵墓，该墓以随葬建筑的名字永久命名。

中心时期的建筑类型　这座神庙的重要性仍名列前茅，尽管重要程度不如从前。在希腊和亚细亚，在国家宗教中心，特别是奥林匹亚和提洛岛，增加了重要的纪念性建筑，埃皮达鲁斯通过年轻的雕塑家波利克里托斯设计的一组新建筑与这些纪念性建筑齐名。在亚细亚，爱奥尼亚柱式的早期本土形式已成熟并发展起来。在希腊，多立克式、雅典式相得益彰，仍是最常见形式。阁楼化的爱奥尼亚和科林斯柱式现在也用于室内，尤其是在漂亮的圆形神庙变得很流行。在西部，传统多立克式的用途仍是独一无二，只是稍做修改。新类型中出现了更大的独立性，以响应新的要求。每座城市和每个伟大的圣殿现在都渴望有一个石制的剧场，这是一个新的重大问题，代表着日益提高的奢华和便利标准。到亚历山大时代，体育场也是用石头砌成。在大都会，阿卡迪亚人建造了一个巨大的有盖礼堂，里面有可容纳六千人的阶梯座位。另一方面，建筑开始为个人服务，富有的公民与君主国的王子争相建造精致的房屋和坟墓。

希腊化时期　公元前334—公元前323年间，亚历山大辉煌的征服历史使东方受到希腊的影响，对希腊本身的艺术也产生了一定的影响。在其继任者掌权的新帝国里，外部环境更有利于艺术，在新帝国，百废待兴，但一切手段都唾手可得。新首都亚历山大港、安条克以及后来的帕加马成为艺术活动的中心，尽管罗兹和爱奥尼亚城市紧紧地压制着他们。在希腊，其本身的早期纪念性建筑的巨大遗产和普遍的财政衰败不利于建筑。例如，雅典、德尔斐和奥林匹亚的面貌实际上保持不变。只有在现在最先提到重要地位的地区，如埃托利亚和伊庇鲁斯，才建立了许多重要的纪念性建筑。在西西里岛，官方艺术在后来的锡拉库扎暴君统治下得到了最后的发展。

问题的变化　　在任何地方，建筑都必须考虑自身与整个城市设计中的问题。建筑遵循了早期希波丹姆广泛采用矩形平面图的先例。除了外观外，还考虑了交通和卫生问题。在亚历山大港，两条主要街道的宽度超过100英尺，下方有下水道和水管。这座城市具备了现代大都会的许多特征，包括博物馆和图书馆、大公园、建有防波堤的大港口和称为"法罗斯"的大灯塔。这些城市的装饰给建筑师们提供了机会，使他们努力超越以往所有辉煌壮丽的作品。米利都和马格尼西亚的大神庙帕加马和锡拉库扎的巨大祭坛，亚历山大港的塞拉匹奥神庙及其巨大的有柱廊的庭院，都在这个时期建成了。更有特色的是统治者甚至私人的豪华宫殿、各种公共建筑、市政厅和体育馆。慈善事业有时会给建筑带来新的发展方向，比如为纪念城市的某些捐助者而建立的公园和体育馆，处于中心但具有附属特征的坟墓或纪念性建筑。市场周围都有门廊，主要街道两旁都有柱廊。

细节变化　　在所有这些奢华的气氛中，有些东西不可避免地丢失了。形式的极度精致、微妙的曲线，为更丰富的装饰和更大胆的构件所继承。从技术上来说，这个结果更容易实现，更容易理解，而且正是由于这些特质，它才适合一个复杂而复合的文明的需要。受回归影响而从雅典式改变成最终形态的爱奥尼亚柱式现在是最受欢迎的一种，而科林斯柱式变得越来越普遍。随着思想交流的增加，柱子的形式不再依赖于种族传统，取而代之的是一个原则，即传统的形式，尽管保持着独特性，但却是根据特征的适当性而自由选择的对象。拱和筒形拱顶使用得更频繁更大胆，但从来没有用由砖石或土块制成的坚固拱座。最重要的是，正是在这个时候，理论著作成倍增加，数学公式使得在野蛮世界中可模仿希腊系统。甚至在希腊化的希腊边界之外，帕提亚笨拙地模仿，罗马成了最忠实的学生。

受希腊和罗马影响的时期　　在罗马帝国的统治下，尽管罗马皇帝和鉴赏家

喜欢用新的纪念性建筑来装饰雅典，但古希腊土地上的建筑从未完全丧失其个性。在希腊和小亚细亚继续发生的转变与其说是从首都传入，不如说是在罗马本土发展、复制和驯化。伯里克利时代一千年后，我们将会看到，罗马衰落后，受到东方最新影响的希腊天才仍有热情在博斯普鲁斯海峡建造新的建筑。

细节形式　在希腊建筑中，人们非常关注个体细节的形式，尤其是柱状系统的形式，因此建筑的智能化研究对这些细节及其相互关系的了解也是必要的。

多立克形式　多立克形式在他们的主线中显示出一种固定性，这比难以置信的痛苦实验更令人惊讶，通过试验，精确的规范关系最终得到发展（图4-4）。区分这种风格的不变的元素是柱头、其垫层或钟形圆饰，其沉重的方形突出的顶板；嵌在檐口和柱顶过梁之间的雕带，凹入的柱间壁和有凹槽的三陇板交替出现；和檐口下侧的飞檐托块或挂板。柱身从底部到顶部逐渐变细，减小到其下直径的五分之一到三分之一，通常有轻微的弯曲或膨胀，称为柱微凸线。柱身的线条由垂直的菱形饰纹加强，中心时通常有20个凹槽，在锋利的边缘或棱上会合。直至伯里克利时代之后，柱子仍相对厚实，高度是其下直径的4~6倍。这种巨大的支撑可直接放在一个平台上，无须过渡，其实只有在极少数特殊情况下才会增加一个单独的模制基座。然而，任何多立克式柱廊都要比周围的环境高出至少一级，总是形成一个共同的基座或柱列台座。

多立克柱式中的正式关系　批评家们一致认为，在成熟的多立克体系中，最富表现力的特征是一个有机的整体。

它的原则首先在于由柱子和柱上楣构在垂直和水平方向上的完美平衡，以及它们之间过渡的管理。水平顶板挡住凹槽柱的垂直"运动"，并预示柱上楣构的水平运动。这本身是通过基座处带有环绕条纹的扩张钟形圆饰和在下方形成柱颈线脚的切口准备。柱子的垂直线再次采用三陇板，不那么突出，但数量为两倍；再一次被柱子的小柱帽挡住，最后在低矮的飞檐托块中环绕，折成一条几乎连续的线，在这条线上完成了过渡。即使圆锥饰或"雨珠饰"在三陇板和飞檐托块下方——被认为是原始木制框架中的销钉的派生物——在石制柱上楣构也起着相同的作用。它们是水平和垂直方向之间的最终中间元素。

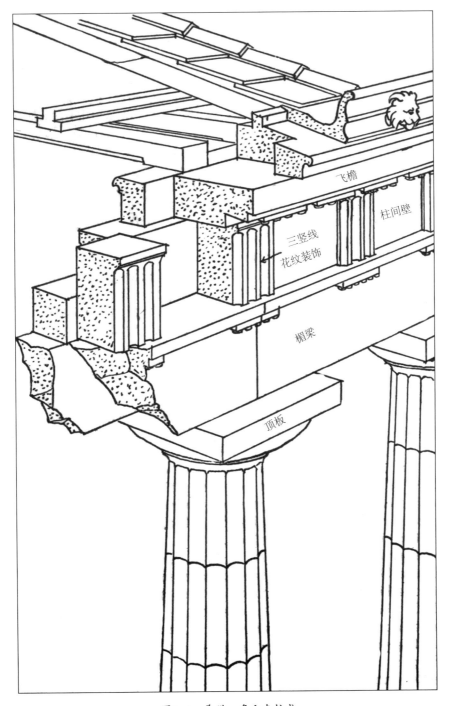

图4-4　希腊，多立克柱式

多立克柱式的结构表达　　加上所有这些纯粹的空间关系，同样是结构作用的巧妙表达。钟形圆饰似乎能提供弹性支撑，三陇板作为一系列支撑檐口的柱子，中间的柱间壁作为填充板。在许多情况下，可以肯定的是，这些构件只是表面上发挥了上述作用。柱身上方一个略微凸起的表面减轻了柱头突出物的实际载荷。三陇板和柱间壁通常在单独块体上分割，而非接合，重视的是视觉上对结构的强调。

角柱的问题　　在成熟的希腊多立克式系统用于直角转弯的柱廊时，该系统会出现内在困难，如寺庙列柱廊（其主要应用）。由于柱子和柱顶过梁的厚度大于三陇板的宽度，所以需进行一些调整，以将三陇板置于雕带的角部，其在该处是获得结构表达和音乐韵律所必需。该问题有许多解决方法：通过加宽拐角附近的柱间壁；通过使雕带的一个拐角到另一个拐角，三陇板间距距离相等，并抛弃柱子和三陇板的精确轴向关系；通过缩小角柱的间距；以及这些方法的各种组合。必要的调整很复杂，很可能是因为这个原因，公元前4世纪的著名建筑师，熟悉雅典的解决方案，但更喜欢较简单的排列，指责多立克式不适合用于建造寺庙。

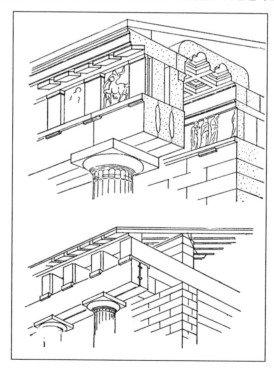

图4-5　希腊，多立克柱式，翻新为木质结构

多立克式建筑的起源　　许多形式的起源都源自被石结构取代的木结构中。很明显是模仿木梁顶端的元素用于柱上楣构上（图4-5）。在某些纪念性建筑的遗迹中，完全没有任何柱上楣构碎片，导致得出这样一种结论：在整个古典时期，有时装在赤陶中的木质柱上楣构确实偶尔会保存下来。古典时期作家也提到了一些建筑中的木柱，尤其是奥林匹亚的赫拉神庙。通过遗迹，这里的结论得到证实，这些遗迹显示了同一建筑中在每个时期的柱子，据推测，应是在木柱腐烂时一根接一根插入的。但木柱很难让人联想到巨大的多立克式柱子的形式。它所取代的木支架一定具有不同的比例和细节，现在还不确定。至少迈锡尼形式提供了柱头的原型（见图3-14和图4-6），就像他们为寺庙的设计和早期建造模式所提供的一样。只有某些次要的装饰主题可能源自希腊以外，这些是最原始的艺术形式，如回纹饰或回纹波形饰，很可能是希腊人独立发明的。

多立克式建筑的发展　　用石头代替木头和赤陶并未立刻形成已描述的一致的正常排列。中心时期之前经过漫长的发展，在该时期过去之后会继续发展。这种发展在一些技术问题上朝着更高的组织化方向稳步前进，例如石块的接合，如拐角三陇板、柱头的轮廓、柱上楣构的构成，以及尺寸的模数或公约数的贯彻所带来的问题，但当地在比例的选择上有很大的自由。例如柱子的直径与高度之比、柱间直径之比、柱下直径与柱上直径之比等问题，以前视为在细长、开放和垂直的方向上均匀发展，现在根据当地保持相对稳定的传统，变化更大，部分受到可用建筑材料的影响。在比例问题上普遍的想法源自普遍重比例的地区和城市保存的大量早期纪念性建筑，以及如阿蒂卡等地区的大量和著名后期纪念性建筑，以及它们细长的大理石柱。但西方后期的寺庙保留了其柱子厚重和粗糙的材料，东方寺庙同样没有这样的必然趋势。

古风时代　　在古风时代，柱头保留了其迈锡尼祖先又宽又鼓的钟形圆饰，以及下方的空心（图4-6）。柱顶过梁很窄，与柱子上表面齐平，甚至有所后退；三陇板很宽，因此拐角三陇板仍可接近柱子的轴线。但由此形成的柱间壁很少，因此柱间壁上的飞檐托块通常较三陇板上的窄。人们很少注意石头接缝的顺序，可以肯定的是，这些接缝被灰泥覆盖，而灰泥通常与当时使用的多孔石灰石一起使用。对模块的探测当然是在这个时期中期开始的，尽管仍是试探性探索。建筑师在柱子的较低直径和平均直径之间犹豫不决，而且雕带采用了独立的系统。

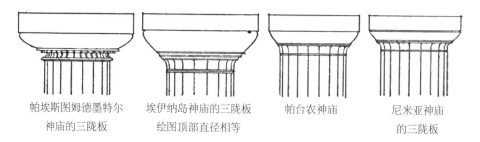

帕埃斯图姆德墨特尔　　埃伊纳岛神庙的三陇板　　帕台农神庙　　尼米亚神庙
神庙的三陇板　　　　绘图顶部直径相等　　　　　　　　　的三陇板

图4-6　希腊，多立克式柱头剖面图，按时间顺序排列

中心时期　随着中心时期到来，柱头不再是空心的，钟形圆饰呈现出一种更陡峭、更巧妙的双曲线轮廓。柱顶过梁不像木头起源时那样狭窄，但在加宽时，拐角三陇板问题变得严重了。在采用的解决方案中，拐角处柱子的间距缩小变得普遍。柱上楣构呈现正常形式，在使用大理石时暴露出来的石头接缝变得规则，与建筑形式有着有机联系。基于柱子平均直径的单个模块似乎已应用于整个柱子系统，包括柱上楣构。

后期　因此，公元前5世纪完全建立的形式后来改变较少。除了在西方，可以肯定的是，多立克式几乎在公元前4世纪中叶遭到抛弃。也许是由于爱奥尼亚形式的影响，大陆上一个后期多立克式示例，在尼米亚寺庙中，显示出如此细长的比例——柱子的高度是其较低直径的6.5倍。后期柱头一般缺乏成熟形式的巧妙线条，其钟形圆饰要么几乎是直的，要么呈圆形。

爱奥尼亚形式　爱奥尼亚式柱系统的特征是与多立克式形成鲜明对比的永恒元素，尤其是涡卷饰柱头、模制基座以及带有块体或齿状装饰的檐口。与多立克式柱头不同的是，爱奥尼亚式仅在柱顶过梁的方向往两边突出。一对螺旋涡卷形装饰或涡卷饰在柱身与载荷之间形成一个看似有弹性的中间体。在后来变得普遍的更为传统的形式中，这些涡卷饰的顶端通过条纹连接，环绕着一圈叶子，叶子后来变成装饰有"卵箭饰"的钟形圆饰的形式。顶板只由一条狭窄的模制条纹组成。爱奥尼亚式柱子的细长柱身始终有一个独立的基座。在许多形式中，后来最广泛采用的是座盘——两个凸模或环状半圆线脚，中间空心或有凹形边饰。柱身高度为7.5~10个较低直径，有细小的柱微凸线，有24个凹槽，通常由小而平的圆角分隔。柱顶过梁分成三个面，每个面稍微突出于下方的面。典型檐口通过一排突出的块体进行区分，从"齿"获得的灵感将给这些块体取名为"齿状装饰"。在雕带引入柱顶过梁和檐口之间时，没有像柱间壁那样再分成独立的镶板，通常用连续的雕塑条纹进行装饰。

爱奥尼亚柱式中的正式关系　爱奥尼亚式系统，尤其是没有雕带的示例中，呈现了水平和垂直方向的协调，类似于多立克柱式，尽管没有如此精细的细节。齿状装饰既对应于三陇板，也对应于飞檐托块，并具有两者的艺术作用。柱头在某些方面甚至比多立克式更适合承载横向过梁，因为仅在需要支撑的侧面有突出物。但在需转过一个拐角时，其两个面之间的差异就造成了困难——这一困难与多立克柱式中三陇板造成的一样真实。通常采用的解决方案是在两个相邻的外表面上放置成对的涡卷形装饰，使拐角对角突出，并使后表面在内角相交。

爱奥尼亚式起源　爱奥尼亚式结构形式似乎比多立克式更接近木制原型，甚至在柱子和柱头方面也是如此（图4-7）。柱子相对非常细长，它们的柱头表明，鞍形件仍存在于沉重的木制框架中。事实上，最古老的柱头只是一个简单的块体，在较低拐角为圆形，涡卷形装饰只画在表面。柱上楣构上的梁端不会弄错。在装饰形式中，柱头的涡卷形装饰是最值得注意的，可追溯到亚细亚内部装饰的起源。

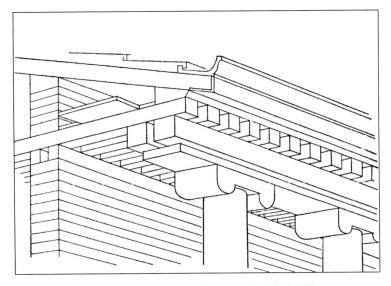

图4-7　爱奥尼亚式柱上楣构，翻新为木质结构

爱奥尼亚式的发展　像多立克式一样，爱奥尼亚式的发展与其说是在一个明确方向上的比例变化，不如说是特征变化。早期示例的丰富多彩转化为光滑、连贯和优雅，同时采用了多立克式元素。早期柱头的涡卷饰大大突出，下方的钟形圆饰完全暴露；后来内缩了，相对重要性降低。雕带最初由伯里克利时代的雅典建筑师引入到柱上楣构上，一部分原因是他们希望得到更丰富的雕塑装饰，还有一部分原因是他们在进行多立克式训练。由于比较在意结构表达和艺术适宜性，他们在使用雕带时禁止使用齿状装饰，因为这些齿状装饰将不再与天花板横梁相对，且似乎会压碎所使用的精致形象雕塑。后期建筑师就不那么谨慎了，在公元前3世纪，赫摩吉尼斯将雅典的创新移植到亚细亚，他在一个小形象的雕带上使用了厚重的齿状装饰（图4-8）。最后在狄杜玛的大神庙里实现和谐，在那里，通过重复装饰大型美杜莎的头像和装饰中间垂花饰花环，将雕带与齿状装饰按比例装饰。

图4-8　马格尼西亚，阿耳忒弥斯神庙局部

科林斯式　科林斯式并未在希腊形成一个完全不同的系统。它们本质上是独立的发明，通过这些发明，一种或另一种传统多立克式或爱奥尼亚式可被取代，它们变得丰富的共同趋势是适合组合使用。最早也是最具特色的是柱头，主要由一个倒钟组成，周围是一排排的莨苕叶形装饰树叶，成对的涡卷形装饰或涡卷饰支撑着顶板的拐角。来自埃皮达鲁斯的示例（图4-9）显示了后期变得正常的类型，两排叶子，每排八片，交替放置，锐利和精致，使希腊雕塑处于最佳状态。通过关联其他元素，有助于一个新柱式发展，元素包括弯曲的雕带和带有支撑支架的檐口——"托架"，或称"飞檐托"。这一发展的成熟产物有一种和谐的奢华感和对各种用途的适应性，这使其较多立克式和爱奥尼亚式更具优势。既无拐角三陇板的问题，也无角柱柱头的问题。

科林斯柱式中的正式关系　在爱奥尼亚式示例中，平纹雕带加强了使用柱顶过梁的趋势，垂直和水平线强烈对立，而非混合，而柱头通过其钟形轮廓，将柱身的线带到柱上楣构上，这样已经足够。

图4-9　埃皮达鲁斯，圆形建筑物的科林斯式柱头

科林斯式的发展　"科林斯式"这个名称来自维特鲁威，他讲述了科林斯的卡利马科斯发明柱头的著名神话故事，灵感来自一个篮子周围装饰着莨苕叶形装饰树叶，卷须卷曲在篮子下铺设的瓷砖下方。事实上，保存下来的最早的示例是建筑师伊克提诺斯于约公元前420年在巴塞使用的单个柱头，很可能是受埃及人后期的

莲花状的柱头的启发，雅典人在公元前5世纪中叶与埃及人保持着密切联系。在巴塞，科林斯式柱子只是一种与爱奥尼亚式并排使用的变体，在阁楼爱奥尼亚式的同一柱上楣构下。在埃皮达鲁斯和其他地方，在公元前4世纪，它经常单独用于柱廊内部，在公元前334年，它首次用于我们所知的外部，在雅典精致的吕西克拉特纪念亭（图4-10）。最早的建筑仍保存着，其中再次在雅典大规模使用科林斯柱式布局，一座巨大的宙斯神庙建于公元前2世纪，其基础早就由庇西特拉图铺设。因为这项工程由塞琉西王朝皇帝安条克四世负责完成，因此很可能有人会质疑，安条克丢失的纪念性建筑是否没有提供使用科林斯式纪念性建筑的更早示例。在这些希腊化主权者及其继任者罗马人的统治下，这些获得了最大的流行和最大的发展。

图4-10　雅典，吕西克拉特纪念亭

雕像支撑 在特殊情况下，人们会使用男性或女性雕像用作支撑物——称为男像柱或女像柱——使建筑更丰富、优雅，尤其是雅典厄瑞克修姆神庙的"少女门廊"（图4-3）。

柱形构件的尺寸与比例 在所有柱式中，构件尺寸变化很大，但并不影响其形式。这三个示例都在柱子高度超过50英尺小于15英尺的地方。柱子轴线之间的距离从雅典娜胜利神庙的5英尺2英寸到塞利努斯的阿波罗神庙的21英尺9英寸不等。高度和间距之间的关系在很大程度上是任意和形式化的，而非由材料的极限承载力决定可变关系。

图4-11 阿克拉加斯，奥林匹亚宙斯神庙（E.H.特雷塞尔复原）

在神庙中，多立克式柱子的间距一般约为其高度的一半，爱奥尼亚式柱子的间距约为其高度的三分之一。如果结构方面的考虑占主导地位，过梁的长度将保持更接近固定长度，比率将倾向于与柱子的高度成反比发生变化。尽管大理石柱顶过梁和后期柱顶过梁一般比早期柱顶过梁的粗石灰石略细，但柱顶过梁的比例同样不严格依赖于任何静态定律。成熟时期的多立克式柱顶过梁，无论是石头还是大理石，高度约为其长度的三分之一；希腊化时期的爱奥尼亚式柱顶过梁，高度约为其长度

的四分之一。因此，在其他相关因素中，在结构上似乎越来越大胆。不同柱式的构成形式比例的变化、同一柱式在不同规模上的比例的一致性，都是安全度和强度较大的标志。

墙壁　除采用柱子及其丰富的装置外，希腊建筑简单到几乎无装饰。希腊人通常不在墙壁上使用浮雕装饰，而是通过精细成层砌体的规则接合来获得这种效果。表面光滑的块料用于最好的工程，但在厚重的墙壁中，只在边缘或者边缘制图强调的接缝处对块料进行装饰，这种做法随着时间推移越来越多。在墙壁和柱廊融合的情况下，柱子连接或接合到墙壁上，如在厄瑞克修姆神庙（图4-3）或在阿克拉加斯的"巨人神庙"（图4-11）的西正面，这通常由特殊原因造成，使希腊人过多倾向于简单的结构表达。在墙壁末端必须支撑柱顶过梁的地方，将壁角柱视为特殊的构件，它有自己的柱头和基座，与柱子的柱头和基座不同。

线脚　墙壁的基座和顶部经过特殊构件强调和垂直放置，水平和垂直方向的过渡变得不那么突兀，从简单的垂直墙基层或封檐板到一套精致的雕刻线脚。我们已在多立克式钟形圆饰和爱奥尼亚式基座中看到过这些线脚（图4-12），它们在希腊作品中经久不衰。基于凸、凹和反向曲线的简单和通用形式，通过轮廓的细微变化、从不使用明显的圆弧，且通过明智选择中凸、支撑和基脚的不同作用可进行区分。一个典型实例是使用反向曲线或反曲线饰。较细凹入部分突出的表反曲线通常仅用作自由中凹特征，而在需要强度时，使用其另一位置的曲线即里反曲线。在多立克式建筑的墙壁基座上，使用了一个垂直放置的较高石头层，下面有一个突出的墙基层；在爱奥尼亚柱式建筑中，类似于壁角柱的模制基座，其最常见的组成部分是环状半圆线脚或反向反曲线饰以及墙基层。为支撑突出的横梁或檐口，多立克式修建者使用了一种典型的钩状喙线脚，爱奥尼亚式修建者使用馒形饰——外形像钟形圆饰——或里反曲线。更丰富的组合表现出线条的流畅和对比度，中间点缀着窄平缘或半圆珠子。

凸弧线脚

混枭线，也称反曲线浪纹线脚

枭混线，也称浪纹线脚

凸圆线脚

挑口饰

图4-12　希腊和罗马的线脚

装饰　通过雕刻和绘画获得对结构解剖的重视。这些通常受限于有限的领域，如多立克式和爱奥尼亚式雕带，与简单的墙面形成对比。因此，在爱奥尼亚式大理石上，多立克柱式的绘画、雕刻和色彩丰富了线脚本身。在选择装饰主题中最大的判断是强调应用它们的表面形式而非掩饰。因此，具有较高垂直度的回纹饰是为平条纹保留的。弯曲的线脚装饰有与表面元素平行或垂直的主题，或者重复其轮廓的主题——馒形饰的卵箭饰，里反曲线的心形叶子——从而从各个角度进行协调。

门　在成熟的希腊时代以纪念性方式使用时，所用门和窗均为方形。其侧柱有时垂直，但经常稍微向内倾斜，希腊化建筑师认为这是一种增加视高度的设计。重要的洞口通过青铜外壳或类似于爱奥尼亚式柱顶过梁的突出线脚来强调。这些不

仅仅用于顶部，还用于侧面，甚至是窗户周围。通过使过梁突出于侧柱之外而产生耳状物，是希腊结构强调的一个典型实例。

拱和拱顶　在完工程度较低的建筑中，如城墙和下部结构，通常使用叠涩拱以及后期的真拱。阿卡纳尼亚保存下来的最古老的拱形门并不存在于公元前5世纪之前。在公元前4世纪，筒形拱顶用于某些地下墓室。在公元前2世纪，在帕加马的许多拱顶中，出现了一座跨距达27英尺的拱桥。因此，拱几乎是第一个黄金时期中希腊建筑的一个元素，在希腊化时代用稳步增加的技术掌握来进行处理。

天花板、屋顶、山墙、雕像底座　希腊建筑的屋顶是由木梁支撑的瓷砖，木梁通常位于中隔墙或柱子上。关于桁架的知识没有得到证实。在大多数情况下，横梁必须从下面保持可见，尽管在一些示例中，带有面板或藻井的木制天花板可行。在可自由使用大理石的地方，其强度使得神庙柱廊上的石制天花板在技术上可行。在厄瑞克修姆神庙北门廊上有20英尺长的大理石横梁。迈锡尼时期的传统山墙屋顶很常见，有四个斜坡的四坡屋顶却很少见。山墙形成了三角形楣饰，檐口沿着斜坡向上，其构件除了中凸反曲线饰或檐槽，也水平穿过。三角形楣饰通常用浮雕或圆形雕塑填充，山墙拐角由称为"雕像底座"的雕塑装饰强调。

大型元素构件　希腊建筑在较大构件元素的使用上同细部一样呈现出保守主义。在主要的民族建筑形式的基础上，正厅在多利安人入侵后仍作为希腊房屋的基本元素，保留了迈锡尼时代的这一特点。具有多种用途的狭长大厅，或是只有一个中殿，或是被纵向排列的柱子分隔成两个或三个走廊，仍作为彼时希腊建筑最典型的元素。它常见于神庙、柱廊、典型希腊世俗建筑，可以是出于任何特殊的建筑目的，如比雷埃夫斯的雅典武器库。在本土发展时期，这种模式几乎没有被抛弃，除非被迫放弃，在这种情况下，可能会出现不利的后果，不容忽视。一家大型机构在特殊情况下可能对某些神秘大厅、剧场和音乐厅（形式的灵感来自实际需求）予以协助时，将出现这种情况。外部列柱廊是神庙中最先采用的连续包裹柱廊（图4-13），是外部效果中最引人注目的元素，后期在坟墓和纪念性建筑中应用。在希腊化时代，带有内部列柱廊的柱廊式庭院和方形大厅——本质上是东方的主题——已适应希腊环境。

建筑类型　作为民主制度、知识自由和体育生活的第一批人民，希腊人首先遇到并解决了涉及这些方面的建筑问题，建造了市政厅、剧场、体育馆和其他不变的欧洲类型建筑。私人生活相对次要，住宅建筑简单。在最好的希腊时代，墓碑是庄重的雕塑作品。国家在黄金时期的所有资源都用在了公共建筑上，尤其是神庙，这是市民生活的中心。这座神庙也许就坐落在迈锡尼宫殿的原址上，向每个公民开放，象征着新的社会秩序及其对艺术的丰富影响。

宗教建筑　　宗教建筑的形式部分由希腊教派的性质决定，部分由原始起源的传统决定。在对主神如宙斯、阿波罗、雅典娜和阿耳忒弥斯的崇拜中，主要的仪式是祭祀，不是在封闭的房间里，而是在露天的大祭坛进行祭祀。一个相对较小的圣所就足以建造神殿，为一个神像和更易腐烂或更有价值的祭品提供庇护。尽管几乎总是对人们开放，但并非设计用于信徒集会。在对某些地狱之神的崇拜中，仪式是闭门进行的，但在大多数神秘宗教中，发起者数量很少。

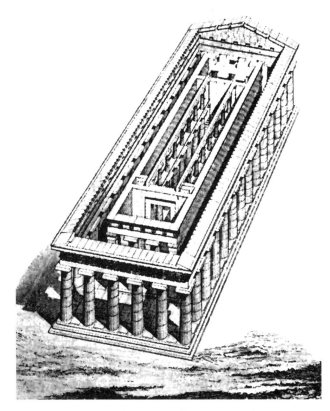

图4-13　帕埃斯图姆大神庙称为"海神庙"

神庙：基本元素　在这种情况下，通常在采用房屋形式上没有困难，又深又窄的长方形正厅，作为神庙的基本元素，即内殿或内院［图4-14（1）］。通常要么是不可分割的，要么分成一个中殿和狭窄的侧走廊。通常内殿的前面是门厅或门廊，柱子为相对柱式［图4-14（3）、（6）等］；封闭门厅不常见［图4-14（1）、（2）、（5）］，或者根本没有。

神庙：常规形式　尽管这种简单的形式足以满足次要的神庙，但通过添加两个其他元素，这种类型变得常规（图4-13）。后室［图4-14（6）、（8）］，在后部增加了一个对应于门廊的部分，但通常不与内殿连通，显然是为了形式平衡而引入。到目前为止所描述的列柱廊，完全围绕着整体的柱廊［图4-14（5）~（8）］，没有足够重要的实际作用来解释它的起源。起源也许应在一个由柱子支撑的稀疏林冠中，就像早期基督教祭坛上的那样。这很可能一开始足以庇护神像，然后扩大，形成一个封闭的内殿。可以肯定的是，在多立克式神庙中，这种布设似乎起源于此，列柱廊几乎与内殿有着偶然性联系。尽管前面通常有一根柱子与后面的每个支柱相对应，但这些柱子与墙壁或门廊的柱子没有精确的位置关系。

神庙：其他特征　其他元素偶尔可在神庙里发现，不限于任何特殊地区或时期。可能有一个特别神圣的里间，称之为"阿底顿"，可容纳神像并开放通往内殿［图4-14（1）、（2）、（5）］。一个类似但开放通往后方的里间被引入几个神庙，特别是帕特农神庙，以作为神的庇护下的宝库。在简单的内殿和列柱廊式神庙之间是柱廊式神庙，前面有柱子，还有前后廊柱式建筑形式，后面也一样。在狭窄空间中需要获得丰富效果时，这些有时可用作列柱廊式布设的最佳替代，例如在雅典卫城的雅典娜胜利神庙外围［图4-14（4）］。

神庙的外墙或柱廊由大型下部结构支撑，呈台阶状，三台阶形式最为常见（图4-13）。这些台阶与神庙的规模成比例，台阶往往太高，无法攀登，这就需要一段特殊的可行的台阶或入口对面的斜坡（图4-11）。内殿和列柱廊被一个简单的山墙屋顶覆盖，山墙或三角形楣饰适合雕塑装饰（图4-2）。神庙通常只通过它东面的大门获得照明，尽管一些爱奥尼亚式神庙（如厄瑞克修姆神庙）肯定也有窗户（图4-3）。其他一些据悉"露天的"或内殿没有屋顶的神庙，现在视为由于不完整或施工困难而造成。

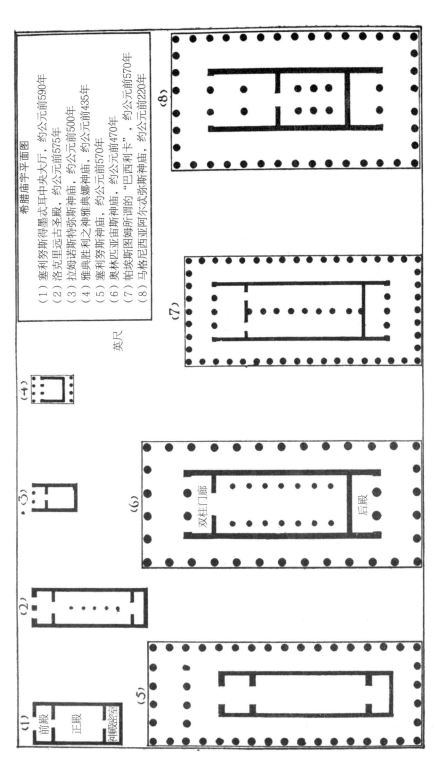

希腊庙宇平面图

（1）塞利努斯得墨忒耳中央大厅，约公元前590年
（2）洛克里远古圣殿，约公元前575年
（3）拉姆诺斯特弥斯神庙，约公元前500年
（4）雅典胜利之神维典娜神庙，约公元前435年
（5）塞利努斯神庙，约公元前570年
（6）奥林匹亚宙斯神庙，约公元前470年
（7）帕埃斯图姆所谓的"巴西利卡"，约公元前570年
（8）马格尼西亚阿尔忒弥斯神庙，约公元前220年

英尺

双柱门廊

前殿

正殿

神殿密室

后殿

图4-14　希腊神庙平面的变化

057

神庙：规模、比例　　很少有神庙的正面超过100英尺，尽管六个巨人本身就形成一个等级，尺寸几乎相等，约160英尺×350英尺。一些列柱廊式神庙窄至45英尺，甚至35英尺，而没有列柱廊的神庙如雅典娜胜利神庙，有时仅20英尺或以下。由六根柱子组成的常规"六柱式"多立克式正面本身具有惊人的弹性；宽34英尺的自然女神庙和宽91英尺的宙斯神庙并列矗立在奥林匹亚——这是对希腊建筑特有的比例关系的漠视。超过100英尺，柱子数量必须成倍增加，在帕特农神庙和塞利努斯大神庙有八根柱子，在狄杜玛的爱奥尼亚式阿波罗神庙有十根柱子。即使是后期较小的爱奥尼亚式神庙，由于其外部走廊的宽度，前面也有八根柱子。列柱廊式神庙的长度范围从宽度的2倍多一点到3倍少一点不等，在这个比例上没有时间上的趋势可循。侧面和前面的柱子数量之间的比率也不按照一般规律变化，尽管6∶17和6∶16这样高的比率仅在最古老的多立克式神庙中发现，6∶11这样低的比率仅在最近的神庙中发现。神庙正面的高度通常在宽度的一半左右——六柱式神庙的高度更高，六柱以上的神庙的高度更低——在任何情况下，爱奥尼亚式神庙的高度都高于多立克式神庙。

神庙的发展：古风时代　　在神庙发展的早期阶段，不仅在柱子系统中，而且在总体布设中，都有许多地方上的变化。在希腊本土，可研究其平面的最古老的神庙——公元前700年前的奥林匹亚赫拉神庙，公元前600年前的科林斯柱式神庙——后室和内部三重分割，以及多立克式列柱廊拐角缩小。但在赫拉神庙的其他构成部分，许多不太复杂的形式甚至在更晚的时期才出现，这很可能代表了一个通过省级保守主义坚持的更原始的发展阶段。早期爱奥尼亚式地区的神庙经常没有列柱廊，柱廊似乎是在爱奥尼亚人移民在祖国发展起来的，后来被带到了亚细亚。像古风时期以弗所的阿耳忒弥斯神庙和萨摩斯的赫拉神庙这样的伟大纪念性建筑均建于公元前6世纪，展示了在爱奥尼亚土地上不久后出现的列柱廊。在西方的殖民地，尽管它们后期才建立，但单边内殿一直盛行到公元前5世纪，而且列柱廊的问题解决得有些笨拙。在直径和在前面及侧面的柱子间距上的明显差异，有时在发源地发现，在这里是古风时代的规则；侧面和正面间距相同的正常解决方案，且由于三陇板，在拐角进行了一定程度的收缩，直到其接近才出现。在几个偏远的地区，神庙是由一排柱子将内殿分成两个走廊［图4-14（2）、（7）］——显然，这是一种比两排柱子划分［图4-14（6）、（8）］更原始的支撑很宽跨度的山脊的设计，专业建筑师称对两排柱子进行划分为神像留下了一个轴向的位置。后一种布设在西方很少见，那里的大多数内殿都是不可分割的。

神庙设计中的地方传统　在西西里岛西部的希腊偏远地区塞利努斯，可看到一个坚持地方传统的极端实例。这里有两个原始的封闭的正厅，每个都有自己的阿底顿；不少于七个左右的列柱廊式神庙保存着阿底顿，其中三个甚至在它们完全被常规类型同化之后保存。七个中的两个保留了封闭的门厅，所有四个古老的门厅都有一个精心设计的入口正面，要么是由第二排横列的柱子组成，要么是由一个柱廊发展成内殿，这在其他地方很少看见。部分由于这种特征的倍增，神庙长度都超过了平均比例。除一个仅分割一次的正厅外，只有阿波罗大神庙的内部有柱廊。

中心时期的神庙　公元前5世纪，所有列柱廊式神庙成功获得了常规多立克式布设。到处都采用相对柱式的门廊和后室，一个不可分割的内殿和三条走廊。奥林匹亚的宙斯神庙、意大利南部的帕埃斯图姆大神庙和阿蒂卡海岸外的埃伊那岛小神庙的平面上，三条走廊仅通过微小的细节即可区分出来。对于只有一个中殿的神庙来说，情况更是如此，比如后期的阿克拉加斯神庙和所谓的雅典忒修斯神庙。帕埃斯图姆大神庙保存良好，基本上允许所有构成部分重建（图4-13）。像其他当代神庙一样，内部柱廊由两列小柱子叠加而成。下部只是用柱顶过梁连接起来，上部的柱子延续了下部的锥形。

雅典　该世纪下半叶的雅典建筑师开始了一系列前所未有的创新，在将多立克式神庙丰富到其最高程度后，最终将爱奥尼亚式推到了它的位置上。伯里克利是民主制度的领袖，伟大的雕塑家菲狄亚斯是公共工程部长，这个希腊最国际化的城市给神庙形式注入了新的生命，就像它被强化成一个公式一样。引入的元素不仅仅来自爱奥尼亚，它们包括直接令人想起埃及的特征——可能是公元前454年雅典人远征埃及的成果——以及其他本质上的新特征。

帕特农神庙　帕特农神庙（图4-1、图4-2）取代了波斯战争前设计的一个更为传统的神庙，由建筑师伊克提诺斯和卡利特瑞特设计，建于公元前447年至公元前432年间。它有一个特别宽的内殿，为菲狄亚斯雕刻的雅典娜巨大雕像提供了空间。内殿的内部柱廊在神像后面翻转，成为希腊第一个列柱廊式大厅。在后殿，叠

加的多立克式柱列为爱奥尼亚式柱子所取代，爱奥尼亚式柱子相对高度更高，使得单个支柱可到达屋顶，且直径不会过大。在外部，多立克柱式得以保留下来，门廊和后室具有六柱式列柱廊，以及一个8×17列柱子的列柱廊。大理石的使用使得在门厅和外部走廊上用方格石而非木头做天花板成为可能，并创造了丰富的雕塑装饰，这是前所未有的。

建筑上的改进 柱列台座巧妙地向上弯曲，早期用于奥林匹亚的赫拉神庙和科林斯的神庙，也用于帕特农神庙和较小的忒修斯神庙，属于水平和垂直构件的一系列精心修改的一部分。柱上楣构中心的线条也向上弯曲，在平面上向内弯曲。柱子朝内殿墙壁向后倾斜，拐角处柱子斜着倾斜。墙壁本身倾斜，与整体的金字塔效果一致。此外，角柱比其他的柱子稍微厚些，可清楚看到柱廊的尽头。所有这些变化尽管很小，像柱微凸线一样，却足以以最微妙的方式看到更好地组织的每一种可能性，并赋予艺术作品某种生命特征。

雅典娜胜利神庙 在雅典卫城的后期神庙中，多立克柱式已完全被抛弃，从而采用爱奥尼亚式，而爱奥尼亚式再度变得很常见。第一个是雅典娜胜利神庙的小神庙，即所谓的"无翼胜利女神殿"，由卡利特瑞特于约公元前435年在西南堡垒上建造。其内殿较浅，每端有四根柱子的列柱廊。虽然它是所有希腊神庙中最小的，但其宏伟的建筑、与下部结构比例和谐完美的细节，使它在伟大的建筑旁边也能展现自己的价值。

厄瑞克修姆神庙 另一座爱奥尼亚式神庙是献给雅典娜和厄瑞克修姆的（图4-3），从公元前435年到公元前404年每隔一段时间建造一次，以取代帕特农神庙北部的旧神庙。其平面不规则，对应于它所庇护的各种教派和所站立的不平坦地面。它有一个内殿，东面有六根柱子的列柱廊，南面和北面都有小门廊，西面有一堵有附墙柱的墙。在著名的南面"少女门廊"，雕刻的支柱可巧妙适应其建筑功能。这六个形象，前面有四个，均背对着建筑站立。他们总是轻松地用一只脚休息，支撑腿总是在外侧，包裹在垂直褶皱的帷幔里，起到和柱子凹槽一样的艺术作用。在北面门廊，爱奥尼亚式柱头是最丰富的，有双螺旋线，在柱颈上雕刻忍冬花纹，或花状饰纹。另一个引人注目的特征是特别的北门口，其模制的柱顶过梁通过雕刻的玫瑰花饰变得更丰富。北面和西面的柱子高度不同于东面和南面的柱子高度。此外，北面柱廊突出于内殿拐角之外，并具有一扇通往建筑西面神圣围壁的门。虽然建造连接处时缺乏设施，但将建筑中的各种形式结合起来用于复杂用途的尝试是一件新鲜事。在尝试的过程中，这些特征逐渐演变，例如独立于主正面使用的柱廊或门廊，成为后来建筑发展中最受欢迎的设计。

巴塞的神庙　在阿蒂卡的边界之外，约公元前420年，建筑师伊克提诺斯受雇设计位于阿卡迪亚山脉的巴塞的阿波罗神庙。其布设新颖，甚至胜过他家乡的建筑。不仅使用了多立克柱式和爱奥尼亚柱式，而且我们第一次知道还能使用第三种，也就是丰富的科林斯式。正如将爱奥尼亚柱式用于帕特农神庙的国库一样，将其用于内殿内部，其中柱子与整个房屋的高度一致。在内部也开始通过短横墙将柱子连接至墙上，从而将独立柱转为附墙柱。爱奥尼亚式柱头本身与以往在希腊看到的均不同。他们在所有三个暴露面上均存在涡卷饰，其允许柱廊在不需要特殊拐角柱头的情况下穿过内殿。其涡卷饰形式的最近原型位于某些埃及涡卷形装饰中。埃及模型也可能暗示了单一的科林斯式柱头，其在与爱奥尼亚式柱具有相同的柱上楣构的情况下，为内殿末端的一根柱子加顶。

雅典庙设计中的雕塑装饰　公元前5世纪的雅典庙也在丰富的雕塑特征和引进它们的模式上开创了新先例。迄今为止，在多立克式神庙中，除两个三角形楣饰的三角形区域和两端的一系列柱间壁外，几乎未采用形象雕塑装饰。爱奥尼亚柱式建筑装饰的特征模式是通过围绕着内殿外墙或其下部结构形成的连续条纹或形象雕带。如今，在帕特农神庙的设计中，所有外部多立克式的柱间壁均遍布雕塑，且将一个连续的爱奥尼亚式雕带添加到列柱廊天花板下的内殿周围。在胜利女神雅典娜的爱奥尼亚式神庙内，其前柱式构造安排是通过一个单独的檐口连接内殿和柱廊，卡利特瑞特并未将雕刻的雕带限制在内殿之内，而是将其带到两个柱廊的柱顶过梁上。在爱奥尼亚柱式柱上楣构上第一次使用雕刻的雕带，紧接着在厄瑞克修姆神庙和巴塞神庙内部也有类似使用，很快就影响了所有现行做法。

公元前4世纪的神庙　雅典建筑师的革命性设计并未使其他地方的神庙出现即时或完全的改革。西方神庙仍很少受其影响。在塞吉斯塔，且在公元前430年后不久在帕埃斯图姆建造的伟大神庙中，出现了类似于帕特农神庙中的曲度和倾斜度，但爱奥尼亚柱式未得到青睐，甚至对内部来说也是如此。在希腊大陆，大理石

的普遍采用导致了列柱廊使用石质天花板，其一般比例类似于阁楼建筑的一般比例。在特格亚的雅典娜神庙中，雕塑家史珂帕斯跟随伊克提诺斯的脚步，采用了爱奥尼亚式和科林斯式柱以及多立克式柱。然而，这些柱的主要用途是用于新的圆形神庙中或圆顶墓——位于埃皮达鲁斯、奥林匹亚和德尔斐。

后期爱奥尼亚神庙　爱奥尼亚式文艺复兴时期的伟大神庙自然地恢复到以萨摩斯的赫拉神庙和以弗所的阿耳忒弥斯神庙为代表的早期民族类型。前面有八根柱子，有时十根，沿两侧排成两排，或有一条宽度足以容纳两根柱的走廊［图4-14（8）］。柱子正面和侧面均与壁角柱对齐，使得天花板横梁的规则性成为可能，这在多立克式神庙中从未实现过。从普里埃内和帕加马的爱奥尼亚式神庙中的多立克式建筑中获取柱列台座的曲度，狄杜玛的阿波罗神庙采用了科林斯柱式的半身柱作为内殿内部结构。使用越来越多的一个元素是整个结构的平台或基座，带有柱基和凸起线脚，其趋向于取代柱列台座。

神秘神庙　宗教习俗的朝拜殿堂（包括入教某些神秘神庙在内）主要在后期成倍增加，尽管有若干个示例是从更早时期流传下来的。对于其中一些神庙来说，传统正厅即内殿已足够，其要么不分割，要么设有纵向柱廊，萨莫色雷斯岛的也是如此，也可通过在一部分高度的柱子之间建造屏帷墙来将列柱廊分配到神秘用途中，就像塞利努斯一座神庙一样。由此可见，这只是阿克拉加斯的奥林匹亚布置的一个步骤，在该步骤中，将这些屏风带到完整高度，因此内殿延伸到外接合的柱廊中（图4-11）。这座神庙的巨大尺寸和由此造成的对中间支点的渴望，由柱子之间巨大的男性形象雕像提供，这可能是该列柱廊完全关闭的原因。对于艾留西斯的神秘礼堂来说，传统神庙计划已在庇西特拉图时代抛弃，原因是一个提供更大容量和从各个方面观看仪式的计划。一个方形房间由每个方向的七行柱子所分割，其中墙体周围有几排座位，用于容纳大量观众，尽管大量柱子留出了大部分空间，但几乎很少能看到中心空间。

圣坛　在伟大神庙之前的祭坛起初相对小型，其在希腊化时代成为纪念性建筑，在面积和华丽程度上超过了神庙本身。本质上，它们包括一个供献祭者使用的平台和一个在该平台上方用于燃烧祭品的凸起壁炉。尤其值得注意的是在帕里翁的祭坛，一侧超过600英尺；在锡拉库扎，长度上具有几乎相同的距离；在帕加马，具有一个雕塑平台和一个围绕着祭祀平台的U型爱奥尼亚式柱廊。

国库 在泛希腊宗教中心，神庙内殿不可存放供奉给神灵的祭品的十分之一，这种做法很早就兴起，即建立单独国库，其中每个城市的礼品均可存放在该库中。这些采取了小神庙的形式，通常在墙角柱间有两根柱，尽管偶尔为前柱式构造。每一个均带有其城市和起始时间的风格印记。将其排列在奥林匹亚的露台上，或独特地沿着德尔斐蜿蜒的神圣之路排列，是圣殿最有趣的特征之一。

神庙围壁、通廊 纪念性通路或通廊，内外侧均设有柱廊，可通往神庙围壁，且朝圣者庇护所柱廊沿着墙体内表面延伸。穆尼西克里试图在雅典卫城（前437—前432年）的通廊里融合这些元素，这些元素在其统一的复杂性中前所未有。尽管宗教保守主义阻碍了其设计的完全实现，但一部分仍持续显示其纪念性质。更大的神庙区域，通常设有许多神庙和祭坛，一丛丛的橄榄树和冬青树，大量雕像和还愿物，形成了宏伟的总体效果（图4-19）。

民用建筑 用于民用目的的特殊建筑在希腊发展相对较晚，其中聚集在露天处是可行的，在此神庙提供众多民事功能。最普遍采用的形式是柱廊，一个长而窄的大厅，就像正厅或神庙内殿一样，但不像内殿，具有一个代替一面侧墙的开放式柱廊。在柱廊作为庇护所、市场和交易所的各种用途中，通过单一范围的柱子细分并未提出像神庙中存在的相同艺术和实践缺点，且其仍是最常见的内部安排。然而，设有三个隔板或位于两层中的柱廊并不少见。承载石制柱顶过梁的多立克式柱子通常形成外部柱廊，爱奥尼亚式柱更高且间距更小，以支撑着屋顶的木梁。在两层柱廊中，爱奥尼亚柱式置于多立克式之上，每一层均有其完整的柱上楣构。

市场 最初同样是为政治功能服务的市集或市场，是一个没有固定形式、一侧或多侧与柱廊毗连的露天场地。该场地经常位于两条主街的拐角处，且沿着主街两侧穿过。因此，这若干条柱廊最初是独立的，只是后来在爱奥尼亚柱式中采用了一个周围具有连续柱廊的封闭式常规规划区，效仿了东方式列柱廊状庭院。位于大都市、普里埃内（图4-20）和马格尼西亚（图4-15）的市集在这一更高层次组织过程中展示了连续步骤。（通常附属于市集的是柱廊后侧的商店以及中央空间的神庙或喷泉，靠近广场的是议事厅或市政厅和其他民用建筑），销售特殊类别货物的附属市场是对主要市集的补充。

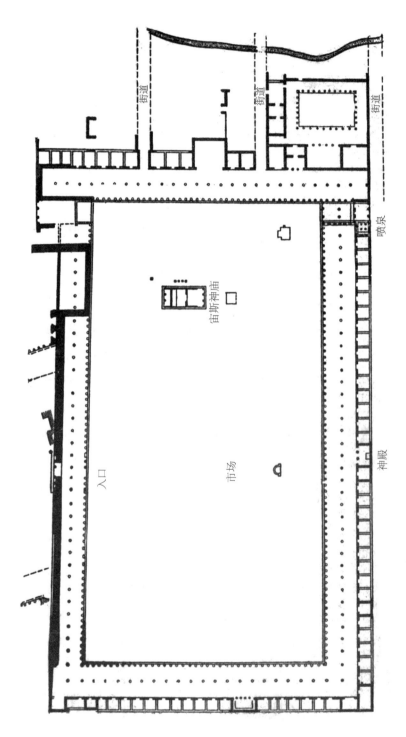

图4-15 马格尼西亚，市集和周围的建筑

市政厅　像许多其他希腊建筑一样，议事厅起源于正厅。在奥林匹亚，一个较旧的部分甚至保留了房屋的原始形式，设有一个半圆形建筑末端和一条单一纵向柱廊。后续示例，如多利斯城的福基孔，就像设有两排柱子的成熟内殿一样。在它们和侧墙之间增加了多排座位。这个问题本质上类似于神秘神庙的问题，最终导致像他们一样抛弃纵向方案，且采用了面向演讲者平台的同心座位布置。在公元前2世纪或公元前3世纪的普里埃内，座位平行于三面墙，屋顶由内部列柱廊支撑——这是一个统一的解决方案，且在技术上令人满意。在米利都，将座位制成半圆形，仿照剧场的模型，增加了一个纪念性庭院和通廊。所有这些建筑最多只能容纳几百人。一个特殊问题将由大都市阿卡迪亚人的大厅提出，其中有数千人安置在此。建筑师采用了一系列关于三侧的同心状柱廊和座位，但通过将柱子放置在从中心点射出的直线上，避免了像在艾留西斯神秘大厅那样严重阻碍视野。屋顶当然是木制的，尽管解决方案实际上令人满意，但这一屋顶既不是永久性的，也不是纪念性的。

剧场　希腊剧场是一种自然的发展，对应于戏剧从原始的狄俄尼索斯崇拜中的发展。为了来自戏剧的合唱歌曲和舞蹈从中脱颖而出，保留了它们在后来发展中的地位，并对剧场的原始元素——表演场地或舞场的重要性负责，其中心为祭坛。另一个终极元素是在凹层中上升的座位，弧拱与其相对，包含供参与者使用的更衣室和列柱大厅，即弧拱前的一个平台，其中某些演员或所有演员均出现在平台上。经推测，一个早期的发展阶段可能为礼堂提供了一个便利的山坡，起初没有任何建筑特色，但随后设有木制座位。在公元前5世纪，与埃斯库罗斯的戏剧性改革一致，引进弧拱。在索福克勒斯时代，其仍是木制座位，伴随彩绘油画布的墙壁。然而不久以后，纪念性材料经取代，且将这些元素精心设计到公元前4世纪的剧场中，这在希腊化日子中几乎一样。即使这样，组件也只是松散地并列，而未焊接到单一单元之中。希腊的设计模式过于天真，以至于无法寻求具有如此不同的形式和功能的部件的结合。

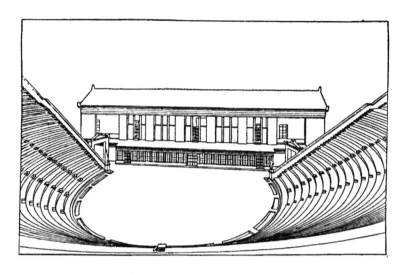

图4-16　以弗所，希腊化时期的剧场（费希特复原）

典型希腊化剧场　以弗所的剧场（图4-16）展示了在希腊化时期后期成为惯例的形式。仍安排表演场地，以便包括一个完整的圆圈，尽管圆圈本身不再像早期示例那样用边石加以标记。其周围为石制座位，占据了超过半圆形的空间，且直接坐在山坡上。在其一半高度处通过一条通道同心地进行分割，以及通过阶梯步级放射状地进行分割，且在两侧通过斜墙阻挡。这些和舞台的建筑之间是观众进入的通道，且也是合唱团应从远处进入的通道。与表演场地相切且位于礼堂对面的是列柱大厅，高约10英尺，设有小型的附墙柱和三扇便于合唱队进出的门，且其余开口均使用木板封闭。弧拱本身是一种长而窄的建筑，有两层楼高，在朝向列柱大厅的一侧设有一系列大开口，其中三个开口安装有门。大开口在早期已构造了一些自然主义的舞台背景，如今赋予其一个更传统的填充细长柱，作为罗马舞台背景的分组装饰柱的原型（图5-10）。

剧场设计的多样性　在其他示例中具有丰富的多样性。可利用的场地并不总是允许礼堂像以弗所那样具有规则的几何形状，其外边界通常不规则且有时座位本身的布局也不规则。地面的构造通常允许从属于中间环形通道的入口。表演场地可能会提供荣誉席位，就像雅典狄俄尼索斯剧场美丽的大理石王座。一个人们可寻求庇护所的柱廊或散步所也可能增加到在弧拱附近的某个地方。

剧场大小　在住宿方面，这些露天剧场远远超过了现代剧场。雅典具有容纳

30,000名观众的空间，大都市具有容纳44,000名观众的空间。后排的人员同样离演员远得多，但作为补偿，他们从一个比我们较高楼座低的角度观看演出。礼堂直径范围200~500英尺。

小剧场　无论是在目的上还是在礼堂的阶梯状布置中，与剧场有关的是音乐厅，这是一座涉及音乐和演讲比赛的建筑。排序第一的是由伯里克利在雅典的建造。其似乎设有一个锥形屋顶（具有内部支承）。在希腊罗马时代，用于此类目的的建筑在任何相当大的城市中成为惯例。较小音乐厅呈矩形，设有弯曲的阶梯座位，就像一个现代的报告厅或独唱独奏厅；较大音乐厅基本上包括在罗马剧场中，最著名的是希罗德·阿提库斯在公元2世纪为反对雅典卫城而建造的音乐厅。

体育场　希腊人的运动精神在他们的纪念性建筑中占有一席之地。对于竞技比赛来说，体育场是进化而来的，其名称来自希腊弗隆。将体育场安排在地形有利的地方，设有一组的座位，但最好是在两个长而平行组通过一个半圆形连接靠近在一起。在必要的地方，座位是人工建造的，或通过墙，或通过土堆建造，奥林匹亚也是如此。直至罗马时代，才在雅典加入石头或大理石座位。容量从12,000到50,000不等。同样在类似布局中安排竞技场，但其设有一个大半径转弯。希腊时代，在纪念性材料中进行这些操作几乎还不够。层中心的隔板仍是一个简单的土堤，即木材的起始屏障。

其他运动场地　体育馆和角力学校为大型运动会提供一般锻炼和准备。最初，严格地说，角力学校是拳击和摔跤的地方，但经常交替使用这两个术语。在原始时代中，一个简单的围壁已足够；后来，沿着一侧添加柱廊；随后其他侧由房间支撑。该布置在希腊化时代已被简化，取而代之的是一个同类型、有柱廊的庭院，奥林匹亚和埃皮达鲁斯的也是如此。庭院朝南的一侧通常加深两倍。周围的房间或提供了指导场所，或提供了供朋友聚集阅读和交谈的场所。其中一个是浴缸，设有一个简单的水箱或水槽。独立的沐浴设施并不多，直至希腊化时代后期，一个奢华的精心制作阶段随之而来，为伟大的罗马温泉浴场提供了原型。

住宅建筑，正厅房屋　由于政治和公共生活几乎完全由男性掌控，私人房屋直至在进入中心时期为止仍是次要的。其似乎通常包括一个大小适中的大厅、正厅派生物和一个靠近街道的庭院（除小房屋外）。公元前4世纪，普里埃内房屋仍

显示出一种不断重复出现的正厅房屋风格，在大厅前的相对侧设有柱廊，就像迈锡尼时代一样统治着庭院（图4-17）。这条街的入口在一边，通向一条狭窄的走廊，走廊沿着庭院的一边，旁边有一个柱廊。然而，大多数房间只能通过露天庭院才能到达。

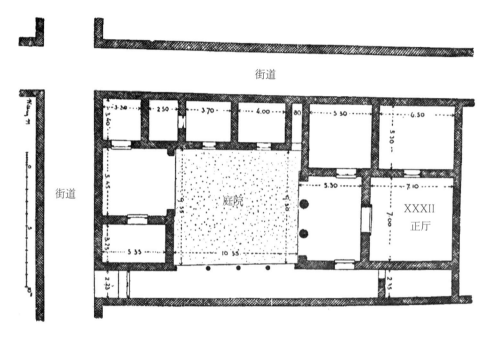

图4-17　普里埃内，"房屋XXXII正厅"

有列柱走廊式庭院的房屋　公元前3世纪时，这种类型的房屋开始由一种庭院有连续列柱廊的房屋所取代，即东方式布局。放弃了正厅，以留出一个宽阔的大厅，位于一侧，尤其是在提洛岛（图4-18）。列柱廊是希腊化时期国王住宅的主要中心特征，就像帕加马的卫城一样。所有这些住宅都向外翻了一面简单的墙，很少或没有窗户，很少在门上有柱廊。关于某些部分的第二个叙述并不少见。壁画最早出现在阿尔西比亚德斯时代，据说他将一名画家关在家里，直至他开始装饰墙。后来，壁画常用于室内装饰，就像古希腊罗马时期的庞培古城一样。

墓葬建筑　埋葬死者是希腊的常见习俗，尽管焚化并非不为人知。葬礼大部分在城门外平原上的墓地举行。

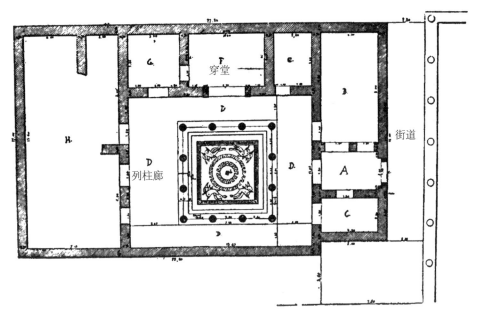

图4-18 提洛岛，三叉戟之宅

平民化的感觉要求坟墓的标记简单，因此，除了少数传统英雄的纪念性建筑，在外国人欣赏并采用希腊建筑师的晚期，最精致的纪念性建筑在希腊本土以外。在雅典，朴实无华的石板或石碑是最受欢迎的类型，刻有金银花或莨苕叶形装饰，通常装饰有象征性的雕刻浮雕。公元前4世纪末，已在东方使用的石棺出现在希腊。最著名的示例是西顿希腊化统治者的墓葬群，其中模仿房子或神庙的细节、浮雕背景。神庙的形式也更大规模地用于纪念英雄的真正的墓室或祭庙。从公元前5世纪末开始，这些在小亚细亚成倍增加，以卡里亚国王摩索拉斯的巨大纪念性建筑为顶峰，达到约350座。它有一个支撑在一个高高的平台或基底上的列柱走廊式内殿，顶上是一座具有24个台阶的金字塔，上面有一辆四马二轮战车。普林尼给出的总高度为140英尺，周长为440英尺。特别著名的是其丰富的雕刻装饰，除许多独立形象外，浮雕有不少于三个雕带。这座建筑使平台上的列柱廊布局引人注目，成为后来纪念性建筑的典型形式。

纪念性建筑　类似形式用于纪念性建筑，如雅典的吕西克拉特纪念亭，建于公元前335—公元前334年（图4-10）。在这里，一个圆形的超级结构第一次放置在一个正方形的基座上。在国家圣殿举行的更大规模的祈祷仪式包括各种形式的纪念

性建筑。一根柱子通常用来支撑一个形象，纪念性背景是为半圆形的雕像群或开敞式有座谈话间而设立。所有这些均在德尔斐大量排列（图4-19）。

图4-19　德尔斐，阿波罗神庙和辖区（R.H.斯迈思复原）

整体上，德尔斐、奥林匹亚和提洛岛等泛希腊中心不仅仅包括宗教建筑。就像上述这些城市一样，它们展示了希腊建筑的整体。在德尔斐，剧场和体育场是阿波罗神圣围壁的附属建筑。在奥林匹亚，一座巨大的运动建筑综合体拔地而起，有市政厅、贵宾住所、喷泉、柱廊，后来甚至还有私人住宅。提洛岛既是一个港口，也是一处圣殿，除了神庙，它还有仓库、商业俱乐部和交易所。在如此古老而神圣的土地上（首先是在像德尔斐这样的地方，选择此处归功于一个山沟）不可能有太多正式的布局。然而，在使新建筑适应旧建筑的不规则布局方面表现出很高的技巧，而且对地形的映衬产生了很好的视觉效果。

城市　同样的特质将古老的城市区分开来，这些城市的选址是为了军事力量，然而继承的限制使变化变得困难。这些城市是时间的产物，他们的规划是其历史的写照。尽管他们的住宅区仍很差，建造得很紧密，但市民生活的中心却很丰富，直至它们可与国家朝圣地相媲美或超越国家朝圣地。这是真的，尤其是在雅典，卫城为一组卓越的建筑提供了无与伦比的背景，这些建筑材料丰富，工艺精湛独特，形式精妙。这种方法来自西方，岩石在另一边骤然升起，剧场紧贴其南部侧翼。在古典时代，一条蜿蜒的道路穿过雅典娜胜利神庙的堡垒，通向通廊。穿过柱廊和有五扇大门的中心墙，一扇大门出现在岩石的顶端，矗立在雅典娜的巨大雕像前。右侧是帕特农神庙，在左侧，以不同方式面向光，厄瑞克修姆神庙以其简单和丰富作为相互的衬托。这两座神庙之间的行进道路蜿蜒前行，装饰着数百尊雕像和最高艺术价值的祭品。

图4-20　普里埃内鸟瞰图（齐贝柳斯复原）

城镇规划　　后来的城市显示了希腊倾向于将所有事物合理化的影响，将它们简化为普遍和几何类型。希波丹姆成功完成比雷埃夫斯的常规规划后，他受雇于图里和罗德斯。大多数希腊化的城市都采用了矩形规划，至少在主街道上是这样。有时有两条主要的交叉干路，有时每个方向有几条干路。似乎未寻找到整个城市的大致矩形轮廓。尽管亚里士多德注意到希波丹姆为住宅的适当分组做了规定，但在希腊城市中，这种考虑似乎仍从属于壮观的公共建筑分组。在应用新发现的公式时，建筑师并不总是谨慎地考虑地形条件。在普里埃内（图4-20），矩形街道规划强行强加在陡峭的山坡上，横向街道成为真正的阶梯街道。尽管保存完好并进行认真挖掘，然而，它为我们提供了晚期希腊城市的一个方面的最好证据，远远地暗示失去了安条克和亚历山大港的辉煌。

像希腊城邦一样，希腊建筑只停留在几个元素的综合之上。希腊建筑最初是由对自然的简单适应激发，后来是由自信的理性激发，它在有限的场地内寻求并获得了最清晰的表达，而这正是适度需求所暗示。

希腊建筑时期		
大希腊和西西里岛	希腊本土	爱奥尼亚和亚细亚
1.原始时期，约前1100—前776年		
2.古风时期，约前776—前479年		
塞利努斯最早的列柱走廊式神庙，约公元前575。帕埃斯图姆的"巴西利卡"，约公元前560年。西方殖民地的主导地位，约公元前550—480年。塞利努斯的阿波罗神庙，约前500—前480年。塞利努斯的典范神庙，约前500—前480年。迦太基战争，公元前480年。	公元前8世纪奥林匹亚的赫拉神庙。科林斯神庙，公元前600年前。庇西特拉图统治下的雅典。奥林匹亚宙斯神庙开始，约公元前530年。早期艾留西斯的神秘大厅。早期德尔斐的阿波罗神庙，约前530—前514年。波斯战争，希腊大陆的觉醒，前490—前479年。雅典更古老的帕特农神庙，约前490—前480年。埃伊纳的阿帕亚神庙，约前490—前480年。	爱奥尼亚的主导地位，约公元前550年。萨摩斯的赫拉神庙，约公元前600年。古老的以弗所的阿耳忒弥斯神庙，约公元前560年。波斯征服爱奥尼亚，公元前546年。
3.中心时期，约前479—前330年		
西西里的繁荣，前480—前465年。阿克拉加斯的奥林匹亚宙斯神庙，公元前480年后。塞利努斯的阿波罗神庙竣工。内战和与西库尔人的战争，前465—前444年。西西里再度繁荣，约前444—前409年。帕埃斯图姆的大神庙，约公元前430年。塞杰斯塔的神庙，约前430—前420年。阿克拉加斯的协和神庙。	民族团结，约前479—前460年。奥林匹亚、德尔斐、提洛岛的装饰。奥林匹亚的宙斯神庙，约前468—前456年。德尔斐的普拉提亚战利品。雅典霸权，伯里克利时代，约前461—前430年。帕特农神庙，前447—前432年。通廊，前437—前432年。雅典娜胜利神庙，约公元前435年。"提修斯神庙"，约公元前430年。后期艾留西斯的神秘大厅。自比雷埃夫斯的布置。	

希腊建筑时期		
大希腊和西西里岛	希腊本土	爱奥尼亚和亚细亚
西西里岛西部在迦太基前陷落，前409—前406年。 阿克拉加斯的卡斯托和普鲁克斯神庙，公元前338年后。	伯罗奔尼撒战争；雅典的政治垮台，前431—前404年。 厄瑞克修姆神庙，约前435—前404年。 雅典影响力的传播。 巴塞的阿波罗神庙，约公元前420年。 忒格亚的雅典娜阿莱亚神庙，约公元前390年。 埃皮达鲁斯的神庙、圆形建筑物和剧场，约公元前350年。 曼提尼亚的重建；梅格洛玻利斯和麦西尼建筑，公元前370年。 马其顿征服希腊，前357—前338年。 奥林匹亚的腓力圆形神庙，公元前336年。	爱奥尼亚复兴，从约公元前350年开始。 哈利卡纳苏斯城的陵墓，公元前353年后。 后来以弗所的阿耳忒弥斯神庙，前356—前334年。 普里埃内的雅典娜神庙，供奉时间为公元前334年。 亚历山大征服波斯帝国，前334—前330年。
4.希腊化时期，前330—前146年		
锡拉库扎的希伦祭坛，前276—前215年。 公元前272年罗马征服大希腊，公元前241年征服西西里岛。 阿克拉加斯的阿斯科勒比俄斯神庙，公元前210年前。 塞利努斯的神庙"B"。	雅典的莱克格斯行政，前338—前322年。 石砌剧场。 体育场建立，约公元前330年。 菲隆兵工厂，约公元前330年。 菲隆柱廊，艾留西斯，公元前311年。 亚细亚统治者对雅典的装饰。 奥林匹亚宙斯神庙重新开庙，公元前174年。	希腊影响力的传播。 亚历山大港建立，公元前332年。 安条克建立，公元前301年。 以弗所重造，公元前290年。 帕加马，尤其繁荣。前241—前138年。 尤米尼斯宫，前197—前159年。 宙斯祭坛，约公元前180年。

续表

希腊建筑时期		
大希腊和西西里岛	希腊本土	爱奥尼亚和亚细亚
4.希腊化时期，前330—前146年		
锡拉库扎的希伦祭坛，前276—前215年。 公元前272年罗马征服大希腊，公元前241年征服西西里岛。 阿克拉加斯的阿斯科勒比俄斯神庙，公元前210年前。 塞利努斯的神庙"B"。	阿塔洛斯的柱廊，公元前159年至公元前138年之间。 罗马人对科林斯的破坏，公元前146年。	普里埃内的市政厅，约公元前200年。 米利都的议事厅，前175年—前164年。
5.古希腊罗马时期，约公元前146年后		
帕埃斯图姆的科林斯式－多立克式神庙，公元前2世纪	雅典的"风塔"，公元前1世纪。 罗马皇帝和公民对雅典的装饰。 哈德良拱门，约公元135年。 希罗德·阿提库斯的建筑：体育场的礼堂，约公元140年，音乐厅，约公元160年。 奥林匹亚的赫罗狄斯开敞式有座谈话间，公元156年。	亚细亚的罗马行省成立，公元前133年。

第五章　罗马建筑

在希腊建筑和罗马建筑之间，各种前古典风格并无如此明显的区别，它们大部分是在相互联系相对较少的地区独立发展起来。从希腊文明最开始，意大利就处于它的影响力范围内，这种影响力过于强大，导致无法出现另一个独立的开端。此外，意大利人尤其是罗马人的特征成为主导，但并不足以呈现在艺术领域的首创性。它主要具有政治性、好战性、常识性、实用性——在审美方面更适应接受而非创造，尽管在规划和建筑科学方面有显著的发展。起初，罗马人是斯巴达式的苦行僧，后来，作为世界的征服者，他们的物质生活发生了改变，他们变得富有而奢华。

与希腊形式的关系　他们与希腊人直接接触时，首先征服了意大利南部和西西里，然后是希腊和西亚细亚，罗马人意识到希腊建筑、希腊文学和雕塑的优越进步，并寻求使其形式适应他们自己的纪念性建筑。在这种适应中，最初的结构意义往往会丢失，就像在后来更复杂的希腊时代一样。柱子和柱上楣构用作墙或拱门的装饰附件，它们并无结构功能，但既能明显表达修建者的传统修养，又能对表面进行庄严而有节奏的细分。首先接受柱形的形式，因为罗马人意识到他们在希腊化的希腊，因此继续进一步在装饰和规模上进行丰富。拱门开始正式强调线脚，以与系统的其他构件协调一致。

建筑物类型的重要性　然而，在罗马人当中，重要的与其说是细节的个别形式，不如说是许多功能类型的发展，以响应他们更复杂文明的不同需求，并符合对其问题的逻辑分析。首先是土木和军事工程的非凡扩建（道路、桥梁、排水沟、

沟渠、港口工程、防御工事），坦率地说，适应了它们的实用功能，但在结构表达、材料的广泛处理、比例方面，在艺术上也令人满意。在一连串活跃的政治和商业生活上，出现了集会场所和市场（广场和巴西利卡）问题的更广泛和宏伟的解决方案。为了军事和君主赞颂，希腊人已使用的纪念型获得采用并得到放大，一种新的类型（纪念拱门）添加进来。为给最受欢迎的娱乐活动（戏剧、角斗、比赛）提供一个建筑背景，希腊形式的礼堂用于剧场、露天剧场、圆形竞技场等不同场合，这些礼堂的建造往往不考虑费用，无论地形是否有利。由于财富增加，住宅建筑放弃了早期的共和国式简朴，取而代之的是东方的奢华和辉煌，皇帝的宫殿和庄园则达到顶峰。大众的对应建筑是公共浴场或温泉浴场，成千上万的人可在这里享受各种各样的点心和娱乐。

结构　　在建筑方面，罗马人以极大的独创性和技巧调整了他们的方法，以适应大规模的运营并解决建筑大部分免于风吹日晒的问题。罗马人在一个还很原始和笨重的条件下建造了拱和拱顶，通过基本的几何可能性和组合来遵循它的形式，同时将自己从切割石头工作的困难中解放出来。混凝土建筑使罗马人能够扩大它们的用途，并在墙表面应用丰富的材料，这些材料永远无法满足建设用途。混凝土建筑还允许它们在无内部支撑的情况下跨越很大的跨度，确保了一系列新的内部空间效果，特别是罗马风格。

规划　　在处理存在多方面要求的众多单元时，罗马人从一个幼稚的不规则组织（就像早期的希腊人）逐步到达更高组织的程度。最终，他们在这方面远远超过了希腊人。不同房间的功能都不同，从实用的角度以及空间多样性来看，它们的顺序均得以仔细考量。建筑师不满足于在一个轴上建立形式对称，他们引入了横轴和各种平行于两个主轴的小轴线，产生了高度复杂的从属部分的统一，具有最大的变化效果。他们不仅在平地上完成这项工作，而且在最不规则的场地上也完成了这项工作，利用地形条件困难的优点，巧妙地掩盖了由此造成的不规则性。

普遍性　　像罗马帝国一样，罗马建筑变得具有普遍性。种族和气候并未起到很大的决定作用，虽然它们多样，然而官方艺术受当地传统和建筑材料的限制即使有微小的差异，总体来说却惊人地统一。官方艺术主要从希腊人那里吸收过来，强加给其他被统治民族，并由许多种族的艺术家实践，这些艺术家对它的普遍发展做出贡献。在非洲的沙漠、阿尔卑斯山的山麓和德国的森林中，形式大同小异地重复着。在这一点上，就像在许多其他方面一样，罗马建筑跟现代建筑一样，经常缺乏细节上的精致和想象力，却专注于更大的规划、建筑和质量问题。

发展时期 在罗马建筑的发展过程中，可区分出三个时期，在这三个时期中，希腊的影响以三种不同的方式表现出来。约公元前300年前，罗马人和伊特鲁里亚人共享一种混合了意大利元素的稀释的希腊文化。从那时起直至共和国结束，约公元前250年，他们从希腊西部殖民地和希腊本身吸收的式样的基本原理，并努力解决拱造成的新问题。从帝国建立到衰落，他们越来越多地借鉴亚细亚东方化的希腊文化，同时也做出了自己最重要的贡献。

图5-1 伊特鲁里亚神庙（许森复原）

公元前300年最早的纪念性建筑 罗马最早的纪念性建筑的特征主要从当代的伊特鲁里亚作品中推断出来，这些作品传统上认为提供了它们的原型。主要类型是根据可用的材料，用多边形或琢石圬工砌成的防护墙；大门、排水沟和桥，在

宽阔的拱座之间有简单的拱门，就像当代希腊一样；带有柱状柱廊和木制过梁的神庙（图5-1）；各种本地形式的房屋和坟墓。

房屋　这些类型中最具个性和影响力的是住宅，它是古典时代罗马房屋的原型。公元前7世纪后，几乎没有北方特征的房屋遗迹类似于希腊正厅的原型。典型的形式与这些截然不同，似乎源自东方——带一个中庭的房屋，屋顶有一个中央洞口。另一方面，神庙在三种形式中至少两种形式受到希腊的强烈影响。第一种形式是圆形神庙，它与圆形小屋有着明显的传统联系，尽管后来它以希腊的方式接受了一种列柱廊的样式。第二种形式，只有一个矩形内殿，复制了典型的希腊布局却几乎不做改变：前面的柱廊做得更深，经常侧面无柱廊，后面始终无柱廊。第三种形式，有三座平行的内殿（图5-1），可视为一个新的创造，而非将希腊体系按照新异教的迫切需要进行适应。它的建立足以并排设立柱廊式内殿，并让它们的柱廊稍微更深。

图5-2　佩鲁贾，奥古斯都拱门

拱形建筑　拱和拱形排水沟，如佩鲁贾（图5-2）的入口，和罗马的马克西玛下水道（以前被认为是传说中的罗马国王遗留下来，比希腊的拱门更早）最早设立在公元前4世纪。它们并不体现希腊拱门的建设性进步，而是通过对拱顶石和拱底石的装饰强调，或者通过拱底石下方和楔形拱石周围突出构件（拱墩和披水线脚）来努力让建筑表达这部分功能。

柱状系统　柱形体系的建筑形式反映了希腊的建筑形式，所有三个式样均有粗略的对应。最重要的是多立克式的衍生形式，它一直在希腊西部占主导地位。它以其后来的两种希腊形式重复出现：钟形圆饰的轮廓缩小成一条直线，并圆化成一个象限；无基座，有一个简化爱奥尼亚式样的模制基座。这两种形式中的后一种，有圆形的钟形圆饰和基座，后来被认为是托斯卡纳的特有形式，尽管在奥古斯都时代维特鲁威写道，承认它只是多立克式的一个变种。三陇板雕带有时会进行复制，尽管更常见的式样无雕带。取而代之的是由木梁和橡子形成的广泛突出的屋檐，就像柱顶过梁本身一样，通常包裹在装饰华丽的赤陶板中（图5-1）。陡峭的山墙模仿三角形楣饰，有时有点儿像雕塑。

罗马共和国的发展（约公元前50年）　在罗马共和国后来更强大的时期内，建设性和正式的发展同时进行。公元前312年，阿庇乌斯·克劳狄在横跨台伯河的埃米利乌斯桥上建造了第一座高架渠，公元前179—公元前142年，一系列拱门并排建立，它们的突出平衡在支撑墙墩上。这一原则的复兴，很久以前就应用于底比斯的拉美西姆仓库和巴比伦的大型地下建筑，证明了后来罗马建筑的非凡成果。与此同时，罗马人可直接进入希腊纪念性建筑。罗马于公元前272年征服大希腊，于公元前241年征服西西里；希腊于公元前196年受罗马保护；小亚细亚于公元前133年成为一个省。公元前212年锡拉库扎、公元前209年塔伦特姆、公元前196年和公元前167年希腊大陆的掠夺物，尤其是公元前146年科林斯毁灭后，让罗马人看到了丰富的希腊艺术，并唤起了罗马人模仿的欲望。希腊俘虏和其他被财富和机会吸引的希腊艺术家贡献了必要的知识和技能。到公元前2世纪中叶，活跃在罗马的大多数建筑师都是希腊人。

细节形式　他们的影响很快在更真实的细节形式和更复杂的式样应用中显现出来。早在公元前250年，希腊的建筑细节就出现在西庇阿·巴尔巴图斯的石棺中，尽管它们有着非常规的组合，但各自都是正确有效的。到公元前1世纪，传统建筑细节的使用已普及，各种形式的式样已变得很自然，因此符合希腊标准不再需要

作为他们的标准。如在古罗马国家档案馆、所谓的福尔图纳神庙、罗马和蒂沃利的圆形神庙（图5-3）所示（这些建筑均建于公元前1世纪），人们可针对特点检查建筑细节，特别是罗马的特点。特点首先在于部件组合的自由，其最初的意义现在早已被人遗忘。可以肯定的是，柱上楣构的细分总是可纳入规范，分为柱顶过梁、雕带和檐口，即使是爱奥尼亚式样也有一致的雕带。通常，三陇板仅限于多立克柱式及其衍生式样，尽管在某些情况下它们出现在爱奥尼亚式柱头甚至科斯式柱头。然而，齿状装饰等不太引人注目的形式随意调换。如果违反任意的准则，合理的区别不会遭到忽视，从继承的规定中解放出来的丰富细节形式得以应用，始终尊重位置和表达功能的适当性。

柱式的应用　一个更有特色的特征在于柱状系统作为一个整体与墙结合的自由度。神庙柱廊的直立式柱子的形式沿着内殿的墙加以重复，以呈现一个完整列柱廊的效果（图5-5）。类似柱状形式的非结构性使用甚至在公元前5世纪的希腊也尽人皆知，且从此频繁使用。尽管碍于罗马内殿的宽度，罗马人仍希望确保一个柱状效果，从而得到广泛使用。

图5-3　蒂沃利，维斯塔神庙

罗马拱柱式　更进一步的扩展体现于有拱门的墙上，或者更确切地说，体现于在连续拱廊的墙墩上使用柱子，通常几层楼都使用柱子，这种设计变得非常普遍，以至于得到一个特殊的名字——罗马拱柱式。古罗马国家档案馆（公元前78年）给出了首个有时间的示例。这种设计后来最著名的例证就是罗马斗兽场（图5-4、图5-21），该设计包括应用于拱廊的墙墩和地板对面的水平条纹，叠加式样的希腊柱廊的柱子和柱上楣构。相比起使用拱门的顺序，一系列拱门的叠加本身并没有那么新奇。将这种布局视为加强希腊支撑柱廊支撑拱顶、加厚支撑和在柱子之间建拱更为合理——这一过程类似于希腊第一批附墙柱的制造过程。更大的力量需求在于希望通过比希腊人的木制天花板和屋顶更永久的方式跨越正面后的通道，通常是通过一个筒形拱顶实现，从外拱顶部跨越到内墙。这的确是建筑中值得注意的一步，因为向外的突出并无像东方的地下拱顶或沟渠和桥的拱廊末端那样无懈可击的拱座。然而，试验成功了，厚重的外墙的抗力已足够了。从纯粹的形式角度来看，尽管有一定困难，拱柱式同样成功。半圆形的纵向拱顶必然比拱顶前面的柱上楣构还要高，但这一点的克服方式是在两层之间插入带基座的阁楼。平静而庄重的横平竖直的重复，控制和协调拱更自由的线条，柱上楣构、拱墩、基座的一致模压处理，共同构成了一个具有强大效果的体系，独立于个别细节的特征或过梁与拱的结构表现的冲突。

图5-4 罗马斗兽场

住宅建筑　从公元前4世纪开始，这些私人房屋就在密集的街区以墙到墙的方式建造，这种建造方式遵循了伊特鲁里亚模式，建有中央中庭，周围有房间，后侧建有小庭院。后来，在希腊的影响下，增加了更复杂的内部部分，建立了有柱廊的庭院，即所谓的列柱庭院。到了公元前2世纪，这种构造类型成为富人普通住宅的模式；从公元前1世纪早期开始，富人开始用大理石柱和大理石铺面，精心打造名副其实的豪华宫殿。另一方面，当时大都市生活的压力迫使人们为穷人建造三四层楼的房屋。

其他类型　在这一时期，主要纪念性形式仍是神庙。意大利和希腊的民用建筑发展较晚。同样，政治集会和商业往来最初都在户外进行。可以肯定的是，元老院一开始也是在户外或某个神庙集会，早期会在特殊建筑内即罗马教廷——似乎是按照神庙内殿建造。到了约公元前200年，开始建造巴西利卡^①作为商人的交易场所，这些巴西利卡还成为法庭所在地，并逐渐用于其他用途。我们知道的第一个巴西利卡由监察官加图在公元前184年建造，其他巴西利卡很快动工修建。关于这些巴西利卡的原型，甚至是恺撒时代之前所有巴西利卡的原型，我们一无所知。

分组：城镇规划　公共建筑的分组是一个不规则的偶然组合，类似于早期希腊的圣殿，例如，面向广场（城市的主要开放空间）的神庙和巴西利卡。只有在庞培等基本希腊化的城镇才有更统一的处理，例如，爱奥尼亚市集——源自公元前100年前不久建造的广场围护结构，通过柱状柱廊构成长方形。尽管罗马城的发展出乎意料，也不遵循常规设计，但许多城镇在总体布局上显示出共同特征，这些特征源于意大利自古以来的神圣原则，即由两条直角相交的轴线分割。主要街道标记了这些轴线，与之平行的街道是界定住宅区的次要街道；其中一个转角处经常有广场，庞培的也是如此。

皇家建筑（约公元前50年至公元35年发展）　罗马式建筑向特大规模和壮丽的转变，始于公元前1世纪中叶的庞培和尤利乌斯·恺撒建筑。庞培于公元前55年建造了最早的石头剧场，该剧场建在拱形下部结构的平坦面上。恺撒并不满足于在广场上建造新的巴西利卡，为元老院和其他集会提供更好的场地，而是开创增加全新

---

①　古罗马的一种公共建筑形式。——编者注

广场的惯例，不同于阻止旧罗曼努姆广场扩大的古老建筑。奥古斯都的建筑和重建建筑是如此之多，以至于他有理由自诩"将一座泥砖的罗马城筑成一座大理石的罗马城"。也许，最值得注意的是以其名字命名的广场以及该广场的八柱式科林斯式战神马尔斯神庙。他最能干的大臣阿古利巴非常重视高架渠，并建造了第一个大温泉浴场。此外，在奥古斯都统治时期，建筑师维特鲁威主要根据希腊资料汇编了他的规则和准则，旨在帮助传播正确的原则。然而尼禄统治时，拥挤的居住区遭到大火摧毁，这为他们按照常规设计来重建提供了机会，这项规划采用更好的材料、建造更低的房屋和更宽的街道。随着弗拉维安皇帝（69—96年）的到来，对帝王般奢华住房和对细节精工制造的偏好达到顶峰。他们位于帕拉蒂尼山上的宫殿，建有宏伟的拱形大厅、神庙及广场，这些建筑柱上楣构的所有构件几乎都经过装饰，该"综合型"首都结合了爱奥尼亚式和科林斯式元素，证明了他们努力让形式丰富起来。图拉真、哈德良、安东尼统治时，尽管建设性事业的规模进一步扩大，但也支持希腊形式。在巨大的图拉真广场中——该广场本身按照东方原则建造——大巴西利卡未采用早期工程的拱形拱廊，而是仅仅采用了希腊柱子和过梁系统。当时神庙柱上楣构的装饰多样性大大降低，在某些情况下，甚至到了朴素的地步。

建筑进展　然而，与此同时，罗马建筑科学发展迅速，成功克服了拱顶半圆形后殿、圆形房间和长方形房间（需侧向开口）的难题。在哈德良万神殿，图拉真、卡拉卡拉和戴克里先的皇家温泉浴场大厅，这些元素达到了迄今为止无法达到的巨大规模和不朽效果。在同样作为罗马式建筑的温泉浴场中，逻辑规划取得了巨大成功。新城镇的布局提供了将其原则扩展到整个城市的机会，在希腊化亚细亚也是如此。

流行类型　神庙不再是唯一的纪念性建筑，甚至不再是主要的纪念性建筑。尽管规模庞大、材料昂贵，但作为国家生活的一种表现，它们已居于次要地位（国家生活表现为行政管理、商业、享乐和利己）。除了用于自我神化的豪华宫殿和神庙，皇帝们还建造了凯旋门和拱门，陵墓的规模和华丽程度都超过了哈利卡纳苏斯城的原有建筑，还建造建筑物来满足民众的娱乐需求。

后期皇家建筑　在后期纪念性建筑中，一种新逻辑逐渐在拱门和圆柱的关系中体现出来，同时，一股东方新浪潮也影响了建筑和细节。万神殿和温泉浴场的拱门不是由柱上楣构和圆柱构成，而是直接置于柱上楣构和圆柱之上；人们在公元前

4世纪初进一步采取措施，拆除了公元前2世纪叙利亚纪念性建筑和亚得里亚海上戴克里先宫殿的柱上楣构，直接将拱门置于圆柱顶上（图5-20）。因此，在最后发展阶段，罗马式建筑抛弃了正式的规范，解决了面临的表达难题，为中世纪的发展奠定了基础。

艺术中心　在这段漫长的历史中，罗马城一直是艺术活动中心，集中了希腊和东方的影响。在罗马帝国最后时刻，权力的天平越来越向东方倾斜，君士坦丁大帝统治时（306—337年），行政所在地转移至对岸博斯普鲁斯海峡的拜占庭或君士坦丁堡。罗马的财富和人口迅速减少。330年，基督教成为国教，神庙因此逐渐废弃，神庙和公共建筑都遭到了掠夺，从而获得建造大基督教巴西利卡的材料，这是当时唯一重要的新事业。哥特人于410年、汪达尔人于455年洗劫了罗马，最后残余的罗马帝国皇权被摧毁，476年，罗慕路斯·奥古斯图卢斯应蛮族首领奥多亚塞的要求退位，这标志着罗马帝国在西方名存实亡。

重要类型的特征　希腊人一丝不苟地关注着细节形式的发展，这一点最为重要，而罗马人则需要深入研究强大功能类型的发展。

图5-5　尼姆，"四方神殿"

神庙　罗马的神庙与希腊不同，不是为了公理教会崇拜而建造，它最终扩展到如此大的规模，是为获得富丽堂皇的效果。仪式受到希腊的影响，在形式和方向上留下了相当大的自由，尽管图像最好是在东方。在处置的问题上，发展是朝着一个稳定的接近希腊方案与连续的外部列柱廊。伊特鲁里亚神庙后侧从来没有柱廊，早在共和时代，罗马内殿后侧和两侧都建有隐藏的装饰性附墙柱，这在帝国早期得以保留。保存得最好、最著名的是法国南部尼姆所谓的"四方神殿"（图5-5），这是一座遍布科林斯柱式的六柱式神庙，表明罗马人在比例和微妙形式方面并不落后于希腊人。线和表面的柔和弯度缓和了希腊纪念性建筑的规则性以及明暗变化在设计中的重现。其他神庙（例如奥古斯都广场的战神马尔斯神庙）延续了伊特鲁里亚时代已发现的类型，更接近列柱廊布局——沿着侧面和前面建有独立式柱廊，但不穿过后侧。这种趋势越来越趋向于完整的列柱廊，这种建筑在公元前2世纪罗马殖民地建立之前的半希腊庞培时期仍在使用，随着奥古斯都在恺撒广场建成的神庙而在罗马出现。最著名的其中一个示例是哈德良在恺撒广场附近建造的维纳斯罗马神庙。这座神庙的正面建有十根圆柱，内殿紧接着两个房间，这是首次采用筒形拱顶。沿着内墙半圆柱和雕像装饰壁龛的华丽装饰直接源自早期希腊内殿的内部柱廊，穿过巴塞神庙和狄杜玛阿波罗神庙。一些神庙尽管呈长方形，也与传统沿着长边建造柱廊的布局不同，但这只是出于特殊要求。柱列台座和平台均可用作底座，屋顶一直是山墙屋顶，前面是三角形楣饰。在少数情况下，只有神庙没有屋顶。

圆形神庙　相当重要的一类是圆形神庙。罗马和蒂沃利两个著名的共和时代示例（图5-3）与希腊的相似建筑区别不大。两座建筑都是科林斯柱式，都没有拱形内殿。从原则上来说，阿古利巴建造的第一座罗马万神殿肯定相似，但规模更大。万神殿今天仍屹立，由哈德良重建（120—124年），在西弗勒斯统治时（公

图5-6　万神殿内部，显示了西弗勒斯复原后的状况

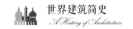

元202年）得以修复，相反，这座万神殿展示了新罗马建筑方法的使用（图5-6）。单一的半球形圆顶横跨直径超过140英尺的圆形内部，其拱顶正好在铺面上方相同的高度。光线从顶部单孔照进来，由于内部的面积和体积，雨水可通过这一单孔而不会带来任何不便。大墙壁上设有八个壁龛，交替呈方形和半圆形，最初呈拱形穿过，还有科林斯式圆柱围屏；拱顶深深凹陷，镶板随着拱顶上升而逐渐减少，还曾用青铜玫瑰花结装饰。在墙体的构造砖贴上丰富的大理石板，与一般形式的抽象统一性相得益彰。

　　神庙围壁　　尽管罗马许多早期神庙及其同一地点的后续神庙都直接建于广场的边界，但后来人们更喜欢按照希腊化时代的做法，将神庙建于有柱廊的围壁中，既为观看祭祀的崇拜者提供庇护，又加强了建筑效果。在庞培（阿波罗管辖区），这种布局是希腊时代的城市遗产；在罗马，该布局和围柱式神庙一起应用到恺撒广场（同时也是一座建有围壁的神庙）。后期的建筑师并不满足于简单的长方形设计。在奥古斯都广场上，他们向左右两侧置入大扇形开敞式有座谈话间；在叙利亚巴勒贝克朱庇特神庙内，他们在主谈话间前增加了第二个六角形庭院。

　　神庙规模　　神庙规模和希腊神庙有很大不同，但尺寸范围相同。然而，希腊所有神庙在附属物的复杂程度和广度上，都能与巴勒贝克的神庙媲美，覆盖面积为1000英尺×400英尺。

图5-7　罗曼努姆广场

广场　该广场最初用于各种形式的贸易和政治集会，在小城镇也是如此。在城市中，特别是在罗马，贸易量的增加迫使为各种商品设立附属广场，而将广场留给银行家和一般商业往来。主要公共建筑围绕着其分组（图5-7）。图拉真在非洲建立的殖民地萨穆加迪（提姆加德城）显示了广场在罗马帝国时代可能的选择形式，在这种情况下，所有形式的广场都是从一开始就设计好——由完整列柱廊环绕的方形庭院。在罗马，由皇帝建造的附属广场在图拉真的附属广场中达到顶峰，后者由大马士革的阿波罗多罗斯设计，包括一个各种用途的巨大建筑群。众所周知，其遵循了埃及神庙的模式。首先是宽阔的庭院，广场本身由三面柱廊环绕，柱廊两侧是巨大的开敞式谈话间，旁边是商店。庭院另一侧是一座规模巨大的巴西利卡，正如埃及神庙的多柱式建筑的大厅；而巴西利卡后侧是图拉真神庙，由第二个长方形围壁环绕，类似于埃及圣殿。甚至塔门和方尖碑也有对应的建筑，可从纪念性拱门进入第一个庭院，凯旋柱位于第二个庭院的入口处。埃及原型建筑缺少规划的多样性和技巧的灵活性。

广场的附属物建筑　罗曼努姆广场仍是政治中心，其附属建筑包括罗马教廷或元老院、户外集会场、演说家向民众发表演说的讲台。该平台坐落在通往丘比特神殿的主要区域尽头，装饰有刻纹护墙和小纪念柱，以及赋予其名字的船首。广场铺面上雕像林立，凯旋门和凯旋柱随处可见，与神庙和巴西利卡的正面形成的效果与希腊国家圣殿一样丰富。

巴西利卡　巴西利卡用于暗中交换各种必需品，其在平面图上的显示并不一致，但一般是内部宽敞的建筑，建有柱状支柱，不像楼座或柱廊一样狭窄并在一侧敞开，而是像大厅那样宽阔、封闭。希腊一些建筑符合这一定义，但未采用相同的名称。它们都属于希腊式设计，即大厅很深，建有纵向柱廊，半圆形后殿位于入口对面，而且它们还属于东方式设计，即大厅宽阔，建有内部列柱廊。罗马现存的纪念性建筑也包括这两类，而且这两类都不能按时间顺序优先排列。其中最引人注目的两座建筑是东方风格的代表建筑，即罗曼努姆广场的朱利亚巴西利卡和图拉真广场的乌尔比亚巴西利卡。朱利亚巴西利卡的长形主正面朝向广场，后侧是商店。中间是长方形大厅，周围是两层楼的两个同心拱形走廊，布局与古罗马国家档案馆相似。无法通过侧向开口保证中央大厅有足够的光线，造成了这样一种假设，即其天花板在走廊平顶上方有窗户的侧天窗上有浮雕，埃及神庙和某些显示埃及影响的后期希腊建筑也是如此。这座建筑的外部如此开放，非常特别，在一定程度上无疑来自希望得到的丰富效果，这符合其显眼的位置。乌尔比亚巴西利卡的总体设计与朱利亚巴西利卡相似，但它建有圆柱和过梁，而非墙墩和拱柱式。中央区域尽管跨度超过80英尺，但肯定可由木制屋顶覆盖。唯一扩建的部分是两端的大半圆形后殿。艾米利亚巴西利卡因其在广场中的位置而成为朱利亚巴西利卡的悬饰，其现有形式很大程度上在同一时间形成，这似乎显示了设计与窄深大厅相反，其侧翼转向广场，仅沿着两侧设有楼座。同样的变化可通过各省示例来追溯。

图5-8　罗马，马克森提乌斯和君士坦丁巴西利卡（德埃斯波伊复原）

马克森提乌斯巴西利卡　在巴西利卡中，它的结构独一无二，以一种神圣的方式由马克森提乌斯开始，并由君士坦丁大帝完成（图5-8）。一个拱顶代替了中殿的木制屋顶，拱顶系统几乎完整地继承其最早的代表，我们将研究它的浴室大厅。仅有的三个隔间长度接近200英尺，中殿的净跨度超过75英尺。尽管需要大量修改支撑点和侧天窗的形式，但巴西利卡的基本模式易于识别。它最初属于希腊式，只有沿着两侧的走廊，入口位于其中一个狭窄的末端，对面是半圆形后殿。君士坦丁大帝完成这座巴西利卡后，第二入口位于广场宽阔侧的中心，第二个半圆形后殿与之相对，这形成了混合型设计。采用防火和永久覆盖的方法已在其他类型的建筑中得到了发展，马克森提乌斯巴西利卡标志着明显的进步，在许多方面都预示着基督教巴西利卡发展成中世纪的拱形教堂。

剧场　　罗马剧场与希腊剧场不同，其发展的先决条件可在罗马早期的本土意大利戏剧及其表现方法中知道。在表演过程中，观众首先站在平地上，因此，舞台必须有合适的高度。由于不用于合唱表演，因此舞台前无需开放的空间或表演场地。第一个封闭式剧场由木头建造，呈长方形，座位与舞台平行，不久呈阶梯状排列（图5-9）。舞台和礼堂很容易融入同一屋檐下的整体建筑中。替代建筑在原则上没有很大变化，该建筑位于在长方形建筑内，设有扇形座位或圆形座位，庞培的小剧场也是如此，这座小剧场建于公元前80年后不久，受到附近现有的希腊化剧场的影响。随着尺寸增加，遮阳篷或遮日篷不得不为木制屋顶所代替，但建筑物的墙壁保持同样的高度，舞台后侧（舞台背景）的墙壁装饰着模仿希腊舞台背景的圆柱，必须对两层或三层楼进行装饰。这就是罗马剧场的情况，就在共和国时期结束之前，一栋建筑确定了最终的形式。

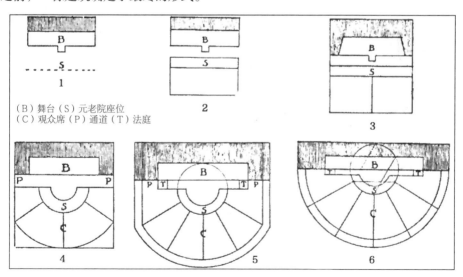

图5-9　罗马剧场发展示意图

罗马的石头剧场　庞培剧场是罗马第一座石头剧场，建于公元前55年，据说是仿照米提利尼剧场的模式建造而成。然而，从这个原型中得到的特征可能仅仅是建筑的总体构思，建有大柱廊庭院用于散步，特别是主要的圆形礼堂。接着是表演场地的位置，然而，该位置尽可能缩小成半圆。保留的罗马元素是礼堂与舞台紧密的结构结合，舞台的墙体无疑与座位齐平。在平地上用石头建造礼堂的必要先决条件是罗马拱顶结构技术的发展，通过采用这种技术，座位可支撑在离地面很远的地方，而且径向开口可留作通往上层区域的通道和楼梯。正面采用了古罗马国家档案馆的模式，建有拱门，带有柱状装饰，后来的罗马斗兽场才采用了这一模式（图5-4）。因此，在希腊，表演场地和圆形座位都是原始元素，舞台及其附属建筑都是后来发展起来的，而在罗马，舞台是最初的组成部分，表演场地和圆形礼堂是从希腊继承过来的。综合体的示例包括罗马城的三个大剧场——庞培剧场、马采鲁斯剧场、巴尔布斯剧场或奥斯蒂亚的剧场（图5-10），这些综合体的设计各有优点，不仅在于适应罗马戏剧的要求，还在于设计的统一性和内外效果的华丽。

图5-10　奥斯蒂亚，剧场

各省的剧场　各省都重复了相同模式，尽管方法不够充分，通常只能使用合适的山坡支持一部分礼堂，维罗纳、法国奥朗日的也是如此。在大多数东方的示例中，尽管采用了很高的舞台背景，但设计中的联系仍松散。然而，在小亚细亚的阿斯彭都，剧场内部呈现出完整的罗马风格，其中最丰富的是舞台背景。与大多数奥古斯都时代和后来西方舞台背景形成对比的是，西方舞台背景展示了门周围的三大壁龛越来越精致，这显示了东方偏向于在保持墙面平整时增加开口和柱状细分部分。在这两种情况下，舞台背景不再是一个结果、一种方法，而是其本身的一个目的，仅造成远离戏剧暗示，更确切地说，是按照皇家建筑的一般装饰概念进行。

圆形露天剧场　罗马人认为，戏剧仅次于更令人兴奋的角斗，而角斗于3世纪从坎帕尼亚传入，最初在广场或圆形竞技场举行。在为这种比赛提供特殊的建筑安排方面，罗马也落后于坎帕尼亚，庞培在公元前80年后不久就开始出现建有阶梯式座位的椭圆形竞技场，而罗马直至公元前58年才建成两个面对面的木制剧场礼堂，成为这座城市的第一个圆形露天剧场。恺撒时代的比赛仍在木制看台上举行，直至公元前29年奥古斯都时代，罗马才用石头建造了圆形露天剧场。然而，尽管庞培的竞技场大部分是从泥土中挖掘出来，后排座位由实心砌体支撑，但罗马的圆形露天剧场和剧场一样，都是在平地上建造，有着富丽堂皇的拱廊外观。

罗马斗兽场　弗拉维安圆形剧场即罗马斗兽场，在公元70—82年接替了奥古斯都圆形露天剧场，显示了这种安排最后和最壮丽的形式（图5-4）。椭圆形竞技场周围有三层连续的座位，由高高的护墙隔开，且顶部很可能由环绕的柱廊装饰。竞技场外部首先是三层开放式拱廊，装饰有多立克柱式、爱奥尼亚柱式、科林斯柱式拱门。四层墙壁最初可能是木制墙壁，采用科林斯式壁柱进行装饰。靠近顶部的梁托支撑着木杆，这些木杆可能支撑着巨大的遮日篷，并形成了下方统一重复柱式所必需的视觉拱顶。各层之间的间距规则，在透视法方面有规律地缩小，檐口在广阔表面上不断延伸，这些间距和飞檐都让人感到无与伦比的雄伟和尊严，这证明了罗马斗兽场与罗马本身力量之间的密切关联。结构上的成功同样引人注目。椭圆形设计要求每一个径向通道和每一英尺同心拱顶都与其邻接件不同，但许多通道和拱顶都是在石头上建造，需精确切割成最难切割的几何形状。在第三个拱廊中，实际需求导致无法像之前楼层建造那样，在正面的拱门上方承载同心筒形拱顶，拱顶可

下降到与拱门相同的高度，为拱门的延续部分所穿过。由此形成的穹棱拱顶首次在意大利出现，其总体优势很快就显现出来，因为这一拱顶需要支柱，而非连续的大拱座，而是推力集中于其上的单独墙墩。首都建造圆形露天剧场之后，意大利和外省城市也建造了其他圆形露天剧场，著名的遗迹现存于维罗纳、尼姆、阿尔勒等许多地方。这些座位可容纳2万至2.5万名观众，而罗马和坎帕尼亚最多可容纳的观众是上述观众的两倍。

马戏　　大规模的观众来自战车赛的圆形竞技场，战车竞赛是罗马最古老的娱乐活动，最初在帕拉蒂尼山和阿文提诺山之间的山谷举行，经过多年，那里建造了马克西穆斯竞技场，最终可容纳20万名观众。该层又长又窄，还有像希腊体育场一样的急转弯，圆形竞技场的座位安排也是如此。沿着层中心是屏障（或称之为脊），把延长段分隔开，装饰有方尖碑和纪念性建筑；转弯处对面的末端是起始布置，每辆二轮战车均有独立小室，在聚集于第一个倒圆角的节段中。外部采用类似于剧场和圆形剧场的体系。

浴场和温泉浴场　　罗马洗浴设施从最简单的实用结构发展为豪华的机构，不仅提供洗浴和体育运动设施，还提供现代咖啡馆或俱乐部社交设施。庞培共和国后期的示例小规模地显示了房间的典型补充物及布置。供运动使用的场地（或称之为体育场）配有一系列保持不同温度的房间：冷水浴室、温水浴室、高温浴室。冷水浴室内设有冷水浴池，高温浴室内设有热水浴，温水浴室用于缓解从一种浴室到达另一种浴室的温差，里面也设有水盆，供无法接受冷水浴的顾客使用。更衣室（古希腊更衣室）和蒸汽浴（蒸汽浴室）均为更令人向往的功能。在供男人和女人使用的浴室中，配有两套这种房间，高温浴室紧靠着火炉，其他房间依次离火炉更远。

卡拉卡拉温泉浴场（公元217年）　　在由阿古利巴发起的帝国时代温泉浴场中，所有这些功能均得到扩大，规模巨大，并与希腊体育馆的功能相结合。洗浴设施由巨大的围壁包围着，设有林荫遮蔽的人行道、开敞式有座谈话间和各种游戏区。在历代许多皇帝试图超越对方的十几个温泉浴场中，卡拉卡拉温泉浴场因其保存完好以及其平面图的逻辑和形式脱颖而出。

有平天花板或露天的冷水浴室、有穹棱拱顶的温水浴室、有圆屋顶和壁龛（类似于万神殿的壁龛）的高温浴室这三个主要要素独一无二，以递增系列置于主轴线上。左边和右边是门厅和更衣室，有两个巨大的列柱廊体育场，周围是小房间，但规模依然很大。温水浴室是温度适中的房间，作为人员流动的关键环节，其轴线作为平面图的主要横线，延长通过列柱廊及其开敞式有座谈话间。前面和侧面均设有通往场地的独立通道，后面的房间通过柱廊向花园自由开放。突出的高温浴室对面的露天座位以及附属开敞式有座谈话间着重突出了花园本身的轴线。单元形式各样，轴线有大量相互作用，一直是现代复杂和详尽平面图的灵感。

图5-11　戴克里先温泉浴场（保兰复原）

温水浴室　　对后来的发展而言，最有成果的是温水浴室的典型形式，戴克里先浴池重复了这种形式（图5-11），高温浴室也是如此。温水浴室长度分成三个由巨大柱子标记的隔间，每个隔间均有一段柱上楣构，作为穿棱拱顶的入口。这些隔间采用三个横向圆柱体相交而成的纵向圆柱体形式，间隔一小段距离，并略微突出于交叉点。倾斜下降的交叉拱之间的方形砖石块置于柱子的柱上楣构上。集中在这些点上的拱顶的全部向外推力由其后面的深横墙支撑，而深横墙作为可见扶壁被高高地带到相邻房间的屋顶上。这些深横墙卡在拱顶弹簧高度处，留下了冠下的半圆形空间，向每个隔间和末端的大侧天窗开放。扶壁之间的空间全是桶形穿隆壁龛，穿过这些壁龛的是相对较小的柱子的悬挂式屏风，突出了主柱式的巨大规模。如同在万神殿里一样，拱顶被装饰得富丽堂皇，墙壁上布满了大理石。

图5-12 尼姆，嘉德水道桥

高架渠、桥梁 为浴室和罗马城市的一般用途提供必要供水的高架渠大部分不设在压力系统上，而是在从高架源逐渐下降后带到城市的高层。对于一个位于平原中心的城市而言，与大都市一样，需要在离地面相当高的地方支撑一条很长的水道。高墩上统一范围的拱门可满足这种必要性，显示了石材或混凝土建筑缺乏每种外部装饰物，但因材料的坚固性和建设方法公认的简易性而令人印象深刻。在高架渠必须穿过深谷的地方，由于拱门的大小不同（坦率地说，拱门利用了最好的基脚），因此增加了趣味性。最著名的示例是尼姆的嘉德水道桥（图5-12），这座桥有三个范围的拱门，一个在另一个之上，整个拱门长六分之一英里，在山谷溪流以上超过150英尺。在两个较低范围的沉重拱石式石拱门中，河上的一对拱门明显比其他拱门要宽，斜坡旁边的拱门相应地减少了。一座名为福基孔的建筑无论要求的跨度高度如何，均可自由放置。统一小拱门的上部范围通向地平线的安静节奏，如同柱子与檐口之间的多立克式三陇板一样。公路桥梁屡次出现了许多与高架渠相同的问题，相同的类型划分也屡次出现。横跨低岸宽河的桥梁有一系列均匀拱门，有时会用支撑道路的小拱门照亮墙墩，如罗马的莫尔桥；越过深谷的桥梁有一个拱门或若干明显不同大小的拱门。主墩两端可能会装饰纪念性拱门或小神龛。

纪念性建筑：柱子，纪念品　　罗马人极度渴望获得军事荣耀，因此很早便将希腊祈祷柱用于纪念用途。为纪念海军胜利，公元前260年，伊流斯竖立了一根柱子，上面装饰着被俘船只的船头，即所谓的古战船船头纪念柱。最伟大的柱状纪念性建筑是图拉真、马可·奥勒留和福斯蒂娜的纪念性建筑，每个均由方形雕塑基座上的大理石多立克式柱身组成。此类建筑在100多英尺的高度上设有其创始人的镀金雕像，并装饰着连续螺旋浮雕来庆祝他们的战役。希腊人也有在战场上竖立胜利纪念品的习俗，纪念品由盔甲和武器组成，或者用石头仿制。纪念品进一步不朽发展的可能性在于其基座，比希腊化示例能更详细地说明。在靠近摩纳哥的奥古斯都纪念品中，圆形列柱廊在较高方形基底的两层楼中，还有一个陡峭的圆锥形屋顶，将纪念品支撑在很高的地方。

拱　　一种更具本土特色的纪念性建筑类型是纪念性拱门或"凯旋"拱门，最初临时用易腐烂材料建造而成，用于在凯旋的胜利者在凯旋队伍中穿过罗马时欢迎他们。在帝国时期，这种用石材制成的永久性拱门在帝国各地用于各种纪念目的。最早的示例（从奥古斯都时期开始）显示拱形架（如在古罗马国家档案馆和剧场中）由两个柱子和一个柱上楣构组成，也许带有三角形楣饰。在任何情况下，上面均有一个基座或阁楼，用于支撑雕像。很快，将第二根柱子添加至原始柱子对的两边，包括矩形地块（典型示例是罗马的提图斯凯旋门）（图5-13）。柱状装置（坦率地说具有装饰性）在处理时在形式上最精通。突出的柱顶过梁加强了中央洞口，将内部柱子结合在一起，并在下面三角形拱肩的浮雕上投射深深的阴影。角柱周围的柱上楣构断裂让轮廓变得丰富起来，而使上面各种部件安静下来并牢牢地搁在地上的简易基座可将角柱与相邻角柱结合在一起。作为完成上述的必要条件，必须想象一下四马双轮战车，即一辆有四匹马和雕像的青铜双轮战车。纪念性拱门得到进一步发展，扩大了侧间，并在其中插入了附属拱门，如位于罗马斗兽场附近但后来被君士坦丁大帝据为己有的图密善之门。在这里，基座和柱上楣构在所有四根柱子上断开，这种统一取决于拱门的节奏对称。后来，在各个省份，拱门设计者试图尽可能将拱门和柱子结合使用。

图5-13　提图斯凯旋门

图5-14　特里尔尼格拉城门

凯旋门　凯旋门的艺术思想也带到了城门上，在罗马和平时期，城门通常具有象征意义而非军事意义。甚至保留其防御特征的城门（如德国边境特里尔的尼格拉城门）也因柱状装饰物而具有纪念性表达（图5-14）。塔楼和楼座的主要开口和窗户均配有框架，与罗马斗兽场一样，但更加严厉和严肃。

坟墓遗迹　这种创造纪念柱和拱门的同样直觉会在坟墓纪念性建筑中自己表现出来，在帝国时代，坟墓纪念性建筑比希腊化时代的更富丽堂皇。这个时期实行了埋葬和焚烧，并采用了装饰豪华的瓮和石棺。但在许多情况下，对于包含墓室并采用多种形式的大型建筑而言，这些做法只是次要的。赞助人和艺术家根据罗马人接触过的每个人的坟墓提出建议，即亚细亚人和伊特鲁里亚人坟墓、埃及金字塔、希腊列柱廊纪念碑和开敞式有座谈话间均采用矩形和圆形。所有这些建筑以一大群形式出现，在从城门穿过坎普纳的街道上排成一排。仅在特殊情况下（如皇帝）才允许在城墙内埋葬。

坟墓类型　坟墓是原始土堆，底部环绕着一堵圆形石墙，奥古斯都也选择坟墓作为其陵墓，建于公元前28—公元前26年的战神广场。但在本例及其他罗马示例中，圆柱形下部结构发展成为主要构件，其本身在巨大方形基座上提升，仿效希腊化圆形纪念性建筑。奥古斯都的陵墓有一个直径为300英尺的大理鼓形座，上面有一个种植着柏树的土锥，顶部有一个巨大的皇帝雕像。哈德良陵墓更加辉煌（图5-15），现在依然存在于圣安杰罗城堡中。墙壁装饰着柱式，其圆锥是大理石台阶，顶上覆盖着四马双轮战车。

图5-15　罗马，哈德良陵墓（福德勒默复原）

神庙样式　　建造神庙形式的坟墓时，矩形使用次数比圆形少。最精致的是斯帕拉托戴克里先宫殿里的陵墓（约公元300年），圆屋顶内部有丰富的重叠柱子，八角形外部有列柱廊和突出的柱廊。与这种阶级的其他坟墓一样，内殿用于举行追悼会，而石棺存放在下方第二个房间里。君士坦丁大帝之女康斯坦莎（卒于354年）的坟墓迈出了引人注目的一步。圆屋顶所依靠的那堵墙被打破，代替拱形壁龛的是由一对柱子支撑的深拱，这对柱子由柱上楣构联合在墙壁厚度内。中心空间周围是一条连续的走廊，并将巴西利卡的侧天窗带到圆形建筑中，从而创造出基督教建筑要充分利用的新空间效果（图6-9）。

住宅建筑　　最好在庞培研究罗马城内房屋。庞培于公元79年遭遇了维苏威火山爆发，那里的废墟几乎完好无损地保存了大量各种阶级的房屋，时间跨度长达300年。这类平面图在公元前2世纪便已基本固定下来，随着时间推移，其变化程度要小于所有者的财富和遗址的紧急情况。那里较贫穷的人（其中许多人在罗马拥挤在位置较高的经济公寓里）居住在沿街商店里，或者有一个小中庭和几个自己的房间。中产阶级仍不得不满足于共和国早期发挥最优作用的布置——中庭和周围房间，后面是带有围墙的小花园。入口在租赁商店之间的一条狭窄通道旁。中庭是一个较大的长方形房间，屋顶向内倾斜至中央洞口，通常是托斯卡纳式，由横梁从一面墙支撑到另一面墙。中庭最初是主要起居室，里面有壁炉，壁炉里的烟从屋顶的一个小洞口排出。随着向城市状态的过渡，洞口尺寸增大，以便照亮周围房间，因此必须提供更多有遮蔽的起居室。中庭左侧和右侧是小卧室、小隔间，可从里面打开。这些形成中庭侧向延伸的房间后面是两个壁龛或翼状部，用于各种用途，可能是房子孤立当天的残存物，可从侧面引入光线。后面是塔布里鲁（即接待室），在较小的房子里也用作家庭起居室。有时候会增加有若干小房间的第二层。

更大的房子　　在较富裕阶层的房子里，不仅扩大了中庭，还在后面增加了得洛斯模型希腊化房子的整个装置以及列柱廊、开敞式有座谈话间和设有躺椅餐桌的餐厅或有三张沙发的餐厅。通常情况下，会在中庭开洞口，在拐角处增加四根柱子，创造出维特鲁威所说的四柱式，甚至增加四根柱子以上，让房间看起来像一个希腊庭院，如同科林斯中庭的名字一样。这种房屋设计目的更多是将原来的中庭供访客使用，主人则退至列柱廊周围的房间，第一个中庭旁边可能有第二个中庭作为

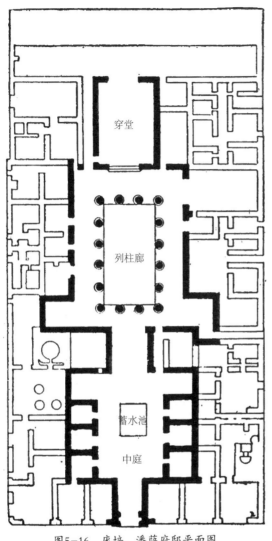

图5-16　庞培，潘萨府邸平面图

补充，而家用公寓围绕着第二个中庭分组。最精致的房屋会占据整个街区，列柱廊后面设有一个更广阔的花园。这样一个在功能分区和隐私保护方面表现出高度发展的庞培房屋人们称之为潘萨府邸（图5-16）。

房屋装饰　房屋外部变成了一堵抹上灰泥的空白墙，几乎没有小窗户，也许有更奢华的门框。另一方面，内墙不可能用价格昂贵的大理石装饰，在弱化建筑形式（最初通过舞台的建筑装饰提出）的背景下，起初是模仿大理石画满，后来是用画满神话场景来装饰。

别墅　与景观有更密切关系的是有阶梯状庭院、花园和果园的城市郊区庄园。其他不太正式的房屋则用作乡下或海边的休养处。较大的庄园远远不止满足实际需求，里面提供了豪华的餐饮、洗浴、锻炼和娱乐设施。皇家庄园尤其如此，蒂沃利的哈德良别墅便是最好的示例（图5-17）。除起居区和节日套间外，还包括希腊和东方最著名建筑的复制品，任意散落在风景如画的地形上。这里有两个剧场、图书馆、一个体育场、温泉浴场、一个所谓的学院和一条长长的运河，以柱廊为界，以大壁龛为终点，模仿亚历山大港郊区卡诺帕斯。但这些模仿建筑似乎不像字面所表明的那样，因为所有模仿建筑均采用罗马的砖和混凝土技术，并用与拱顶和完全罗马式的平面

图构成相结合的设施进行设计。

恺撒宫殿　　罗马皇帝的宫殿建在帕拉蒂尼山之巅（图5-18），更多是模仿东部大都市（如亚历山大港、安条克和帕加马）的宫殿，而非罗马房屋。罗马宫殿由奥古斯都开始建造，经提比略和后来的许多皇帝扩建，尤其是图密善在中心建造了一系列国事公寓。卡利古拉通过架起一座桥连接帕拉蒂尼与国会大厦，确保更方便地前往丘比特·卡庇托林努斯神庙；尼禄通过在中间山谷（罗马斗兽场建于其中）中建造其黄金屋及豪华公园，将埃斯奎里的皇家园林与帕拉蒂尼连在一起。

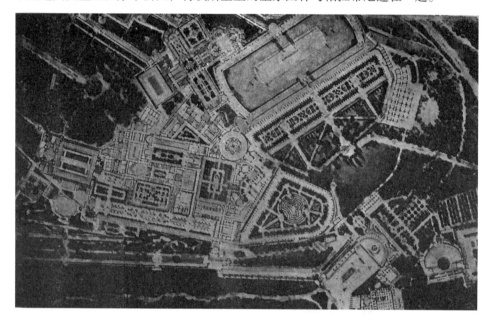

图5-17　蒂沃利，哈德良别墅（G.S.科伊尔复原）

尽管这些扩建并非永久性的，但帕拉蒂尼山本身覆盖着宏伟的建筑，包括几座神庙。国事公寓形成了一个长方形街区，前面有一个长柱廊朝向中心区域。建筑物正面中央是接见室，有跨度100英尺的筒形拱顶，墙壁上装饰着大量的柱子和壁龛。右边和左边是巴西利卡或帝国讲道台、小型家庭神位或私人祭庙。在这间套间的后面是一个正方形列柱廊，后面是设有躺椅餐桌的餐厅，通向辅助用室。皇帝的私人公寓占据了以庭院为中心的另一个街区，在这个街区之外是所谓的体育场，即由柱廊包围的封闭花园，主要是巨大的有拱顶开敞式有座谈话间。

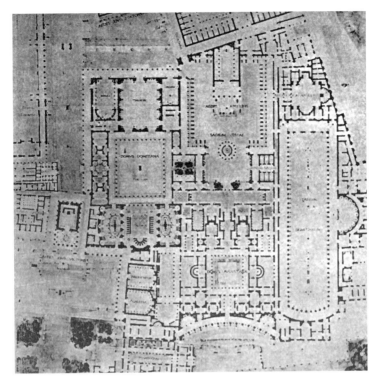

图5-18　罗马，恺撒宫殿平面图（格拉纳复原）

图5-19　斯帕拉托，戴克里先宫殿（艾伯哈尔德复原）

斯帕拉托的戴克里先宫殿　　位于达尔马提亚的斯帕拉托的戴克里先宫殿（图5-19）的布置极其不同，它位于亚德里亚海岸边，当时的皇帝在305年放下权力后退休。帝国的安全不再得到保障，因此宫殿沿着防御营地的线路建造。宫殿形成了一个矩形有墙围壁，由两个成直角的有柱廊街道划分为四等分，且大门和塔楼位于向陆两侧的中点。沿着朝海的一面有一条长长的柱廊，柱廊后面是皇家公寓，也可从纵向街道最前面的纪念性门厅到达。紧接着，平衡了这半部分宫殿其余部分的是一座庙宇，作为皇家祭庙和皇帝陵墓。横街之外是服务区和警卫区，外墙周围是储藏室，可从形成回路的通道到达。在详图形式中，可观察到东方影响，在拱门和柱子的新关系中，晚期罗马建筑的发展最为明显（图5-21）。

城镇规划总体效果　　帝国时代的罗马人甚至不满足于他们赋予各个单元（如宫殿、温泉浴场和广场）的广泛而复杂的对称性，试图组织这些单元彼此之间的关系，并在整个城市实施连贯的平面图。整个罗马非常大，而且过于神圣，但在某些部分统一是有效的。因此，在不规则的帕拉蒂尼建筑之前，巧妙地规划了华丽的建筑物正面，使之具有马克西穆斯竞技场的对称外观。更基本的是对台伯河中岛屿的一致处理，以便提出有船首和阀杆的巨大战舰。其建筑围绕着一系列相连庭院，经过巧妙设计，掩盖了平面图的实际不规则性。规模更大的是海港工程和奥斯提亚仓库（位于台伯河河口），由统一建筑包围的六边形图拉真港口最具系统性。新建立的城镇（尤其阿尔卑斯山脚下的奥古斯都将军城和非洲的萨穆加迪等半军事性质城镇）以矩形形式布置，由主要街道一分为二，其他街道与之平行。这些城镇标志着正式进步在其轮廓及其细分部分的规律性方面超过希腊化城镇。

个别形式　　尽管罗马建筑的个别形式在趣味性上落后于其组合，如同在独创性上落后于希腊建筑形式一样，但这些个别形式绝不是盲目的模仿。在许多情况下，出现了进一步的形式化发展，而在其他情况下，新结构功能产生了新表达或修改后的表达。出于纯粹的功利目的，柱子、过梁和拱门在使用时无装饰物，其方式简单而有效，如同埃及哈弗拉金字塔等候厅的原始系统一样。在罗马非洲和叙利亚，有许多带有方形过梁的方形整体墙墩的示例，可能在若干楼层中重复出现，类似于高架渠的拱门，除建设性的构件外，无其他处理方法。

墙、门、窗户　　希腊人已以一种模范方式解决了墙、柱子和过梁的丰富表达问题，其解决方案非常容易获得，且权威不容忽视。在这些特征中，罗马人的创新相对次要。罗马人更频繁地采用带槽或粗面接头、盖帽和底座线脚，遵循希腊化趋势。其线脚轮廓的研究次数较少，而且较为精细，更符合圆弧，而非椭圆弧和其他圆锥曲线。门和窗户遵循晚期希腊示例，具有塑造定型的石材柱顶过梁。通常会增加雕带和檐口，有时通过增加弯曲支架、托架或三角形楣饰来精心制作。对于窗户和壁龛，设计了一种更为奢华的处理方式，由两根独立柱子组成且带有柱上楣构或三角形楣饰（三角形和扇形）的礼拜堂，在万神殿内部看得最清楚（图5-6）。

多利克柱式 多利克柱式（无论是希腊还是托斯卡纳形式）在帝国时代很少使用，除在具有叠柱式的较层建筑中，多利克柱式此处相对普遍，仍优先采用。偶

图5-20 卡斯托尔和波吕克斯神庙的科林斯式柱头和柱上楣构（美国大都会博物馆铸件复原图）

然的示例表明，柱头的钟形圆饰装点着卵与箭形装饰，其他构件有所增加且更加丰富。在帝国时代，通过将倒圆角三陇板置于柱子的轴线上（尽管在外面留下墙面碎片），克服了倒圆角三陇板带来的困难，因此功能表达以达到形式规律性。在圆形剧场里，由于连续不间断地扫过，未出现这个问题。

爱奥尼亚柱式 爱奥尼亚柱式遵循赫摩吉尼斯的先例，始终具有雕带，而在罗马示例中，相对较小的涡卷饰和低连接带的柱头最终丢失了所有曲率。首选座盘。角形柱头起源于建筑师伊克提诺斯，四侧的涡卷饰成对角线突出，通常在柱廊需转动倒圆角处采用。

科林斯柱式 科林斯柱式是埃皮达鲁斯的一个示例，有2个交替行，

每行有八片叶子，但执行更为大胆，叶子更繁茂。每栋建筑仍给自己带来问题，并显示出其自身的柱头设计。在许多极好的示例中，可给出罗曼努姆广场的卡斯托耳和波吕克斯神庙，具有代表性（图5-20）。第二种常见类型是蒂沃利的灶神维斯塔神庙，上部叶子在下面合拢，还有一个皱起的欧芹状锯齿边。科林斯柱式变体是有角爱奥尼式柱头的涡卷形装饰，里面的钟形圆饰和对角线在叶子行之上，如同在提图斯凯旋门中一样。这种尝试确保仍可获得更大丰富性，但会牺牲原始涡卷形装饰和叶子的有机联系。在科林斯式柱上楣构中，齿状装饰次于大支架或飞檐托，有时视为成型砖，有时视为装饰有叶子的涡卷形装饰，如同在卡斯托耳和波利克斯神庙一样。在巴勒贝克神庙内，雕带上也有托架。柱上楣构和柱头均参与了帝国时期的风格发展——弗拉维安王朝对装饰的热情，哈德良和安东尼统治时期的简洁反应。公元141年的安东尼纳斯和福斯蒂娜神庙既没有飞檐托亚，也没有齿状装饰。

壁柱　壁角柱的罗马对应结构是壁柱，这种结构并非刻意地从侧面宽度和柱头轮廓来与圆柱区分，而是直接模仿。在晚期希腊和共和时期建筑中，壁柱不仅用于附接到寺庙柱廊的圆柱，还用于在内殿后角形成类似的末端，并以与使用附墙柱相同的方式继续间距节奏。壁柱还用于帝国各种缺乏财富或想要确保以较低程度强调暗示替代的建筑中，用于替代附墙柱。

拱　在拱及其与柱组合的正式加工过程中，罗马人遇到了一些新问题，正如我们已经看到的，罗马人在整个历史进程中都在解决这些问题。经过共和时期的简单处理，即在拱石外面增加突出成型的石层，拱石本身已制成拱门饰——一种截面类似于圆柱形柱顶过梁的环状物。采用类似方式，拱墩制成类似柱头或垫层线脚的形状，其构件适合于支撑，拱顶石通常视为托架。虽然由圆柱和过梁组成的拱配框是罗马艺术核心时期的特征，但并不是最终方案。在万神庙中，柱上楣构本身用作拱墩；而在巴尔米拉，柱上楣构弯成拱门饰，横跨在柱廊的中央大开口处。在温泉浴场中，一块柱上楣构用来延长圆柱，为拱顶的起拱点提供更大的支撑；在叙利亚和斯帕拉托，这种碎块简化成简单成型的支柱砌块，最后完全省略，这样拱门就直接落在圆柱的头部（图5-21）。因此，圆柱逐渐和拱门形成与过梁最初关系一样的结构关系。

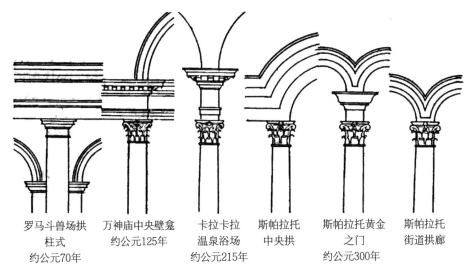

罗马斗兽场拱　万神庙中央壁龛　卡拉卡拉　斯帕拉托　斯帕拉托黄金　斯帕拉托
柱式　　　　　约公元125年　温泉浴场　中央拱　　之门　　　　街道拱廊
约公元70年　　　　　　　　　约公元215年　　　　　约公元300年

图5-21　罗马建筑中拱与柱的关系发展

壁构件　柱状形式与壁构件的关系从共同的起点向相反方向发展，通过去除所有结构暗示，装饰不加掩饰地显露出来，表达的矛盾得到调和。在图密善（君士坦丁）拱门和起源于图密善的转型广场中，圆柱没有紧靠墙壁，而是自由地立在墙壁前，仅仅支撑着柱上楣构的一端和上面的阁楼或雕像。在该时期背景的自由组合中，这种趋向更进一步；整个细长柱和圣幕显然只是用作装饰。这类幕屋越来越多地取代全高墙壁的附墙柱处理，用于立面的增加材料。最后，在斯帕拉托的北门，壁龛和细长柱不再延续到地面，而是仅仅由突出的支架或托臂支撑。与此同时，其他作用力也发挥了一定作用。在2世纪，由于人们对希腊艺术的喜爱，在某些情况下省略了墙壁的任何柱状细分。虽然安东尼努斯和福斯蒂娜神庙是柱廊式建筑，但只有内殿的转角才有壁柱。大型建筑（如温泉浴场和哈德良别墅）使用砖石和混凝土，涂上灰泥，这促使了对开口构件的限制，在这些开口中，圆柱和壁柱发挥其最初的功能。因此，这种趋向是通过各种途径展现出直白的结构性表达，尽管条件比希腊人实现其早期结构纯粹主义的条件复杂得多。

　　平面和空间的元素　对于平面和空间的元素，罗马人借鉴了希腊和东方的成果，后来他们为自己的成果做出了重要贡献。带有纵向柱廊和外部列柱走廊的神庙内殿和巴西利卡起源于希腊，周柱式大厅和庭院、侧天窗起源于东方。另一方面，受到拱顶结构、半圆形壁龛、圆形壁龛或多边形壁龛、带侧室的穹棱拱顶式矩形壁

龛等影响的形式都是正在发展的罗马式结构。在少数案例中，穹顶位于方形房间上方，其形式是与四面墙的平面相交的外接半球，这种方式后来常见于拜占庭穹隆式拱顶。拱顶的形式通常保持严格的几何形状，因此，经常使用拱顶来确定下面房间的精确比例。对于采用圆柱面的穹棱拱顶，只有当两个圆柱体直径相等时，交线才落在一个平面上。因此，罗马人更偏向于穹棱拱顶，而不是方形开间。当时，拱顶首次使内部空间的塑料处理成为可能，在这种处理中，墙壁和天花板融为一体，相邻元素自由地相互融合。罗马人的特点是着重强调群体中心元素的优势，周围单元是相当浅的开间而不是长臂，有着自身独特但细微的细分。一种最受欢迎的处理方法是在平面图上交替放置方形和半圆形壁龛。

拱顶的建筑处理　　拱形内部在细部和外部处理以及施工方面都涉及新的问题。拱顶（就像拱一样）通常接收拱墩，这种拱墩可以是完整的柱上楣构，由增强下面墙壁的柱式支撑，或者是在某种程度上由檐口线条组成的凸砖层。拱形表面本身通常没有任何突出拱肋，只有凹进的藻井图案（图5-6）。从外部看，筒形拱顶通常被山墙屋顶遮盖。大型穹棱拱顶（如在温水浴室中）在每个开间设有横向山墙，与主纵梁屋顶相交，形成山谷，雨水通过山谷排放到各码头。越来越多的建筑将屋顶的瓦片直接放在拱顶的巨大外壳上，这些外壳制成斜面，以便接收瓦片。在大型穹顶的情况下，如万神庙，外部保留弯曲形式，上部是由几个纪念性台阶环绕的碟形区域，这赋予了高大外墙视觉上的支撑作用。

砖石和混凝土建筑　　对于柱头上的巨大支撑，以及在帝国的其他非天然石块部分中开发了一些不可避免的建筑材料、施工方法，这些建筑材料和施工方法适用于操作的规模和劳动力供应的特点。像卡拉卡拉温泉浴场这样的建筑不可能完全由熟练的工匠建造，相对而言，帕台农神庙也不可能完全用大理石建造。大规模施工中使用的方法必须适用于由经过培训的监管人指导的大量奴隶和非熟练工人。这些条件通过使用砖石得到满足，砂浆通常很厚，以至于实际上制成混凝土，或者使用水泥本身是基本要素的混凝土，将松散的小材料聚集成整块石料。火山灰提供了一种水泥，这种材料在强度和快速凝固方面非常完美。

墙体结构　　罗马砖石非常大，通常呈方形，边长约1英尺，但经常制成三角形，以确保面和背衬之间更好地结合。在一些墙壁中，放置的砖石作为最终外表面，但更常见的是用一层灰泥或一块大理石板覆盖。混凝土墙通过将半液态混合物沉积或浇注到临时木制模型中来建造而成，设计这种模型是为了可以重复使用尽可能多的木材。通常以某种形式用砖石或碎石片饰面，然后以与砖墙相同的方式涂覆或镶面。饰面种类根据表面产生的图案而获得一些特殊名称——方锥形石块饰面在转角对角线上堆放一些小方形石块，该饰面以人字形图案摆放内核状碎片，而混凝土小毛石饰面（通用名）则保留用无规则形状碎片处理。砖石的黏合层通常间隔铺设，以将饰面牢固地连接到墙体上，有时用砖石或石块以楔形石形式加固转角，或者用以交错长度与块体啮合的砌块加固转角。

拱顶结构 在拱顶结构中，厚砂浆中使用小块材料可以消除构件单独成形中的更大困难，因此，比墙壁结构具有更大的结构优势。然而，混凝土拱顶在凝固前没有任何成拱作用，全部重量都压在临时木模板或中心支架，这就相应地导致烦琐工序和浪费。罗马人曾努力避免这种情况，首先在轻质中心支架建造一个砖石拱门框架，用突出物或隔板来保证与混凝土黏合良好，因此大部分重量从木制支架上移除（图5-22）。在穹棱拱顶中，这种砖石拱肋加强了主要结构线条；在圆顶中，这种砖石拱肋主要沿着表面构件。当然，一旦混凝土完全硬化，这种砖石拱肋就完成了目的，不再有任何特殊的结构功能，即合并到拱顶的块体中。甚至在不影响稳定的情况下切断藻井。有时遵循第二种原则，甚至不要求在中心支架有完整的表面，而只是需要开放间隔的轻型板条。上面铺着一层平瓦，仅在边缘相互接触，但黏合牢固；在这些板条上，可能又形成厚度不大但强度惊人的外层（图5-23）。这支撑着浇筑在上面的混凝土，直到混凝土硬化，形成朝向拱顶的永久内部。

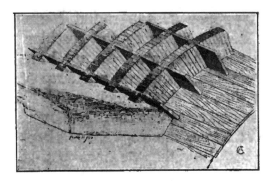

图5-22 罗马多孔拱顶

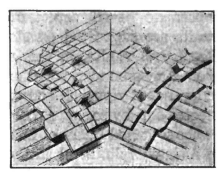

图5-23 罗马层压拱顶

装饰　　就如许多其他方面一样，在增强线脚和表面时，罗马人遵循了亚细亚希腊人开创的趋势。像希腊爱奥尼亚柱式一样，这些线脚使用大理石雕刻而成，装饰形式受其轮廓影响。卵形、箭形和其他熟悉的形式重复出现，与线脚本身相协调，变得更饱满、更圆润，更符合罗马人的品位。取代希腊人的油漆彩饰，出现了色彩丰富的大理石彩饰，尤其是在内部，这种彩饰更加华丽，具有耐久性的优势。圆柱、人行道和墙壁上的柱身展示了色彩多样而珍贵的材质，不仅运用了对图案和颜色的掌握，而且有区别地避免了结构伪装。深色且纹理丰富的柱身保持不变，以展示其材质之美。对于砖石或混凝土墙的镶面，大理石块被锯得很薄，以充分利用有限的材料，而大块板材可以自由接合，无须黏结，不会产生琢石圬工的伪装迹象。

地方品种　　尽管柱头的官方艺术像官方拉丁语言一样在帝国内传播，但这并不排除地方品种或方言的存在，也不排除在更文明的东方保持希腊传统，这种传统随着罗马的发展而发展。

西方，普罗旺斯，德国　　在西方，与其说是现存风格的生存，不如说是现有材料的影响导致某些地方的特征，这些自然是在建筑方面，而不是在形式方面。因此，在法国南部罗纳河谷地区的普罗旺斯，丰富的细石灰石和缺乏黏土导致许多技术上的权宜之计。在阿尔勒圆形剧场的下拱廊中，由长平板制成的平天花板取代了常见的同心筒形拱顶；在上拱廊中，放射状筒形拱顶支撑在横跨走廊的石梁上。在这种情况及其他情况下，筒形拱顶的石块并非纵向地黏合在一起，而是由并排拱石构成的并排圆环组成，这些圆环可以一个接一个地竖立在可移动中心支架上，可以反复使用。在尼姆所谓的黛安娜浴场中，圆环不是放置在一个圆柱面上，而是在两个圆柱面之间交替放置，这样以后就可以在两个圆柱面上铺设，而不用对它们的中心支架进行任何调整。在德国，更恶劣的气候导致更大程度的封闭和采用人工供暖设备。位于特里尔的温泉浴场和君士坦丁宫殿未设有通向外部的带柱廊开口，并且有双层外墙，配备有在空腔中循环热气的特殊设施。虽然后期建筑发展通常需要巨大的外墙作为拱顶的支撑，但在这些情况下假设气候也有影响并不奇怪。

东方　　东方本身为许多罗马形式和类型提供了原始资料，并在帝国时期继续对此做出贡献。另一方面，罗马起源的某些布置（如封闭剧场及其座位和舞台的结合）通常朝东。除了纯粹希腊建筑（如许多寺庙）以及纯粹罗马建筑（如雅典阿迪库斯剧场）之外，还出现了各种程度的混合，如增设罗马舞台的希腊剧场。在埃及，古老的本土艺术仍然存在于宗教建筑中，如希腊时代。叙利亚是东方发展的温床，它与亚洲内陆相连，在那里开始了新的艺术发酵。在反映希腊建筑的城市中，叙利亚沙漠中绿洲的繁荣商队中转站——巴尔米拉仍然给人以生动的印象。主要街道从一端到另一端排列着高大的科林斯式圆柱，在交叉口和终点站形成门廊，两侧排列着轮廓多样的拱门。这里以及巴勒贝克的寺庙细部展现出来自东方并向西方传播的新精神，突破了古典标准范畴。在巴尔米拉，柱上楣构像拱一样横跨在柱廊宽阔的中央开口处；在巴勒贝克，雕刻不再有希腊和希腊罗马装饰特有的表面投影和作用，而是倾向于在周围表面的平面下雕刻——背景平面消失了。在其他叙利亚建筑中，尤其是在浩兰无林区，与柱头风格的偏离更加明显。穆斯密总督府或警卫室（图5-24）的拱顶靠在圆柱上，圆柱上方只有砌块，而不是古典柱上楣构；恰克巴西利卡的屋顶全部是石板，靠在拱上，没有外来装饰，像桥梁和沟渠一样自由地适应其建筑功能。

罗马建筑的影响　罗马建筑的广泛传播、其宏伟的联想以及在应对新的复杂问题时的灵活性，使得人们很容易理解它所产生的广泛影响。罗马建筑既影响了那些立即继承罗马财产的人，也影响了那些在数百年后寻求复兴罗马文化的人。在东方拜占庭统治者的统治下，帝国仍然存在，且其建筑直接延续，尽管建筑形式因为已经存在于此的影响力而迅速改变。在西方，末代皇帝的基督教纪念性建筑为条顿人入侵后的建筑提供了出发点，罗马风格名称很好地暗示

图5-24　穆斯密，总督府

了条顿人对罗马的"亏欠"。

罗马建筑时期
1. 共和早期，至约公元前 300 年。伊特鲁里亚人的影响。 第一座朱比特神庙，建于公元前 510 年。 公元前 390 年，高卢人攻占罗马。 "瑟维亚之墙" 马克西玛下水道 ⎫ 公元前 4 世纪？ 佩鲁贾"奥古斯都拱门" ⎭ 公元前 312 年，阿庇乌斯·克劳狄主持修建高架水渠。
2. 共和后期，约公元前 300 年至公元前 50 年。希腊影响。 公元前 272 年，罗马征服大希腊；公元前 241 年，罗马征服西西里岛； 公元前 146 年，科林斯为罗马所灭；公元前 133 年，罗马创立亚细亚行省。 公元前 260 年，杜伊利乌斯主持修建导航灯柱。 公元前 184 年，监察官加图主持修建巴西利卡。 公元前 179—公元前 142 年，埃米利乌斯桥。 公元前 110 年，重建穆尔维乌斯大桥。 公元前 100 年以前，庞培广场门廊。 公元前 100 年后不久，柯里赫拉克勒斯神庙。 公元前 80 年以前，庞培巴西利卡。 公元前 80 年，庞培小剧场。 公元前 80 年以后，庞培圆形剧场。 公元前 78 年，国家档案馆。 "佛坦纳维利斯"神庙 蒂沃利圆形神庙 ⎫ 约公元前 1 世纪中叶 公元前 58 年，罗马第一座圆形剧场（木制）。 公元前 55 年，庞培剧场。
3. 帝国时期，约公元前 50 年至公元 350 年。东方影响。

---

① 除非另有说明，所有建筑都在罗马城。

罗马建筑时期

朱里亚巴西利卡和朱利叶斯广场，建于（未完工）公元前 46 年。

斯塔蒂利乌斯·陶努斯圆形剧场，公元前 30—公元前 29 年。

奥古斯都，公元前 27—公元 14 年。

  奥古斯都陵墓，公元前 28—公元前 26 年。

  尼姆"黛安娜浴场"，公元前 25 年。

  马塞勒斯剧场，建于公元前 11 年。

  奥古斯都广场和复仇者火星神庙，建于公元前 2 年。

  尼姆"方殿"，公元 4 年。

  阿格里帕温泉浴场。

  尼姆加尔桥。

尼禄，公元 54—68 年。

  罗马城大火，公元 64 年。

  尼禄"金屋"，古代卷 64 年。

弗拉维皇帝(维斯帕先、提图斯、图密善)，公元 69—96 年。最丰富的细部。

  斗兽场，公元 70—82 年。

  庞培和赫库兰尼姆的毁灭，公元 79 年。

  维斯帕先神庙，公元 80 年。

  提图斯凯旋门，建于公元 81 年。

  帕拉蒂尼山弗拉维官殿。

  图密善之门。

  转型广场，在涅尔瓦时期完工，公元 98 年。

"五贤帝"。

  涅尔瓦，公元 96—98 年。

  图拉真，公元 98—117 年。

    萨穆加迪（提姆加德城），建于公元 100 年。

    图拉真广场和乌尔比亚巴西利卡，建于公元 113 年。

    图拉真纪功柱，公元 113—117 年。

    图拉真温泉浴场。

    奥斯蒂亚图拉真皇帝港。

  哈德良，公元 117—138 年。回到希腊时代的细节。

罗马建筑时期

万神庙，公元 120—124 年，修建于公元 202 年。

哈德良陵墓。

蒂沃利哈德良别墅。

维纳斯和罗马神庙。

卡斯托尔和波吕克斯神庙。

安东尼·庇护，公元 138—161 年。

安东尼乌斯和福斯蒂娜神庙，公元 141 年。

希腊希罗德·阿提库斯建筑，约公元 140—160 年。

巴勒贝克的主要建筑群。

马可·奥勒留，公元 161—180 年。

马可·奥勒留圆柱。

塞普蒂米乌斯·塞维鲁，公元 193—211 年。

塞维鲁凯旋门。

卡拉卡拉，公元 211—217 年。

卡拉卡拉温泉浴场。

加里恩努斯，公元 260—268 年。

特里尔尼格拉城门，约公元 260 年。

奥勒良，公元 270—275 年。

奥勒良城墙。

戴克里先，公元 284—305 年。

戴克里先温泉浴场。

斯帕拉托戴克里先宫殿。

马克森提乌斯，公元 306—312 年。

马克森提乌斯（君士坦丁）巴西利卡。

君士坦丁，公元 306—337 年。

图密善之门重建，公元 312 年。

基督教成为国教，公元 330 年。

柱头迁到君士坦丁堡（拜占庭）。

康斯坦莎坟墓（卒于公元 354 年）。

第六章　早期基督教建筑

中世纪观点　当着手研究早期基督教建筑甚至所有中世纪建筑时，我们必须注意到设计者和建造者的观点发生了变化，这深刻地影响到已完成的作品。与早期和后期风格相比，中世纪建筑代表社区艺术理想的自发表达，而不是个人或一群建筑师的才华表达。这并不意味着个人失去了所有重要性，而是个人的重要性变化更大，从来没有像早期和后期那样大。此外，宗教建筑具有卓越的重要性。同样，这并不意味着可以忽略中世纪的非宗教性建筑，因为在某些时候和某些地方，非宗教性建筑在兴趣方面与当代宗教建筑相匹敌，但总体而言，中世纪建筑的主要兴趣在于宗教作品，学生有理由投入大部分时间来研究教会建筑，而不是中世纪的非宗教性建筑。

分类　早期基督教和拜占庭建筑。最早的中世纪风格是早期基督教风格和拜占庭风格，前者可能比后者稍早。历史学家倾向于对这两种风格进行细致的区分，并将它们视为不同的独立趋势。早期基督教（也经常称为基督教罗马）是早期基督教堂的典型风格，而拜占庭是非常不同的有机风格，在古典建筑和罗马式时期灵活的拱形风格之间形成了一种联系。为了获得表面上的明确界限，这种分类往往会产生极端的混乱。因为这种分类，人们很容易忘记早期拜占庭事实上就是早期基督教建筑，其根源可以追溯到基督教罗马建筑，并且确实与这些建筑重合，简而言之，两种风格基本上同时代，经常相互影响，确实有点儿混乱地表现相同的艺术运动。虽然明白这些事实，但两种风格的单独分类将会很有用。两种风格合在一起可以称为罗马和东方的中世纪建筑。

早期基督教风格缺乏自我意识　　中世纪建筑的自我意识缺乏从未像早期基督教风格那样明显。任何艺术都不是环境和需求的直接结果。可以说，在基督教艺术的孕育时期，罗马帝国正加速走向瓦解。换句话说，古典权威正在削弱。与此同时，古老的拉丁血统正在被来自东方和西方的新鲜血液转化成野蛮的种族，也许是这样，但容易受到新思想和理想的影响。能量来自西方，思想来自东方。到目前为止，从东方传入的最重要的新元素是基督教本身。在东方的起源地——罗马，基督教起初只是较弱的东方教派之一。因此，其艺术的开端（就像其仪式的开端一样）被包裹在一个令人困惑的谜团之中。为了征服这片土地，基督教必须激烈地斗争，不仅学会了残酷无情，而且适应能力极强。这些在早期宗教中留下印记的特征在建筑中变得更加明显，且在330年后基督教赢得胜利时，这些特征尤其明显。然而，在东方，正如人们可能预料的那样，斗争没有那么激烈，因此建筑立刻变得更具自发性，更适合于随后的发展。

古典权威的削弱　　从一开始，无论在东方还是西方，古典权威的削弱都最为重要。在将希腊的横梁式建筑与拱门结合时，罗马人根据有意识地制定的（若发生变化）规范来使用这两种元素。随着帝国的衰落，这些标准首先被忽视，然后被遗忘。从罗马人的角度来看，最终导致衰落，但从基督教的角度来看，意味着无限发展的可能性。最初的结果之一是柱和拱的自由组合，正如晚期罗马帝国作品中所预期。订立的规则一旦取消，这些元素不仅可以进行许多组合，例如直接从柱头制造拱门的起拱点，没有中间柱上楣构，而且还可以在规模、形状和使用方式上有所不同。由此，新形式的发明是合乎逻辑的步骤，最终获得了灵活性和中世纪建筑的基调。基督教建筑中这种趋势的必然性在晚期古典作品中描述的同样趋势中得到证实。

巴西利卡式和集中式　　这种古典建筑铺平了道路，基督教很快发展出一种适应其需要并顺便表达理想的新建筑。一般来说，由此形成的建筑可以分为两类，取决于是参照纵轴还是中心垂直轴设计。前者我们可以称之为巴西利卡式，后者为集中式。巴西利卡及其长线条将注意力集中在教堂的半圆室端部、祭坛、讲坛、主教椅和为神职人员保留的圣坛上，完美地适应基督教堂的普通仪式。这种建筑的每个细节（无论自己发明还是借用而来）都是服务需求的直接结果。巴西利卡式理想

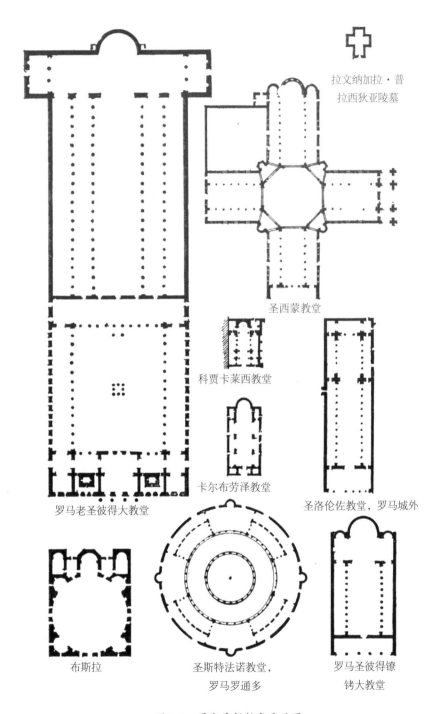

拉文纳加拉·普
拉西狄亚陵墓

圣西蒙教堂

科贾卡莱西教堂

卡尔布劳泽教堂

罗马老圣彼得大教堂

圣洛伦佐教堂，罗马城外

布斯拉

圣斯特法诺教堂，
罗马罗通多

罗马圣彼得镣
铐大教堂

图6-1　早期基督教堂平面图

在罗马得到最初的发展，并在西方得到坚持，从礼拜仪式的角度来看，已完成的哥特式大教堂只是巴西利卡式极为复杂但有条理的分支。集中式在东方得到最大的发展。在平面图中，集中式可以是圆形、多边形或等臂十字形。这种特征的建筑将注意力集中在中心垂直轴上，最适合用作坟墓、洗礼堂和圣地围栏。虽然不像巴西利卡式那样适合基督教礼拜仪式的需要，但这种类型的设计往往只考虑礼拜仪式用途，有时，特别是在东方，两种类型结合在一起，导致分类变得困难。因此，安纳托利亚的穹隆式巴西利卡包含两个方案的元素，君士坦丁堡的圣索菲亚大教堂本身可能归入两种类别。

材料和结构　在材料和结构方面，西方建筑重量更轻。砖石是罗马常用的材料，拱形圆顶仅限于半圆形后殿。中殿和走廊带有木制屋顶。在东方，拱形圆顶普遍存在，通常使用重型琢石、砖石和赤陶，尽管木制屋顶也经常出现。东方建筑在外观上比罗马建筑更浮夸。罗马建筑的淡褐色砖石和素面墙使得外观看起来不显眼，即使事实上并不难看。另一方面，内部装饰得异常华丽。

保守主义和发展的可能性　罗马式建筑更早成型，给人以成品的印象。总体而言，不断变化的东方类型代表向新事物发展的一步。拜占庭可能从东方风格发展而来。虽然西方为罗马式和哥特式建筑提供了无限价值的影响，但几个世纪以来，西方一直"自给自足"。

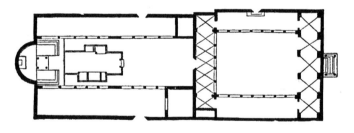

图6-2　罗马，圣克莱门特（展示中庭的平面图）

基督教罗马巴西利卡　谈到具体实例，让我们先来看看罗马的建筑。理想的基督教罗马巴西利卡很容易描述。在平面图中，这种建筑呈长方形，分为三条或五条走廊，末端设有半圆形后殿。在已完成实例中，如老圣彼得大教堂和城外圣保罗大教堂，在长方形建筑和半圆形后殿之间引入初级耳堂或讲坛，侧面略显突出，使平面图的形式近似于拉丁十字架。建筑前面是有顶的前庭或"前厅"，前面是向天空开放的环形"中庭"，中央设有圣洗池。中庭 [可在圣克莱门特看到（图6-2）] 供忏悔者和未受洗者旁听、望慕之用，同时在教堂内形成一处庄严的隐秘场所。忏悔者也可能会进入前厅。中殿后部保留供新入教者或新皈依者聚集，而信徒通常在侧堂就座。半圆形后殿、讲坛，通常还有上中殿都是为神职人员保留。用栏杆围出一个空间，即为"圣坛"，圣坛经常延伸到中殿的深处。半圆形后殿的最后面是主教座椅或主教座位，面对着教堂会众，位于纵轴上。它前面是大理石祭坛，通常位于半圆形后殿和讲坛的交叉处，上面覆盖简单的大理石顶篷——祭坛天盖。圣坛的两侧是两座讲坛，或读经台，主教在此读福音书和布道。所有这些教堂器具的共同材料是镶嵌着马赛克的大理石，赋予了亚历山大马赛克暗示性名称。有时，半圆形后殿两侧设有两个房间，即圣器室和圣餐台。

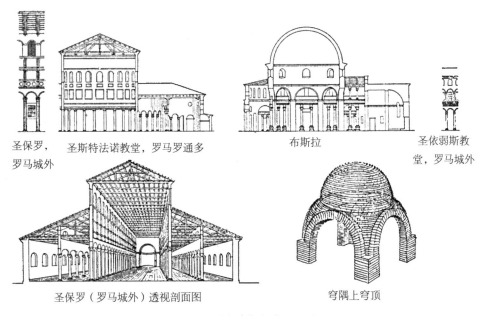

圣保罗，罗马城外　　圣斯特法诺教堂，罗马罗通多　　布斯拉　　圣依弱斯教堂，罗马城外

圣保罗（罗马城外）透视剖面图　　　　穹隅上穹顶

图6-3　早期基督教堂立面图

立面　在立面图中，巴西利卡的中殿比侧堂高得多，设有宽阔的天窗，光线可以通过窗户进入，配有木质格栅、穿孔的大理石薄屏风，甚至油布。走廊上覆盖着倾斜的屋顶，厚重的天花板遮住了地板。走廊天花板和屋顶之间形成的三角形空间构成"教堂拱廊"。有时教堂拱廊足够宽敞，可以让走廊上的楼座重叠，这些走廊保留供新入教者使用或用于隔离妇女。侧天窗墙由圆柱支撑，一般采用古代风

117

格，这些墙壁将中殿和走廊隔开，有时是横梁式结构，有时圆柱穿过墙上所设的拱门饰，如老圣彼得大教堂。中殿和讲坛由山墙屋顶遮盖，用桁架加固，通常（虽然经常比原始建筑晚一个时期）由华丽的镶板和镀金天花板隐藏在地板之外。单独的半圆形后殿呈拱形。

装饰　巴西利卡沉闷的外观因华丽多彩的内部装饰而得到充分补偿。人行道由大理石石板和镶嵌地块组成，颜色多样而鲜艳，几何设计巧妙复杂。圆柱由珍贵的大理石制成，设有凹槽或不设凹槽，甚至根据建筑师是否能为了上帝的更大荣耀而从一些异教徒建筑中偷用一套同构元素具有不同的规模。同样，柱头也各不相同，甚至常常与承载它们的柱子不相称，而上面的柱顶经常由偷窃所得的不相关古典碎片组成。这样一个明显出于意外的大杂烩应当形成极其和谐的装饰性整体，有力地证明了基督教建筑师潜在的良好品味。最后，墙壁空间（尤其是半圆穹顶的凹面）覆盖着玻璃马赛克，带有金色背衬，闪烁着绚丽的色彩。神圣的人物（尤其是救世主）据此描绘出来，最终通过图画形式的马赛克传播圣经历史的整个周期。这种马赛克（如亚历山大马赛克）实质上起源于东方。

基督教罗马巴西利卡的起源　基督教巴西利卡的起源有些模糊。从表面上看，这种类型似乎是随着君士坦丁的统治而形成，但这仅仅证明它的发展已经失去最初步骤。最明显的创作理论（追溯到莱昂·巴蒂斯塔·阿尔伯蒂）是，基督教建筑师只是接管和复制古罗马的古典巴西利卡。然而，古代民用巴西利卡有两种类型，一种起源于东方，另一种起源于西方即希腊。后者的平面图充分说明了基督教巴西利卡，并且有理由假设后来的建筑源自古典时代的希腊民用巴西利卡。基督教建筑似乎已经在细节方面进行修改，然而，通过模仿一些形式的罗马住宅，早期基督徒习惯于在这类建筑中做礼拜，并通过发明新的形式更好地满足礼拜仪式需要。

变化　在这样设定的类型的固定界限内，有些房间存在相当大的个体偏差。事实上，不存在两座完全相同的罗马巴西利卡。有些设有五条走廊，如老圣彼得大教堂（图6-1）；而其他只有三条，如圣母大殿。有时出现柱顶过梁，如圣母大殿；有时被拱门饰所取代，如城外圣保罗大教堂（图6-3和图6-4）。总体而言，随着时间的推移，越来越多的拱门饰取代柱顶过梁。在许多小型建筑中省略了讲坛，如8世纪的科斯梅丁圣母教堂。另一个显著的偏离出现在相同建筑中：柱廊排列不连续，并以规则的间隔插入墙墩。有时侧堂以较小的突出半圆形后殿结束，暗示叙利亚或埃及的影响。这种布局出现在圣彼得镣铐教堂中（图6-1）。走廊上方的楼座可以在圣依弱斯教堂（图6-3）中找到，这是更典型的东方风格，而不是西方风格。

图6-4　罗马城外，圣保罗大教堂

图6-5　罗马城外，圣洛伦佐圣殿

图6-6　罗马城外，圣洛伦佐圣殿

基督教堂的朝向　　城外圣洛伦佐圣殿中出现一个有趣的变化（图6-1、图6-5和图6-6）。两座教堂连接成一栋建筑：一座早期教堂和一座晚期教堂，朝向相反方向，半圆形后殿彼此并列。在早期尤其是君士坦丁统治下建造的建筑（圣彼得大教堂、城外圣保罗大教堂、拉特兰大教堂、城外圣洛伦佐圣殿），正面（而不是半圆形后殿）朝向东部。然而，不久后方向固定成半圆形后殿朝向东部，并且在整个中世纪时期，都尽可能遵循这一规划。

罗马以外的意大利基督教罗马巴西利卡　　最好是在罗马研究基督教罗马巴西利卡，但我们发现，在整个帝国内，旁边经常有同时期但不同风格的建筑。然而，只有在罗马，这种建筑才如此完全地表现出保守主义，这是它最显著的特点之一。例如在拉文纳，我们发现6世纪的新圣阿波里奈尔教堂（图6-7）在形式上基本上是巴西利卡式，但在细节上却如此地拜占庭式，以至于作品可能归入任何一个标题。

集中式罗马建筑　　在集中式罗马建筑中，虽然能够找到，但从未达到像巴西利卡那样的重要性。罗马这种类型最典型的实例是圣斯特法诺教堂（图6-1、图6-3和图6-8）。这座教堂于468年成为神址，最初的形式是：两条同心走廊围绕着从其上方伸出的圆柱体，形成侧天窗。整栋建筑采用木制屋顶，从横截面来看，外观与巴西利卡非常相似。设计成一座教堂，从仪式的角度来看，这种建筑形式的不合理性通过几个世纪以来几乎完全废弃的事实得到有力证明。圣康斯坦齐亚大教堂（图6-9）证明了在罗马建造的遍布拱形的集中式建筑。在罗马以外，集中式建筑在灵感上通常是如此明显的东方风格，因此最好在东方影响的扩散情况下讨论这种建筑。

图6-7　拉文纳，新圣阿波里奈尔教堂

图6-8　罗马，圣斯特法诺教堂

图6-9 罗马，圣康斯坦齐亚大教堂（结构截面图）

东方 东方建筑研究提出了一个完全不同的问题。在更近时期的东方，我们发现没有保守的发展良好的风格等待定义。一般来说，罗马早期基督教建筑是静态的，东方建筑则是动态的。在东方，建筑处于不断变化的状态，或者更确切地说处于不断发展的状态，风格几乎在人们试图固定它的类型时就发生了变化。此外，地方差异非常显著，走向明确的第一步包括将东方细分为三个不同的地区：安纳托利亚、叙利亚和埃及。第一个地区位于北部，对应于小亚细亚，艺术中心在以弗所；第二个地区位于更远的南部，包括巴勒斯坦，在艺术上受到安条克的指引；亚历山大控制第三个地区；第四个广泛的分区可能是非洲北部，在历史上并不重要，但提供了许多早期基督教艺术的实例。

叙利亚巴西利卡 从叙利亚开始，我们先来考虑一下巴西利卡。在这里，除了非常像罗马建筑的实例外，还出现了其他结构，在艺术历史上绝对是全新的风格。只有在相对较近的时期，人们才更多地注意到安条克和叙利亚的所谓"死城"，在那里，正在衰落的文明留下一片废墟，以及通常保存完好的建筑，就像在庞培发现的遗迹一样令人印象深刻。在典型的叙利亚巴西利卡中，取消了中庭，由两座纪念塔环绕的覆盖型门廊被前厅所取代。这样就获得了独特的主立面，让人很容易联想到后来的中世纪建筑。在内部，通常设有三条走廊，希腊柱廊被巨大的墙墩取代，墙墩支撑着拱廊，有时有两倍宽的跨度，给人一种宽阔空间的印象。在侧天窗之间，托臂通常穿过细长柱，细长柱向上延伸以接收木屋顶的横梁，并赋予结构逻辑连接之感，这种感觉通常与有机的罗马式和哥特式风格相关联。东部一般设有三座半圆形后殿，通常呈圆形，但偶尔也呈正方形，有时呈马蹄形。

图6-10　图曼宁（巴西利卡复原图）

实例　可以在鲁威哈、麦卡巴克和图曼宁看到叙利亚巴西利卡的良好例证（图6-10）。也许叙利亚立面最好的实例是图曼宁，叙利亚建筑最完整的也可能是最好的实例是卡尔布劳泽教堂（图6-1）。在浩兰，由于木材稀缺，发展更为显著，我们发现建筑完全是由纪念性琢石建造而成。横拱穿过中殿，这些由石板支撑的屋顶平行于建筑的主轴线。木屋顶随后完全消失了。这些建筑的独创性确实标志着东方向其本土天赋的回归。

图6-11　卡拉特，圣西蒙教堂

叙利亚的集中式建筑　　叙利亚的集中式建筑同样重要。君士坦丁亲自为著名的圣墓教堂设计了样式，教堂顶部设有支撑在内部柱廊上的穹顶，周围环绕圆形走廊，上面有画廊。建筑史中两座非常重要的建筑是叙利亚以斯拉和博格拉教堂（图6-1和图6-2）。以斯拉教堂的平面图是刻在正方形内的八角形。八角形鼓座上覆盖着卵形穹顶，从鼓座到穹顶的过渡通过内角拱完成。东端出现突出的半圆形后殿，内部半圆形但没有三个侧面。布斯拉城的系统更是别出心裁。平面图是刻在正方形内的圆形。巨大的中央穹顶建在八根立柱上，为了抵消推力，周围环绕环状筒形拱顶，在正方形四角用四个半圆形开敞式有座谈话间加固。东端设有三座半圆形后殿。也许最完美的叙利亚集中式建筑是圣西蒙教堂（图6-11）。围绕着八角中庭，庭院中央的圆柱上雕刻着著名的苦行僧，四座大型三走廊式巴西利卡布置成巨大的希腊十字架。以三座半圆形后殿结束的东部区域专供教会使用，其他则预留给朝圣者。这些建筑中非凡的创造性元素展示出一种尝试的开始，那就是建造令人满意的集中式教会建筑。拜占庭建筑师在很大程度上专注于这个问题。

叙利亚装饰：姆沙塔雕带　　叙利亚建筑的装饰具有同样的重要性。我们在从叙利亚引进的斯帕拉托建筑上看到，这些建筑修改并自由使用古典细部，以修饰建筑的外部。叙利亚本土保持着同样的方案，且变化无穷。此外，叙利亚人发展出一套新的雕塑装饰方案，最佳例证就是姆沙塔雕带（图6-12）（现位于柏林博物馆），其中古典和东方主题结合在最丰富的图案中，并以线浮雕清晰地切割。多色装饰在叙利亚也很常见。简而言之，叙利亚在早期就出现了建筑的新发展，这无疑有助于为拜占庭风格铺平道路，甚至可能为遥远的欧洲罗马式建筑铺平道路。

图6-12　柏林博物馆，姆沙塔雕带

埃及早期基督教建筑　在规划和建设方面，埃及建筑远不如叙利亚建筑那么精巧。一类有趣的埃及纪念性建筑的特点是使用巨大的三叶形圣所，由宽阔的耳堂将三走廊式中殿分开。然而，三叶形圣所很可能是从叙利亚引进。一项亚历山大时期的发明因当地需求而出现，即用圆柱支撑盖子的蓄水池，并最终在君士坦丁堡产生巨大的影响。埃及的特殊重要性在于不断演变的装饰方案。几个世纪以来，亚历山大港一直是生动绘画装饰派别的中心。此外，还有早期基督教世纪关于玻璃马赛克和镶嵌大理石的辉煌作品。利用这样的装饰方案，埃及能够用丰富多彩的室内装饰来装点拜占庭和意大利建筑，这几乎在整个基督教世纪成为时尚。

安纳托利亚的巴西利卡　在安纳托利亚，建筑师设计出最具创造性的结构。主要城市是以弗所，但可以研究建筑的场所非常多，最佳场所可能是安纳托利

亚东南部科尼亚平原上的一千零一教堂①。在这里，大多数巴西利卡都会让人想起叙利亚建筑。这些建筑通常是三走廊式，设有一座突出的半圆形后殿，呈圆形或多边形。中殿入口处设有门廊，两侧是两座塔楼。所有这些结构可能都是叙利亚式，但安纳托利亚人以建筑拱顶突出了自己的特色，许多这种建筑在中殿和走廊上架设重型筒形拱顶。这种建筑的典型例证可以在道莱教堂看到。然而，与这些拱形结构并列的结构可能是希腊罗马式，设有中庭、砖墙和木屋顶。

安纳托利亚的集中式建筑　　安纳托利亚也存在许多集中式建筑。我们了解到一个有关殉道堂的有趣描述，由尼撒的贵格利在4世纪所写。纪念性建筑呈十字形，十字架的支臂在交叉处由半圆形壁龛所限制，锥形穹顶覆盖着交叉甬道。锥形穹顶的使用暗示受到波斯的影响，事实上安纳托利亚建筑中最重要的元素是波斯风格。叙利亚的锥形穹顶建筑（如以斯拉和布斯拉教堂）可能是从安纳托利亚复制过来的，也可能是直接从波斯获得灵感。我们可能会在现在的建筑中看到格里高利时期方案的许多变化，尤其是在一千零一教堂。

安纳托利亚穹隆式巴西利卡　　然而，在历史上，安纳托利亚演变而来的最有趣的建筑类型是所谓的穹隆式巴西利卡。这种建筑发展的第一步是通过在半圆形后殿前布置正方形开间来扩大圣所，并在走廊上方增设楼座，供信徒使用。为了赋予如此庞大的建筑更轻微的效果，而不通过用窗户穿过筒形拱顶来削弱效果，建筑师想到了用穹顶来中断筒形拱顶的方案，从而形成了穹隆式巴西利卡，最终对后来出现的建筑产生巨大影响。这类建筑的完美例证可以在科贾卡莱西教堂看到（图6-1），这座教堂的穹顶占据了中殿的两个开间。安卡拉圣克利门出现了用砖石建造的同类建筑。在这两个案例中，穹顶都使用内角拱支撑。另一方面，在迈拉圣尼古拉斯和叙利亚迪尔-阿赫西城，我们发现穹隆式巴西利卡的穹顶用穹隅支撑。

穹顶的问题　　对于安纳托利亚穹顶的问题，有许多很有创意的解决方案。材料多种多样，包括使用来源于邻国波斯的砖石和陶瓦来降低重型穹顶的推力。为了从下面的正方形或多边形过渡到上面的圆形穹顶，建筑师采用了许多方法。最常见的方法是使用内角拱，有时仅仅是在正方形的四角铺设平板石，使其变成多边形，

---

① 土耳其古城一地区，以其五十座拜占庭式教堂遗址而闻名。

然后在多边形的各角铺设其他石块，使各角变得更钝，直到在连续的石块层中，石块巧妙地构成容纳穹顶底部所需的大致圆形。有时，拱穿过正方形或多边形的角，同样，当尺寸足够小时，可将角上的一块砖石挖空成穹隅形式。

穹隅　然而，到目前为止，这个问题最重要的解决方案是笔直的穹隅。用数学术语来说，穹隅是空心半球的一部分，其直径等于所覆盖正方形的对角线。然而，用非技术语言来说，描述这种构件并非易事。想象一下，正方形由一个如此庞大的穹顶所覆盖，以至于边缘只能在四个拐角接触到正方形。显然，穹顶会伸出到正方形的四角以外。想象一下，垂直削去伸出正方形侧面的所有穹顶部分，结果会得到穹隅穹顶，或者，从技术上来说是连续的穹隅上穹顶。想象一下，在垂直切割产生的侧拱顶部正上方的一点处水平切开穹隅穹顶的顶部，结果会得到四个球形三角物体或穹隅（球体的部分），其直径等于下面正方形的直径。上面可以放置笔直的穹顶，从而得到穹隅上穹顶（图6-3）。

穹隅的起源　穹隅最终成为拜占庭建筑最显著的特征之一。虽然穹隅的起源存在争议，但它肯定是无中心支架的波斯轻质材料拱顶的逻辑产物。很大的可能性是，与东方紧密联系的安纳托利亚建筑师独立创造出这一如此重要的构件。

图6-13　拉文纳，加拉·普拉西狄亚陵墓

东方影响在西方的传播；拉文纳建筑 通过贸易和修道生活的影响，4—6世纪的特点是东方影响在西方广泛传播。虽然东方风格出现在4世纪的斯帕拉托戴克里先宫，后来又出现在罗马的巴西利卡装饰中，尤其是在集中式建筑中，但最好的是在拉文纳建筑中判断其在意大利的全面影响。两座5世纪中叶的建筑，即加拉·普拉西狄亚陵墓（图6-13）和所谓的正统洗礼堂，证明了东方灵感几乎完全控制这座西方城市。前者，现在的桑蒂·纳扎罗·塞尔索教堂，在平面图中呈希腊十字形，交叉甬道覆盖着连续的穹隅上穹顶（通过用中空陶瓦双耳瓦罐插入另一个之中巧妙地构成）。仅仅是材料就证明了东方影响，尤其是波斯影响。外部平坦，砖墙通过盲连拱廊略微减轻载荷。从外部看，穹顶呈正方形。内部是由珍贵的玻璃马赛克制成的完整硬壳，呈现出亚历山大风格。正统洗礼堂是一个多边形结构，穹顶结构类似于加拉·普拉西狄亚坟墓的穹顶。

早期基督教和拜占庭元素的混合 虽然从时间上来看，这些作品属于早期基督教时期，但仅仅将这些作品归类为早期基督教徒则对其建筑意义产生深刻的误解。它们已经预见到拜占庭风格的许多元素，因此应该可以称为拜占庭式。这并不意味着它们是从君士坦丁堡引进的结果。相反，它们是受到东方影响而形成的意大利产物，这些影响已经在君士坦丁堡产生拜占庭风格方面发挥作用。

结论 因此，早期基督教建筑可以从两个角度来看待。一方面，它是一种"自给自足"风格，充分地为早期教堂提供了本身宏伟的建筑，甚至更好地完全满足了其设计需求。从这个角度来看，基督教罗马巴西利卡是早期基督教建筑的最高级别产物。从另一个更广泛的角度来看，早期基督教风格是巨大建筑链中的一环，将日益衰弱的古典艺术与蓬勃发展的拜占庭新风格联系在一起。尤其是东方基督教建筑，充满了实验性，无视古典传统、肆无忌惮，有时甚至粗糙，尽管总是充满希望，以毫不含糊的风格预示着艺术的到来，所以很快出现在君士坦丁堡。

早期基督教纪念性建筑年表

　　必须指出的是，通常不可能准确地确定中世纪纪念性建筑的年代，我们通常在建筑建造所处年代的半个世纪或一个世纪中选出满意的时间。单一日期是指本文中提到的建筑开始建造的日期。总体而言，我们必须始终记住，中世纪纪念性建筑的日期错误很容易导致纪念性建筑的年份比原本更久远。

罗马老圣彼得大教堂，公元326年成为神址。 罗马圣康斯坦齐亚大教堂，建于323—337年，1256年重建。 罗马城外圣保罗大教堂，始建于公元386年，但1823年重建。 罗马圣母大殿，于432—440年重建。 罗马圣彼得镣铐教堂，始建于约450年。 拉文纳加拉·普拉西狄亚陵墓，约公元450年。 拉文纳正统洗礼堂，5世纪中叶。 罗马圣斯特法诺教堂，468—483年。 拉文纳新圣阿波里奈尔教堂，公元500年后不久。 罗马城外圣洛伦佐圣殿，公元578年重建，1216—1227年改建。 罗马圣依溺斯教堂，625—638年重建。 罗马圣克莱门特教堂，1108年重建。	意大利
耶路撒冷圣墓教堂，312—337年。 鲁威哈教堂，4世纪。 科贾卡莱西教堂，4世纪或者可能是5世纪。 姆沙塔雕带，可能是4世纪，也可能是6世纪。 麦卡巴克教堂，5世纪。 道莱教堂，5世纪（？）。 圣西蒙教堂，5世纪末。 安卡拉圣克利门，5世纪（？）。 迈拉圣尼古拉斯教堂，5世纪（？）。 布斯拉教堂，512年。 以斯拉教堂，515年。 图曼宁教堂，6世纪。 卡尔布劳泽教堂，6世纪。	东方

第七章　拜占庭建筑

起源　同智者一样，拜占庭建筑也起源于东方，东方三大城市亚历山大、安条克和以弗所扮演着"东方三博士"的角色。来自亚历山大的彩饰自始至终都保持着这种风格的特征。安条克提供了雕塑装饰、平面、清晰切割的浮雕和表面全覆盖的拜占庭式理念。最重要的是，以弗所提供了十个世纪以来拜占庭建筑师融合、系统化和发展的结构元素。

集中化　尽管这种风格在从亚美尼亚到法国、从俄罗斯到非洲的地区广泛传播，但指挥中心实际上一直保留在君士坦丁堡。造成这种集中化的原因在于风格的主要特征和总体同质性。拜占庭接受了东方的思想，用奢华的财富和罗马的广阔概念来处理建筑，并与精致的新式阁楼融合在一起。结果创造出一种新的艺术，但是，像罗马一样，这也是一种明显的帝国艺术。在建筑和政治上，君士坦丁通过帝国君士坦丁堡取代了罗马帝国。

宗教和非宗教作品　拜占庭建筑主要是宗教建筑，但这一概括总结通常必须符合条件。在君士坦丁（323—337年）、查士丁尼（527—565年）和巴西尔一世（867—887年）等重要皇帝统治时期，民用建筑发挥了极其重要的作用。教堂对其他风格的影响比民用建筑更大，当民用建筑遭到毁坏时，教堂往往保留了下来，但这一事实不应使我们忽视非宗教作品的重要性。

缺乏风格的自我意识　然而，无论是非宗教还是宗教，拜占庭建筑总体上缺乏自我意识。尽管教堂或宫殿的装饰可能极其奢华，但重要的考虑因素始终是以令人满意的方式解决结构需要，这便成为拜占庭美学理论中的真实（若缺乏自我意识）准则。此外，这种风格倾向于集体风格而非个人风格，尽管不像西欧中世纪风格那样完整。特别是在早期，个人倾向于主导作品，但后来的工匠和无名建筑师更能随心所欲，甚至在最早的时候，个人作为文明的发言者而不是其教导者出现。

保守主义与发展 人们通常认为拜占庭艺术非常保守。事实上，虽然拜占庭艺术保守，但只是在保守主义与发展并不矛盾的情况下。拜占庭风格这一过于普遍的概念大错特错，该概念在6世纪变得明确，并作为一连串单调的重复延续到15世纪。艺术总是意识到它的过去并受其教导，但从不盲目地复制它的过去，而且发展并没有因为缓慢而不稳定。

材料 拜占庭建筑中使用的材料多种多样。砖石和灰泥最为常见，并且最能体现这种风格的理念。建筑师利用轻质多孔材料获得了最引人注目的效果，经常在黏合砖的宽度中增加灰缝。使用混凝土浇筑衬心，但是罗马人坚硬的混凝土拱顶消失了。自由使用琢石，但几乎总是作为其他材料的附加物。在拜占庭建筑中，除了特定的限制区域外，尤其是希腊和亚美尼亚，琢石的同质使用实际上不为人知。出于装饰目的，拜占庭建筑师使用马赛克和大理石，大理石有时雕刻成像挂毯一样的平坦浮雕，有时用作饰面。在晚期风格中，砖石装饰变得很普遍，墙面使用无数的砖石图案，或者砖石与琢石交替。在缺乏制定审美标准的情况下，设计师的发明和良好品味得到了充分发挥。

结构 拜占庭建筑师的独创性和丰富性在解决结构问题时表现得最为突出。这种风格本质上是拱形，最重要的拱顶形式是穹顶。由于木材稀缺，中心支架的问题很严重，建筑师从安纳托利亚和波斯得到启示，很快学会了在不使用中心支架的情况下建造重要的拱顶。为此，他们开发了最轻最耐用的材料，用黏性厚灰缝将材料黏合在一起。然后，通过在连续、同心、自持的圆环中完成拱顶，倾斜砖层，从而只需要很少的下方支撑或者不需要支撑，并且通过发明巧妙的装置以便在建造过程中限定拱顶表面，建筑师几乎完全成功地消除了中心支架的必要性。此外，通过推力平衡进一步保证完工建筑的稳定性。穹顶和拱顶紧密而有逻辑地组合在一起，其推力彼此相反，大型中央穹顶的推力通过围在其周围的许多从属穹顶抵消并带走。这种风格很大程度上体现了与哥特式建筑关联的结构逻辑，尤其是在后期。

支撑　支撑的使用出色地体现出相同的逻辑。使用内角拱支撑穹顶是从东方继承而来，并在整个风格的发展过程中不断变化。在建筑史上，更重要的是穹隅的使用。拜占庭人的功劳是认识到穹隅的全部可能性，而使用这些构件作为叠加穹顶的支撑开始于拜占庭帝国时期（图6-3）。

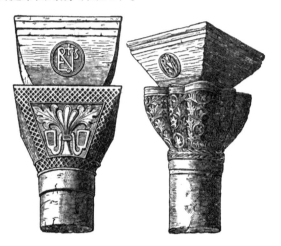

图7-1　拉文纳，圣维托教堂拜占庭柱头实例

柱头　此外，建筑师的逻辑不仅仅局限于穹顶的直接支撑。承载拱顶重量的柱头是全新的逻辑设计。与仅仅压碎重量物体的罗马柱上楣构不同，拜占庭柱头必须承载的块体完全不同，并在许多方向上运用各种推力。为了满足这种块体需求，建筑师首先设计更坚固的科林斯式柱头，包括更宽的顶板。然后添加重型逆冲断块，像一个截断的倒置金字塔，以形成从柱头到块体上方的过渡。这种柱头可以在萨洛尼卡的斯基-德约马大教堂看到。拱墩的想法来自叙利亚，叙利亚在5世纪很流行使用这种构件，叙利亚人反过来可能从波斯接收到这种想法。拉文纳圣维托教堂（图7-1）采取了进一步措施，当时柱头的科林斯特征几乎已经废弃，柱头的形状就像装饰华丽的拱墩砌块。最后，在萨洛尼卡圣索菲亚大教堂，所有拜占庭柱头都以拱墩砌块为基础，由又宽又薄的顶板承载，载荷由此传递到高高的凸形钟结构上，钟结构的顶部很宽，底部很细，与细长轴相交。这样发明的形式结合了三种希腊古典形式的元素，既贴切又美观。此外，这种形式灵活，并能够无限变化，从"千柱"贮水池中基础柱头简单朴素的茎图案到富集大量甜瓜、鸟和篮子图案以及风格完全形成的风吹状莨苕叶形柱头。

宗教建筑类型　由于拜占庭宗教建筑的重要性超过所有其他类型的建筑，我们必须花大部分的时间来研究拜占庭宗教建筑。创造的类型多种多样。在早期，从安纳托利亚穹隆式巴西利卡发展而来的类型最受欢迎，最著名的实例是君士坦丁堡的圣索菲亚大教堂。在所谓的第二个黄金时代，即9世纪、10世纪和11世纪，希腊十字架平面图成为时尚，尽管两种类型在两个时期都存在。有时平面图是刻在正方形内的希腊十字架，实际建筑物仅仅通过侧天窗标记这种十字架。在其他时候，真正的希腊十字架按平面图设计。起初，所谓的三贝壳或"三壳"平面图很受欢迎，以三叶形分割半圆室端，这种类型在整个风格发展历史中持续存在，并有所改动。对于真正的巴西利卡式平面图，虽然并未完全被遗忘，但从未流行过。此外，还设计出圆形和多边形建筑，但是最流行的集中式建筑形式是希腊十字架。

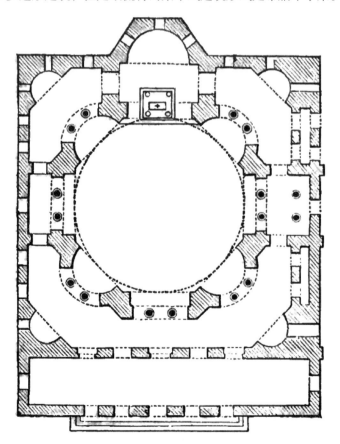

图7-2　君士坦丁堡，圣塞尔吉乌斯和圣巴克乌斯教堂平面图

比君士坦丁堡圣索菲亚大教堂更早出现的教堂　虽然圣索菲亚大教堂几乎可以视为拜占庭建筑的宣言，但在它之前，君士坦丁堡内外的许多建筑预示着这种风格的到来。我们已经注意到很可能称为拜占庭式建筑的拉韦纳建筑。同样，虽然于463年在君士坦丁堡建造的斯图迪奥斯修道院符合希腊风格，保留了门柱和门楣系统，但在精神上属于拜占庭式，君士坦丁堡纯粹的拜占庭式的圣塞尔吉乌斯和圣巴克乌斯教堂（图7-2）略早于圣索菲亚大教堂。这座建筑让人想起小亚细亚的以斯拉和布斯拉教堂（图6-1和图6-3），但其规划和实施方式更加巧妙。

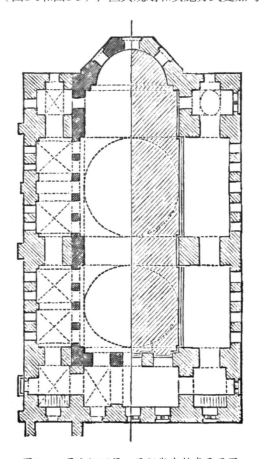

图7-3　君士坦丁堡，圣伊勒内教堂平面图

君士坦丁堡圣伊勒内教堂　532年，查士丁尼在君士坦丁堡建造了另一座教堂——圣伊勒内教堂（图7-3），这使我们更接近于成熟的拜占庭风格。圣伊勒内教堂的建筑师很可能是受到萨洛尼卡圣索菲亚大教堂的启发，这座建筑可能比君士

坦丁堡与其同名的建筑更早出现。萨洛尼卡的圣伊勒内教堂和圣索菲亚大教堂都是安纳托利亚穹隆式巴西利卡的变体。在圣伊勒内教堂，穹顶紧挨着以十字架形状围绕在其周围的筒形拱顶，似乎我们这里有希腊十字架形状的雏形。

圣索菲亚大教堂 然而，除了君士坦丁堡的"大教堂"、神圣智慧教堂——圣索菲亚大教堂之外，所有这些建筑都显得微不足道。这座建筑比其他任何建筑都更充分地体现了第一个黄金时代的成熟拜占庭风格。查士丁尼于532年开始建造这座建筑，以取代在尼卡叛乱中被摧毁的同名君士坦丁教堂。特拉雷斯的安提莫斯和米利都的伊西多鲁斯是建筑师，都拥有安纳托利亚血统。这座教堂在5年内建造完工，由查士丁尼在公元537年12月27日感恩节当天举行最令人印象深刻的仪式。558年，中央圆顶倒塌，但安特米乌斯的一个侄子根据一个低调内敛的设计对其进行了重建，教堂于562年被皇帝重新奉为神址。

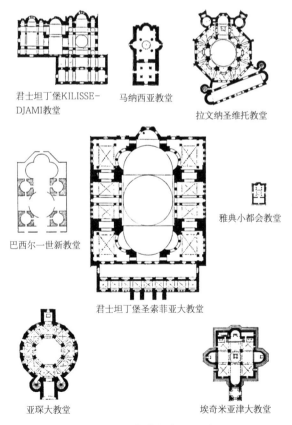

君士坦丁堡KILISSE-DJAMI教堂　　马纳西亚教堂　　拉文纳圣维托教堂

巴西尔一世新教堂　　　　雅典小都会教堂

君士坦丁堡圣索菲亚大教堂

亚琛大教堂　　　　埃奇米亚津大教堂

图7-4 拜占庭教堂平面图

135

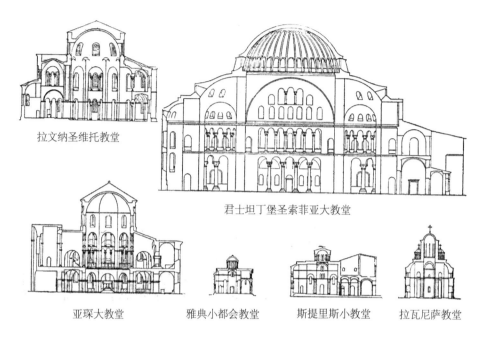

拉文纳圣维托教堂

君士坦丁堡圣索菲亚大教堂

亚琛大教堂　　雅典小都会教堂　　斯提里斯小教堂　　拉瓦尼萨教堂

图7-5　拜占庭教堂立面图

平面图和构造　　在平面图（图7-4）中，圣索菲亚大教堂呈巨大的方形状，其中不包括半圆形后殿和前廊，占地面积约为250英尺×240英尺。中殿前面有两个前廊、楼座和一个中庭。在中心，穹隅上竖起一个大圆顶，直径107英尺，由四个25英尺平方的巨型墙墩支撑，东西两侧由两个直径与中央圆顶相同的半圆顶支撑（图7-5）。这些构件赋予了建筑纵轴特征。北侧和南侧的拱座由四个巨大扶壁支撑，扶壁采用大理石砌成。半圆顶依次通过成对较小的半圆顶紧靠在起拱点处，因此，部分通过逆推力对推力，部分通过在下降阶段将大圆顶推力传递至外墙和地面，使整个结构非常稳固。东端有一个突出半圆形后殿，外部呈多边形，通向东侧半圆顶。中央圆顶及其半圆顶的左右两边是穹隆式拱顶侧廊，在其之上是覆盖着圆拱顶的楼座。如今，四个互不协调的土耳其设计尖塔随意矗立在建筑的四个角上。

图7-6 君士坦丁堡，圣索菲亚大教堂

外部　　尽管圆顶的顶点距离路面180英尺，但建筑外观矮而宽（图7-6）。第一个黄金时代的拜占庭式建筑师充分意识到与高耸圆顶正确对接的困难，因此几乎没有试图使圆顶的外部特征显著。圣索菲亚大教堂的圆顶横截面不到半圆形，从拱脚到顶部的高度只有47英尺。然而，由于结合了纪念性和紧凑性，以及对坚固、坚实安全建筑美学价值的强烈感受，外部效果仍然很不错。

图7-7 君士坦丁堡，圣索菲亚大教堂，面向半圆形后殿的内部

内部　　另一方面，内部给人一种强烈的高耸印象（图7-7）。穿透圆顶底部的小洞口环能够照亮整个结构，以至于圆顶几乎是奇迹般悬浮在巨大的中央空隙上。此外，地面层和楼座中各种比例的立柱呈现了一种有利的尺度，能够很容易地将人们的目光引向建筑的雄伟比例。

圆顶巴西利卡式　　虽然圣索菲亚大教堂大致呈方形，但并不是中央型，而是参照纵轴规划，因此符合早期巴西利卡式教堂的礼拜理想。可以将其视为安纳托利亚圆顶巴西利卡式的最高水平拜占庭式发展。

装饰　　圣索菲亚大教堂的装饰忠于第一个黄金时代的理想，外部单调乏味，但内部光彩夺目。如今，外部粉刷成了黑色水平条纹，但在最初的设计中，并没有试图用色彩甚至图案材料来使墙面显得生气勃勃。另一方面，内部装饰华丽，镶有大理石和玻璃马赛克。大理石被锯得很薄，经过高度抛光和巧妙的放置，大理石纹理的反向图案拼接在一起。在地面层内部是镀金的玻璃马赛克，遗憾的是，如今被土耳其人刷白了。柱头和部分表面用平浮雕装饰，增强了脆雕的层次感，暗示了叙利亚艺术。有时候，雕塑的间隙用黑色大理石填充，进一步加强了已显犀利的明暗印象。

君士坦丁堡圣徒教堂　　尽管圣索菲亚大教堂是第一个黄金时代最宏伟和最典型的建筑，但许多其他建筑也是在这个时期建造的，而且其中一些在历史上极其重要。继圣索菲亚大教堂之后，最重要的建筑是安提莫斯和伊西多鲁斯的另一个作品，也就是君士坦丁堡的圣徒教堂（图7-8和图7-9），这座教堂被土耳其人摧毁，目的是建造穆罕默德二世的清真寺。通过他人描述和图例手稿（图7-8）可知，这座建筑采用希腊式十字架形式，十字架通过两个巴西利卡式中殿（拱顶和侧廊式）交叉形成（图7-9）。十字架上方是一个嵌有窗户的圆顶，两臂上方是另一个圆顶（或许是壁上圆顶）。这种类型在第一个黄金时代从未受到过多的青睐，但毋庸置疑，它为后来拜占庭式建筑中建立的许多教堂奠定了基础。威尼斯的圣马可教堂只是衰落的圣徒教堂的发展。

图7-8 梵蒂冈，呈现君士坦丁堡圣徒教堂内部的图例手稿

除君士坦丁堡外的查士丁尼时代建筑 然而，查士丁尼时代的重要建筑并不局限于君士坦丁堡甚至东方。公元6世纪初，幼发拉底主教在伊斯特拉帕伦佐建造了一座重要的教堂，这座教堂在形式上属于巴西利卡式，但在精神和装饰上属于拜占庭式。意大利在这一时期扮演了一个比较重要的角色，在美感和创造天赋方面，拉文纳的建筑很难被君士坦丁堡所取代。

拉文纳建筑 拉文纳的两座建筑即克拉斯的圣阿波利纳雷教堂和新圣阿波里内尔教堂（图6-7）都是巴西利卡式平面，拜占庭式的细部和装饰。后者始建于狄奥多里克时期（493—526年），但由拜占庭时期的工人进行装饰。前者于549年落成。然而，迄今为止，该时期最重要的拉文纳式教堂是圣维托教堂（图7-4和图7-5），始建于526和534年期间，竣工于547年。这是一座显示出强烈原创性的建筑，注定对后续建筑产生巨大影响。它在形式上呈八角形，鼓形座上装饰着一个圆

顶，由八根结实的柱子支撑。这些柱子通过巧妙的开敞式有座谈话间体系相互连接，该体系与圣塞尔吉乌斯和巴可斯教堂的系统相似。为了减小推力，圆顶的构造如同普拉奇迪亚的窟墓一样，由赤陶双耳细颈罐组成，一个接一个放置。每个墙墩通过拱与外墙相连，每根突出角柱用墙墩扶壁加固。

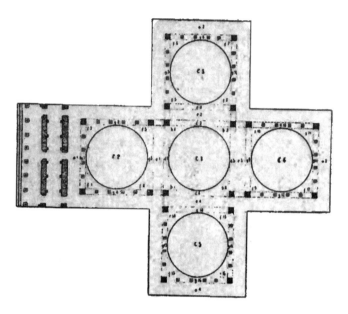

图7-9　君士坦丁堡，圣徒教堂（复原后平面图）

第一个黄金时代的后期建筑　　查士丁尼的逝世并没有中断开始于其统治时期的建筑活动。艺术继续彰显出活力和原创性。在君士坦丁堡，卡伦德汉贾米清真寺（可能曾经是莫里斯皇帝建造的女执事清真寺）最晚可追溯至7世纪，呈现出向圆顶巴西利卡式的回归。同一时期，古老的圣安德鲁教堂（现在的霍贾斯塔法帕夏清真寺）有一个巨大的中央圆顶，像圣索菲亚大教堂的半圆顶一样邻接。

在亚美尼亚的发展　　在君士坦丁堡以外，艺术在该时期欣欣向荣，特别是在亚美尼亚表现出原创性。埃奇米亚津大教堂（图7-4），其希腊式十字架刻在一个方形中，四支臂终止于突出的半圆形后殿，这必然影响了10世纪的阿索斯山教堂，并且似乎被9世纪法国的热尔米尼代普雷教堂模仿。它现在的形式是7世纪的埃奇米亚津。毫无疑问，亚美尼亚7世纪的建筑表现出如此强盛的活力，以至于强烈地影响了君士坦丁堡本身，以及中心城市以外的拜占庭式建筑。

图7-10　亚琛，查理曼教堂内部

圣像破坏之争　726年，拜占庭艺术的发展受到圣像破坏之争的阻挠，虽然伊索里亚人利奥的法令针对物像，但所有艺术都受到影响，君士坦丁堡的建筑经历了半停滞时期，直到842年提奥多拉恢复物象崇拜才得以缓解，并直到867年马其顿王朝的加入才真正消除。没有什么比拜占庭式建筑在这个黑暗时期的扩张更能说明它的活力了。国内对艺术的限制往往会导致将艺术传播到国外，而君士坦丁堡失去的东西正是加洛林文艺复兴时期西方人得到的东西。从9世纪伊始，查理曼便在亚琛建造一座精美的小教堂（图7-4、图7-5和图7-10），并直接模仿圣维托教堂。稍晚些时候，根据7世纪亚美尼亚建筑的暗示，按直线设计了杰明内·特斯·普列斯教堂。因此，拜占庭式建筑并没有停滞不前，只是暂时不再以君士坦丁堡为中心。

第二个黄金时代　随着马其顿王朝的到来，君士坦丁堡恢复了统治作用，开启了拜占庭艺术的第二个黄金时代。荣光再次降临到帝国，权力也再次降临到统治家族。新近产生的东方影响使艺术生动起来，建筑师从过去的纪念性建筑中寻找灵感。然而，灵感与模仿相去甚远。第二个黄金时代的建筑与第一个黄金时代的建筑迥然不同，有力展示了艺术的动态作用。

平面变化　在第二个黄金时代，巴西利卡式平面完全消失了。八角形应运而

生，三分叉类型只以一种被彻底改变的形式出现。即使是圆顶巴西利卡类型也变得罕见，但君士坦丁堡9世纪的圣狄奥多西教堂（现在的玫瑰清真寺）显示了这一点。

第二个黄金时代的希腊式十字架平面　迄今为止，最受欢迎的平面是希腊式十字架，但这与早期在普拉奇迪亚陵墓和圣徒教堂看到的希腊式十字架有本质不同。在较旧的形式中，十字架臂出现在平面轮廓中，附属圆顶位于十字架的每个臂上。在后者中，凹入角柱在平面上填充，底层平面为方形，十字架只出现在上层。十字架的臂上覆盖着筒形拱顶，附属圆顶放置在臂间角柱上。因此，这个平面是一个刻在方形内的希腊式十字架，有一个中央圆顶和四个通常隐藏在角柱上的圆顶。附属圆顶和筒形拱顶的推力倾向于相互抵消，并且都与中央圆顶的推力相反。因此，整个体系是如此的条理分明和有机，让人不禁想起罗马风建筑的有机体系。因此，第二个黄金时代典型希腊式十字架建筑的雏形，并非出现于第一个黄金时代希腊式十字架的经典实例——圣徒教堂中，而是在圆顶巴西利卡式大教堂中，尤其是在君士坦丁堡圣伊勒内教堂这样的建筑中（图7-3）。

表达上的变化　随着平面的变化，建筑表达也随之发生改变。垂直线加重。建筑的高度与其宽度成正比。圆顶在鼓形座上不断升起，成为显著的外部特征。建筑的逻辑精神体现在外部线条上。因此内部的弯曲拱顶在外部不是用山墙来表示，而是用曲线表示。随着建筑变得越来越大胆，规模也缩小，总体上而言，第二个黄金时代的建筑比第一个黄金时代要小得多。最后，使整个外部适合装饰用途，也应用了彩饰，墙壁的纹理得到特别护理。使用了各种形状和颜色的砖块，并设计了巧妙的图案，使得一座12世纪拜占庭教堂的外观与6世纪的一座教堂略有相似之处。

"新教堂"　巴西尔一世的"新教堂"（图7-4），是第二个黄金时代第一个与圣索菲亚大教堂相似的教堂。遗憾的是，它已经被摧毁，但我们从描述中了解了它的平面。这座教堂采用希腊式十字架形式，有一个中央圆顶和四个较小的圆顶设置在十字架臂间的角柱上。毫无疑问，这座建筑为后来的大多数教堂指明了类型方向。

类型的演变　这种类型的演变可以追溯至现存的纪念性建筑。它以一种基础形式出现在维奥蒂亚的斯克里普的一座教堂里，可追溯至874年，没有附属圆顶，结构沉重，但呈现了带有筒形拱顶臂的希腊式十字架平面。可以看出，这种类型在君士坦丁堡的基利塞贾米教堂（以前的西奥托科斯）得到充分发展（图7-4和图7-11），可追溯至10世纪上半叶。此时出现了筒形拱顶臂和角形圆顶。外部线条协调弯曲，表面用砖块和方石的交替区带做了精心处理。

图7-11　君士坦丁堡，东侧视图

实例　方形希腊式十字架延续了整个马其顿和康尼努斯王朝最受欢迎的教堂布局。人们可以在福基斯斯提里斯的圣路加小教堂里看到这种十字架（图7-9和图7-12），建造日期可追溯至11世纪下半叶，后来，在康尼努斯时期，希腊式十字架似乎在基督教堂的三重教堂中得到很好的发展，该教堂由艾琳（约翰二世·康尼努斯的皇后）于1124年下令在君士坦丁堡建造。在

图7-12　斯提里斯（福基斯），圣路加修道院，两栋教堂的东侧视图

构成该作品的三栋建筑中，南北两栋是第二个黄金时代经典布局的完美实例。中央教堂只有两个圆顶。

变化　但是，我们不应该认为最受欢迎的类型在后期被各地盲目复制。最常见的变化是略去四个附属圆顶，一些最好看的拜占庭教堂就采用了这种形式。纳夫普利业精心制作的新修道院就属于这种类型，还有位于雅典更出名的圣西奥多教堂和小都会教堂（图7-4和图7-5）。所有这些教堂的建设日期都可追溯至12世纪。

内角拱组　这一时期教堂的另一种变体可能称为内角拱组。就这些教堂而言，圆顶的直径较大，由十六个鼓形座支撑，其比例比当时其他教堂中的比例要高得多。属于这一流派的是斯提里斯的圣路加修道院（图7-12），希俄斯的新修道院，以及达夫尼（位于雅典附近）的精致教堂。

阿索斯的教堂　　阿索斯及其周边地区的教堂，半圆形后殿终止于十字架侧臂，从而形成另一组别。其中，拉瓦莱的主教教堂值得特别一提。这是一栋三侧廊式建筑，外部通过拱廊指示三重分区，因此似乎结合了希腊式十字架和圆顶巴西利卡教堂的类型。

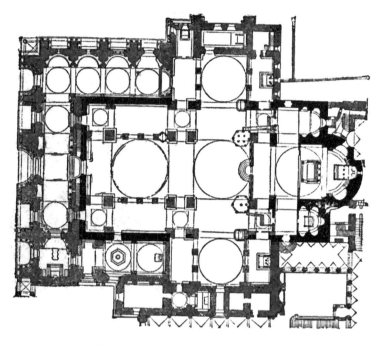

图7-13　威尼斯，圣马可大教堂平面图

威尼斯圣马可大教堂　　迄今为止，与第二个黄金时代最受欢迎布局不同的最重要实例是著名的威尼斯圣马可教堂（图7-13），始建于1063年。这栋建筑是对君士坦丁堡圣徒教堂安提莫斯教堂的忠实还原。布局设置成定义在地面层的希腊式十字架，一个圆顶悬在中间，一个较小的圆顶悬在十字架的每个架臂上。一个楼座式前廊环绕着十字架西臂的三面。支撑圆顶的大墙墩被凿穿，在地面层提供更大的空间，并通过楼座连接，楼座的宽度与墙墩相同，经大理石柱支撑。光线通过圆顶底部周围的洞口环进入，圆顶不到半圆形。在外部（图7-14），圆顶由木制假圆顶所掩盖，镀铅，从广场上看，形成了教堂的一个显著特征。在内部（图7-15），装饰极其丰富，像在君士坦丁堡的圣索菲亚大教堂一样，随意运用镶面大理石和珍贵的马赛克。外部有聚簇的大理石柱，和内部一样，使用彩绘大理石贴面和闪光的马赛克装饰得非常华丽。因此，建筑绝不具有同质性。立面有许多哥特式细部，一些马赛克可追溯至文艺复兴时期甚至近代。

图7-14 威尼斯，圣马可大教堂，广场上的风景

阿基坦的拜占庭式影响 圣马可教堂，或其原型，似乎对西方建筑产生了强烈影响。在法国，位于佩里格的12世纪圣弗隆大教堂（图8-5）几乎完全复制了圣马可教堂的布局，但阿尔塞斯教堂和教堂内外所有彩绘装饰都已略去。阿基坦的许多其他建筑也采用类似方式建造，因此该地区的建筑可能归类为拜占庭式和法国罗马风。

图7-15 威尼斯，圣马可大教堂，面向半圆形后殿的内部

格鲁吉亚和亚美尼亚 在第二个黄金时代，最原始的建筑位于格鲁吉亚和

亚美尼亚。有些建筑在很早期建造，例如黑海上的皮佐翁达教堂（可能建造于10世纪），还有凡湖上的阿克萨马尔教堂（图7-16）（可以肯定建造于10世纪）。在这些建筑中，希腊式十字架的形式以最随意的方式被运用，尽管古老的形式，如圆顶巴西利卡和三框架式也有保留。然而，在其他方面，这些建筑显示出显著的原创性。中央圆顶建在一个高耸、方石状、多面的鼓形座上，几乎成了一座塔楼。在外部，中央圆顶经常作为锐尖锥状体出现，如在阿克萨马尔。半圆形后殿通常不再突出，而是变成一个三角形的壁厚切口。有时，也不使用砖块，而是采用同质切割石材建造建筑，甚至屋面瓦也使用这种材料。外部以拜占庭式建筑中前所未有的方式装饰着清晰的浮雕，暗示着早期的叙利亚艺术。格鲁吉亚和亚美尼亚建筑的原创性如此强烈，以至于人们近期提出了一种不无道理的观点，即从这个地区来了控制第二个黄金时代所有拜占庭式建筑的创造性天才。

"拜占庭文艺复兴" 1204年，拜占庭式在马其顿和康尼努斯王朝统治下的辉煌盛世和第二个黄金时代宣告结束，该城市随即陷入一片废墟。然而，即便是

图7-16 阿克萨马尔，大教堂教堂东南侧视图

这场巨大的灾难，也不能完全摧毁拜占庭精神或拜占庭艺术的生命力。文化在城市的灰烬中再次崛起，13世纪后期、14世纪和15世纪早期称为"拜占庭文艺复兴"时期。然而，君士坦丁堡的经济实力非常弱。君士坦丁堡的科学家和文人学士都很杰出，但缺乏资金来发展建筑事业。因此，我们在君士坦丁堡之外，即希腊、巴尔干国家以及小亚细亚找到了上一个拜占庭时期比较重要的建筑。这些建筑存在差异，原因在于当地的品位和材料，但风格仍然带有很强的统一性。此外，艺术继续不断发展，从来没有陷入仅仅是重复早期作品的怪圈中。

平面　总的来说，希腊式十字架平面仍然最受欢迎。与此同时，旧式圆顶巴西利卡型也频频出现。特别是在特拉比松，在圣索菲亚大教堂和圣母大教堂中，加长了十字架西臂的长度，增加了侧廊，强调了建筑的纵轴。在阿索斯，出现了呈现古代叙利亚三框架平面的发展现象。

立面　在立面中，这最后时期的教堂显示出令人惊叹的变化。垂直线被毫不掩饰地强调。就像塞尔维亚的马纳西亚教堂一样（图7-4和图7-17），地面层经常建造得很高，并细分为稀疏的垂直附墙柱，暗示狭窄的壁柱条。令人惊

图7-17　塞尔维亚，马纳西亚大教堂

奇的是，鼓形座变得细长，并且为了安全起见，圆顶的尺寸也缩小。在一些塞尔维亚建筑中，例如拉瓦尼萨（图7-5）、马纳西亚教堂（图7-17）和乌斯库伯附近的大天使教堂，几乎看不到圆顶，而鼓形座拥有如同于细长塔楼的外观。在其他情况下，鼓形座高度降低，圆顶直径变宽，整个顶部盖着锥体。就像在特拉比松的圣索菲亚大教堂一样，这种形式的厚重外观使得它仍然像城堡主楼一样显著。

装饰　装饰也悄然发生变化。马赛克非常昂贵，不能随意使用，于是价格较低廉的湿壁画媒介开始流行起来。有些湿壁画，例如米斯特拉教堂（佩里卜勒普托斯修道院）的壁画，可与当代意大利的壁画相媲美。在外部，几乎完全废弃彩绘大理石，取而代之的是通过这种风格发明的最丰富多彩的图案砖装饰。有时，甚至釉面砖也与砖块混合在一起使用，像阿尔塔圣巴兹尔教堂等此类教堂的外部就是一个绝佳实例，说明后来的拜占庭艺术家可以通过其表面的精致颜色和纹理获得美观效果。

灵感　近年来，人们已经提出了多种理论来解释拜占庭艺术中这种非凡的最后爆发活力的灵感。迄今为止，最有可能的是，西欧最终还清了一部分沉重的债务，并以某种激励方式回到了拜占庭繁荣时期。拜占庭时期盛行的三侧廊式建筑，

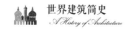

对垂直线的强调与哥特式建筑近似，采用了湿壁画，如在意大利一样常见，所有这些都支持一种理论，即紧密的政治和文化联系将14世纪和15世纪的君士坦丁堡与西欧联结在一起。另一方面，可以合理假设的是，拜占庭艺术在其前两个伟大时期产生的创造性天赋和活力，在第三个时期也产生了，并一直起作用至1453年的命运年，当时，由欧洲基督教抛弃的经济疲软城市向土耳其人投降。

世俗建筑　　尽管拜占庭式建筑的历史重要性主要在于教会建筑，这种风格也仍能在其世俗作品中呈现出强烈的原创性和活力。宏伟宫殿的建造伴随着伟大教堂的建造。君士坦丁通过在新城建了一座气势宏伟的宫殿，树立了一个榜样。这座宫殿现已无任何踪迹，但它必定遵循戴克里先在帕拉托规划的总路线。从拉文纳圣阿波里奈尔教堂的马赛克中，我们可以了解到早期拜占庭宫殿的外观，即现在已被摧毁的狄奥多里克宫。这种马赛克呈现出一个长长的拱形结构，该结构由一个带山墙和两侧翼的中央门廊组成。侧翼有两层，二层拱廊里设有方形窗。显然，空间的紧迫感压制了叙利亚式庭院，柱廊直接朝向街道开放。

查士丁尼时期的世俗建筑　　不久之后，查士丁尼的统治在君士坦丁堡导致了一场世俗建筑的大爆发。在该时期，元老院全部用白色大理石建成，佐克西普斯的浴池用大理石装饰得富丽堂皇，阿卡狄奥斯时期的浴池已修复，高架渠已修建，可与罗马坎帕格纳的高架渠相媲美。

蓄水池　　对储存水的需求使君士坦丁堡产生了一种独特的民用建筑：蓄水池。最早的蓄水池显然是407年建于广场下的西斯特玛-马克西玛。随着规模扩大，这些蓄水池成了真正重要的纪念性建筑，在平面上颇为大胆，在细部上追求精致。称作普尔喀丽亚的蓄水池建于421年，占地面积超过1000平方米，拱顶由30根花岗岩柱支撑。然而，在不到一个世纪的时间里，雄心勃勃的建筑师就创造出如此精彩的作品，例如占地面积超过3500平方米的"千柱"蓄水池（一千零一根柱子）。这些巨型作品的想法来自亚历山大，但它们在君士坦丁堡的发展绝对史无前例。由此证明拜占庭人的建造天赋丝毫不逊色于罗马人。

第二个黄金时代的宫殿　　在第二个黄金时代，世俗建筑的活力和第一个时代一样强盛。巴西尔一世通过建造了一座新的宫殿——塞纳尔吉昂开创了这一时代，许多作家都见证了它的辉煌。除此之外，他还加建了许多建筑，例如彭塔库布克隆，所谓的鹰角亭、宝库等。后来，尼西弗鲁斯·福卡斯在马尔磨拉海的岸边建造了布寇伦。这位皇帝从一栋先前已建好的小型建筑开始，很快就建造了一个布局豪华无比的宫殿，在稳固强度方面如同城堡主楼。每一代皇帝都给神圣宫殿或其他皇家住宅增添了一些东西。在12世纪，神圣宫殿在某种程度上遭到了人们的忽视，康尼努斯家族建造了布拉赫内宫———一座位于金角湾尽头的宫殿。在土耳其人称之为泰克福-塞雷的优雅建筑片段中，我们可能拥有原作的现存部分。这片废墟呈现了砖块和方石构成的精致模式和表面纹理，与该时期的教堂相似。

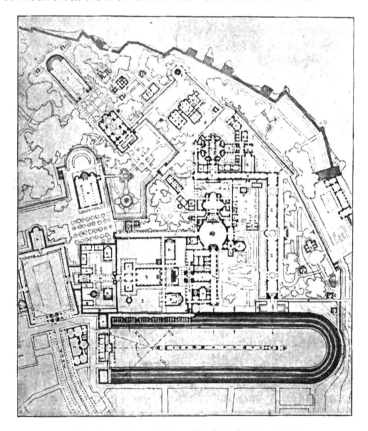

图7-18　君士坦丁堡，神圣宫殿复原后平面图

　　神圣宫殿　关于神圣宫殿（图7-18）的外观已经写了很多，然而考古学家仍然在其平面图上争论不休。事实上，"神圣宫殿"一词，就像它表示一栋单体建筑一样，令人困惑不已。该作品是建筑、世俗和教会的综合体，在平面图、规模和年代上各不相同，占地总面积达到40多万平方码，大致呈三角形。这是一栋1400英尺

长的庞大建筑，可以轻松容纳8万人，一边是玛模勒海，一边是竞技场。第三边面向城市，但通过梯田和花园与穷人住宅区隔离开来。里面分布着教堂、论坛、学校、议会厅、花园，甚至还有一个私人竞技场。因此，给人的整体印象肯定是复杂令人困惑，而且与今天的克里姆林宫并非完全不同。对于复杂的平面图和令人难以置信的丰富装饰，许多游客的描述都证明了这一点。平面图的复杂性夸大了该建筑的庞大。皇帝们在认识到这一点后，开始乐于让来访大使穿过大厅和庭院，领略奢华继承了奢华、富裕超越了富裕的富丽堂皇，直至最终到达黄金议事宫，这是一个八角形圆顶大厅，如果目击者的描述是可信的，那这个大厅就装饰有黄金、珐琅和宝石，超出了《一千零一夜》最狂野的梦想。

后来的宫殿建筑　1204年，这座城市被洗劫一空后，神圣宫殿再也没能恢复往日的辉煌。宫殿建筑遭到了致命性打击。与此同时，大量法兰克城堡在拜占庭领土上拔地而起，对拜占庭的民用建筑造成了一定的影响。因此，在较大程度上而言，最早期的拜占庭宫殿其实是防御工事，而不完全是宫殿。

图7-19　海德拉，复原后防御工事

防御工事　然而我们不应认为军事建筑在拜占庭风格的早期遭到忽视。出于防御原因，拜占庭式建筑师自发压制有利于强者的优雅，这一点在君士坦丁堡的统治区域中得到了有力证明，其中大部分可追溯至狄奥多西二世统治时期（408—450

年）。非洲尤其保留了早期拜占庭式军事建筑的历史遗迹，在当时，这些建筑绝对坚不可摧。突尼斯莱姆萨和海德拉的城堡就属于这种类型（图7-19）。在第二个黄金时代，曼努埃尔·康尼努斯在君士坦丁堡的现存作品中展示了国内同样的军事设计力量。

整体建筑 在君士坦丁和查士丁尼时期，除了地形变化以外，君士坦丁堡的一般外观与罗马没有什么不同。拜占庭人继承了罗马人的建设性意识以及对城市规划要点的广泛理解。然而，在后期，这座城市一定呈现出了早期的复杂面貌。在神圣宫殿的范围内，加建了一栋又一栋建筑，直至所有外观与整体平面图上的相似之处消失殆尽。除了建筑细节和材料上的差异外，如果缺乏逻辑的方案也盛行于世，那么巴西尔二世时期的君士坦丁堡一定和今天的斯坦布尔很相似。街道变得狭窄和不规则，房屋间距较小，中世纪建筑特有的明显欠考虑和不合逻辑的房屋划分取代了古典建筑的大区规划。

富人住宅 虽然数量稀少的富丽堂皇的拜占庭式住宅没有实例保留下来，但是古朴华美的手稿向我们提供了一些关于富人住宅外观的概念。显而易见，这些住宅与仍在叙利亚"死城"中发现的并无二致。房子有两层或三层高，柱廊装饰着立面。9世纪至12世纪期间，开放式凉廊装饰着上层建筑，塔楼或侧亭通常位于主建筑两侧。阳台突出来面向街道，屋顶有时很陡，有时呈阶梯状，有时装饰着小圆顶。窗户呈方形，方形小块玻璃嵌在格栅里。主要材料是砖块和大理石。立面通常是砖块和大理石的组合，地板则采用同一种或另一种材料。外门是带钉铁门；木材内部精雕细琢、镶有板材并嵌有饰板。因此，较好的住宅既豪华又优雅。

穷人住宅区 如果说富人的公共建筑和住宅金碧辉煌，那穷人的住宅就最简陋不堪，普通市民居住的城市地区建造不良、规划不佳、管理不善。如果我们可以相信当代的说法，比如按照1147年访问这座城市的尤德斯-杜伊尔的说法是，街道上方的屋顶经常交叉于公共区域，街道本身脏得难以形容，有时甚至会被淹死人和动物的泥池挡住去路。臭气熏天，夜晚的街道没有灯光，所以从日落到日出，街道上到处都是小偷、杀手和今天君士坦丁堡的那些嗷嗷叫的拾荒者。如果读者能通过一些紧张的幻想，想象出今天的斯坦布尔、罗马的马尔兹广场地区和北京的鞑靼城市的组合，他可能会对12世纪君士坦丁堡的整体建筑产生不准确的想法。

拜占庭式建筑的影响　　如果没有艺术对同时代和后来的建筑产生强大影响，那么关于拜占庭式风格的任何讨论都是不完整的。有时，就像在亚琛大教堂（图7-4、图7-5和图7-10）和杰明内·特斯·普列斯大教堂，就像在佩里格圣弗龙主教座堂（图8-5）和诺曼西西里的许多教堂一样，这种影响仅仅体现在模仿上。一个更微妙的影响是西方接受了非系统化的原理，这些原理是拜占庭式建筑的细部形式和建设方案的基础。这位拜占庭建筑师抛弃了古典柱头的所有单一形式，通过将古典柱头的所有元素渐进融合成一种适合新需求的新形式而不断得到发展。哥特式柱头只是拜占庭式的一种改进，更为确切地说是沿着拜占庭式路线的进一步发展。拜占庭人对拱顶开启的灵活处理也使得拱顶的罗马风和哥特式发展得以实现。就连基本的哥特式原理，即通过对立推力的平衡来稳定复杂的拱形系统，也可以在第二个黄金时代的拜占庭式建筑中找到前身，如我们所见。

对后来风格的影响　　此外，拜占庭式对其他风格的影响并不局限于当代中世纪。我们应当明白，文艺复兴时期和现代的建筑在很大程度上归功于拜占庭。在巴尔干半岛、俄罗斯南部和希腊，这种风格是本土产生的，并且这种风格一直不断重现，像雅典新都市中心这样的建筑，尽管是对较古老作品的贬低模仿，其优点也仍然是完全自然地回归本土艺术。最后，即使是萨拉森式建筑也必须承认受到拜占庭式的巨大影响。

拜占庭式建筑的意义　　因此，拜占庭式建筑有三重重要意义。人们可以将它视为罗马和罗马风之间的重要联系、当代和后续建筑的灵感来源，并最终成为一种强大和独立性的艺术。大体上，作家们倾向于强调前两个观点而放弃第三个观点。其结果是强调了西欧中世纪宏伟风格发展之前第一个黄金时代的建筑，忽视了同样重要的拜占庭式建筑，拜占庭式建筑在圣像破坏之争后出现。艺术的动态品质在很大程度上遭到忽视，这种风格被赋予了虚假的保守主义，而近代拜占庭式建筑的作家们才刚刚开始消除这种保守主义。因此，特别是在建筑通史中，强调拜占庭风格不仅是一种过渡性建筑，而且是一种自主独立性艺术，从第一个君士坦丁时代的4世纪至最后一个君士坦丁时代的15世纪，这种艺术显现了新的活力，从某种意义上说，甚至直到今天也是如此。

按年代顺序排列的纪念性建筑一览表	
早期，527年查士丁尼即位	君士坦丁堡君士坦丁宫，323—337年。 君士坦丁堡元老院，323—337年。 君士坦丁西斯特玛—马克西玛教堂，407年。 君士坦丁堡西斯特玛—普尔切里亚教堂，421年。 君士坦丁堡迪奥多修斯墙，5世纪上半叶。 君士坦丁堡斯基—德约马大教堂教堂，5世纪上半叶。 君士坦丁堡斯图迪奥斯修道院，463年。 拉文纳圣阿波利纳雷教堂，始建于526年以前。 拉文纳狄奥多里克宫，始建于526年以前。
第一个黄金时代，由查士丁尼开创，527—726年	君士坦丁堡"千柱"蓄水池，528年。 拉文纳圣维托教堂，526年或534—547年。 萨洛尼卡圣索菲亚大教堂，建于约530年。 君士坦丁堡圣伊勒内教堂，532年。 君士坦丁堡圣索菲亚大教堂，532—562年。 帕伦佐大教堂（达尔马提亚），540年。 君士坦丁堡圣徒教堂，536—546年。 拉文纳，新圣阿波里奈尔教堂，549年。 君士坦丁堡圣瑟古斯和圣巴楚斯教堂，6世纪上半叶。 君士坦丁堡宙克西帕斯浴场，6世纪上半叶。 莱姆萨（非洲）防御工事，6世纪。 海德拉（非洲）防御工事，6世纪。 圣格雷戈里教堂，靠近埃奇米亚津大教堂（亚美尼亚），640—666年。
第一个黄金时代，由查士丁尼开创，527—726年	君士坦丁堡卡伦德汉贾米清真寺（莫里斯皇帝），7世纪。 君士坦丁堡霍贾斯塔法帕夏清真寺（圣安德鲁），7世纪。 埃奇米亚埃奇米亚津大教堂（亚美尼亚），始建于5世纪，修复于7世纪。
打破传统的时代，726—842年	亚琛大教堂查理曼教堂，796—804年。 热尔米尼代普雷教堂（法国），9世纪。

按年代顺序排列的纪念性建筑一览表	
第二个黄金时代，由巴西尔一世开创，867—1204年	君士坦丁堡"新"教堂（巴西尔一世），886年之前。 君士坦丁堡塞纳尔吉昂教堂（巴西尔一世），886年之前。 君士坦丁堡彭塔库—布克隆教堂（巴西尔一世），886年之前。 君士坦丁堡玫瑰教堂（圣狄奥多西），9世纪下半叶。 斯克里普教堂（维奥蒂亚），874年。 君士坦丁堡布科尔孔教堂（尼西弗鲁斯·福卡斯，皇帝），963—969年。 凡湖阿克萨马尔教堂（亚美尼亚），10世纪。 皮佐翁达教堂（亚美尼亚），10世纪？ 拉瓦莱主教教堂，10世纪末或11世纪初。 斯提里斯（福基斯）圣路加大教堂，11世纪初。 威尼斯圣马可大教堂，始建于1063年。 斯提里斯（福基斯）、圣路加小教堂，11世纪下半叶。 君士坦丁堡基利塞贾米教堂，11世纪下半叶。 达夫尼，11世纪末。 佩里格（法国）圣弗隆大教堂，1120年。
第二个黄金时代，由巴西尔一世开创，867—1204年	君士坦丁堡基督教堂，1124年。 希俄斯的新修道院，1144年。 雅典圣西奥多教堂，12世纪中叶。 雅典小都会教堂，12世纪中叶。 君士坦丁堡布拉赫内宫（曼努埃尔·康尼努斯），1143年后不久。 君士坦丁堡曼努埃尔·康尼努斯城墙，1143年后不久。
拜占庭文艺复兴时期13世纪中叶—1453年	阿尔塔圣巴兹尔教堂，13世纪。 特拉比松圣索菲亚大教堂，13世纪。 特拉比松圣母大教堂，13世纪。 拉瓦尼萨教堂（塞尔维亚），1381年。 乌斯库伯（塞尔维亚）大天使教堂，14世纪。 米斯特拉佩里卜勒普托斯修道院，14世纪末。 马纳西亚教堂（塞尔维亚），1407年。

第八章　罗马风建筑

定义　罗马风建筑的讨论必然以"罗马风"一词的定义开始。尽管是一个公认名称，理解起来也很贴切，但对初学者来说却难以理解。当我们将罗马风建筑和罗曼斯语进行对比时，能够更快地对此建筑有所理解。罗马帝国解体后，随之而来的是一段文化混乱的时期。在这段混乱的时期中，慢慢涌现出同类民族。在拉丁文明的基础上，来自北方力量的加速发展，又因种族和地理条件的改变而相互区分开来，民族由此产生。这些民族各自拥有一种基于拉丁语的语言，但又不同于其他民族同样基于拉丁语的语言。于是，具有个性和民族特色的罗曼斯语随之诞生，这种语言会让人联想到罗马。恰好在建筑学方面也发现相同的现象，均以罗马式为出发点，但不同的是，各学派有其独立性，表现出各种族的独特才华，然而所有特点均受限于同一根源，因此将其纳入同一类——罗马风。

日期　明白这一点后，又迎来了新的挑战。从5世纪罗马文明的解体到约1000年各国明确的崛起，出现了一段混乱比秩序更为频繁的形成时期，然而此时语言和文字广为运用，建筑得以建造。其中，如查理曼大帝统治时期（加洛林文艺复兴时期）的文明甚至无比辉煌。是否应该将这一时期的语言称为罗曼斯语：是否将其建筑称为罗马风？在普遍笼统的分类中，所有西欧的建筑，除了纯粹的拜占庭式仿建建筑外，约从500年至1150年间的建筑均统称为罗马风。然后可对这一领域进行细分，单独划分1000年至1150年的后期发展时期，将早期的建筑归类为加洛林式、加洛林式和奥斯曼式，甚至是前罗马风。一旦理解其中的区别后，就会对建筑形式有

一定的了解。

罗马风与哥特式的关联　哥特式建筑学作家对人们理解和欣赏罗马风建筑造成了一定的阻碍，尽管并非出于本意，但其阻碍力度仍大于其他任何因素。其中最杰出的一位——基什拉曾用巧妙但具有误导性的定义总结了这种风格，其定义出现在此后每一本关于该主题的书中。按照法国考古学家的说法，罗马风建筑是指仅保留罗马元素的建筑，但已经不再属于罗马式，因而能够预见到具有哥特式元素的建筑并非属于哥特式。该定义中的每一个词语均是正确的，但整句话却大错特错，因为它忽略了罗马风的独立性，并将其降级为纯粹的过渡期建筑的地位。相比于过度强调有机的罗马风（如衍生出哥特式的伦巴第风格），该定义仅仅显示出它的弱点而已，以及完全不适用于（无机建筑）托斯卡纳式等一些最为有纪念性的风格。

有机和无机建筑　所谓的有机和无机建筑风格的区别很可能就在于此。有机建筑是一种拱顶式建筑，拱顶由肋拱、扶壁和墙墩支撑，后者根据支撑拱顶和抵抗其推力的需要而特意布置。这样一种建筑体系，常常将其比作生物体的骨骼结构，因此，使用有机建筑的说法相当贴切。然而，一种建筑体系可能会或多或少地具有令人信服的有机特性。拱顶中一条或多条结构肋拱的缺失，一个或多个支撑物对其设计所需承受推力的不匹配，可能会破坏整个体系的有机感，但不会破坏它。另一方面，一座相当宏伟的建筑可能完全是无机建筑，例如比萨教堂，仅覆有简易墙壁支撑的木制屋顶。因此，必须单独研究罗马风建筑本身，而不是作为前人的结果或作为后人的借口。

民族情怀　必须更强烈地坚持这一点，因为研究罗马风建筑的魅力很大程度上来自风格的多样性。当然，造成这些变化的原因为历史和地理因素。在早期，也就是通常所说的前罗马风时期，在500—1000年间，欧洲的建筑就表现出相当大的同质性，但随着不同国家的发展，自然而然地出现了民族风格的增长；而在这些国家的内部，往往又被鲜明地划分为不同的地区，而这些地区本身又统治独立，因此形成了极具个性和魅力的地方风格。因此，在发展有机哥特式建筑的法国之外，罗马风也许是各国建筑风格中最鲜明的民族风格。

教会的喜好　罗马风的研究因一个事实而大大简化。在其他任何一种风格中，即使是哥特式风格，也没有如此局限于教会建筑的喜好。正是如此，以至于在对中世纪建筑的简要讨论中，世俗建筑在其哥特式方面的研究收获颇丰，让学生在罗马风时期能够自由地专注于研究更为重要的教堂和修道院建筑。

整体特质 这种风格不仅是一种自然和宗教的表达，更是全体人民共同理想的体现。换句话说，明显具有一定的整体特性。虽然这些建筑在大师级建筑师的指导下建造而成，但他的助手工匠群却拥有极大的自由。其结果是工艺方面的差异以及不一致，但正因为如此，许多无可挑剔的现代作品均缺乏新鲜感，令人遗憾。

建筑上的改进 这种新鲜感似乎注入了罗马风，甚至是所有中世纪建筑，部分原因也可能是来自各种建筑特性的不一致。无论在所有中世纪建筑中观察到的平面、立柱和拱门高度等方面的差异是否是由于测量不准确、构件沉降或按照希腊式建筑的改进方式后有意设计的结果，均产生了一种生动的特性、一种动感和美感，消除了所有单调感，并使建筑保持了极大的趣味性，而其他更多煞费苦心和精致的建筑则显得枯燥无味。

一般特征 虽然罗马风教堂的平面千差万别（图8-5），但发展出的所有设计均符合基督教——罗马风教堂的礼拜仪式需求。一般而言，中央型建筑只限于洗礼堂和坟墓，当出现这种类型的教堂时，即意味着受到拜占庭式的影响。圆拱是罗马风的一项普遍特征，与哥特式尖拱相反，尽管该风格建筑中仍涌现出许多尖拱的实例。

分类 虽然人们对罗马风提出多项分类，但该运动在11、12世纪大发展时期的主要划分相当明确。意大利有其特有的风格，大致分为北部、中部和南部。德国也有其特有的风格，整体而言，莱茵河流域为半有机建筑，其他地方为无机建筑。人们对法国建筑的分类最为复杂，在其罗马风艺术中，有不少于六种主要细分。在南部，我们发现了一种独特的普罗旺斯风格，能感受到其卓越的典范性。再往北，我们发现了奥弗涅，这是最早成熟开办的法国学校，可归类为朗格多克式，其艺术中心位于图卢兹。尽管一些现代作家致力于阿基坦教会的本土发展，然而阿基坦的另一所学校逐渐壮大，并呈现出明显属于拜占庭式的建筑。此外还可以将勃艮第细分为另一类，其重点在于修道院建筑。在北部，形成了两种高度有机的风格，最早成熟的是诺曼式，最完善的是巴黎附近被称为法兰西岛的地区。英国建筑的罗马风

极具同质性，可将其视为诺曼式的一个分支，而西班牙建筑具有一种独特的风格，很大程度上引进自朗格多克，尽管受到东方建筑的影响，特别是南部的建筑。

加洛林式建筑 对其各种表现形式的风格进行更仔细的研究，当然必须从我们称之为加洛林式或前罗马风艺术开始，或者也许最好用一个更中性、更少描述性的术语来称呼——黑暗时代的艺术。这种艺术，虽然偶尔会带有一些民族色彩，如英国的撒克逊建筑，但它属于欧洲而不是属于某个民族。此外，一些具有最为不朽风格的建筑，如查理曼大帝在爱克斯·拉夏贝尔的小教堂或热尔米尼代普雷教堂，我们可能会忽略不计，因为它们仅强调了当时拜占庭式仿建建筑的细致程度。

新发展 另一方面，这一时期有许多建筑呈现出新的特点。不仅使用了巴西利卡式平面，而且得到进一步发展。通常会在西区加建半圆形后殿，其中包括独立的塔楼或角楼，并且经常扩建讲坛以形成加洛林时代德国建筑（救世主礼拜堂，法兰克福）中常见的T形设计。随着遗迹的逐渐发现，对更多祭坛空间的需求导致教堂数量增多，以修道院的形式出现。有时它们从教堂的圆形东端呈辐射状散布（圣马丁，图尔），有时位于T形讲坛中。随着礼拜仪式的细化，仪式要求游行队伍绕过半圆室，因而将这一重要的部分也包括在内。早期基督教堂的圣器室和圣餐桌很快就变成了后期作品中的圣器室和祭衣室。

圣加伦修道院 迄今为止，加洛林式建筑中最具启发性的实例是9世纪的圣加仑修道院（瑞士），我们可通过一份手稿图（图8-1）对其进行了解。这张图展示了设计的修道院教堂及其周边附属建筑的主要特征。教堂本身为改进后的巴西利卡式平面，有三个侧廊、一个东半圆形后殿和一个西半圆形后殿、两个侧翼西塔，一个扩建的讲坛，人们可围绕东半圆形后殿走动，以及侧面的祭衣室和秘书室。圣加尔复杂的平面相当实用，它强调了修道院的重要性，实际上还强调了这一时期修道院制度的力量。这座教堂只是众多建筑中最突出的一座。在它的周围，林立着独立的建筑、商店、浴室、厨房、马厩、医院、仆人和客人的住处、菜园和花圃，事实上，这一切均有助于使修道院成为一个自给自足、自我维持的社区。

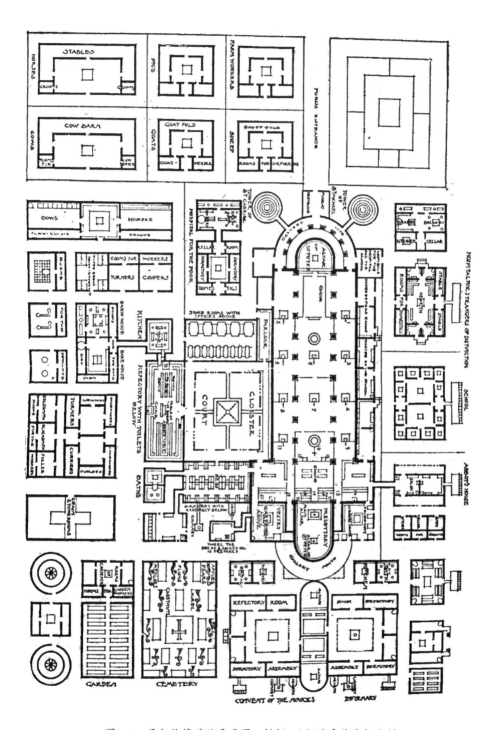

图8-1 圣加伦修道院平面图，根据9世纪的手稿重新绘制

现存纪念性建筑　　然而，我们对黑暗时代建筑的认识并不局限于各平面。许多现存纪念性建筑，尽管通常受到损坏和破坏，但仍然向我们展示了原始作品的模样。在法国的博韦大教堂是黑暗时代建筑中最著名的实例之一，尽管这座建筑的设计非常严谨，有着朴素的墙壁和木质屋顶，但在研究加洛林式建筑方面几乎没什么帮助。加洛林时代最先进的教堂可能是德地区蒙蒂耶县（上马恩省）的教堂，那里保留了很大一部分10世纪的建筑供学生参观。在加洛林时代德国众多的建筑实例中，也许最值得强调的是洛尔施（莱茵河谷，靠近沃尔姆斯，图8-2），这里仍保留了巴西利卡式大门的外墙原貌。

图8-2　罗什修道院，巴西利卡式大门的一个开间

加洛林式装饰　　这些碎片向我们展示了卡洛琳式风格对建筑的其他创新和贡献，其中最引人注目的是三角形装饰，这是整个欧洲建筑中最容易识别的特征之一。窗户的框架呈三角形，墙面上浮雕着类似三角形的装饰，墙面本身也由菱形组

成，有时会有不同的颜色，重点突出三角形的形式。第一次出现了重要的方坯结晶器，配有两盏灯的橱窗设计，由一根立柱隔开，拱门环绕，在罗马风和哥特式建筑中反复出现并得到传承。这种形式很可能起源于意大利的加洛林式钟楼。

英国的前罗马风建筑 由于地理条件的原因，英国的前罗马风建筑呈现出个性化的倾向。像万圣教堂（图8-3）这样的纪念性建筑不能与当代大陆的纪念性建筑混为一谈，尽管它们是建立在罗马传统的基础上融入蛮族的思想后改进而建成。塔楼较为常见，其角度由非常典型的撒克逊长短交替砌石构成，石板横向和纵向交替嵌入。墙壁上还装饰有突出的石条，有些石条垂直放置，从地面一直延伸到山顶，有些石条呈带状环绕着建筑物。墙面支承穹肋的立柱分离出洞口，几乎呈桶状，明显表明原为木制形式。撒克逊建筑中的砖石处理极其粗糙，但这种风格却很坚固，如果其演变过程未因诺曼底人的征服而中止，很可能已经发展成一种非常美丽的风格。

图8-3 厄尔斯巴顿，塔楼

西班牙的前罗马风建筑　　地理环境也影响了西班牙的加洛林式建筑。这个半岛，就像西西里岛一样，一直是不同种族和文明之间的战场，也是东方影响进入欧洲的桥梁。黑暗时代的西班牙建筑和北方的建筑一样，发展出巴西利卡式平面，但在细部的布置上，尤其是装饰方面，表现出明显的个性化倾向。伴随着西哥特人的侵占，野蛮的元素随之而来，并很快加入了明显的东方影响，特别是在装饰方面。萨珊艺术像坦克一样轻松地穿越了直布罗陀海峡。因此，我们发现马蹄形拱门、带凹槽的扇形框架和其他细部赋予建筑一半异国风情的特征。现存纪念性建筑众多。其中最引人关注的可能是桑图拉诺教堂（奥维耶多）、圣米格尔·德里洛教堂（奥维耶多附近）和圣米格尔附近的纳兰科山的圣玛丽教堂（图8-4）。

约公元1000年的建筑活动　　公元1000年，虽然人们未适当地重视建筑物内部安全通道的影响，但当时许多人依据《启示录》中的一段话，相信世界末日即将到来，估计该日期对于罗马风建筑而言是一个很好的开始。大约在那个时候，建筑学得到了极大的推动。可以从很多方面解释这一事实，但主要是由于各个国家相对有序的政府在一定程度上保证了各国家的发展和经济繁荣。

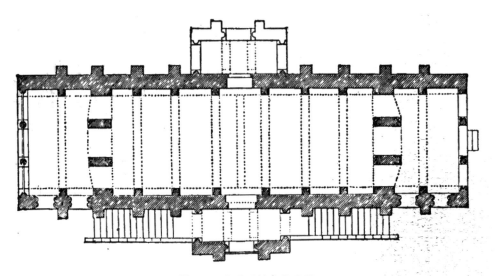

图8-4　圣玛丽教堂平面图

优先地位　　在此后的罗马风建筑中，意大利、德国和法国均各自主张自家风格最先出现，而几乎所有纪念性建筑均遭受过或多或少的维修、修复、加建、改建，使得此争议愈发复杂。其中大多数不能用文件标明日期，少数建筑可标明日期，但可能此后会做出未标注日期的更改。通常情况下，应用布鲁泰尔规则：有记载的建筑不能早于其记载的日期，但可以并且一般晚于记载的日期。评论家必须极其谨慎地对照内部证据检查文件，反之亦然，尽可能避免因先入为主的想法而产生错误，最重要的是要使自己不受爱国偏执的影响。

伦巴第罗马风建筑 在权衡证据后，最古老的理论似乎不仅最方便，而且最合理，我们可以假设伦巴第罗马风建筑最先出现，并从这种风格开始我们的讨论。这一创造才华归功于意大利，但在此风格建筑的加速发展中，人们仍肯定了日耳曼（伦巴第）人所做出贡献的必要性。反对该理论的人呼吁注意这样一个事实，即11世纪设计的伦巴第式建筑具有高度有机性，而此风格很快就失去了这种有机性，该变化消失得过早，意大利的建筑一直以其对无机形式的喜爱而区别于北方，但所有这些现象均可用伦巴第系族的衰弱和伦巴第的商业衰退予以解释，这与帝国和教皇的斗争相一致。

特征 肋拱穹顶。那么这种建筑的主要特征是什么？既然是有机建筑，当然呈穹顶形，最受欢迎的形式是圆顶交叉拱式穹顶。我们所看到的这种形式发展源自拜占庭式建筑，就像圣索菲亚大教堂侧廊上的穹顶，就是从罗马人的重混凝土穹顶发展而来。在简易交叉拱穹顶的基础上，伦巴第式建筑增添了突出的肋拱，加强了交叉拱的角度，并固定住穹顶的两侧。因此，伦巴第人创造出一套共包含六根肋拱的结构：两根纵肋或附墙肋拱；两根横肋，与建筑的长轴成直角穿过教堂中殿；两根呈对角线或交叉肋拱，在穹顶中心相接，将穹顶分成四个单元。这些肋拱的优势可谓不言而喻。它们可以单独建造，作为构建网络的中心。又分别独立于主要依靠肋拱所构建的网络，因此可降低网络的复杂性，穹顶框架也可以做得更为轻巧。肋拱将穹顶的推力集中在拱脚处或附近，建筑师们设法用突出的墙墩与之相接，将建筑物的整个穹顶分成各自独立的隔间或开间，如此，一个开间中的裂缝或瑕疵就不容易延伸至另一个开间。

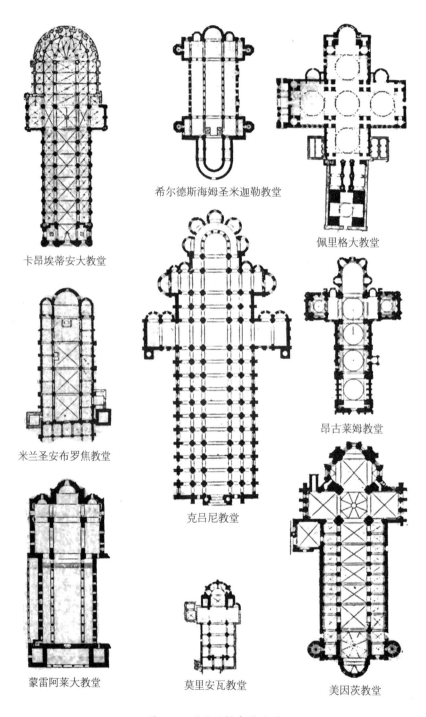

希尔德斯海姆圣米迦勒教堂

佩里格大教堂

卡昂埃蒂安大教堂

米兰圣安布罗焦教堂

昂古莱姆教堂

克吕尼教堂

蒙雷阿莱大教堂

莫里安瓦教堂

美因茨教堂

图8-5 罗马风教堂平面图

复合支护　这样一种经过改进的穹顶需要一种经过改进的支护。一根根大小不一的肋拱绑定在一起，向着不同的方向拱起，只能简陋地抵在圆柱或方墩上。需要并制作一个复合式墙墩。例如，在米兰的圣安布罗焦教堂（图8-7）中，我们发现在教堂中殿一侧有一个与附墙壁柱接合的墙墩，以支撑横向肋拱，两侧有两根附墙柱身，以承载交叉肋拱。在北面和南面，有一根附墙壁柱支撑纵肋，与之相对的是一根附墙柱支撑着地面层拱门。在侧廊一侧，有一根附墙壁柱和柱身分别支撑着侧廊穹顶的横肋和交叉肋。这些柱身的柱头朝向肋拱的拱起方向，因此承载了对角线柱身的柱头相对于建筑物主轴的斜向力。简而言之，每个构建中均体现了逻辑学，强调了结构逻辑，这是我们将经常需要使用的词语。

交替体系　同样的结构逻辑激发出伦巴第式建筑的另一个特征，注定会对此后的风格产生深远的影响：交替体系。在平面上，教堂中殿的宽度大约是侧廊的两倍。建筑师们顺理成章地想到，通过在侧廊上设置两个开间来平衡中殿的一个开间，便可将隔间的穹顶构建成方形（圣安布罗焦教堂，图8-5）。然而，这就需要一个中间墩来支撑侧廊穹顶的肋拱，因为肋部的拱脚与中殿穹顶的拱脚不相交。显然，这个中间墩不需要采用复杂的形式，也不需要主墩的坚固，因此较小、较简易的墙墩交替出现在较大、较复杂的墙墩之间，随之形成穹顶和墙墩的交替系统。当需要平衡侧廊的两个开间与中殿的一个开间时，这个系统广泛应用于罗马风和哥特式建筑中，并获得了巨大的成功。

无帽壁柱　新的结构体系需要新的构件，因此，无论无帽壁柱是作为抵靠墙墩以嵌入穹顶体系的构件，还是作为扶壁显露在外部，都得到了前所未有的发展。

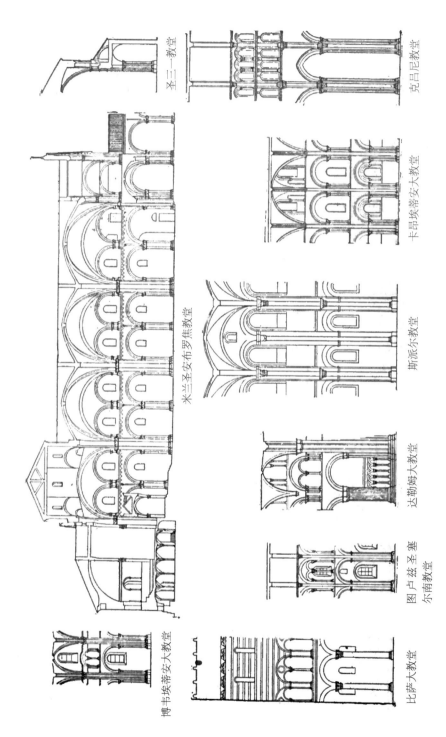

圣三一教堂

克吕尼教堂

卡司埃蒂安大教堂

米兰圣安布罗焦教堂

斯派尔教堂

达勒姆大教堂

图卢兹圣塞尔南教堂

博韦埃蒂安大教堂

比萨大教堂

图 8-6　罗马风教堂的立面和剖面

装饰　除了伦巴第式建筑最重要的特征——基本的有机品质外，这种风格还发展出了一种非常新颖的装饰方案。建筑师们不遗余力地使用了梁托。拱形的挑檐位于屋檐下，沿着倾斜的山墙屋顶倾斜。通过拱廊形成装饰，拱廊有时是开放式，但更多时候较为隐蔽。用门廊装饰门，门廊上布满了由立柱支撑的山墙，立柱本身也有雕刻的石狮在后方支撑。雕塑有时非常原始，有时具有拜占庭式的精致，起到并非无关紧要的作用，但它主要局限于大门、过梁、柱头等。雕塑的外观一般不使用颜色。为了达到外观上的装饰效果，建造者在相当单调的材料组合中依靠建筑细部、雕刻和质地进行区分。内饰不采用马赛克和大理石贴面，但都有绘画，现在几乎已完全消失，而在原作中一定会装饰得非常华丽。丰富多彩的教堂家具使其内饰更加生气勃勃，有时是雕刻大理石，或以象牙为背衬，有时是造型精美的灰泥，有时甚至镶上银、金和珐琅。

米兰的圣安布罗焦教堂　谈到展示这种风格的纪念性建筑，我们发现米兰最著名和最完美的实例是圣安布罗焦教堂（图8-5~图8-9）。这座建筑近年来在考古学上的争议很大。它和位于附近地区且同样典型的帕维亚圣米凯莱教堂，长期以来人们认为可以追溯到11世纪中叶，但现代考古学倾向于从12世纪中叶开始追溯圣安布罗焦教堂的穹顶。因此，它们将早于诺曼底的罗马风纪念性建筑。这一点并不像表面上看起来那么重要，因为在墙墩的第一层石块放置时，穹顶的形式就已经确定了。墙墩本身就揭示了这一点。此外，这种成品纪念性建筑不可能会自发拱起，但意味着在它们之前的实验性建筑经历了长期发展，现代研究已经发现了伦巴第式建筑在11世纪肋拱穹顶的一些实例，其中一些甚至是在该世纪中叶建造的。

图8-7　米兰，圣安布罗焦教堂一个开间的图纸，其中显示穹顶肋拱和支架

图8-8 米兰，圣安布罗焦教堂，面向半圆形后殿的内部

平面和立面 在平面图（图8-5）中，圣安布罗焦教堂呈巴西利卡式，中殿有三个交叉肋拱拱形穹顶，一个带有八角形天窗的交叉甬道和仅占一半开间面积的小型唱诗席。侧廊里的两个开间相当于中殿里的一个开间。东端有一个巨大的半圆形后殿，两侧是两个形状相同的小半圆形后殿，位于侧廊的轴线上。

图8-9 米兰，圣安布罗焦教堂

　　这种形式属于典型的加洛林式，无疑是9世纪的建筑。这种建筑没有侧天窗，而且大型的二拱式楼座占据了所有空间，楼座的穹顶承受着中殿穹顶的推力，并将其传递至附着于墙面的突出墙墩。中殿穹顶（图8-6），典型的圆顶式，有完整的横向纵肋和交叉肋。侧廊穹顶上是无交叉肋的穹棱。建筑物立面为开放式的前廊，前廊之上为开放式楼座。第一层与第二层之间用水平束带层隔开，有一个拱形的挑檐，以及一个类似的挑檐沿着山墙倾斜。第一层的无帽壁柱和屋顶上的附墙柱身将建筑物立面垂直分为五个部分。八角形的天窗装饰着两个开放式楼座，与教堂相连的是一个方形的钟楼，其各个角用无帽壁柱加固，水平方向用带挑檐的束带层隔开，垂直方向用附墙柱隔开。这座教堂有一个带拱形柱廊的中庭，这使得人们无法远眺外墙。

图8-10　维罗纳，圣泽诺大教堂全视图

　　米兰以外地区的建筑　　离米兰越远，伦巴第式建筑的有机性越低。当然，帕维亚的圣米凯莱教堂展现出一种完全等同于圣安布罗焦教堂的有机感。也许在这两座教堂之后最原始的教堂是科莫的圣安邦迪奥教堂，其设计是这种风格中最令人喜爱和最具纪念性的设计之一。这座建筑物的立面有五重垂直分区，分别对应于

内部的五处侧廊，侧天窗比例匀称，精美的双钟楼对称排列。然而，其并非呈穹顶形。

科莫派大师　　人们可能会想到在科莫乃至整个伦巴第地区的纪念性建筑，因为科莫派大师是伦巴第国王罗塔里（636—652年）首次提到的一个著名工匠团队，这个名字表明其起源于科莫湖中的一个小岛"科马奇纳岛"。这个神秘团队的重要性可能有所夸大，但毫无疑问，它在伦巴第风格的创作和向国外传播方面均产生了深远的影响。

回归为无机建筑　　在整个意大利北部，伦巴第风格占据主导地位，向西延伸至皮埃蒙特，向东延伸至艾米莉亚和威尼托。然而，在后来的纪念性建筑中，以及距离米兰较远的纪念性建筑中又再次回归为无机建筑。与此同时，这些作品的价值趋向于更具纪念性，更加引人注目。帕尔马大教堂（1117年）高大而笨拙的拱门用系杆捆绑，宽阔的立面、高耸的钟楼至少形成一种表面印象，而更具有机性且不太显眼的圣安布罗焦教堂则不具有这种印象。同样，摩德纳大教堂（1184年成为神址）由于其匀称的立面和众多的雕塑，在效果上比米兰的建筑更具纪念意义。

维罗纳圣泽诺大教堂　　也许在所有伦巴第罗马风建筑中，最令人喜爱且有机性最低的是位于维罗纳的圣泽诺大教堂，1138年成为神址（图8-10）。这座教堂的比例可能在同类建筑中最令人满意。一种在这种风格中流行的山墙形门廊将其大门抬高，很可能发明自维罗纳地区。独立式钟楼的外观得到进一步加强，钟楼上装饰着垂直的无帽壁柱和水平的红白大理石条。内部高度和凸起的墓室令人印象深刻，但建筑物的木质屋顶显露出其无机质感，木质屋顶按船架的方式桁架而成，并且仍然保留着原始绘画装饰的微弱痕迹。

托斯卡纳罗马风建筑　　再往南是意大利中部的建筑，为了方便起见，我们可以将该地区称为托斯卡纳，尽管已超越当今托斯卡纳省的界限。学生会立刻被这种风格的无机质感所触动。这些平面主要为巴西利卡式，建筑师们非常喜欢木质屋顶而不是穹顶结构。与此同时，这些建筑通常规模巨大，极具纪念意义，装饰也很引人注目。托斯卡纳罗马风取代了有机建筑的原创性，提供了一种华丽，与相对单调的北方艺术形成鲜明对比。

图8-11　比萨大教堂，大教堂和斜塔西南侧视图

装饰，一般特征　这种效果主要是通过抛光大理石板和多条拱廊来呈现，既隐蔽又开放，通常应用于外部。诸如比萨大教堂这样的建筑物外部布满了拱廊，所用的材料为彩色大理石，应用于拱廊、方形、菱形和各类纯粹的设计中，色彩绚丽，令人眼花缭乱（图8-11）。内部通常为巴西利卡式，墙面上用明暗相间的水平条纹活跃气氛。交叉甬道上常设有穹顶，但中殿穹顶很少见。在意大利中部，人们有时会感受到一定程度的伦巴第式建筑的影响，比如托斯卡纳和蒙特菲亚斯科地区，但总体来说，这种风格非常独特。

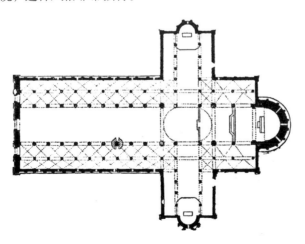

图8-12　比萨大教堂平面图

位于比萨的建筑群——大教堂　　研究托斯卡纳罗马风纪念性建筑首选的当然是位于比萨的大教堂群（图8-6、图8-11、图8-12和图8-13），那里的大教堂、斜塔和洗礼堂是这种风格最华丽的实例。这座大教堂是有五条侧廊的巴西利卡式建筑（图8-6和图8-12）。其外部拱廊的高度和间距略有不同，看起来几乎就像是徒手绘制和建造的一般。这座建筑的屋顶为木制，但在交叉甬道上方有一个蛋形的圆顶，对于如此大面积的中殿而言，这个圆顶小得出奇。宽阔的耳堂有一个显著的特点。外观（图8-11）呈现出色彩丰富、设计有趣的效果。然而，内部（图8-13）却装饰着典型的浅色和深色大理石带，强烈的对比令人震惊但不愉悦。

图8-13　比萨大教堂，朝向半圆形后殿的内部视图

斜塔　　同样的装饰系统，带有彩色大理石饰面的开放式拱廊，以同心圆的方式应用于钟楼（图8-11）。尽管对于这座著名纪念性建筑的倾斜是由地基沉降所致还是包含在最初的设计中仍有争议，但后一种解释似乎更有说服力，毫无疑问，建造者意在将意大利最美丽的塔楼之一变成建筑界最著名的怪物。

洗礼堂　　对于我们的研究而言，洗礼堂的重要性不及该建筑群中的其他两座纪念性建筑，因为它部分属于哥特式时期。屋顶的特殊形状由一个独特的成拱系统建成，建筑物首先由一个砖石锥体覆盖，施加轻微的推力，然后通过在侧廊上从檐板或束带层向砖石锥体上约三分之二处拱起一段环形穹顶，以实现穹顶的表面效果。

佛罗伦萨的建筑　　佛罗伦萨提供了这种风格的一种地方性变化，最好的实例是圣米尼亚托教堂。这座建筑沿用了该风格的一般装饰方案，在强调方形的纯设计上有所变化。它还强调了托斯卡纳罗马风建筑中另一项引人注目的元素：对古典形式的模仿。一些立柱和壁柱严格沿用了科林斯柱式，以至于它们看起来几乎就像古代建筑的失窃碎片，如此我们就能理解为什么"原初文艺复兴"一词应用于产生这些作品的时代。在另一座风格相同的佛罗伦萨建筑——圣乔瓦尼的洗礼堂中，这种古典的感觉仍较为强烈，甚至使一些权威人士认为约1200年的重建不如人们一般料想的那般重要，并认为现有的结构可以追溯到古典时期的后期。这座建筑巧妙的圆顶，其双框架和肋间加固的筒形拱顶影响了伯鲁乃列斯基对佛罗伦萨大教堂穹顶的设计。

南意大利罗马风建筑　最后，在意大利罗马风建筑的第三个分支，即意大利南部和西西里岛，或通常所说的两西西里王国，地理环境起到了重要作用。自地中海地区有历史记载以来，这个地区就一直被相互冲突的种族所争夺。蛮族、希腊人、腓尼基人、罗马人、哥特人、拜占庭人、意大利人、穆斯林和诺曼人在这里战斗、胜利、屈服和消失。其结果是一个无法无天、混乱不堪的社会，以及东方和西方思想相融合的艺术。虽然是混合体，但它实际上成功地将许多种族的理想和谐地融合在一起，我们可以在一栋建筑中找到伦巴第式挑檐、诺曼式交叉拱、古典柱头、拜占庭式马赛克和萨拉森式圆顶。如果一个人对意大利罗马风建筑的概念感到混乱，那就对了。

图8-14　切法卢大教堂，西侧视图

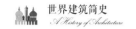

西西里岛的风格　一般而言，西西里岛的风格交融比意大利南部更为明显。例如，在切法卢（图8-14），我们会发现建筑物立面围绕着诺曼式侧翼塔、诺曼式交叉拱和穆斯林式圆顶。然而，人们在巴勒莫及其郊区蒙雷阿莱，就能研究西西里岛上最典型的罗马风建筑。可以肯定的是，大教堂几乎完全被巴洛克式的改建所破坏，但在皇家宫殿的帕拉蒂娜礼拜堂中，南意大利的罗马风却以最和谐的融合方式出现。这座教堂的平面为巴西利卡式，其路面镶嵌了大理石，墙壁上有珍贵的拜占庭马赛克。改建后的科林斯式立柱将中殿与侧廊分开，立柱很低，其所支撑的拱门较高，有尖拱，这里肯定是萨拉森式的起源之地。内部完全由大理石和马赛克镶嵌而成，给人一种慷慨大方的富贵感。

图8-15　蒙雷阿莱大教堂，朝向半圆形后殿的内部视图

蒙雷阿莱　然而，也许这种风格最好的实例是蒙雷阿莱大教堂（图8-5、图8-15和图8-16），距巴勒莫约5英里，建于1176年。这座教堂的平面为拉丁式十字架形，木质屋顶。路面铺设了大理石，护壁采用大理石贴面，上墙镶嵌着马赛克。主拱门的拱形多为高跷和尖角形。外观上呈现出诺曼式的立面塔楼和交错、萨拉森式的装饰和结构。毗邻教堂的是一道回廊，柱廊由一系列成对的立柱支撑着，柱身和柱头上的雕刻作品富丽堂皇，并装饰着玻璃和大理石马赛克。这种回廊尽管在罗马风建筑的其他地方也能找到，但在许多南意大利罗马风教堂中构成令人着迷的特征。

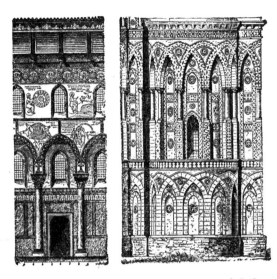

图8-16　蒙雷阿莱大教堂，中殿体系和唱诗席外观

德国罗马风建筑　大体上，德国的罗马风建筑较意大利式建筑的风格更为单一，也是这个国家风格中最具民族特色的风格。德国的罗马风非常丰富，而且其历史长于其他任何国家。它的统一和强大可以用德国的团结和政治力量来解释，始于919年亨利·福勒的统治，持续到奥托斯和后来的亨利时期。

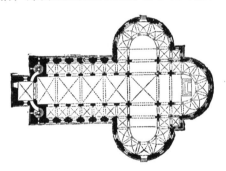

图8-17　科隆，都城圣玛丽大教堂平面图

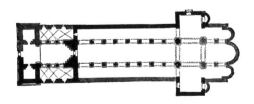

图8-18　鲍林泽拉，鲍林泽拉修道院平面图

在研究该教堂时，我们必须设法将日耳曼式元素与那些代表从外部输入的元素区分开来。前者来自加洛林风格的本土发展，后者出现在越来越倾向于使用有机伦巴第式结构体系的建筑，以及一定数量的拜占庭式仿建建筑中。拜占庭式仿建建筑在后期罗马风建筑中并不像在加洛林时代那样普遍，尽管某些建筑尤其是科隆的建筑，带有类似半圆形后殿的耳堂，让人想起叙利亚和埃及的三叶式教堂，似乎肯定代表着存在东方的影响。

鲍林泽拉修道院　　　　　　希尔德斯海姆圣米迦勒教堂

图8-19　德国罗马风教堂体系

一般特征　这种风格最突出、最典型的德国特征为其复杂性和画面感，通过建筑元素的多元化呈现。半圆形后殿位于西边和东边。天窗不仅遮盖住交叉甬道，还将其布置在建筑物的西端。两端的塔楼，尤其是角楼较为常见。正如我们所见，这些元素均衍生自加洛林式建筑。即使是看起来那些似乎最能反映东方影响的教堂也发展出以加洛林式建筑为原型的复杂性，这些原型本身也受到了来自东方的影响。因此，科隆的圣徒教堂只不过是都城圣玛丽大教堂进一步发展的结果（图8-17），并结合了日耳曼式建筑的复杂性和东方建筑平面的主要布置特征。最早的德国罗马风建筑通常为巴西利卡式，并且往往保留了木制屋顶；后来的建筑则是部分甚至完全的有机建筑。然而，一般而言，一座教堂的有机质感会因为缺少一种或多种结构性元素而受到损害。这种有机质感虽然出现得较晚，但可以解释为对伦巴第式建筑的模仿。一般而言，在莱茵河流域不仅可以找到更多的有机式教堂，还能找到更多具有纪念意义的教堂。

巴西利卡式教堂　先看一下巴西利卡式教堂，我们发现它们都缺乏有机质感，但在细部的处理上却有很大不同。因此，鲍林泽拉修道院置有牧师会的大教堂（图8-18和图8-19）显示了一道壁上拱廊和统一的大规模立柱体系将中殿和侧廊隔开。盖恩罗德的置有牧师会的大教堂有一道拱廊楼座，缩小了侧天窗，并在地面层拱廊中采用立柱与方墩的交替系统。希尔德斯海姆的圣米迦勒教堂呈现了更多的变化（图8-5和图8-19），回归为使用实心拱廊，但在主拱廊的方墩之间放置了两根立柱。在德瑞贝克（图8-20），我们发现了一种使用单柱和墙墩更为简单的交替系

图8-20　德鲁贝克展示体系的开间示图

统，但使用了双倍宽度和高度的大型壁上拱门以墙墩间拱起的形式在墙墩之间围绕着墙墩到立柱的拱门。因此，这些教堂的变化几乎无穷无尽，但所有教堂却又十分相似，它们的系统都具有沉重感且墙壁厚重，简单的木制屋顶均由桁架支撑。

莱茵河流域的有机建筑　作为这些巴西利卡式教堂的对照，你可以去看看莱茵河流域的大型穹顶教堂：斯派尔、沃尔姆斯和美因茨教堂。这些建筑将伦巴第式穹顶体系与德国式建筑的美感完美地结合在一起。斯派尔的建筑（图8-6、图8-21、图8-22和图8-23）具有一个有机式的穹顶体系，除了缺少交叉肋之外，其他结构很完整。交叉甬道上方有一扇天窗，东端和西端各有两座方形塔，西边设有耳堂以及一扇天窗。尽管建筑物的设计复杂，但布局紧凑，呈现出的效果具有纪念意义。沃尔姆斯的建筑（图8-22）呈现出与斯派尔一样的复杂性，而且有完整的肋拱。两者均呈现出交替系统，中殿一侧的中间墩有附墙柱身，支撑着环绕侧天窗的拱门。出现时间晚于前两者的，也许最宏伟的建筑是美因茨大教堂（图8-5、图8-22和图8-24）。这所教堂的拱门设计直接、尖锐，复杂性达到极致，且有完整的塔楼、西天窗、西半圆形后殿等。西半圆形后殿增加了美感，但破坏了立面的设计，因为与法国教堂的迎宾门相比，侧门对朝拜者而言只是无意义的入口。

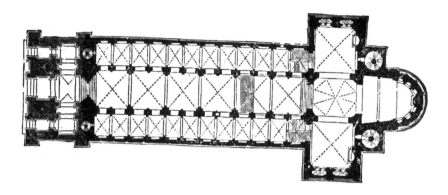

图8-21 斯派尔大教堂平面图

德国罗马风建筑的概述 因此,要理解德国的罗马风建筑,首先必须牢记两种元素的划分:从加洛林时代发展而来的元素和外来元素,后者可大致细分为拜占庭式和伦巴第式。有时,三者可能会结合在一座建筑物中,如科隆的圣徒教堂,在这座建筑物中我们发现了一种半有机式的系统、本土的画面感以及一种表明源自叙利亚的三框架装饰东区,但记住主要的区分元素后,可以分析和理解源自德国的罗马风纪念性建筑的内核。

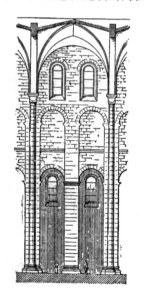

美因茨大教堂

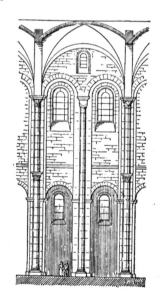

斯派尔教堂

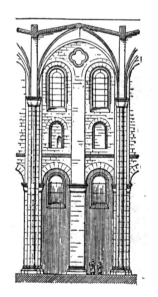

沃尔姆斯大教堂

图8-22 莱茵河流域的罗马风大教堂体系

　　研究法国罗马风建筑的方法　　当我们着手研究法国罗马风建筑时，首先明确我们从南方风格开始，向北方风格前进。这样做，有时会歪曲时序，但法国各省的风格几乎处于同时代，因此该错误并不严重，而且先考察南方风格的优势较大。南部和中部风格有一项重要的共同特征：偏爱筒形拱顶，因此具有无机质感。

图8-23　斯派尔大教堂，朝向半圆形后殿的内部视图

　　普罗旺斯　　可以将普罗旺斯的罗马风建筑描述为所有罗马风中最为经典的一种。在一个仍保留着加尔桥、戴安娜浴场、阿尔勒竞技场、奥朗日凯旋门和无数其他罗马古代纪念性建筑的地区，建筑师们不可避免地会受到眼前建筑的强烈影响。其结果不仅表现出了建筑师们对筒形拱顶的偏爱，尤其是如戴安娜浴场般支撑于横向半圆形拱顶上的筒形拱顶，在细节方面还营造出了一种非常古典的感觉。

图8-24　美因茨大教堂，北侧视图

图8-25　阿尔勒，圣特罗菲姆教堂，正门

纪念性建筑　对纪念性建筑的研究强调了这一事实。阿尔勒圣特罗菲姆教堂立面（图8-25）所用的柱头几乎均为真科林斯式柱头，而且柱上楣构采用了经改良的高质量古典罗马式工艺。内部为筒形拱顶，设有横拱，但筒形拱顶的横截面尖锐。圣吉尔教堂（加尔）拥有与圣特罗菲姆教堂相似的立面，但更精致。在这里，就连一砖一石也让人回想起古典的罗马。正门两侧所设壁柱几乎全是具有古典特征的槽形壁柱。一些科林斯式立柱同样只需要精致的柱微凸线，便能够表现出仿佛从一座古典建筑中偷来的感觉。这些都是众所周知的实例，更隐晦地重申了同样的效果。从字面意义上说，与其他风格相比，"罗马式"一词更适合普罗旺斯风格。

图8-26　克莱蒙费朗港口圣母教堂横切面，显示了走廊上方的半筒形拱顶

奥弗涅　在更远的北部和西部，正在出现一些不同的发展。在奥弗涅，我们发现虽然建筑师们同样偏爱筒形拱顶，但也规划着新的部署。正如人们在最早的法国罗马式风格中所期望那样，奥弗涅式教堂归属于加洛林式建筑，略带有莱茵河色彩的罗马式风格。半圆形后殿设有回廊和呈放射状排列的小祭台，耳堂东侧的墙壁通常增设小祭台。与此同时，筒形拱顶有了更大的自由度。中殿通常覆有筒形拱顶，而走廊通常只设有半筒形拱顶，这些拱顶向内推进并抵消了中殿拱顶的推力（图8-26）。对于这种布置来说，一个不可避免的结果是照明不足。光线经地面层的窗户和半筒形拱顶下三拱式拱廊的窗户进入，但到渗入中殿时会大幅减弱。大多数奥弗涅式教堂给人一种中殿上方悬挂着黑云的感觉，这种效果虽然不令人愉快，但至少印象深刻。据早期资料显示，奥弗涅式教堂的个别结构和总体构造通常非常宏伟，这是教堂再次令人印象深刻的又一个事实，虽然这理由有时显得拙劣。小祭台、阶梯式天窗、拱廊和结构的大量增加照亮了建筑外部，为建筑营造了一种视觉上的美感。

图8-27　克莱蒙费朗港口圣母教堂，东端视图

纪念性建筑　　最著名和历史上最有趣的奥弗涅式教堂是克莱蒙费朗的港口圣母教堂（图8-26和图8-27）。这是一座浑厚、建有筒形拱顶、光线昏暗但令人印象深刻的教堂，它设有许多小祭台，总体外表特征充分地诠释了这一风格。其他纪念性建筑虽然不那么有名，但也极具启发性，不胜枚举。在这些建筑中，我们必须提到的是圣萨特金教堂和欧希瓦圣母教堂（多姆山）。

朗格多克　　与奥弗涅风格密切相关的是朗格多克风格，由于希望取一个更好的名字，我们便称之为朗格多克流派，尽管该风格所涵盖的地区包括从奥弗涅至比利牛斯山脉的广阔范围。奥弗涅和朗格多克风格通常合理地归为一类，但后者往往更具纪念性，单个结构和雕刻细节更为精致。该风格最突出的实例当然是图卢兹的圣塞尔南教堂（图8-6和图8-28）。它是一个设有五条走廊的筒形拱顶结构，交叉甬道设有一个非常高级优雅的天窗。这座建筑的规模如此之大，展示了其精美的材料和细节，以至于人们起初并不认为它与奥弗涅式建筑有密切的关系，但事实就是如此。单单是朗格多克式建筑雕塑，便将该地区的建筑与奥弗涅式建筑区分开来。

图8-28　图卢兹圣塞尔南教堂，内部西侧视图

阿基坦　在朗格多克的北部和奥弗涅的西部，我们发现了一个非常有活力、独特且具有浓郁的阿基坦风格的流派。人们通常将阿基坦式建筑视为最具拜占庭式风格的法国罗马式教堂。人们多次将佩里格圣佛朗特大教堂（图8-5和图8-29）称为威尼斯圣马可教堂的直接复制品。该地区许多其他教堂的穹隅圆顶在法国罗马式建筑中如此独特，据说是受到了圣佛朗特大教堂的启发。对于这一理论，最近出现了一种回应，圣佛朗特大教堂比附近许多具有相同特征建筑的建造得晚。这些建筑所谓的拜占庭式细节与为它们假定的原型建筑的真正的拜占庭式建筑细节之间差异巨大。这些事实驱使某些学者得出结论，阿基坦的圆顶教堂并不比法国其他地方的罗马式教堂更具拜占庭风格，虽然这些论点看似令人信服，但可通过并置圣马可教堂和圣佛朗特大教堂的平面图而推翻（图7-13和图8-5）。我们注意到突出的希腊十字设计、筒形拱顶、穹隅中央圆顶和十字臂上的四个附属圆顶。此相似之处并非巧合。圣佛朗特大教堂可能并非圣马可教堂的复制品，然而，这两座建筑确实受到了拜占庭式建筑原型的启发，该原型很可能是君士坦丁堡的圣使徒教堂。当然，将阿基坦风格的罗马式建筑归类为最具拜占庭特征的建筑是正确的。

图8-29　佩里格圣佛朗特大教堂，东南侧全视图

阿基坦建筑的独创性　　然而，并非所有阿基坦式教堂均有希腊十字设计，或甚至是标志着拜占庭风格特征的穹隅穹圆顶。例如，在昂古莱姆大教堂（图8-5），圆顶拱顶以拉丁十字的形式排列，而普瓦捷圣母大教堂（图8-30）放弃使用穹隅圆顶，取而代之的是筒形拱顶。然而，装饰系统将该地区的教堂束缚成一种风格，奇异的锥形塔楼搭配鳞片状的瓷砖、浮雕式砖石结构，以及将建筑和人物雕塑的独特结合作为门窗的装饰。

勃艮第　　我们可以用对勃艮第风格的简要回顾来结束我们对法国南部和中部罗马式风格的研究。从地理的角度来看，该风格在中南部最有组织性，因此很好地过渡到了诺曼底和法兰西岛艺术的研究。最值得强调的特点是，该风格着重用于修道院建筑，它的特性越来越有序，包括频繁使用交叉筒拱，处理筒形拱顶方面的独创性，以及它充满活力、活泼的雕塑装饰，特别是在门厅或前厅处的应用，这一特点在勃艮第建筑师的手中得到了前所未有的发展。

图8-30 普瓦捷圣母大教堂, 西区视图

克吕尼 克吕尼修道院（图8-5和图8-6）可能是最典型的勃艮第式教堂。它建于1089年，于1125年被毁，并于1130年重建。不幸的是，它在法国大革命期间被夷为平地，但我们仍可通过绘画和描述了解它。它设有五条走廊，中殿覆有一个筒形拱顶，走廊设有交叉筒拱。它的耳堂是双层的，通向东侧的比通向西侧的小，体现了在英国哥特式建筑中十分常见的主教十字形式设计。在回廊的四周设有五个小祭台，其他均加设于耳堂东面。中殿前设有一个由五个开间组成的精致的前厅。交叉甬道上方设有一个天窗，耳堂上方设有塔楼，西端设有塔楼。建筑的印象一定和那一时期的莱茵教堂无不同之处，事实上，人们经常敦促注意两者之间的联系。

图8-31 维泽莱, 马德琳教堂, 从前庭看的内部视图

现存的勃艮第纪念性建筑　然而，勃艮第拥有许多现存的纪念性建筑，在这些纪念性建筑中可以判定这一风格。例如，奥顿大教堂展示了一个精心装饰的前厅和一个尖筒形拱顶的中殿。在图姆斯的圣菲利伯特教堂可以看到筒形拱顶处理的一种巧妙的变体。中殿上方的纵向筒形拱顶最严重的缺陷是它倾向于压制（通常是完全压制）侧天窗的窗户开口。在圣菲利伯特教堂，可以通过用一系列与建筑长轴成直角的筒形拱顶部分覆盖中殿来避免造成这一困境。这些部分相互毗邻，它们的墙拱为侧天窗开口留下了足够的空间，但横拱系列的美学效果并不令人满意，亦未在其他建筑中再使用这一尝试。

维泽莱　勃艮第式建筑中最著名和最有趣的是维泽莱修道院教堂（图8-31）。此处，我们可以看到勃艮第式前厅，它设有丰富的雕刻装饰，但筒形拱顶完全消失了，甚至连中殿的大开间均由交叉筒拱所覆盖。交叉拱无肋，因此系统只是部分有序，但尽管无肋，我们仍感觉到有序特性的增加，这标志着对北方风格的接近。

图8-32　罗马式装饰

法国北部罗马式风格：诺曼底　正如我们所见，法国北部的罗马式建筑自然分为两个部分，诺曼式建筑和法兰西岛式建筑。我们将从前者开始谈起。充分发展的诺曼罗马式建筑最显著的特征是其强烈的结构逻辑感和创造性。除了伦巴第风格，我们曾尝试的风格均未由前者如此强烈地标明，而且似乎很明显，伦巴第式建筑对诺曼底的罗马式建筑产生了强烈的影响。那些主张诺曼风格本土发展的人的观点与我们所知的诺曼历史背道而驰。例如，伦巴第最著名人物的其中一人兰弗朗克先后在贝克、卡昂和阿夫兰奇建立了自己的地位，在征服后成了坎特伯雷的大主教。奥斯塔的安塞姆在同样的状况追随他，后来获封为圣徒。毫无疑问，这样的人物将伦巴第的影响带到了诺曼底，尽管这一事实不应使我们忽视诺曼风格的早熟性和创造性。

诺曼原创　　肋拱、交替系统、复合墙墩是伦巴第和诺曼的共同特征。然而，特别适用于替代系统的一种新拱顶形式的发明的功劳属于后者。在卡昂男士修道院（圣埃蒂安大教堂）的中殿（图8-5、图8-34和图8-36），建造者想到从中间墙墩抛出一个中间横向肋，将拱顶表面分成六个单元而非四个。在这一系统中，侧室的顶部是倾斜的，并非与建筑的长轴成直角。

虽然拱顶表面有些扭曲，但由两者结合的哥特式建筑的数量证明了交替系统的成功形式（见巴黎大教堂平面图，图9-2）。诺曼底还开发了一些装饰。坯料模具借鉴了加洛林式建筑，并发明了新的形式，如狗牙、之字形结构、交错拱廊（图8-32）。石头切割和石头装配的技术在诺曼底式建筑上也明显比当代罗马式流派建筑更好。

朱米耶热　　现存最早的诺曼罗马式建筑的重要实例是朱米耶热的修道院教堂（图8-33）。在这座现已成为废墟的建筑里，我们找到了交替系统。虽然教堂设计了一个木屋顶，但一个复合的接合柱身从主墙墩穿过侧天窗，一直延伸至屋顶横梁的高度。我们在此处可能有一个早期伦巴第木屋顶教堂的回忆，其中屋顶，至少部分是由横跨中殿的石拱支撑。

女士修道院　　　　　　　　　　　男士修道院

图8-33　朱米耶热修道院　　　图8-34　卡昂修道院教堂（内部系统）
教堂（体系）

卡昂的男士修道院：六分拱顶　　在卡昂，所谓的男士修道院（图8-5、图8-34和图8-35）由征服者威廉建造并献给圣斯蒂芬，为我们带来了这种风格最完整的实例。虽然教堂建于11世纪，但于12世纪上半叶重建拱顶。最初的建筑是木屋顶，但设有中间接合柱身，这出现在伦巴第式建筑，那里只支持三拱式拱廊弦的托臂台。假设中间柱身的存在表示设有中间肋，结果得到了六分拱顶的诺曼式结构创造（图8-5、图8-34和图8-35）是合理的。在男士修道院，在厚墙壁上还设有许多通道，可以通向教堂的天窗和其他部分，交叉甬道上设有一个打开的侧天窗。这些特征几乎肯定是诺曼式建筑的创新。

图8-35　卡昂，圣埃蒂安大教堂，朝向半圆形后殿的内部视图

卡昂的女士修道院：初期的飞扶壁　　作为男士修道院的补充结构，威廉的妻子玛蒂尔达建造了三一教堂，名为女士修道院（图8-6和图8-34）。这座教堂规模比圣埃蒂安大教堂小，结构更紧凑，装饰更丰富和精致。拉特瑞尼特的建筑师们发明了一个最重要的特征。在男士修道院，建造者们试图在三拱式拱廊上用一个半筒形拱顶来抵靠中殿拱顶的推力，我们已经在奥弗涅和朗格多克（克莱蒙费朗港口圣母教堂，图卢兹圣塞尔南教堂）提及这一系统。此类半筒形拱顶的推力是连续的，很好地满足了中殿的筒形拱顶的连续推力，但是交叉筒拱的推力像男士修道院

的推力，并非连续。它们集中于肋的交叉处，因此，除了在与肋交叉处重合的点及其附近，半筒形拱顶是无用的。通过认识这一事实，女士修道院的建造者们在不需要紧靠中殿拱顶的推力的地方省略了半筒形拱顶的所有部分。结果得到了一系列拱门，它们隐藏在倾斜的走廊屋顶下，将中殿拱顶的推力传递至紧靠走廊外壁的墙墩扶壁上（图8-6）。虽然这些结构隐藏且尚未发展，但它们仍然是萌芽期的飞扶壁，这一重要特征的创造应归功于诺曼罗马式风格。

图8-36　伊夫雷教区教堂，西端视图

英格兰的罗马式建筑　　在谈及法兰西岛的建筑前，我们必须停下来看看英格兰的罗马式建筑。这一转变完全合乎逻辑，因为尽管英格兰和诺曼底现在在政治上是分裂的，但在后罗马式时期它们是一体的。自然，征服者威廉的建筑师在征服后几年便在英格兰创造了与几年前诺曼底建筑相同风格的建筑。然而，不应该认为诺曼罗马式风格在英格兰未经过任何修改。英国经常借鉴，但很少盲目仿冒。英格兰的诺曼罗马式建筑变得更加庞大，仿佛它所取代的厚重的撒克逊式建筑影响了它。有时以极度的裸露和无装饰强调这种厚重感，如伦敦塔中的圣约翰教堂；有时

以大量华丽的诺曼装饰所掩盖，如伊夫雷教区教堂（图8-36）。总的来说，该风格倾向于放弃诺曼底式结构逻辑，转而采用木制屋顶。甚至对于拱形达勒姆式建筑（图8-37和图8-38），最好的和最同质的盎格鲁诺曼大教堂，交替系统与一个不合逻辑但巧妙的拱顶系统一起使用。中间墙墩无横向肋，亦无接合柱身。然而，额外的对角从中间墙墩上方的托臂处弹出，得到的结构是人们所称的两个不完美的四分拱顶或一个单一的分隔拱顶。达勒姆式建筑的横拱是尖的，这一现象在后来的盎格鲁-诺曼大教堂中相当普遍。因此，尽管英格兰罗马式建筑与诺曼式风格关系密切，但它的确显示出独创性。

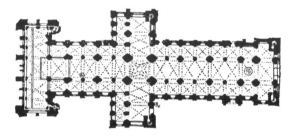

图8-37　达勒姆大教堂平面图

图8-38　达勒姆大教堂，东南侧全视图

190

法兰西岛的罗马式风格　回到法国，我们现在可以采用所有罗马式风格中最完整有序的风格：法兰西岛风格。人们可以认为它是最完美的，或者是最不完美的风格，这取决于人们认为它是完整的罗马式风格还是基本的哥特式风格。在该地区，哥特式建筑发达，罗马式建筑的发展原型通常通过哥特式风格完成，在后哥特式时期改变或经建筑实验改良，这一事实使该问题变得非常复杂。许多原本可能属于法兰西岛罗马式建筑的东西，必须结合发展中的哥特式建筑来讨论，因此，此处可以省略。

总的来说，该地区的罗马式纪念性建筑规模不大，但美学效果惊人。对比伦巴第的建筑，在更大的程度上，它们最大的兴趣在于历史性，在未来有序风格结构上散落的光线，这一印象夸大了许多最具艺术性的建筑的破坏和改变。

前后期建筑　法兰西岛的早期建筑并非有序的，无序建筑甚至与萌芽的哥特式建筑同时建造。例如，如维尼奥里这样的教堂是木屋顶的，建有巨大的墙墩、平坦的墙壁，无任何有序结构。然而，在11世纪下半叶，出现了一种高度有序的风格。尽管尚未接受诺曼替代系统且直至哥特时期才出现在法兰西岛，有序拱顶结合逻辑性墙墩的想法可能来自诺曼底风格。平面图的想法，特别是回廊，以及装饰均借鉴南方的建筑。

风格的发展　该风格的发展是其中一种对柱身负载的调节越来越精细和精确的风格。有时，就像在圣卢普，拱顶和墙墩的外观巨大笨拙，但在布置上总是非常符合逻辑。在已完成的实例中，如在兰斯的圣雷米教堂，柱身是细长的，切割精细，并根据它们所承受的负载进行精细调整。

全面发展　然而，像该风格的大多数实例一样，圣雷米教堂并非同质的。精致的罗马式柱身和墙墩承载的并非罗马式而是哥特式拱顶，这确实强调了前者优秀的结构品味，所以两者能够很好地协调。采用同样的

图8-39　博韦，圣埃蒂安大教堂
（一个走廊拱顶及其支架的图纸）

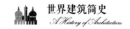
建造方式，作为该地区最著名的罗马式纪念性建筑之一的博韦圣埃蒂安大教堂以哥特式拱顶完工。然而，罗马式风格部分的优雅，尤其是侧廊（图8-39），显示了该风格在该地区达到先进点。

莫里安瓦 哥特式风格的开端。该风格最著名的实例之一是莫里安瓦的小教堂（图8-5）。中殿覆有早期的哥特式拱顶，但北廊（图8-40）保留了它的罗马式拱顶，无对角肋，尽管对角由墙墩上的壁柱支撑。在同一走廊，人们可能会注意到支撑横向肋，从而提高其顶点接近拱顶的一个水平趋势，我们也可能在博韦的圣埃蒂安大教堂走廊拱顶注意到这种趋势（图8-39）。此处，我们到达了一个边缘地带，有序的罗马式建筑和最原始的哥特式建筑在此交汇。如果我们从莫里安瓦教堂的北廊走到拱形回廊，可能会看到一个横拱，出于所指出的同样原因，它的顶点可能会接近拱顶的顶点。然而，根据这一观察结果，我们应该从对罗马式风格的考虑转移至哥特式建筑。

图8-40 莫里安瓦教区教堂，北廊视图

西班牙罗马式风格 在结束罗马式建筑流派的讨论之前，必须提及关于西班牙风格的一些内容。总的来说，西班牙罗马式风格代表了奥弗涅和朗格多克风格的输入。西班牙最著名的教堂是位于孔波斯特拉的圣地亚哥教堂（图8-41），与图卢兹的圣塞尔南教堂非常相似。就像英格兰改良了诺曼风格一样，西班牙也改良了法国南部风格，并用自己国家的色彩使它给人留下了深刻的印象。在温和的气候条件下，屋顶变得更平，因此实际上有时会消除三拱式拱廊的空间，它的开口变成了窗户，就像莱昂的圣伊西德罗教堂一样（图8-42）。西班牙特有的形式，如使用了所谓的西哥特马蹄拱，最重要的是雕刻装饰变得丰富。深化底切，削尖边缘，形式变得拥挤，直至装饰达到了典型的西班牙风格。因此，移民形式的西班牙化的普遍现象从未比严格意义上的罗马式建筑更引人注目。

单一特征的发展　显然，在罗马式建筑这样一个异质的建筑中，不可能追溯任何单一特征或一组特征的时间发展。然而，冒着重复的风险，我们应该注意到这种风格在发展和改造教堂建筑的某些细节或特征方面所取得的进步。

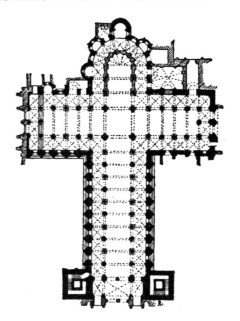

图8-41　圣地亚哥孔波斯特拉教堂平面图

平面　对该平面图的讨论可以简单地用这样的陈述来概括，该风格为几乎所有后续类型的教堂平面图提供了素材。可以在法国南部的罗马式建筑中找到完成的法国哥特式建筑的原型，带有复杂的圆室、回廊和呈放射状排列的小教堂，就像可以在勃艮第风格中找到最受欢迎的英国总主教十字设计一样。

拱顶　拱顶形式的发展如标记所示。除了筒形拱顶形式的创新和改良，如尖筒形拱顶和十字筒形拱顶，我们发现伦巴第和诺曼底将拜占庭式圆顶拱顶发展成有序四分或六分形式的圆顶交叉筒拱，并将未来发展所需的思想传递至哥特式风格。独创性甚至表现在桁架木屋顶上，它得到了有趣的新形式，如维罗纳的圣泽诺大教堂。

支承结构　与肋拱相对应，我们发现支架正处于发展阶段，将复合结构用于复合肋系统。我们发现伦巴第交替系统适合六分拱顶，柱身柱头标志了肋拱方向。从时间上看，我们可能会注意到支架比例的稳步细化，暗示着接近哥特式风格，最终达到了法兰西岛中最佳罗马式风格的精美比例。

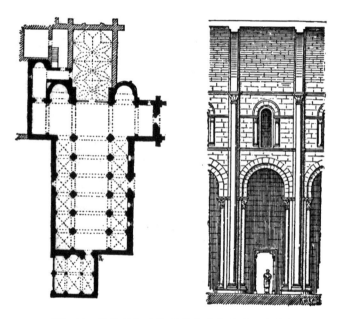

图8-42　莱昂圣伊西德罗教堂（平面图和体系）

扶壁　扶壁的进步同样显著。伦巴第风格提供了靠着外墙的壁柱，用作扶壁，这是所有未来发展的萌芽。不断加深和加强该壁柱或墙墩扶壁。与此同时，将中殿拱顶的推力转移至走廊壁和扶壁的问题也得到许多解决办法。在伦巴第风格中，这是通过省略三拱式拱廊，将中殿拱顶的推力转移至走廊拱顶，然后转移至外墙来完成。在奥弗涅和其他地方，同样的问题经固定在中殿大拱顶上的三拱式拱廊上的筒形拱顶和半筒形拱顶得以解决。最后，在女士修道院，连续的半筒形拱顶、交叉筒拱拱座的无逻辑结构切割成了若干部分，这些部分或基本的飞扶壁设置于走廊屋顶下，以抵消和带走中殿交叉筒拱的集中推力。

结构 随着细节的细化和发展，整座建筑变得更加明亮。随着各部分变得更加纤细，整体变得不那么笨重。并非在所有地区平等进行此类发展，甚至也并非按时间顺序进行。正如我们所见，在法兰西岛有许多笨重的毫无活力的建筑。然而，这一趋势将早期的重型建筑转变为轻型建筑，预示着哥特式建筑的到来。

立面 在这一时期，立面的设计取得了显著的进步。尽管伦巴第式建筑结构有序，但它们隐藏于无逻辑且往往不美观的立面后面，一些后期的伦巴第式教堂，如圣泽诺大教堂，拥有匀称的立面，揭示了建筑的内部结构。逻辑性的立面构成在诺曼底得到了最充分的罗马式发展，就像在男士修道院一样，内部的垂直划分空间在外部由壁柱标记，水平划分空间由成排的窗户标记，倾斜的屋顶由山墙显露，整座建筑由两座纪念性的塔楼侧面相接。所有萌芽的结构均在此处，它们发展成了完整的哥特式立面。与此同时，将缺乏有序表现力和逻辑性但增加了美感的立面设计成其他罗马式风格。因此，托斯卡纳式建筑设计了丰富多彩的立面，用拱廊装饰，而德国式建筑设计了风景如画的正面，设有大量的塔楼、半圆形后殿等。

天窗和塔楼 与此同时，致力于创造奢华的天窗，尤其致力于创造奢华的钟楼。在意大利，后者是在极早期建造的圆形独立建筑。在北部，即使在加洛林王朝时代，这些塔楼状构件也与建筑融为一体。最终，方形或角形塔楼深受人们的欢迎，并在此基础上进行了无数的改变。有时，塔楼仅由一系列阶梯式方形组成，顶端呈金字塔形，就像是莫里安瓦教堂呈现的那样。塔楼仍旧是方形，但尖屋顶呈多边形，角柱上布满小型多边形构件，这些屋顶本身有尖顶，就像是在博利厄莱洛谢教堂呈现的那样。欧塞尔大教堂出现了这种类型的变体，其方形塔楼由多边形覆盖，锥形屋顶在这种塔楼中拱起。有时，装饰着百叶窗和开放拱的圆形塔楼应用于法国（泽斯大教堂）；有时，方形上方的圆形塔楼顶端会出现锥状体（圣弗隆大教堂，佩里格）。在最精致的实例中，阶梯式方形放置在方形上，阶梯式多边形放置在多边形上，直至看到瑞米耶日的建筑，感觉塔楼产生了一种很容易让人联想到哥特式的强烈效果。

开口 在开口部分，我们肯定注意到了加洛林式建筑不断演变的向外伸展特

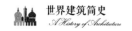

征。对于后者，通过简易削角引入了有助于光线分布的斜面。在后期罗马风建筑中，斜面较深，并且经常通过多种形式应用于窗户和门上。因此，这赋予了斜面建筑的威严性和实用性。复合开口也发展演变，有时有两盏灯，有时有由假拱包围的两盏灯，这是此种艺术思想的变体。与此同时，入口因精致的门廊而显得高贵，最精美的是伦巴第和勃艮第的门廊。

装饰　　新的装饰性方案也应运而生。人物和叶状雕塑应用于外部，有时像在伦巴第那样随意，有时像在普罗旺斯和朗格多克那样，非常屈从于建筑表达。此外，纯粹设计中的新主题，如诺曼之字形和犬牙饰，均有应用于内外部。就内部而言，发明了一些新的雕塑柱头，其中一些改良成古典式或拜占庭式，一些采用原始叶状设计，更多则是"叠层柱头"，目的是起到教导和装饰作用，雕塑代表教会、神话、最强烈有趣性和原创性的不可识别场景。内部彩饰采用了油漆，外部彩饰的用途因风格而异。托斯卡纳建筑师通过利用彩绘大理石饰面打造出精美的外观效果。在托斯卡纳区以外，尽管使用几种石头（西西里）、图案砖（朗格多克）等打造出精美的效果，但在外观上，彩饰的作用不大。

世俗建筑：整体建筑　　出于多种原因，我们可能几乎完全忽略了对罗马风时期世俗建筑和整体效果的任何考虑。第一，现存的罗马风世俗纪念性建筑很少，而且几乎都被改动过。第二，除了细部的应用外，这些纪念性建筑和较多相同类型的哥特式建筑略有不同。这并不意味着不存在我们可以用来评判罗马风世俗建筑的纪念性建筑。只需看看阿维拉的壁垒（卡斯提尔，图8-43），就能明白什么是罗马风世俗建筑，并对从外部看到的罗马风城市外观有所了解。然而，这种纪念性建筑给人的印象与从类似城镇建筑中获得的印象没什么两样，比如哥特式时期的卡尔卡松（图9-41）。从整体或部分而言，单一的世俗纪念性建筑为考古学家而存在，特别是城堡（例如埃森纳赫的瓦特堡），并呈现出独特的布局，特别是在庭院和庭院立面，但讨论与哥特式时期相关的整个中世纪的民用和住宅建筑问题，似乎更有意义。

罗马风的影响　　最后，有必要谈谈罗马风建筑对后期风格的影响。一直以来，有机罗马风建筑对有机法国哥特式建筑的影响都受到高度重视，这一点毋庸置疑，但忽略了其他同样重要的关于这种建筑对后期艺术影响的实例。几乎没有人会在欣赏托斯卡纳绚烂夺目的有条纹内饰的哥特式教堂时意识到此类建筑是对托斯卡纳罗马风的相对轻微改良。在英国，大规模诺曼建筑传承了哥特式风格，尽管用突出细部的嵌花装饰着这种建筑。在德国哥特式中，这不仅仅是对法式作品的模仿，我们也注意到了莱茵河流域罗马风的生动性。

图8-43　阿维拉，防御工事概貌

风格的独立性　尽管研究结束时，我们会不可避免地引导断言罗马风建筑对后期建筑的影响，但仍应尽最大努力避免将建筑仅仅视为一种过渡的常见错误。这是一种异质性艺术，因此能够恰当表达许多种族而不是一个种族的天赋。然而，不管这种艺术细分成什么样，最主要的仍然是独立自主性风格。从任何其他角度来看待这种艺术都毫无意义。

纪念性建筑一览表

为了方便起见，将一个国家的纪念性建筑组合在一起，但圣加伦修道院（瑞士）除外，这座修道院采用德式风格建造。如果没有准确且限定的确切日期给出，这个时间则是指正文中所指建筑部分的始建时间。通常很有可能或必须取整数（半个世纪或数个世纪），有时，一座建筑在所讨论时期经过重建的情况下会给出多个时间。一般而言，我们应该再次提醒大家，在确定一座纪念性建筑年代时出现的错误，通常会使这座建筑显得更加古老，而这是不应出现的。

米兰圣萨蒂罗教堂，8世纪。 科莫圣安邦迪奥教堂，约1035—1095年。 多斯堪尼拉圣彼得大教堂，1039—1093年。 比萨大教堂，始建于1063年。 米兰圣安布洛乔大教堂，1098年至12世纪中叶。 摩德纳大教堂，始建于1099年，于1184年成为神址。 佛罗伦萨圣米尼亚托大殿，1013年及以后。 帕尔马大教堂，1117年。 帕维亚圣米凯莱教堂，1127年（？）。 巴勒莫帕拉蒂娜礼拜堂，1132年之前。 维罗纳圣泽诺大教堂，始建于1138年。 切法卢大教堂，1145年。 比萨洗礼堂，1153—1178年。 比萨意大利钟楼，始建于1174年。 蒙雷阿莱大教堂，1174—1189年。 佛罗伦萨洗礼堂，建立于7世纪或8世纪，改造于约1200年。	意大利
罗什修道院（门廊），774年。 亚琛大教堂（查理曼教堂），796—804年。 法兰克福救世主礼拜堂，852年。 圣加伦修道院（瑞士），9世纪。 科隆都城圣玛丽大教堂，1000年以后（建立于700年）。 科隆圣徒教堂，11—13世纪。	德国

纪念性建筑一览表	
埃森纳赫瓦特堡，建造于1067年,重建于1130—1150年，改造于1190年。 希尔德斯海姆圣米迦勒教堂，建造于1001—1033年，改造于1186年。 斯派尔教堂，建立于1030年，改造于12世纪。 德瑞贝克教堂，12世纪初。 盖恩罗德大教堂，建立于9世纪；重建于12世纪。 鲍林泽拉修道院，12世纪。 沃尔姆斯教堂，12世纪。 美因茨教堂，始建于978年；主要是13世纪。	德国
博韦大教堂，8世纪（？）。 热尔米尼代普雷教堂，801—806年。 德地区蒙蒂耶县教堂，960—998年。 维尼奥里教堂，1050—1052年。 朱米耶热教堂，始建于1040年，于1067年成为神址。 克莱蒙费朗港口圣母教堂，11世纪中叶。 图卢兹圣塞尔南教堂，始建于1080年，改造于12世纪和13世纪。 克吕尼教堂，1089年。 普瓦捷格兰德圣母院，11世纪末。 图尔尼圣菲利贝尔修道院，11和12世纪。 博利厄莱洛谢大教堂，11和12世纪。 昂古莱姆大教堂，1105—1128年。 佩里格圣弗隆大教堂，建于约1120年。 维泽莱大教堂，于1132年重建。 卡昂圣埃蒂安大教堂，始建于1064年，拱顶建于约1135年。 卡昂拉特瑞尼特大教堂，始建于1062年，改造于约1140年。 兰斯圣雷米教堂，罗马风部分建于1110年。 莫里安瓦教堂，较旧的部分建于约1080年，较新的部分建于1122年。 圣日耳曼奥塞尔教堂，塔楼建于12世纪初。 奥顿大教堂，12世纪上半叶。	法国

续表

纪念性建筑一览表	
博韦圣埃蒂安大教堂，拱顶建于1180年，但建筑较早期计划。 圣利斯教堂，12世纪末。 圣萨图南小教堂，12世纪。 泽斯大教堂，塔楼建于12世纪。 阿尔勒圣特罗菲姆大教堂，中殿建于11世纪上半叶，门廊建于12世纪下半叶。	法国
英国厄尔斯巴顿万圣教堂，11世纪初（？）。 伦敦的伦敦塔，圣约翰教堂，11世纪末。 达勒姆大教堂，约1096—1133年。 伊夫雷教区教堂，12世纪末。	英国
桑图拉诺，9世纪。 圣米格尔·德里洛教堂，9世纪。 纳兰科山－圣玛利亚教堂，9世纪晚期。 阿维拉古城墙，1090—1099年。 圣地亚哥孔波斯特拉大教堂，始建于1075年；建成于1128年。 莱昂圣伊西德罗教堂，11世纪末，12世纪初。	西班牙

第九章　哥特式建筑

术语的来源　　应用于艺术领域的"哥特式"一词，最初是贬义词。人们认为，从文艺复兴开始到19世纪的浪漫主义复兴具有野蛮色彩。在中世纪建筑中，最引人注目和数量最庞大的纪念性建筑是尖拱式建筑，这些建筑称为"哥特式"（"野蛮"的同义词）建筑。正是在此意义上，莫里哀谈道：

哥特式纪念性建筑的等级品味，

这些无知世纪的可恶怪物，

野蛮的洪流喷涌而出。

波罗瓦、拉布吕埃、卢梭使用了既尖锐又有启发性的暴力措辞攻击哥特式艺术。在人们的品位发生变化时，这个词自然而然就得到了固定。如今，通常掩盖名字起源的遗忘也许是证明艺术正确的最好证据。

法国的优先地位　　在哥特式建筑的发展时期，人们通常将其称为"法式作品"（法国式），法国在风格上的优先地位经此证明。为此，一些作家强烈要求将这种风格称为法式风格，而不是哥特式风格。然而，这样的改变不仅不切实际，还会产生误导。作为这种分类的一种变体，有人建议保留"哥特式"这个词，但仅用于法兰西岛的建筑，法国以外的现代风格作品只称为"尖拱式建筑"。为了支持这种态度，有人指出，基本有机建筑在法兰西岛得到发展，而在其他国家，所谓的哥

特式风格要么是对此风格的模仿，要么是对建筑粗略应用尖拱或哥特式细部，这些建筑依据罗马风原理建造而成。

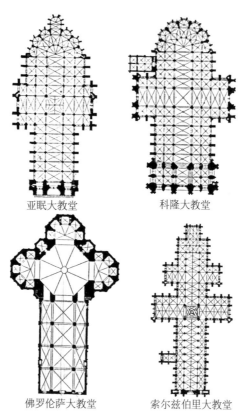

亚眠大教堂 科隆大教堂

佛罗伦萨大教堂 索尔兹伯里大教堂

图9-1 法国、德国、意大利和英国哥特式大教堂的平面图对比

有机哥特式的定义 然而，这一观点遭到了强烈反对。严格地从有机结构角度来看，哥特式是一种包含拱顶、支架和扶壁的体系，支架的坚固程度只足以承受拱顶的压碎重量，结构稳定性则主要由反推力的平衡来维持。只有在法兰西岛或在该地区建筑的模仿中，才能发现这样一种体系完美无瑕。尽管缺乏法式完整有机体系，但许多同一年代的建筑也表现出相同的特征，特别是尖拱的一致使用。在法国，由于结构性原因，尖拱的系统性使用得到普及。在非结构性使用该构件的其他国家，显而易见是出于审美原因，但这并不能证明此观点正确无误，这种观点在书籍中时常出现，即在法兰西岛以外的地方使用尖拱仅仅代表建筑师对罗马风建筑细部的粗略应用，他们并不理解在法国使用这种细部背后的结构性原因。如我们所

见，罗马风时期应用了尖拱，并且在英国出于美学目的的使用，与在法国出于结构性原因的使用同步发展。

法式风格是宏伟的有机哥特式，但不是唯一的哥特式风格　我们必须避免将哥特式建筑仅仅称为法式建筑的错误，或者将法国哥特式建筑称为唯一的哥特式建筑。除了倾向于既定术语是徒劳之外，较广泛应用术语会更加方便。我们可以考虑哥特式建筑的风格，特别是以尖拱的普遍使用为标志，这在所有欧洲国家都继承了罗马风，并蓬勃发展，直至反过来由文艺复兴风格所取代。然后，我们可以将领域细分，研究任意一个区域的艺术特征。然而，如果采用这种方式，我们就必须不可避免地强调法兰西岛有机建筑的结构性优势和优先地位。

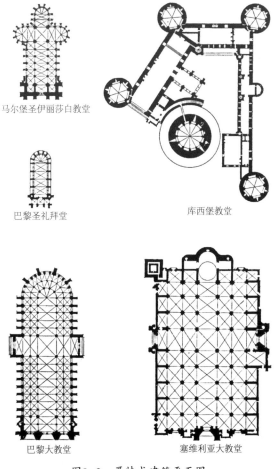

马尔堡圣伊丽莎白教堂

巴黎圣礼拜堂

库西堡教堂

巴黎大教堂

塞维利亚大教堂

图9-2　哥特式建筑平面图

揭示式结构的美学效果　法兰西岛的哥特式建筑是如此真实，以至于可以在结构逻辑表达中感受到该地区建筑的主要美学效果。在法国以外，情况并非如此，但明显受法国影响的作品除外。

缺乏自我意识　无论是从结构还是美学层面考虑，哥特式风格的发展路径都不甚清晰。此风格的建筑师并未试图将其建筑所表达的思想公式化，至少没有用文字表达出来。尽管尖拱几乎完全取代圆拱，但以往的罗马风艺术并没有受到谴责，因为在文艺复兴时期，哥特式艺术后来遭到了批评。

图9-3　哥特式建筑的横截面和体系

社会色彩　这种质朴很可能是由作品的整体质量造成，因为和罗马风教堂一样，哥特式大教堂不是建筑师或资助者的表达，而是对社群的表达。重要的是，尽管考古学经常公布宏伟哥特式大教堂建筑师或管理者的名字，但这些名字几乎普遍不为人知，也不足称道。亚眠和兰斯的大教堂与佛罗伦萨和罗马的大教堂一样出名，然而在提到罗伯特·德·吕萨施或让·勒·卢普时，羞于不了解伯鲁乃列斯基或布拉曼特的人会显得手足无措。从某种意义上而言，哥特式艺术具有强烈的社会色彩。

教会和世俗兴趣　尽管哥特式时期的主要兴趣集中在教会建筑，但并不像在它之前的罗马风时期那样彻底。特别是在哥特式晚期，民用和军用建筑变得十分重要。因此，学者不仅要考察教堂和修道院，还要考察城镇和公会大厅、城堡、庄园、农场、城市房屋，甚至井栏和绞刑架，以全面了解这种风格。此外，不能假定，甚至在哥特式时期教堂里雇佣的工匠都是神职人员。像科莫派大师这样优秀的世俗建造者因接连受雇建造一座又一座宏伟的建筑而总是从一个地方旅行到另一个地方。这一事实，以及哥特式教堂中亵渎神明和淫秽雕刻的频繁出现，导致出现了一种理论，即哥特式建筑本质上属于世俗建筑风格，代表了对早期僧侣统治的反抗。事实不能证明这样一种理论，也不能证明已建成建筑深刻的宗教表达。

揭示式结构的逐渐强调　尽管在法国，大教堂发展的最重要表现在于其结构的自我揭示，但建造者并没有及时意识到揭示式结构的美学重要性。起初，像飞扶壁这样的基本结构构件被隐藏起来，后来则成为最重要的外部特征之一。哥特式从罗马风的演变可以追溯到逐渐接受揭示式结构在美学效果上的最重要帮助。

高昂品质　人们经常注意到艺术具有高昂品质。对垂直线的强调，建筑的高超表达，不可避免地暗示了中世纪宗教理想中最美好的东西。然而，在哥特式教堂的垂直线和分支肋拱中，不是看到原始异教徒仪式诗意森林环境的反映，就是徜徉在纯粹幻想的领域中。然而，除了灵感来源，这位哥特式建筑师还非常聪明地获得了自身所寻求的效果。最重要的是，由于渴望高度，他通过缩小中殿和锥形墙墩来夸大这种效果。通过包含和增加小构件获得他所期望的大小效果，这些小型构件极好地适应了尺寸。

日期　从时间上看，哥特式时期大致从1150年延续至1550年。当然，从某些

迹象来看，这种风格的确可以追溯到12世纪中叶，就像16世纪中叶以后某些独立的火焰式哥特式建筑一样，但总的来说，4个世纪表明了这种风格。

图9-4　亚眠大教堂，大教堂西面

同质性　相较于罗马风建筑，哥特式建筑具有更强烈的民族同质性。尽管在法国有哥特式地方学派，但它们之间的区别并不像罗马风地方学派那样明显，数量也没有那么多。历史恰恰证明了这一事实。在中世纪后期，民族本身变得更具同质性。中央集权变得愈发强大，语言更加纯正，个人更关注于自身的民族认同感。在联邦权威感较弱、民族意识较不觉醒的地区，如法国西南部，值得注意的是，地方建筑学派尤其不同于民族风格。一如既往，我们发现建筑记录着历史，历史使建筑被人们铭记。

一般发展　在尝试分类之前，最好先说明整体风格发展。我们的出发点显然是法兰西岛的过渡性建筑。尽管许多英国作家呼吁注意尖拱在英国的早期使用，但是，英国建筑可以视为是罗马风，而不是过渡性哥特式。有时候，风格的后续变化会忽略有机结构，但有机结构在艺术中起着如此重要的作用，以至于发展它的国家在风格方面具有优先地位。12世纪末13世纪初，人们发现法兰西岛的有机哥特式风格发生了转变且有所发展。到1220年（亚眠大教堂建立时期），这种风格得到了很好的理解，13世纪是早期但完全得到发展的哥特式时期。经过改进和粗略改造，这种风格的建筑在法国持续流行至14世纪，但是在该时期结束时，艺术发生了翻天覆地的变化。火焰式建筑从英国引进后得到发展。

图9-5　亚眠大教堂，朝向半圆形后殿的内部视图

在英国的发展　如我们所见，英国在早期使用尖拱，但英国土地上第一批真正的哥特式建筑代表了法国的影响。早期风格称为早期英式或柳叶式，恰逢出现在13世纪。然而，英国哥特式的形式在不久后发生改变。中世纪晚期掌权的英国人只不过是归化的法国人，不可避免地会从法国借用东西。然而，不可避免的是，他们改变了借来的东西，并用自己的天赋留下了令人深刻的印象。因此，在14世纪，英国哥特式风格呈现出一种新的表达方式，装饰风格也应运而生。到了14世纪末，装饰细部在法国复刻，15世纪的火焰式（或燃烧式）风格通过英国晚期装饰或曲线风

格得到发展。这种火焰式风格从法国蔓延至整个欧洲大陆，是15世纪和16世纪英国以外其他地方建筑的特征。通过再一次肯定自身的原创性，英国在15世纪发展了垂直式风格，于是垂直风格得到蓬勃发展，直至文艺复兴时期的到来。

分类：法国　　考虑到这一整体发展，我们可以尝试更全面的分类，并对哥特式时期的各种活动中心进行编号。我们将法国放在首位，因此对于法国，我们必须优先考虑法兰西岛。在创造性活动方面，诺曼底几乎与法兰西岛并驾齐驱，皮卡迪和阿图瓦很难与这两者分开。这些地区共同形成了发展有机哥特式的家园。其他分区则显得没那么重要。勃艮第拥有自己的风格，保留了门廊，通常为方形末端，以及其他让人想起勃艮第罗马风的特征。另一个分区可能是由香槟地区（位于勃艮第和法兰西岛之间）组成的，但在建筑上非常接近后者，几乎没有必要研究这个分区。一种非常原始的风格即所谓的金雀花王朝，在法国西南部盛行，其特点是使用侧廊、中殿的高度、不寻常的圆拱顶和其他特殊特征，呈现出强烈的英式亲和力。还有一种在南部得到发展的风格，没有装饰，特点是自由使用硬陶土。进一步的分区可能由布列塔尼组成，建筑上以及地理上靠近诺曼底和法国中部，在该处繁荣的混合分享许多风格的特点。因此，必须注意，尽管在法国，哥特式建筑比罗马风建筑有着更强烈的民族同质性，但它确实依据地区的不同而明显存在差异，这一点必须更加坚持研究，因为我们必须将注意力集中在结构上重要的北部建筑上，但有可能会忽略该国其他地区风格差异。

英国、德国、意大利和西班牙　　在法国以外，问题更加简单明了，风格因时期而异，而非因地区而异。例如，在英国，尽管垂直风格与柳叶风格有很大不同，但在此时期，全国各地都出现了两种风格。在德国，我们发现通常情况下都是对法国作品的模仿。有时这种模仿几乎是盲目的，如科隆大教堂；有时又是非常自由的，就像所谓的厅堂式教堂。因此，人们可以将德国建筑分为两组，一组为模仿型，而另一组则带有浓厚的本土气息。在意大利，哥特式建筑最初源于法国西多会风格，但几乎一引入就被修改，目的是适应意大利人的审美需求。这种建筑在意大利地形发挥了一定作用，就像在托斯卡纳区，托斯卡纳罗马风建筑在这里体现了该地区的哥特式艺术，但主要变化是由个人的灵感来源和建成时间造成。在西班牙，这种风格通常具有同质性。起初，这种风格从朗格多克和奥弗涅引进，但很快被摩尔式建筑风格细部和西班牙品味改变，特别是在南部。

其他国家的哥特式　在低地国家，哥特式引进自法国，除了世俗建筑外，几乎没有什么原创性。然而，佛兰德斯的城镇大厅和公会大厅显示出一种赋予该地区真正重要性的原创性。最后，必须重点关注圣地、塞浦路斯、罗得岛、克里特岛和地中海其他岛屿上建造的重要建筑，其中大部分仍然幸存于世。

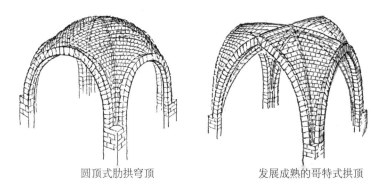

圆顶式肋拱穹顶　　　　　　　　　发展成熟的哥特式拱顶

图9-6　中世纪拱顶的实例

细部发展的重要性　遗憾的是，对于逻辑型研究者而言，人们不能选择一些按时间顺序呈现有机哥特式建筑发展步骤的建筑。建筑发展如此之快，而同样建成的建筑如此之少，以至于可从许多建筑中选择一个或多个细部来最透彻阐释这种风格进步。人们可以布局这些细部来展示有机哥特式发展的步骤，尽管不一定按时间顺序进行布局。关于第一条独立飞扶壁的所在位置和建设时间，考古学家可能会争论不休，但对我们来说，就像在许多建筑中出现的那样，这足以认识到，独立飞扶壁代表了隐藏飞扶壁和双扶壁之间的结构性步骤。只要掌握重要哥特式特征的发展，就可以适当重建得到充分发展的有机哥特式建筑，或者，如果我们更喜欢具体实例，就能够理解为什么人们认为亚眠大教堂（图9-1和图9-5）和兰斯大教堂（图9-7）的中殿是得到充分发展早期风格的完美实例。

拱顶　毋庸置疑，哥特式建筑最重要的单一特征在于拱顶。事实上，哥特式建筑的整体研究取决于对拱顶和拱座的处理。在与法兰西岛罗马风建筑的联系中，我们认为，建筑师开始意识到，与半球形穹顶相比，带水平顶部的拱顶的构造能够更轻盈、更灵活。为了构造拱顶水平顶部，显然有必要抬高横拱和纵拱的顶部。这可以通过翘起或指向这些拱或两者一起来实现。因此，当第一次结构性使用尖拱

图9-7　兰斯大教堂1914年遭受第一次轰炸后的拱顶视图，呈现了发展成熟的哥特式拱顶的水平顶部

图9-8　哥特式拱顶锥体横截面图，呈现了推力方向及其拱座

时，就标志着开始进入过渡性哥特式时期。但很难说清楚第一次发生是在何时何地。该过程趋于缓慢且具有实验性，这可以通过许多纪念性建筑来证明，例如克雷伊、朗格勒和莫里安瓦勒的大教堂，这些教堂的横拱不够尖，由建于其之上的平墙拼接而成，这些平墙将拱顶部抬高至一个点级别，或者说几乎与交叉肋的相交点也就是拱顶的顶部齐平。一旦这个平面经证明可靠并构建成功，就能实现水平顶部拱顶的优势，而且这种精美、本质为哥特式形式的使用也会成为常态（图9-3、图9-6和图9-7）。

拱座　随着一种更轻盈、更高耸拱顶形式的出现，对其拱座进行了更深层次的研究。即使隐藏飞扶壁应用于诺曼罗马风建筑，拱顶推力也只是部分集中于飞扶壁之上，并且其承受的大部分阻力都由实墙提供。哥特式建筑师正在慢慢摸索着彻底消除这堵墙的方法，最终通过彩色玻璃占据墙的位置，但其面临的最大问题是拱顶推力集中于扶壁上，而扶壁与墙相对。

纵肋翘起　问题的解决方法在于纵肋翘起。在罗马风建筑中，所有肋拱都源于同一楼层。在肋拱有机会展开的地方，拱顶的水平横截面及其在拱脚上方几英尺处的填充物会呈方形。然而，整块都被施加了外推力，所以与其相对的扶壁必须有一个像方形一边一样宽的表面，或者像给定水平的一

条对角线到同一水平另一条对角线的
距离一样宽。由于纵肋翘起，所有这
一切都发生了变化。当交叉肋开始在
主拱墩处展开时，两条纵梁在拱起前
垂直向上延伸一段距离，从而挤压墙
侧拱顶。在主拱墩上方一定距离处，
拱顶的横截面及其填充物，或者我们
可称之为拱顶锥体，并不是方形，而
是三角形，而且锥体的一根角柱挨着
墙（图9-8）。交叉肋的斜推力因此
相遇，并在横肋推力的方向上以与建
筑长轴线成直角的角柱推出，所有这
些推力都集中于窄面上，而相对扶壁
的窄面可依靠该表面存在。因此，纵
肋翘起实现了建筑师最想达到的目的

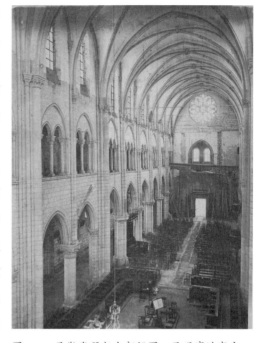

图9-9　圣勒代瑟朗内部视图，呈现穿过窗户、
飞扶壁的拱顶

——拱顶推力完美集中于窄面上。这样一种形式涉及拱顶腹板的扭曲，且其表面如
今呈现出独特的犁铧形式，即使并非不可能，也很难用几何学来描述，但建造者不
久即学会利用非凡技巧来建造（图9-5和图9-9）。

　　飞扶壁　　在拱顶及其集中推力变化的同时，建筑师则忙于发展扶壁形式，目
的是使其稳定。隐藏飞扶壁，旨在将推力从侧廊屋顶传递至外墙的墙墩扶壁，属于
诺曼罗马风，尽管这种类型非常不合适，然而在圣热梅-德弗利的过渡性教堂中，
它仍以一种经过修改和完善的形式被采用。显而易见，这种扶壁与墙壁的接触点过
低，无法与中殿拱顶推力适当相遇，于是，建筑师很快就将其抬高至侧廊屋顶之
上，就像巴黎圣日耳曼德佩教堂一样，此处，扶壁作为真正的飞扶壁出现在外部。
彼时，优点由必要性构成，而飞扶壁很快就成为建筑最具美感的表达方式和结构上
重要的特征之一。

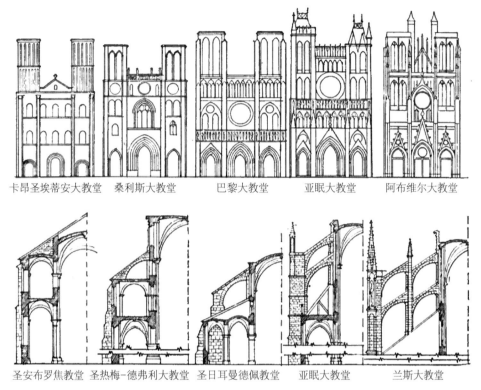

卡昂圣埃蒂安大教堂　　桑利斯大教堂　　巴黎大教堂　　亚眠大教堂　　阿布维尔大教堂

圣安布罗焦教堂　圣热梅-德弗利大教堂　圣日耳曼德佩教堂　亚眠大教堂　　兰斯大教堂

图9-10　纪念性建筑和细部的布局，阐释扶壁和立面的发展

扶壁和立面的发展　　结构性逻辑控制着它们的发展。得知拱或拱顶的主要推力点在拱脚和拱腰后，建筑师很快放弃了单拱扶壁，转而组成了一条双拱扶壁，且为了与拱推力相对，一条在拱脚，另一条在拱腰。当扶壁跨过一条侧廊时，这种形式非常合适；当侧廊为双条时，第一对拱在内侧廊和外侧廊之间结束，该处设置有墙墩，以及两条以上重复前两条的拱，旨在将推力带至外墙。前者可以在亚眠大教堂中殿看到，后者可以在兰斯大教堂的半圆形建筑端看到（图9-10）。当没有侧廊时，就像巴黎圣礼拜堂一样，墙墩扶壁十分合适，并且得以保留（图9-2和图9-11）。

形式和装饰　　与此同时，扶壁的形式得到改进。它们的固定间距得以确定，并制造成通过有遮盖的通道来传输聚集在中殿屋顶上的水。在扶壁末端，这些水从墙上那些雕刻得奇形怪状，突出的滴水嘴中流出。扶壁的背面用环状列石装饰，大墙墩扶壁的顶部则布满了尖顶，拱向大扶壁跨越。这些大墙墩的外侧有许多凸缘，这些凸缘可以抵御天气，并且更易于将拱顶推力转移至地面。

半圆形后殿　在掌握了拱顶和拱座的发展之后，其他特征的发展就很容易理解了。只有一种原理适用于所有建筑：满足结构性需求，并承认这种确切实现的满足的美学价值。例如，我们来探讨一下半圆形后殿的发展。没有什么比极其复杂的圆室或法国哥特式建筑的东端更具哥特式特征了，但它是简单而合乎逻辑的（图9-12）。正如我们在早期基督教时期所见，半圆形后殿的原始形式是一面覆盖着半圆顶的半圆形墙壁。在最早的过渡性哥特式时期，半圆顶形式发生了变化，拱顶被赋予类似甜瓜顶的小构件，这些小构件与其他拱顶协调地承载在肋拱上。尽管不一定是最古老的实例，但这样一种

图9-11　巴黎圣礼拜堂
（横切图）

形式也出现在巴黎圣马丁教堂。然后，这个过程变成了仅仅加深小构件或者抬高其顶部，直至最终到达与肋拱相交点的水平。在圣热梅-德弗利大教堂可以看到中间阶段的实例，在亚眠大教堂则可以看到充分发展的实例。

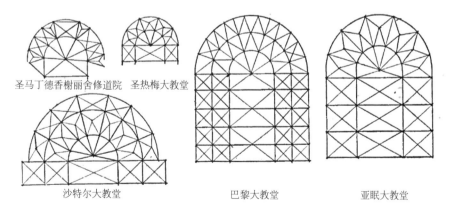

圣马丁德香榭丽舍修道院　圣热梅大教堂

沙特尔大教堂　　　　巴黎大教堂　　　　亚眠大教堂

图9-12　五栋哥特式教堂东端的平面图，阐释了圆室的发展

半圆形建筑肋拱的布局　起初，半圆形建筑肋拱的相交点在唱诗席最后一根横肋的接触点上，就像圣热梅的一样。这让肋拱看起来很危险，像是在将所有力推向唱诗席的最后一条横拱。这一缺陷采用许多方式进行补救，但最成功的是亚眠大

教堂，那里的半圆形后殿构建得比半圆形更圆，两条肋拱从最后一条唱诗席主拱墩
上斜跨，在其相交点与半圆形建筑肋拱相遇。随后，所有肋拱均为圆的半径状（图
9-12）。

回廊教堂和半圆形教堂 与此同时，回廊教堂和半圆形教堂发展迅速。前
者的拱顶不是矩形而是梯形，这带来了一定程度的困难，因为交叉肋不会在拱顶中
心相遇。通过在相交点中断这些肋拱，从而迫使其在拱顶中心相遇来补救。相似的
布局足以满足不规则状半圆形教堂肋拱的需求（图9-12）。

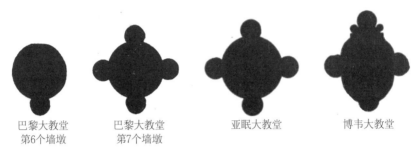

巴黎大教堂　　巴黎大教堂　　亚眠大教堂　　博韦大教堂
第6个墙墩　　第7个墙墩

图9-13　阐释哥特式墙墩发展的平面图

墙墩 哥特式建筑师的常识和他甚至愿意妥协的意愿从来没有比对墙墩的处
理更清楚地表现出来。最合理的布局是在复合墙墩中给拱顶中的每个构件留出一个
位置，并将所有构件带至地面。然而，这样一簇支撑物不仅会占据很大的地面空
间，还会阻挡礼拜者的视线。因此，建造者首先将其所有柱身集中在地面层拱墩
上，并将主墙墩制作成半圆形。然而，他觉得需要更多支撑，于是首先（在巴黎大
教堂中殿的第六个墙墩）在中殿一侧增添独立附墙柱身，以将中殿肋拱的重量带至
地面。在同一建筑的第七个墙墩处，他在圆形墙墩的其余三个侧面增添了三个附墙
柱身，完全形成的哥特式形式被创造出来，并且只需改进（图9-13）。但是，指向
墙墩面上的每根肋拱的旧罗马风体系在法国的火焰哥特式和英国的垂直风格中重
现了。

洞口 石雕窗花格。哥特式建筑体系不可避免地倾向于压制墙壁。在完美的
集中推力下，墙壁功能变成了仅仅是抵御天气，这可以通过玻璃和石头来充分完
成。此外，北部的建造者希望玻璃能够像南部的湿壁画一样，起到故事性和教导目
的。结果是彩色玻璃几乎完全取代石墙，建筑变成拱形玻璃笼。洞口发展的单元是

装有两盏灯的窗户，由一根柱子隔开，一条拱包围。在罗马风建筑甚至在拜占庭式建筑中，灯上方的石鼓室凿了第三个洞口。在早期哥特式建筑中，洞口采用复杂的几何形式，结果形成了石雕窗花格，这种窗花格由在薄石板上穿孔的几何设计洞口组成。

铁棂窗花格　然而，建筑还在构建时，建筑师逐渐发现，如果放弃仅仅穿透石头鼓室的体系，可以设计出更复杂更漂亮的窗花格，因此取而代之的是一种基于拱原理巧妙地连在一起的新型细石条窗花格。在后期过渡时期，用铁棂窗花格代替石雕窗花格变得较为普遍，并在哥特式建筑中保持不变。石条或称直棂，被切割得非常薄和精致，而且只是玻璃的包裹物。在13世纪，这些玻璃碎片的长度很少超过6英寸，通过捆绑在一起的引线进行连接，设计中的大部分图纸都有提供这种引线。然后，所有碎片都镶嵌在窗花格里。在巴黎大教堂，开间中的石雕窗花格与铁棂窗花格毗邻，两者在建设时间上略有不同，从而证明了人们很快就接受了这种铁棂窗花格。苏瓦松大教堂应用了石雕窗花格，而亚眠大教堂和后来的建筑中应用铁棂窗花格（图9-14）。

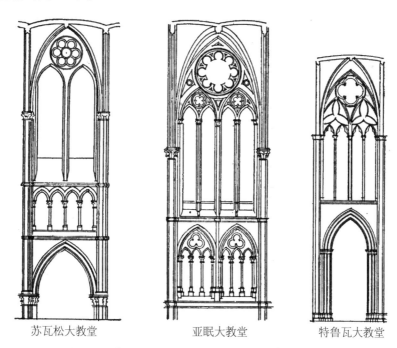

苏瓦松大教堂　　　　　亚眠大教堂　　　　　特鲁瓦大教堂

图9-14　窗口的发展，石雕窗花格和铁棂窗花格的实例

轮形窗和圆花窗　　铁棂窗花格也可以制作巨大的轮形窗或圆花窗，这种窗户通常出现在法兰西岛大教堂的西端。起初，这些设计针对严肃简洁的几何图形，但后来特别是在火焰式时期，线条变得更加自由和复杂，着实让人捉摸不透。沙特尔大教堂和兰斯大教堂应用了早期轮形窗，亚眠大教堂（图9-4）和其他建筑中应用了后期的圆花窗。随着风格得到发展，建造者对轻盈的热情使得他们甚至利用玻璃镶嵌拱廊。这个通常由于侧廊上单坡屋顶而变得隐蔽的空间，通过覆盖带有山角墙的侧廊而不是单坡屋顶得到开放。因此，在14世纪的建筑中，如特鲁瓦大教堂，拱廊就像侧天窗一样明亮。

立面　　西面的设计建造与建筑的其他元素保持同步。逻辑性要求保留立面的三个部分，包括水平和垂直，从而表明中殿、侧廊和三层的内部划分。发展朝着精致和表达的方向进行。洞口的外展度加深，在入口前设置深喇叭状并覆盖有檐篷的

图9-15　沙特尔大教堂，南侧尖顶

门廊。洞口扩展，直至几乎占据扶壁之间的所有空间，这标志着对建筑的垂直划分。随着时间的推移，在兰斯大教堂和后期建筑中，这些扶壁的底部在门廊的喇叭口中消失，门廊屋顶的山墙在尺寸和重要性上有所增加，直至成为引人注目的建筑特征。侧翼西侧塔楼的尺寸增加，并由开放的石制楼座围绕，露出中殿的山墙屋顶。要了解西面的发展，我们只需要按该形式研究卡昂男子修道院、桑利斯大教堂、巴黎大教堂、亚眠大教堂和兰斯大教堂的西面。增加一个后期作品，比如阿布维尔教堂西面，作为火焰式发展的实例，它本身就显露了这种发展（图9-10）。

尖顶　　尖顶以同样的方式得到发展。罗马风建筑呈现了许多复杂的尖顶形式。哥特式的发展仅仅是为了用尖拱及其垂直线条取代圆顶，一般来说，是以更巧妙的方式压制所有可能会妨碍引导视线向上的水平线（图9-15）。在一些最完美的实例中，比如在桑利斯大教堂（图9-16），方形塔楼和八角形尖顶之间的过渡极其微妙，角柱上布满微型塔楼和尖顶，这些塔楼和尖顶的垂直线通过山墙与上方倾斜八角形尖顶的表面相互呼应，并起到支撑作用。尽管尖顶在细部上有所改变，而且在后

期作品中，我们也发现了极端的精致和镂空处
理，但理想和总体趋势保持不变。除了西侧的塔
楼和尖顶外，塔状天窗经常设置在交叉甬道，尽
管在更大程度上，这个细部是英国的特征而不是
法国的特征。在法国，交叉甬道通常用细长的石
制或木制和铅制小尖塔作为特征。

图9-16　桑利斯大教堂，尖顶

柱头及其装饰　　建筑中其他细部的发展与
我们所研究细部的发展保持一致。新的负荷需要
新的柱头，形式也得到发展，本质上基于拜占庭
类型，但仍然是原创式。柱头下方更高更细长，

上方则更宽，并用叶状和动物雕塑装饰，前者较常见，我们从本质上进行了谨慎研
究。在早期作品中，首选展开、芽状形式，我们发现幼嫩的水芹或展开的蕨类植物
装饰支持顶板的四根角柱。随着风格的往前发展，雕塑变得越来越写实，功能表达
性日益减弱。更晚期以后，形式变得纤细，让人联想到枯叶，但雕刻一如以往地简
单而精致。从审美角度来看，叶状作品赋予了风格无限的生命力和活力，否则这种
风格可能只有在逻辑上令人满意。

雕塑的运用　　雕塑的教学价值和美学价值得到了人们的充分肯定，因此，雕
刻在整座建筑中随处可见。宣扬哥特式大教堂容纳了中世纪的所有知识和科学并不
仅仅是夸夸其谈，但雕塑的装饰目的未曾有过动摇。凭借所有自由和单一细部自然
主义，整体严格参照审美效果设计，无论是在门廊、楼座，还是屋顶。有时，所有
说教目的似乎都已丧失，我们认为，雕像（例如畸人和石像鬼）是雕刻师自由发挥
想象力和快乐创造的结果。这些作品给人的印象是一座永远有人居住的建筑。因为
有这些雕像，哥特式大教堂永远不会虚空，永远不会消失。

线脚　　正如人们所料，这样一种全新的建筑体系展示了全新的线脚体系。由
于不受其先例的约束，建筑师对本质进行研究并使之传统化，打造出能给人以最巧
妙明暗效果的线脚。一般体系由凹入的曲线和凸入的曲线组成，最终的轮廓使人想
起蔬菜的形式，例如豆荚里的果实或花萼里的花蕾。当然，雕塑和线脚不仅出现在
内部，也出现在外部。护墙的演变是为了提供经典檐口的顶部功能，尖顶应用于建

筑的许多部分，特别是扶壁墙墩。后者装饰着芽状形式，称为环状列石，顶部装饰有华丽尖顶饰。

色彩装饰和彩色玻璃　色彩装饰在哥特式建筑中发挥了比普遍公认更重要的作用。当然，最为绚烂的色彩装饰效果通过利用丰富的彩色玻璃完全填充窗户空间来呈现。无限的主题得到表现，但是表现总是从属于纯粹设计。沙特尔大教堂内部仍然可以看到一些世界上最精美的颜色设计。这种颜色，时而热情，时而沉寂，生动渲染了宗教想象。对彩色玻璃的破坏造成的损失，可以通过比较大量玻璃得到保存的沙特尔大教堂和亚眠大教堂的内部来衡量。尽管后者在建筑上可能建造得更完美，但随着冷光从白色玻璃窗户中流入，其效果远不如沙特尔大教堂令人印象深刻。彩色玻璃丰富的色彩装饰因内部石质构件的上漆而得到加强。几乎所有中世纪室内原画的痕迹都已消失殆尽，现代人试图对其进行修复，如在巴黎的圣礼拜堂，但通常都是华而不实且令人不快的。

图9-17　兰斯大教堂（1914年遭到轰炸前大教堂北侧视图）

14世纪法国哥特式　到了13世纪末，随着亚眠大教堂和兰斯大教堂等建筑的崛起（图9-4、图9-5和图9-17），哥特式建筑在法国得到全面发展。下一个世纪的建筑可以概略勾勒。法国的14世纪是精致时期而不是变革时期。拱顶和肋拱变得更轻盈，叶状雕塑展开，进一步强调垂直趋势，窗花格变得非常纤细，为了安全起见，长杆被制成单片。一些教堂如沙特尔大教堂（图9-18），在圆室时期结束时，圣母礼拜堂扮演了特别重要的角色，几乎成为独立的小教堂。然而，总的来说，这些建筑的平面保持不变，直至15世纪才发生决定性变化。在研究后期艺术之前，我们必须先研究英国的哥特式建筑。

英国哥特式　英国的哥特式建筑可以细分为三种风格，分别对应于13、14和15世纪。然而，在我们单独研究其中的任何一种风格之前，我们最好将重点放在艺术作为一个整体的某些主要特征之上。即使在早期，这些特征也表明英国哥特式与法国哥特式的差异巨大。首先，人们必须注意到结构原理的不同。从我们在法国研究过的意义上来说，有机哥特式在英国没有得到发展。例如，岛上几乎没有一种充分得到发展的飞扶壁体系。最后，英国人只能依靠罗马风格的坚固性来保证结构安全，这也不可避免地给建筑带来了不同的表达方式。

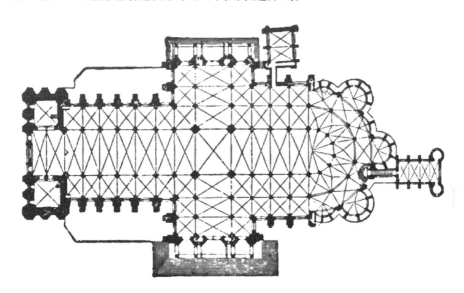

图9-18　沙特尔大教堂平面图

平面图　在该平面图中，英国建筑很长，或者说是由于狭窄而显得很长（图9-18）。尽管索尔兹伯里大教堂和亚眠大教堂的长度大致相同，但前者显得更长。英国建筑大胆地突出耳堂，耳堂通常是成对的，越往东越短，这赋予了教堂总主教十字架形式，我们在勃艮第罗马风建筑中看到了这种形式。英国教堂的东端几乎总是方形的，这就像大主教十字架一样，似乎必然代表西多会的影响。同样的现象也出现在早期英国罗马风建筑中，比如达勒姆大教堂。在立面上，英国建筑比法国建筑要矮得多（图9-3），同样的狭窄增加很长很高的印象。英式作品中有很多塔楼，一个非常引人注目的特征是早期在交叉甬道上方制作的巨大方形石天窗。

拱顶体系　除了少数早期的实例，如果不具有机性，英国的拱顶体系比法国的更复杂。很快，肋拱更多地用于装饰而不是结构目的，并从纯设计角度得到应用。立面变成了装饰性屏风，隐藏而不是显露其背后的布局。尽管有时非常有效，但这些立面作为入口受到影响，入口缩小到相对较小的洞口，仅仅是作为入口的可能性，而不是大门口。虽然偶尔会用雕像装饰立面，如在威尔斯大教堂，但总体而言，雕像在英国的重要性远远低于法国。甚至于在室内，雕像也很少，结果是某种程度上的空旷和活力不如法国作品。

图9-19　索尔兹伯里，大教堂东北侧视图

场地　为了弥补这一点，由于其复杂的平面，英国建筑极其独特，几乎总是建立在一个极佳场所，这是考虑到当时已经建立的建筑，并一直考虑至今。这是否可以解释为如此多的英国教堂是修道院基础的事实并不重要。对于任何一个见过法国最精美的建筑被不雅观建筑所掩盖的人来说，英国建筑的美妙布局将是一大解脱。

早期英式风格　我们现在可以研究英国哥特式的各种风格。如我们所见，起初，法国式风格的引入起着重要的作用，虽然可以说在某个时候一度受到排斥。因此，即使是英国哥特式对英国罗马风的依赖，最终也仍是对诺曼罗马风的依赖。在其他情况下，比如在坎特伯雷大教堂，影响要具体得多。在这一点上，森斯的威廉（法国人）被要求建造教堂，在他去世后，一个受到他教导的英国人着手打造这份作品。林肯大教堂由法国主教休下令建造，建筑师是杰弗里·德·诺耶斯，其名字证明了他的血统，尽管他可能生于英国。简而言之，我们可以说早期英式风格的起源是受法国和盎格鲁-诺曼影响的结合。

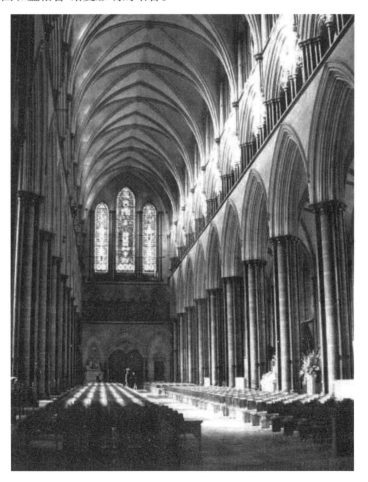

图9-20　索尔兹伯里大教堂内部（东端方向）

早期英国建筑的特征　　这种风格最显著的特征在于简洁性。雕塑很少，装饰受到限制，建筑效果取决于精细的比例和严峻的风格，洞口通常又高又窄，或者呈柳叶形状，并且极具特色，因此这种风格通常称为柳叶风格。结构非常坚固。通常情况下，柱身甚至没有被带至主拱墩。然而，圆形墙墩的厚重往往由周围一簇簇的柱身所掩饰，这些柱身或占用，或闲置。这些柱身通常由黑色的波白克大理石构成，波白克大理石受到英国建造者的广泛追捧。对于早期英式风格，可以研究坎特伯雷大教堂、林肯大教堂和威尔斯大教堂等更重要的建筑以及其他纪念性建筑。然而，索尔兹伯里大教堂始建于1220年（亚眠大教堂的基础建设），实际上建成于1258年，是这种风格同质性最强烈的建筑（图9-1、图9-3、图9-19和图9-20）。

图9-21　林肯大教堂，天使唱诗厢

装饰风格　到13世纪末，早期英式风格的严肃性遭到抛弃，装饰风格，有时也称为几何风格，在其后期由曲线风格取代。特点在于装饰丰富。肋拱成倍增加，枝肋和中间肋，或中间肋拱，从一根肋拱延伸至另一根肋拱，或从一根肋拱延伸至另一根拱墩。拱容纳许多柱式，复杂的线脚也变得丰富起来。最重要的是，洞口得到扩展，并且安装了精心设计的窗花格。这种窗花格尽管构思丰富，但起初遵循严肃理性的几何图案，后来则变得越加绚烂缤纷，并引入稀奇古怪的曲线。随着时间的推移，波形线窗花格得到常态化利用，交错拱廊与S形曲线普及起来。整体效果比早期英式风格更加丰富多彩，更杂乱无章。没有同质性装饰教堂，但大部分建筑如著名的林肯大教堂天使唱诗厢（图9-21）、林肯大教堂的中殿和约克大教堂的西面都体现了这种风格。

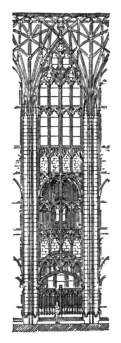

图9-22 格洛斯特大教堂，唱诗席体系

垂直风格 尽管装饰风格丰富多彩，但它注定要在15世纪被垂直风格淘汰，在某些方面，垂直式风格也是最原始的英式风格。这种风格毫不隐讳地将重点放在垂直线上。这在该风格最早期的作品之一即格洛斯特大教堂唱诗席（图9-22）中得到了很好的体现。肋拱直接穿行至铺面上，洞口得到极大扩展，里面布满由竖杆组成的窗花格，竖杆自上而下排列，由较短的水平杆间隔连接。这种效果不仅强调垂直也强调矩形效果。

拱顶和支架 拱顶得到哥特式历史上最复杂的处理。枝肋和中间肋不断增加，直至几乎无法区分功能性肋拱和装饰性肋拱。事实上，几乎没有功能性肋拱，因为实际上，拱顶基本具有同质性，均带有装饰性肋拱贴花。与此同时，"扇形拱顶"（图9-24）得到大力发展，这是哥特式风格最出名的拱顶形式。这个名字既有描述性又有误导性。在扇形拱顶中，肋拱从主拱墩开始呈扇形辐射。然而，拱形锥状体近似圆形，所以肋拱大致沿着倒凹锥状体的线条分叉。从下面呈现出来的效果与大树的枝叶非常相似，这种形式是英国哥特式风格中最漂亮的一种。随着肋拱的复

图9-23 伦敦，威斯敏斯特教堂，亨利七世礼拜堂

杂化，带来了更进一步的影响。例如，楔石设计成巨型悬石，但因为是整体的，所以非常安全。在拱顶和支架的构件中，镂空也变得常见起来。

拱　　拱被赋予了新的结构形式。这些拱均得到平展，从多个中心受到压制，有时会像削弱的葱形拱一样平展。后来，这种俗称为"都铎式"的平展拱受到人们的广泛欢迎。与此同时，方形东端以巨型窗户装饰，窗户上布满垂直窗花格。

实例　　与装饰风格相比，垂直风格的实例要多得多。其中最具代表性的是威斯敏斯特教堂内的亨利七世礼拜堂（图9-23），同样精巧和风格统一的实例是温莎城堡的圣乔治礼拜堂。最精美的也许是格洛斯特大教堂，该教堂的耳堂、唱诗席和回廊（图9-24）都设计成垂直风格。格洛斯特大教堂提供了一些英式扇形拱顶的最完美范例。

图9-24　格洛斯特大教堂，大教堂，回廊内部

火焰哥特式　谈到法国，我们现在可以来研究火焰式风格。此处不涉及新的构建原理，风格只是一种新的任意装饰体系，建立在曲线与反曲线的对立基础上。法国火焰式的所有萌芽元素都可以在英式曲线中找到。法式拱顶变得复杂起来。尽管倾向于肋拱与肋拱相连，而不是肋拱与拱墩相连，但仍旧引入了枝肋和中间肋。最重要的是，这些线条是波浪形的，而且葱形拱较为常见。尖拱，特别是在相互交错的拱廊，有一个交替的凹凸轮廓。镂空，无论是在门廊山墙、尖顶、还是拱座，都变得常见起来，并获得了非同凡响的蕾丝般效果。这是一种微妙而不是强硬的表现，增加了某种局促不安感。扁平拱变得非常普遍。地域差异被强势打破，同样的火焰式风格在法国各地得到广泛应用。这是一个统一的法国，到处都能够看到火焰式风格元素，并接受了这种来自英国的风格。

实例　法国第一栋明显火焰式风格的建筑是亚眠大教堂的圣约翰礼拜堂，建于1337年至1375年间。此后，这种风格在国外传播开来，坎佩尔、南特和尚贝里大教堂、鲁昂的圣旺大教堂（图9-25），以及阿布维尔的圣沃夫兰教堂便是很好的实例（图9-26）。这些教堂都是15世纪的作品，但风格一直延续至16世纪。鲁昂的圣马克卢教堂（图9-27）是法国火焰式风格最强烈的建筑之一，直至1541年才建成，博韦的火焰式南耳堂可追溯到1548年。这些后来建筑的建成时间特别有趣，因为与通常视为法国文艺复兴时期建筑的建成时间不谋而合。

德国哥特式　原创性和模仿性。在研究德国哥特式的主题时，我们发现不同条件下产生的结果截然不同。德国人十分勉强地接受了哥特式风格。他们的罗马风建筑是活力四射、极具原创性的风格，这种风格极大体现了他们的民族精神。因此，德国的哥特式运动是一场较晚期爆发的运动，哥特式风格为人们所接受的过渡期很长。德国一般认为其哥特式风格来源于法国，我们甚至还对德国用"法式"来描述哥特式风格表示非常感激。然而，这并不

图9-25　鲁昂，圣旺大教堂（体系）

意味着德式风格没有显示出原创性，而且还经常与法式风格大相径庭。如前所述，出于分类目的，人们可以依据作品的原创性程度，将德国哥特式建筑分为两大类，即原创性建筑和模仿性建筑。

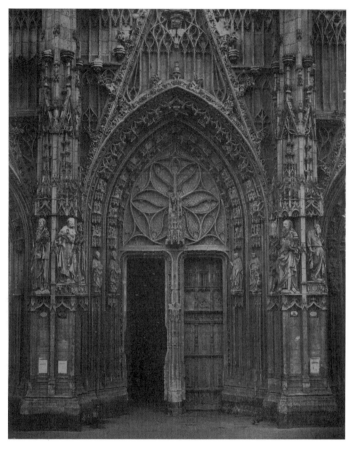

图9-26　阿布维尔，圣沃夫兰教堂西大门

早期纪念性建筑　正如人们所料，早期德国哥特式建筑显示出高度原创性。它们代表了对德国罗马风的追忆，并自由运用了法国哥特式风格的细部。例如像班贝格这样的大教堂（图9-28），体现了两种建筑风格之间的明显妥协，哥特式特征仅体现在统一的尖拱、拱以及线脚上。班贝格大教堂并不是个案特例。许多其他建成时间大致相同的教堂，包括瑙姆堡和明斯特大教堂（图9-29）在内，都呈现出法国哥特式和德国罗马风之间的相同妥协，尽管这两种风格在细部上有所不同，因为德国罗马风建筑各不相同。随着时间的推移，模仿法式风格的趋势变得更加明显。

图9-27　鲁昂，圣马克卢教堂，西面和尖顶视图

模仿性作品　迄今为止，最广为人知的所谓模仿性纪念性建筑是法国北部教堂的复制品，多多少少摆脱了束缚。通常誉为德国第一栋典型哥特式教堂的建筑建于1227年至1243年间，位于特雷夫，相当精确地模仿了布莱斯内的圣伊夫德布冒恩教堂。之后不久，斯特拉斯堡和弗赖堡大教堂（图9-30和图9-31）也跟随圣伊夫德布冒恩教堂的脚步，后者在很大程度上仿照了前者，两者都可以追溯到作为原型的圣但尼修道院，但在两幢建筑中我们都没有发现纯粹的模仿。在所有德国大教堂中，也许最善于模仿的是科隆大教堂（图9-1），它极其忠诚地再现了亚眠体系，甚至可能是由一个法国人建造的。然而，这幢大教堂比亚眠大教堂有更强烈的同质性，并在许多小细部上与它有所不同。

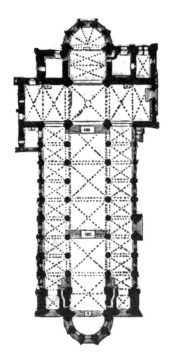 

图9-28　班贝格大教堂（平面图和系统）

图9-29　明斯特大教堂（体系）

图9-30　弗赖堡，大教堂东南侧视图

万堂式教堂　德国模仿性最低最本土的哥特式教堂可能是厅堂式教堂。这种建筑是有三侧廊的教堂，有半球形穹顶，侧廊的拱顶和中殿一样高，因此看起来像一个宽敞的大厅。起初，它们的设计灵感极有可能来源于法国西南部同类型的教堂。然而，这只是一种假设，厅堂式教堂在德国得到大力发展，在早期，哥特式风格过渡到火焰式风格日益受欢迎，并成为所有哥特式类型最具特色的德国式建筑。坦率而言，第一个哥特式建筑范例似乎是马尔堡的圣伊丽莎白教堂（图9-2、图9-32和图9-33），在1235年和1283年间建造。此处，大概是为了强调哥特式类型的德国本土品质，圣伊丽莎白教堂由三个带框架、一个多边形的半圆形后殿、较少侧廊唱诗席的宽度以及多边形末端相同大小的耳堂构成。后来，哥特式类型得到广泛采用，如苏斯特的圣玛丽亚草地教堂和讷德林根的圣乔治大教堂（图9-33），由于其简洁性，这种类型在以砖为主要建筑材料的地区大受欢迎。

图9-31　弗赖堡大教堂
（体系）

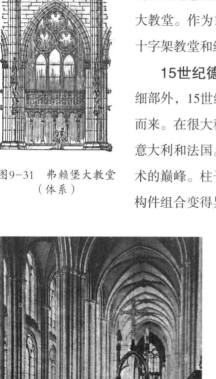

图9-32　马尔堡，圣伊丽莎白教堂内
部，半圆形后殿方向

14世纪德国哥特式　14世纪，在德国被勉强接受的哥特式艺术得到惊人的发展。然而，14世纪德国哥特式并没有呈现出很强烈的原创性。这是一个扩张而非进步的时期。就像在法国一样，建筑朝着精巧的方向发展，风格有时变得近乎纤细。雕塑模仿了流行的法国模式，夸大了法式鬼脸，叶状雕刻摆脱了所有拘束。另一方面，建筑风格继续保持简洁，厅堂式教堂广受好评。在这一时期最具原创性的纪念性建筑中，值得一提的是建于1377年的乌尔姆大教堂。作为14世纪厅堂式教堂的典型代表，格门德的圣十字架教堂和纽伦堡的圣劳伦斯教堂也值得一谈。

15世纪德国哥特式　除了引入一些法国火焰式的细部外，15世纪德国哥特式基本从14世纪德国哥特式发展而来。在很大程度上，这种风格个性鲜明，甚至能够影响意大利和法国。总体而言，这种风格达到了14世纪精巧艺术的巅峰。柱子简化到裸露的程度，形式趋于纤细，但是构件组合变得异常复杂。因此，这种风格没有采用直接模仿，并且接近英国垂直哥特式的特征。例如，拱顶通常只是由其他高度较低的筒形拱顶以直角相互穿插而成的筒形拱顶，两者的内表面都覆盖着装饰肋拱网。与此同时，菱形镶板的装饰体系得到发展，这与英国的垂直镶板有着最密切的相似之处。如今，一向受欢迎的厅堂式教堂得到了最大程度的发展。另一方面，建造者和雕刻工人的技术变得非常娴熟，如果不是在法国处于较高地位，他们在其他国家通常会被视为普通人。

15世纪厅堂式教堂　以15世纪厅堂

式教堂为例，人们可能会提及慕尼黑有五侧廊的圣母大教堂以及许多其他建筑。然而，即使在保留有侧天窗的地方，这栋15世纪的建筑看起来也没有那么明显的"德国标签"特色，人们永远不会将格尔利茨圣彼得与保罗大教堂的拱顶（1423—1497年）或哈勒圣玛丽大教堂的拱顶（1535—1554年）及其纤细构件和菱形装饰误认为是德式风格以外的任何风格。

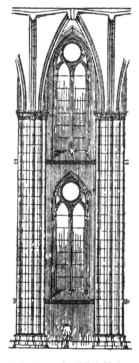 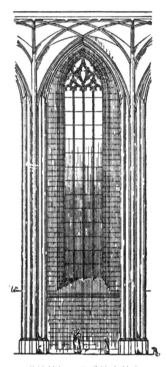

马尔堡，圣伊丽莎白教堂　　　　　　　　诺德林根，圣乔治大教堂

图9-33　厅堂式教堂体系

西班牙哥特式　　西班牙哥特式的历史与其他国家的风格非常相似，法国除外。这些风格同样引入了法式细部，根据当地需求、气候和民族品味进行了相同的修改。起初，从法国特别是奥弗涅和朗格多克的引入非常明显，但很快，灵感便吸收来自法国各地。

一般特征　　然而，许多关键特性使西班牙教堂与其法国模式存在差异，并赋予了原创性。气候的多变性以及大量的古典纪念性建筑显露出屋顶变平，水平方向变得更加突出。在阳光充足的气候下，不需要大的窗户空间，通常情况下，几乎没有侧天窗。拱廊经常受到抑制，就像几乎是火焰式时期和平坦式侧廊屋顶所暗示的那样。随着重点放在水平线和洞口的收缩，不可避免出现了宽阔的墙面，从而增加了建筑的经典感。在西班牙作品中，哥特式的躁动风格逐渐减少，同时古典气息逐渐增多。另一方面，装饰呈现出典型的西班牙风格。底切很深，边缘清晰，对比强烈，装饰丰富的表面和完全裸露的表面之间形成了宽泛的对比。雕刻工艺变得格外兴盛，因为萨拉森式风格的影响稳步增加，并且往往夸大这些形式已经具有的异国情调。

内部　西班牙教堂的内部通常光线阴暗，面积宽敞。墙墩间距较大，厚重感较强，拱顶比法式建筑低。西班牙建筑的特色在于主礼拜堂和镀金。前者是半圆形小礼拜堂，回廊环绕，与教堂的其他部分几乎完全隔开。后者是一个同样隔开的唱诗席，位于交叉甬道西侧。这些特征往往会破坏内部结构，使其尺寸更难理解（图9-34）。

图9-34　托莱多大教堂，朝向半圆形后殿的内部视图

12世纪西班牙哥特式   正如人们所料，12世纪的西班牙式建筑有些混乱。例如，在加泰罗尼亚风格的影响下，波夫莱特修道院和圣克鲁兹修道院由纳博讷附近的僧侣建造，展示了朗格多克式建筑。另一方面，在布尔戈斯附近的阿尔科巴扎（葡萄牙）和拉斯维尔加斯的西多会教堂，展示了法国西南部赋予他们的和德式风格同样高度的坚实半球形穹顶、中殿和侧廊。

13世纪西班牙哥特式   在13世纪，西班牙式建筑的灵感来自法国北部，在不丧失自身特色的情况下，与法式建筑竞相媲美。这一时期最著名和最精美的作品是布尔戈斯、托莱多（图9-34）和莱昂大教堂。前两者的灵感来源于布尔日，最后一个来源于巴黎近郊和香槟区更北边的建筑。布尔戈斯大教堂和托莱多大教堂非常相似。前者建立于1226年，后者要稍晚一些，这两幢建筑很可能是出自同一批建筑师之手。莱昂大教堂尽管比任何其他单一的法式建筑都更能体现沙特尔的影响，但比布尔戈斯大教堂或托莱多大教堂具有更强烈的折中主义风格。然而，这并不意味着任何枯燥无味的折中主义，而是体现出其雄伟法国原型的自发性。

14世纪西班牙哥特式   在14世纪西班牙哥特式风格中，出现了与法式风格相同的倾向，尽管前者的精致程度从未像后者那样高。法国北部的影响有所减弱，我们发现一些作品例如始建于1316年的赫罗纳大教堂，再次从法国南部建筑中汲取灵感。

15世纪西班牙哥特式   15世纪西班牙的繁荣景象对建筑的发展十分有利。和在德国一样，我们在后期作品中感受到了很强烈的原创性。将重点放在我们称之为西班牙特色的质量上可以看出这种原创性。平面屋顶变得更为常见，雕塑愈发光彩夺目，建筑较为宽敞明亮。八角形天窗成为十分突出的特征，就像在巴塞罗那和巴伦西亚一样。法国火焰式的镂空细部特别符合西班牙人的品位，后期西班牙哥特式的特点非常明显。最出名的实例是始建于1442年的布尔戈斯大教堂镂空尖顶，模仿的是德国作品科隆大教堂，而不是法国作品。15世纪西班牙最宏伟的教堂，塞维利亚大教堂（图9-2、图9-3和图9-35）始建于1401年。在该时期，由于安达卢西亚温暖宜人的气候和国家长期受穆斯林统治的摩尔人的影响，西班牙式建筑的典型特征被严重夸大。与在塞维利亚一样，屋顶从来都不那么平坦，墙墩从来都不稀疏排列，内部也从来都不阴暗无光。这个细部透露出摩尔人特有的古怪性格。事实上，

西班牙人将摩尔式建筑和基督教的细部巧妙结合，以至于事实上在多个不同且看似对立的时期建造时，像著名的塞维利亚希拉达塔（图9-35）这样的建筑能够呈现出和谐统一的整体感。

图9-35　塞维利亚大教堂和希拉达塔西南侧视图

哥特式风格起源于意大利　没有一个国家像意大利那样，哥特式结构体系的基础遭到彻底忽视，尽管如此，哥特式风格也在意大利建筑中占据强势地位，并产生了各种各样极具魅力的纪念性建筑。然而，这纯属偶然。意大利是古罗马建筑的发源地。它欣然接受了罗马风，但同时又赋予了自身如此强烈的古典艺术气息，正如我们所见，这种风格往往称为原初文艺复兴。意大利向来推崇新古典主义，而在罗马风时期，有迹象表明，意大利已经为最伟大的复兴——文艺复兴——做好了准备，当时这个半岛陷入哥特式时尚的狂潮之中，两个世纪以来，尖拱风格始终独占鳌头。然而，这毕竟是一种引入的风格，一种外来时尚，就像同时期的服装流行款式是从巴黎传入的一样，几乎达到了完全的纯粹，主要由西多会教徒掌控，在拉蒂姆的福萨诺瓦（1187年）安定下来，然后传播到罗马附近的卡撒玛利（1217年）、托斯卡纳区的圣加尔加诺（1217年后不久）和其他地方。这些僧侣建造了早期的西多会哥特式教堂，但具有纪念意义，激起了意大利人对尖顶风格的喜爱，但意大利人的品位很快改变了引入的建筑风格。

意大利哥特式的共性　意大利建筑师对逻辑结构的了解非常浅显，因此建造的建筑包括简陋的扶壁体系、捆缚拱顶，缺乏法国人认为哥特式风格中最重要的一切元素。随着这种结构感的缺乏，出现了一种具有掩饰性但可识别的古典感。古典细部被抛弃，但古典布局和重点得以保留。像在西班牙一样，非常强调水平线。柱子间距不断扩大，随之而来的是规模减小。墙壁空间很宽敞，洞口很小，内部给人一种宽敞的印象，且往往不会加以装饰。就这些变化而言，气候以及古典怀旧气息扮演了不可或缺的角色。由于洞口很小，墙面很宽，彩色玻璃被忽略。取而代之的是马赛克，特别是湿壁画，或者在湿灰泥上绘制的水彩画，起初，这是马赛克的廉价替代品。木屋顶经常用来取代拱顶。立面变成绚丽的屏风，用雕刻的大理石和玻璃马赛克装饰得富丽堂皇，位于教堂后面，似乎经常徒劳地试图将其自身隐藏起来。从地理学角度看，意大利哥特式风格有所不同，北部趋向于简洁，而中部则注重彩饰。这种风格也随年代而发生变化。我们发现了西多会早期十分简洁的建筑，以及火焰哥特式建筑开始流行时非常错综复杂的建筑。

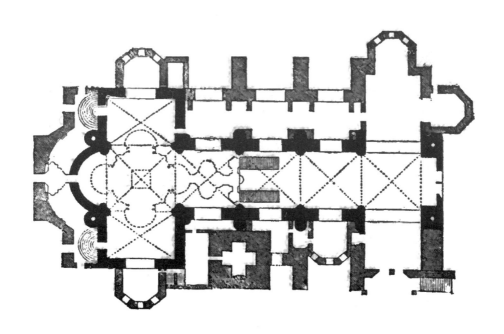

图9-36　阿西西，圣弗朗西斯教堂平面图

意大利早期哥特式建筑　　或许，意大利早期西多会建筑的最佳实例是圣马蒂诺教堂，这座教堂位于维泰博附近，建于13世纪中期。几乎同一时间，阿西西的圣弗朗西斯教堂也一并建成（图9-36），而且意大利人开始对法式结构进行改造。从比例和整体外部效果来看，这座建筑可能属于罗马风。在该世纪下半叶，许多哥特式建筑拔地而起，其中最引人注目的是锡耶纳大教堂。在锡耶纳大教堂可以看到意大利类屏风立面（用雕刻的大理石和各种彩饰装饰），以及托斯卡纳式建筑特有的条纹大理石内部。许多小教堂都是在模仿大教堂的基础上建造而成。在北部，一种更具人文气息的建筑在博洛尼亚得到发展，在那里，圣弗朗西斯教堂（1236—1240年）淋漓尽致地体现了扶壁体系。在南部，西多会的思想与来自拉丁东方风格的建筑思想交相融合，与意大利南部一样，一如既往地产生夺人眼球的建筑混合体。

图9-37　佛罗伦萨大教堂，朝向半圆形后殿的内部视图

14世纪意大利哥特式　　和其他地方一样，14世纪的意大利哥特式建筑也基本从上一世纪的当地建筑发展而来。在佛罗伦萨，我们发现大教堂（1296—1367年）夸大了意大利在宽阔柱子间距的内部装饰、裸露内部以及托斯卡纳暴力彩饰应用于立面（图9-1、图9-3、图9-37和图10-1）方面的倾向。拱廊被省略，侧天窗减少，洞口尺寸大大缩小。教堂被赋予了三叶形状，这凸显了日耳曼人的影响（比较图8-17和图9-1）。独自林立的钟楼——乔托设计的"纯白意大利钟楼"是意大利彩饰尖拱风格最精美的实例之一。在翁布里亚，奥尔维耶托大教堂（图9-38）的建筑时间可以追溯到13世纪末、14世纪初，这体现了对锡耶纳式的模仿。然而，该建筑坦率地使用了木制屋顶，与锡耶纳相比，内部条纹的对比感有所削弱。教堂主体并不起眼，立面是最华丽的装饰，现代修复破坏程度也是最轻的。两者的结合被不可避免的不协调感破坏。在北部，重要的哥特式作品集中分布在威尼斯、圣约翰和保罗大教堂以及其他城镇。在该世纪即将结束时，优雅的帕维亚卡尔特修道院开始建造，它的三分叉末端、天窗和外部楼座再次体现了德式风格的影响。

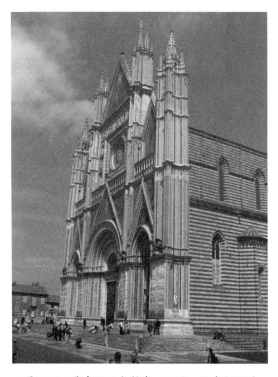

图9-38　翁布里亚大教堂，正面，西南侧视图

15世纪意大利哥特式　　这种影响在15世纪变得最为重要。在意大利火焰式时期，许多建筑都是重要的世俗建筑，但这一时期的教会建筑用米兰大教堂来概括最为精辟（图9-39）。在这座教堂中，意大利、法国和德国的影响融汇交织。意大利高耸楼层和宽阔柱子间距得以保留。拱廊消失，侧天窗减少。窗户继续保持小面积，拉杆用于支撑拱顶。做工沿袭德式风格，火焰式细部来源于法国，德国人对此做出了修改。在外部，毫不掩饰地强调垂直线，如同于英国垂直风格，尽管细部是德式风格的特点。摒除了倾斜屋顶，取而代之的是平坦屋顶，但随之而来的水平线通过大量尖顶饰掩饰。整体材料是上好的大理石，雕刻非常精致，图形构造非常丰富，尖顶和细部获得了蕾丝般的效果。早在米兰大教堂建成之前，文艺复兴就成了佛罗伦萨的主流思想，米兰人在这么晚的时间里如此团结地建成一幢建筑，功劳不可磨灭。

图9-39　米兰大教堂外观

拉丁东方和其他地方的哥特式建筑　　哥特式风格可以细分成许多种，此处由于时间有限，仅提及与我们的分类有关的风格，因此省略讨论。然而，至少应该提醒人们关注这样一个事实，真正引人夺目的哥特式建筑都来自奥地利、斯堪的纳维亚、瑞士和其他地方。遗憾的是，我们如此草率地将拉丁东方的哥特式建筑摒弃。它们的建造者在更近的东方建立了西方文明，结果，在巴勒斯坦、叙利亚和地中海岛屿上出现了一系列宏伟的哥特式教堂和基督教世俗纪念性建筑。即使当征服的浪潮反转、西方侵略者受到驱逐时，他们也仍在继续着建设活动，就像在加沙一样，直到他们占领的最后几天。但是，这一潮流的转变意味着哥特式建筑在巴勒斯坦和大陆上变得罕见起来，在被西方人统治更长时间的岛屿上则以更频繁、更完整的方式出现。

世俗建筑　和中世纪一样，在哥特式时期，教会建筑比世俗建筑更为重要，但这一事实导致建筑师过分强调中世纪的教会艺术，而世俗艺术则为之牺牲。某些时候，世俗纪念性建筑在重要性上与教会不相上下。当然，在每个时期，世俗建筑的细部特征都与教会建筑的特征遥相呼应。同样明显的是，早期到晚期的进展是从"相对简洁"到更为复杂。依据不同时期，不同种类的世俗作品受到更强烈的重视。在罗马风和早期哥特式时期，人们的目光几乎完全集中于具有军事特征的公共或私人建筑上。在后期，特别是在距今最近的火焰式时期，当公民秩序成为规则，个人感到自身趋于安全时，纪念性建筑基本上失去军事用途，与此同时，人们发现中世纪城镇和公会大厅以及小资贵族或豪商的稍微设防宫殿得到了最大的发展。地位强势的贵族继续建造几乎坚不可摧的城堡，直到国王的权力集中禁止建造这样的纪念性建筑。我们只能提供每种世俗纪念性建筑的主要特征，略微提及一些独特的实例，并指出每个类型达到其最大重要性的大致时期。

防御性城镇　最壮观的世俗纪念性建筑当然也是最早建成的，当数防御性城镇。一个城镇的防御工事是如此坚固，以至于将整个城镇变成了一个整体，把这个城镇想象成一个单独的纪念性建筑并不令人惊奇。原理是利用城墙包围城镇，特别是在城镇没有天然防御的地方，如悬崖或河流处，用突出的塔楼来加固墙壁角柱，旨在提供针对攻击塔楼之间幕墙围攻者的纵向射击。我们在阿维拉注意到了这样一种体系，在罗马风时期，"变化无穷无尽"。二级防御墙建在坚固的内墙之外。在外墙之外，挖有护城河，经常被水淹没。通往内墙和外墙之间的空间设有吊桥、坡道和三重或四重门，这些门之间覆盖着石头楼座，上面凿有洞口，通过这些洞口，可以定向攻击入侵者的头部。一旦外墙的一个入口被强行打开，入侵者就会发现自己走入了一个死胡同，毫无保留地暴露在内守军的炮火之下，直到他能够冲破更坚固的内部防御工事。如果入侵者最终成功冲破内部攻击，他可能会占领城镇，但还未围攻城堡，此时城堡是处于城镇最有利位置的坚固堡垒，防御军队就能撤退到该位置。

图9-40　艾格莫尔特城市和防御工事概貌

艾格莫尔特和卡尔卡松　大多数欧洲国家都有防御性城镇，但最精细和最完整的防御性城镇位于法国。此处列举两个远超其他作品的防御性城镇：艾格莫尔特和卡尔卡松。前者（图9-40）由圣路易斯于1246年下令建立，呈长方形防御工事，大约为600码①乘150码，有20座保存完好的塔楼，一些呈方形，一些呈圆形。护城河已消失不见，但是用于防火的堞口和内部楼座以及十扇门的防御仍有待研究。该风格单调的规律性表明，大多数中世纪世俗建筑的独特不规则性是建筑师使自己适应场地的怪癖或使建筑扭曲以利用这种怪癖所带来的军事优势的结果。如果该场地是一片平原，则建筑的不规则性便会消失殆尽。对于风景如画和不规则城镇的实例，可以选择卡尔卡松市（图9-41）。这里的防御工事有一部分可以追溯到5世纪的西哥特时期，并经常被重建，直到14世纪。维奥莱-勒-迪克在19世纪中叶进行了巧妙的修复。从本质上而言，此处位于高地，难以接近，而且人们将这种难以

———————————————
①　码，英美制长度单位，1码等于3英尺，合0.9144米。

接近夸大到了优美如画般的程度。防御工事的任一部分都不会与任何其他部分重复。坡道、附墙柱、塔楼和小路都非常巧妙地设计成符合自然地形优势，以至于人们的"手工作品"看起来像是基岩的一部分，抑或是人类手工结构的基岩部分。外壁垒的周长超过1600码，内壁垒则超过1200码。城墙由50座圆形塔楼加固，整个城墙可以通过城堡进行控制。该作品的主要部分可以追溯至12世纪末和13世纪。整体提供了哥特式时期最壮观的（在某些方面最引人注目）世俗纪念性建筑，这可归结于人类自身原因。

图9-41　卡尔卡松城市防御工事视图

　　城堡　　城堡的主要特征与上述防御性城镇的特征不谋而合。在充分发展的实例中，人们可以发现内外墙、塔楼（用于加固墙壁角柱）、护城河、石墙、有梁托支撑的楼座和坡道，如所述的城镇，甚至能够在主楼看到城镇要塞。但是，要塞位于城镇最不容易接近的地方或军力布局最薄弱的地方，后一种情况下的想法是进一步加强最薄弱部分，并不是所有城堡都拥有这种完整性。在罗马风时期，城堡比哥特式时期要简洁一些，甚至在罗马风时期之前，就有类似城堡的防御建筑，即由土方工程、沟渠和栅栏保护的土堆。后来，这些土堆和沟渠往往成为在该处修建城堡防御系统的一部分。有些城堡缺少主楼，有些则保留了方形结构而不是圆形结构。在早期城堡里，防御系统相对单一，后来则演变为同心结构。多样性很强，但基本特征趋于相同。

图9-42　库西，城堡地面概貌，呈现了1917年城堡主楼遭到摧毁前的场景

哥特式城堡的实例　许多国家都展示了保存完好的中世纪城堡的重要实例。在英国也有很多，无论是诺曼时期还是诺曼后期，其中我们可以重点关注的是哈莱克城堡——中世纪最令人惊叹的堡垒之一。中世纪建造者学会了建造很多堡垒建筑，拉丁东方包含了一些给人留下最深刻印象的军事建筑遗迹。正如中世纪建筑中经常出现的那样，法国可能是所有国家中拥有最精美纪念性建筑的国家，特别是皮埃尔丰和库西城堡（图9-2和图9-42）。维奥莱·勒·迪克修复了皮埃尔丰城堡，尽管该城堡从某种意义上来说是仿制作品，但代表了一位知识渊博的中世纪学者对哥特式城堡最生动的重建。更令人印象深刻的库西城堡被马萨林炸毁，已然变成一片废墟。它的主楼高210英尺，有些地方有34英尺厚的墙，仍然屹立不倒。在火药时代之前，这样一座建筑实际上坚不可摧，而且库西城堡从未被占领过。要理解主宰中世纪城堡的精神，以及它随之获得的建筑表达，我们只需要读一读库西先生的箴言："我不是国王，不是王子，也不是公爵，更不是伯爵；我是库西之主。"

图9-43　中世纪城镇住宅

就是如此傲慢无礼的一句箴言，却被这样一栋建筑的主人证明为正确无比。

后来的城堡　随着时间的推移，贵族们将其住所的外观进行了精简，并在某种程度上牺牲了作品的防御性，尽管从未达到抵御危险的程度。例如，梅亨河畔建于1386年的让·德·贝里城堡就因其启发性而闻名于世，这座城堡将晚期哥特式的精致与适当的防御功能成功结合。然而，防御仍然是潜在想法。

城镇住宅　防御需求像阴影一样笼罩着所有民用建筑。城镇住宅（图9-43）设计成防御结构不是为了抵抗士兵，而是阻挡流氓恶棍。入口比街道要高出许多，楼梯沿墙壁侧面有序排列。在到达打开大门的平台之前，敞开的格栅阻挡了道路，一把长枪可以穿过格栅击退不请自来的人。在城镇住宅，空间的紧急情况导致上层扩大，并通过横梁或梁托，以中世纪君士坦丁堡已经注意到的方式悬垂在街道上。不管房子是用石头还是木头建造，都始终遵循着该方案。

农家住宅　　乡下农家住宅（图9-44）通常拥有和城镇住宅一样凸起的门道，侧面设有楼梯和防御平台。上层和地面层之间一般没有任何联系，后者用于饲养动物。墙壁和山墙末端通常由巨大的切割石材建造而成，屋顶通常陡峭倾斜，用茅草覆盖。在满足建筑需求方面，这种农家住宅具有一切生动、坦诚和直接的魅力。

防御性庄园　　规模更宏伟的防御建筑是国家的防御性庄园。这些庄园通常是方形的，在拐角处有角楼，可以直达地面或用梁托支撑。庄园由护城河包围，通往小门的路采用了牵引桥。里面是开放式庭院。这种类型的住宅可以在朗德附近的雅勒地区圣梅达尔（图9-45）和卡玛萨克古堡（吉伦特）看到。

图9-44　一个中世纪农民的乡间住所　　　图9-45　雅勒地区圣梅达尔，庄园草图

市政大厅和公司大厅　　特别是在中世纪晚期，市政大厅和公司大厅变得非常重要。法国和佛兰德斯的市政厅、意大利的锡耶纳市政厅、德国的汉堡市政厅都得到了里程碑式改造。同类型的还有半共产主义性质的公会大厅，这在全欧洲的自由镇较为常见，特别是在佛兰德斯。大厅或幸存下来，或与城镇一起没落，它的设计并不旨在遭到占领时抵抗攻击，因此布局更有规律，审美考虑更受重视。这些建筑缺乏加固工程的不良特征，但更加精致，装饰更加丰富，更深入地反映了当代风格。在晚期建筑中尤其如此，当中最精美的属于火焰式时期。

佛兰德斯的城镇和公会大厅　　市政厅的平面通常相当规律。底层通常是档案室。在佛兰德斯，一种常见附属物是悬挂有市民召集钟的钟楼。这些建筑通常有两层或两层以上的高度，中间部分抬高成为一座塔楼，一开始是方形，后来变成八边形。屋顶非常陡峭，而且一般都有古色古香的屋顶窗。就精妙的佛兰德式大厅而言，我们可以提到根特（1481年）、布鲁塞尔（1401—1455年）和鲁汶。佛兰德斯的贸易和公会大厅通常只在内部布局上与市政厅有所不同，并且在后期经常被接管用作市政厅。在比利时所有贸易大厅中，最精美的是所谓的伊普尔布料厅（图9-46），可以追溯到13世纪，但在1914年几乎完全被炮火摧毁。

图9-46　伊普尔，1914年遭到轰炸前的布料厅外观

法国的大厅和宅邸　　在法国，我们发现了相同类型的纪念性建筑，特别是在火焰式时期。这些建筑作为市政厅、贸易大厅或仅仅作为非常富有的资产阶级私人住宅而建造。这些私人宅邸通常没有市政厅的钟楼，否则两种建筑之间的相似度会很高。主要单元是两层或更多层的开间。每层窗户都由带有火焰式细部的扶壁分开，火焰式拱、精致而古怪的曲线贯穿始终。最受欢迎的窗户形式是横梁或十字窗，光线由中间垂直的竖框和距离顶部三分之一距离的十字石条分开。因此，每个窗口都是下面一个窗口节奏分明的复制品。屋顶非常陡峭，并设有屋顶窗，重复的花纹窗口垂直于下方。在庭院里，地面层拱廊通常为开放式。楼阁和精巧的烟囱打破了平面和天际线。整体效果微妙有序，但又如画一般。这种火焰式法国世俗建筑的典型实例有巴黎的克吕尼酒店、鲁昂的司法宫和布尔日的雅克·科尔宫（图9-47）。

图9-47　布尔日，雅克·科尔宫

英国住宅建筑　和在法国一样，英国住宅建筑在细部上遵循民用建筑学。起初，宅邸围绕庭院建造，但省略了方形入口一侧，且很快就引入了不规则特性。这种趋势倾向于形象化、不规则化和小规模化，因此，与欧洲大陆的任何作品相比，都铎王朝时代的房屋都给人更强烈的亲密感。因此，中世纪为后来的英国住宅建筑铺平了道路，像沃里克郡康普顿怀恩叶慈这样的建筑，尽管细部上是中世纪风格，但在精神上是文艺复兴时期的作品。

图9-48　佛罗伦萨，佛罗伦萨市政厅维奇奥宫

图9-49　锡耶纳，共和宫

意大利的世俗建筑　在意大利，就像在佛兰德斯和法国一样，市政厅、公爵府和富裕公民的私人住宅在建造上几乎没有区别，同一栋建筑往往结合了两种或多种功能。区别来源于建造时间，最主要是地理差异。没有什么比每个城市汲取一种特殊类型的世俗建筑更能清楚地表明意大利中世纪城市精神的自主性和独立性了，当城镇距离越来越近并不断产生交流时，这一事实就自然而然地成立了。在某些方面，所有意大利中世纪宅邸都很相似。它们通常布局规律，围绕着庭院建造，配有一体化或独立的意大利钟楼。分歧主要发生在开间的细部安排、细部处理和建筑的一般表达上。

佛罗伦萨和锡耶纳的住宅建筑　在佛罗伦萨，正如我们在维奇奥宫（图9-48）或巴杰罗美术馆看到的，建筑外观严肃而冷峻。外部没有分隔成开间，使用的石头是黑色的粗糙箍形石。典型的窗户有两盏灯，由一个竖框隔开，一个尖拱包围，其拱腹线和拱背线并不是同心结构，而是在顶部比在拱脚处分开得更宽。另一方面，锡耶纳的共和宫（图9-49）表明，锡耶纳建筑师像锡耶纳画家一样，寻求更精美、更不令人生畏的形式。材料得到了更好的处理，砖的使用也变得普遍起来。意大利钟楼变得更细长、更高耸。窗户形式由三个类柳叶灯组成，有非常尖的拱和精致的尖顶，由一个带有同心拱腹线和拱背线的高尖拱包围。因此，每个城镇都为自己寻找一种本土形式，特别是窗户洞口的形式，除非一个城市能够将自己的想法强加在另一个城市身上，否则总是会发现创意。

图9-50　威尼斯，公爵宫

威尼斯世俗建筑　　中世纪最著名、在许多方面最迷人、最原始的意大利世俗建筑当数威尼斯的建筑。这些建筑在火焰式时期达到了最大高度，像许多世俗作品一样，世俗建筑在一般表达和细部上都很新颖。地面层的拱廊几乎总是敞开着，随着视线的上升，建筑变得不那么残破，这样的效果通过沟渠的倒影使建筑最复杂的部分重叠起来。丰富而和谐的彩饰用来加强脆雕的层次感。外墙有时镶嵌抛光大理石，有时是赤陶，或者使用两种颜色的较小型石头，给人以赤陶的印象。最弯曲和优美的葱形曲线用于洞口和拱，曲线由精致的尖顶抵消，给实际洞口一个尖的三叶形。这样的拱通常相互交错，因此它们之间的四边形是尖的，并赋予圆形或细长的尖形。像所有意大利宫殿屋顶一样，屋顶保持平坦。为了代替檐口，屋顶边缘使用彩色石墙甚至木制的传统带刺装饰，这在效果上增添了趣味性。从某种意义上来说，所有威尼斯中世纪宫殿都是公爵宫的分支（图9-50）。这座威尼斯最具有纪念意义的世俗建筑开辟了一种时尚风格，随后在许多其他风格萌芽中出现了微妙的变化，这种风格从威尼斯传播到了威尼斯孔塔多。

其他哥特式纪念性建筑　　尽管我们必须在此结束对中世纪世俗建筑的讨论，但有必要指出许多中世纪艺术纪念性建筑（通常被人们完全遗忘）的存在，这有助于理解哥特式风格。桥梁如阿维尼翁桥或卡奥尔的瓦雷特桥（图9-51），通常是哥特式建筑中伟大的纪念性建筑，结合了防御需求和合理的结构以及精细的比例。同样，我们也可以从边界纪念性建筑、标志墓地存在的纪念性建筑、井栏、鸽舍甚至洗手间中学到很多知识。简而言之，材料质量相当巨大，一个小小的探索领域向中世纪世俗建筑的研究者开放。

中世纪建筑　　正如人们所料，中世纪时期的建筑以其不规则性和生动性而著称。当一切都让位于明确方案时，作为整体，建筑将不能以有序的方式布局，但防御建筑除外。即使在这里，如我们所见，结果也通常是不对称的，地形没有绝对变化的地方除外。然而，中世纪建筑的生动性并非仅仅是随意划分的结果。它主要来自对场地独特性的逻辑整合，并与产生哥特式大教堂的结构逻辑相结合。例如，如果一个哥特式建筑师正在设计一座桥，他不会设计一座对称且起伏均匀的桥，并强迫他的工人将这座桥矗立在任何底部河流之上。他会首先考虑河底，探究河道位置，然后设计出横跨河道跨度最大的拱桥。如平常一样，如果这只是针对一条河堤，结果会是不对称和生动性，但生动性是由结构性的良好感觉创造和控制的。

图9-51　卡奥尔，瓦伦悌桥

　　建筑生动性也受到类似的控制。那些认为中世纪城镇仅仅是随意规划的人，他们的想法是一座建筑，通过平整、分级和困难的工程，经常会破坏地方风味，从而导致人为划分。无论出于何种艺术思想，中世纪的建筑师都更喜欢将建筑与场地协调起来，而不是相反，因此中世纪的建筑看起来更像是属于国家，而不是早些时候或晚些时候的建筑。

　　哥特式结构原理的影响　　哥特式建筑在多方面影响着之后的风格，最为微妙也可能最重要的是哥特式结构原理的影响。一旦了解这些原理，就永远不会将其完全忘记。即使在哥特式本身遭到鄙视的时期，哥特式结构设计仍然存在，得到自由应用，但必须承认，它经常被可悲地误解。甚至哥特式的细部、线脚、雕刻等，都给后来的建筑细部留下了深刻的印象，特别是在文艺复兴早期。

　　火焰哥特式在法国的影响　　谈到哥特式影响更具体的实例，火焰式风格在建筑史上的重要性从来没有得到适当程度的强调。在意大利以外的地方，文艺复兴是自然的古典复兴，火焰哥特式风格决定了后来建筑最重要的表现形式。在文艺复兴早期，该体系只是将意大利文艺复兴时期引进的细部从根本上应用于一个结构的表面应用之一，并以火焰哥特式为重要主题。只需将克吕尼与舍农索城堡进行比较

就能证明这一点。甚至在很久之后，即法国的文艺复兴变得更加正式时，火焰哥特式的精髓也依然存在。假如我们分析，比如说卢浮宫的正式部分，自问是什么赋予了这座建筑独特的法国风味，尽管它有着经典的细部，我们也将不得不回答是陡峭的屋顶、屋顶窗、破碎的天际线、楼阁。所有这些都来源于中世纪法国本土，并经受住了意大利古典主义的冲击。

15世纪哥特式对其他地方的影响　　其他地方也与法国经历了相同的情况。都铎王朝时代的垂直式房子决定了早期英国文艺复兴时期住宅的风格。我们将英国住宅建筑的生动性、不规则性和小规模联系在一起，这是中世纪的产物，现代英国人将它还原为其民族风格。在德国和低地国家，中世纪建筑的阶梯式山墙和生动性仅被古典细部所覆盖。在西班牙，银匠式风格是对经典细部最自由的扭曲，以使其符合西班牙火焰哥特式的线条。因此，火焰哥特式风格是世界上最具影响力的风格之一，它的影响绝不会消失殆尽。

纪念性建筑一览表	
里安瓦教堂，早期部分建于约1080年，晚期部分建于约1120年。 圣热梅–德弗利大教堂，1130—1160年。 巴黎圣马丁德香榭丽舍修道院，1136年。 克雷伊大教堂，建于约1140年。 桑利斯大教堂，约1155—1191年。 巴黎圣日耳曼德佩教堂，建于1163年，有些部分则要早得多。 巴黎大教堂，1163—1235年。 阿维尼翁圣贝内泽桥，1177—1185年。 朗格勒大教堂，12世纪。 卡尔卡松防御工事，主要是12世纪末13世纪。 苏瓦松大教堂，唱诗席建成于1212年，其余部分在十三世纪中期，尖顶建于约1160年。 莫沙特尔大教堂，立面建于约1145年，其余部分主要在1194—1260年，早期尖顶建于约1250年，后期尖顶建于1507—1514年。 兰斯大教堂，1211—1290年。 亚眠大教堂，1220—1288年。	法国 和 佛兰德斯

续表

纪念性建筑一览表	
库西城堡，13世纪初。 兰斯大教堂，1211—1290年。 亚眠大教堂，1220—1288年。 库西城堡，13世纪初。 艾格莫尔特，城镇建立于1246年，防御工事始建于1272年。 巴黎圣礼拜堂，建于1248年。 亚眠大教堂，1220—1288年。 伊普尔布料厅，13世纪。 卡玛萨克古堡，13世纪末或14世纪初。 鲁昂圣万，1318—1339年及之后。 亚眠大教堂，圣约翰教堂，1373—1375年。 梅亨河畔，让·德·贝里城堡，1386年。 皮埃尔丰，建于约1390年。 卡奥尔瓦雷特桥，14世纪。 布鲁塞尔市政厅，1401—1455年。 鲁汶市政厅，1448—1459年。 阿布维尔，圣沃夫兰教堂，始建于1480年。 根特市政厅，1481年。 巴黎克吕尼酒店，1490年。 坎佩尔大教堂，主要是在15世纪。 南特大教堂，主要是在15世纪。 尚贝里大教堂，主要是在15世纪。 布尔日雅克·科尔官，15世纪末。 鲁昂圣马克卢教堂，建成于1541年。 博韦大教堂火焰式耳堂，1548年。 特鲁瓦大教堂，16世纪。	法国和佛兰德斯
坎特伯雷大教堂，始建于1175年。 林肯大教堂，早期英式作品，1185—1200年。 索尔兹伯里大教堂，1220—1258年。 威尔斯大教堂，建于1239年。 林肯大教堂天使唱诗厢，1255—1280年。 约克大教堂唱诗席和西面，1261—1324年。	英国

续表

纪念性建筑一览表	
哈莱克城堡，建于约1300年。 格洛斯特大教堂，耳堂和唱诗席建于1331—1337年，回廊建于1351—1412年。 温莎城堡圣乔治礼拜堂，1481—1537年。 伦敦威斯敏斯特教堂，亨利七世礼拜堂，1500—1512年。 沃里克郡康普顿怀恩叶慈，1520年。	英国
班贝格大教堂，1185—1274年。 明斯特大教堂，1225—1261年。 马尔堡，圣伊丽莎白教堂，1235—1283年。 瑙姆堡大教堂，中殿，1249年以前，唱诗席1250—1330年。 科隆大教堂，始建于1248年，1322年成为神址，拥有许多现代作品。 斯特拉斯堡，1250—1275年，立面建于1275—1318年。 弗赖堡大教堂，中殿1260年，唱诗席1354年。 特雷夫大教堂，改造于13世纪。 苏斯特圣玛丽亚草地教堂，建立于1314年。 乌尔姆大教堂，始建于1377年，建成于16世纪。 格林德圣十字架教堂，14世纪。 慕尼黑圣母大教堂，14、15世纪。 纽伦堡圣劳伦斯教堂，始建于13世纪末，中殿1403—1445年，唱诗席1445—1472年。 格尔利茨圣彼得与保罗大教堂，1423—1497年。 诺德林根，圣乔治大教堂，1427—1505年。 慕尼黑德累斯顿圣母大教堂，1468—1488年。 哈勒圣玛丽大教堂，1535—1554年。	德国
福萨诺瓦大教堂，1187年。 卡撒玛利大教堂，1217年。 圣加尔加诺大教堂，建于约1220年。 阿西西圣弗朗西斯教堂，1228—1253年。 威尼斯乔凡尼与圣保罗教堂，始建于1234年。 博洛尼亚圣弗朗西斯教堂，1236—1240年。 锡耶纳大教堂，约1245—1284年。	意大利

续表

纪念性建筑一览表	
维泰博圣马蒂诺教堂，13世纪中叶。 佛罗伦萨巴杰罗美术馆，始建于1255年。 锡耶纳市政厅，1289—1309年。 佛罗伦萨大教堂，1296—1367年。 翁布里亚大教堂，13世纪末14世纪初。 佛罗伦萨乔托意大利钟楼，设计于1334—1336年。 威尼斯公爵宫，建立于814年，外墙重建于1340年，西侧立面建于15世纪早期。 米兰大教堂，建立于1386年，建成于16世纪。 帕维亚修道院教堂，始建于1396年，建成于文艺复兴时期。	意大利
葡萄牙阿尔科巴扎大教堂，1148—1222年。 圣克鲁兹大教堂，1157年。 塞维利亚希拉达塔，1184—1196年，改造于1568年。 布尔戈斯的拉斯维尔加斯教堂，1187—1214年。 波夫莱大教堂，12世纪下半叶。 布尔戈斯大教堂，建立于1226年。 托莱多大教堂，1236年。 巴塞罗那大教堂，1298—1420年。 莱昂大教堂，1300年。 赫罗纳大教堂，1316年。 塞维利亚大教堂，始建于1401年。 布尔戈斯大教堂尖顶，始建于1442年。	西班牙 和 葡萄牙

第十章　文艺复兴时期建筑

　　文艺复兴时期的建筑重现古典古代建筑形式的程度均大于任何其他艺术。然而，这既不是对中世纪发展的急剧中断，也不是对原创性和现代性的否定。大多数倾向于给欧洲带来新时代的力量已经在中世纪后期发挥了作用，因此这种力量并非古典学复兴的主要结果。中世纪教会和帝国的衰落、封建制度的衰落、民族和语言的兴起普遍见于14世纪和15世纪，随之而来的是更人性化和更自然的人生观。如今，越来越多的人认为但丁、乔托和雕塑家皮萨尼是中世纪有真性情的人——主要是普罗旺斯的诗人、勃艮第的画家和兰斯的雕刻师——强调了文艺复兴与中世纪的连续性。在这些人中，许多人将基督教和北方趋势与其他异教和古典趋势混杂在一起，在整个中世纪形成了一股稳定的暗流。只要改变这些趋势的相对强度，就能显现出古典潮流。到了15世纪早期，这种变化在意大利已趋向成熟，艺术和文学都受到了深刻的影响。人文主义者试图借助希腊和罗马文学重建自由和自然的生活，他们与伯鲁乃列斯基、多纳泰洛和马萨乔是同类人，不仅通过观察自然而且通过研究古罗马的作品丰富了艺术。

　　回顾、传统和原创元素　　在建筑中，出现了对罗马建筑形式词汇的模仿，部分用于翻译基本上是中世纪的思想，部分用于表达基本上是新颖的思想。中世纪的布置带有古典柱式的细部，中世纪的工艺运用和装饰的古典主题的变化是许多文艺复兴时期作品的特点，尤其是早期或远离起源地中心的作品。然而，更具特色的是在空间构成和表面建模方面的新概念，这些新概念既体现在一些最早的作品中，也体现在许多成熟的作品中。这些概念虽然同样以受古代启发的形式实现，但其本身相当现代。即使认为细部为古典形式，也不可避免地在一百个方面不同于那些赋予理想主义的形式。建筑和形式必然对应的用途在许多方面也与以前的不同。各种类型建筑的相对重要性发生了根本的变化，教堂虽然仍然非常重要，但却可以与商业巨头、牧师和贵族的豪华私人住宅相媲美。因此，尽管有回顾性和传统的元素，但在新的建筑合成中占主导地位的是新颖元素。

与中世纪建筑对比　与之前的中世纪建筑相比，文艺复兴时期的建筑不太关心结构问题，而更关心纯粹形式的问题。就像罗马建筑一样，有时将细部的形式用作古典文化的战利品雕饰，对其最初的结构功能相对漠不关心。然而，形式不仅仅是目的本身，而是对空间进行有规律细分的手段，比古代或中世纪所知的更加复杂和多样。中世纪和文艺复兴之间的进一步对比尽管经常被夸大，但最终还是在于设计师与其作品的关系。古代和现代意义上的建筑师再现了。我们现在意识到，在中世纪和文艺复兴时期，一般的设计都是由单一思想主导，且在这两个时期，都有雕刻细部，其设计是由个人雕塑家主动提出。然而，与中世纪的建筑大师不同，这种文艺复兴时期的建筑师自己并不参与实际工作，而他确实在比他的前辈更大的程度上规定了许多统一细部的形式。

中心和扩散　意大利作为新运动的中心，各种势力都在发挥作用，比那些没有丰富古代遗产的国家更早产生影响。在14和15世纪，佛罗伦萨是该半岛的智力之都，也是欧洲最大的商业势力之一。建筑领域的文艺复兴就在佛罗伦萨诞生了，直到1500年，佛罗伦萨学派都一直主导着这种风格。随着16世纪的开始，罗马教皇才完全从教皇的流放和教会的分裂中恢复过来，夺回了其保留到文艺复兴时期结束的领导权。与此同时，新的建筑形式已经应用于意大利各地，并进行了有特色的局部改造，随之开始渗透到法国、德国和西班牙。在这些国家和英格兰，新建筑形式引入仍然较晚，因为很多年后，中世纪的形式才开始转变。因此，不同国家的文艺复兴时期的建筑在时间上并不一致，而且除了意大利，后来其他国家兴起的形式有时会与真正文艺复兴时期的特征混合在一起。由于这些原因，也由于明显的民族差异，最好依次探索这几个国家。

意大利　意大利的土壤特别有利于古典建筑形式的复兴。古代建筑的遗迹随处可见，比今天更加完整。这些土壤的用途仍然像君士坦丁时代一样，不仅是石头和石灰的制造来源，而且是立柱、柱上楣构和拱门饰的来源。部分是因为这些原因，部分是因为种族继承，所以意大利从未完全停止过对古典建筑的摸索，哥特式形式只是在激进的修改下使用，使它们更接近古典精神。所有这些在佛罗伦萨尤其如此，它以自己是伊特鲁利亚和罗马的直系后裔而自豪。11世纪和12世纪的建筑——洗礼堂、圣米尼亚托——在细部上多为古典形式，因此被描述为"原初文艺复兴"。甚至在哥特式时期有一个比中世纪更古典的宽敞内部空间，半圆拱和其他装饰的古典细部及形式仍然存在。

图10-1　佛罗伦萨，大教堂东南侧视图

文艺复兴早期　当菲利波·伯鲁乃列斯基（1379—1446年）在1406年提出建造佛罗伦萨大教堂的中央八角形圆顶的建议时，并没有打破佛罗伦萨的中世纪传统，因为建造者们一直害怕尝试这样做。尽管他对罗马古代建筑的研究和绘图震惊了同时代人，但他的解决方案中除了在万神殿中观察到的大胆跨度之外，几乎都是中世纪的灵感。他的直接原型是佛罗伦萨洗礼堂的圆顶，也是八边形的，每个面上都有中间肋，拱门横跨其间。他提出了一个由两个框架组成的圆顶，八个面各有一个弓形拱，还有支撑内框架的铁锚肋。通过对圆顶设定一个陡峭曲线，构成无对中的拜占庭式拱顶。整体提升到一个有圆形窗户的高鼓形座上，上面设有一顶天窗——这些特征本身并不新鲜，但规模更大，细部也更古典（图10-1）。

图10-2 佛罗伦萨，圣洛伦佐内部

伯鲁乃列斯基的其他作品 第一个真正的文艺复兴时期纪念性建筑是伯鲁乃列斯基在穹顶建造过程中打造的另一个作品。从一开始，没有过渡或犹豫的时期，就出现了古典形式的立柱、壁柱、柱上楣构，所有这些都非常易于理解，尽管可以自由运用，就像晚期罗马建筑一样。1421年，他在孤儿院前建造了一个柱廊，圆形拱门降序排列在科林斯立柱的顶端。以罗马拱柱式的方式用壁柱包围末端开间，上层的窗户在每个开间的轴线上，有古典形式的柱顶过梁和三角形楣饰。在圣洛伦佐教堂（始建于约1425年），伯鲁乃列斯基使用了大量的古典细部（图10-2），恢复了早期基督教堂的风格。

图10-3　佛罗伦萨，帕奇礼拜堂

侧廊的墙壁和礼拜堂的洞口是按照拱柱式处理的，中殿拱门下降到与侧廊上的柱上楣构相对应的柱上楣构碎片上。侧廊上覆有半球形穹顶，交叉甬道的穹隅上有一个圆顶。圣十字大教堂的帕奇礼拜堂，像圣洛伦佐的圣器室一样（都起源于约1429年），有壁柱和柱上楣构（图10-3）。它们带有穹隅和圆顶，然而，其构成就像哥特式教堂的半圆形后殿拱顶。在礼拜堂第一次出现之前的柱廊里，列柱有一个水平的柱上楣构。伯鲁乃列斯基的另一个设计——安杰利圣母教堂（1434年）是第一个遵循中心垂直轴构图模式的现代建筑，常见于罗马晚期和中世纪早期（图10-19）。其在不同形式的内部空间组合中启动了一系列实验，不受实际或礼拜式限制。

图10-4 佛罗伦萨，美第奇-里卡迪宫　　图10-5 佛罗伦萨，鲁切拉官邸

宫殿设计　　伯鲁乃列斯基的宫殿设计，除了严格平衡和窗户的垂直对齐外，相对不太古典。他的碧提宫有一系列巨大的粗面石堆砌拱门，让人想起罗马水道桥。当时典型的宫殿是米开罗佐于1444年建造的美第奇官邸（现在的里卡迪宫）（图10-4）。其不间断的粗面石堆砌墙壁，成对的拱形窗户紧靠在细长柱上，是中世纪衍生的特征，而强调细长柱和檐口的水平分割和细部是受古代的启发。

阿尔伯蒂　　长期流亡的佛罗伦萨人文主义天才莱昂·巴蒂斯塔·阿尔伯蒂（1404—1472年）引入了一种更为严格的古典倾向。在对里米尼的圣弗朗西斯教堂（1447年）采用的异教化中，他在侧面采用了大量古典墙墩和拱门，在立面采用了罗马凯旋门的三重主题，带有附墙柱和间断柱上楣构。他还设计了一个圆顶室，作为建筑物的终端，其比例与万神殿相当，后来佛罗伦萨的圣母领报大教堂强调了这种形式（1451年）。在佛罗伦萨鲁切拉官邸（1451—1455年）的立面，他第一次模仿了罗马国家档案馆和罗马圆形剧场的重叠附墙柱（图10-5）。带联式窗的典型粗面石堆砌墙壁应用了壁柱和柱上楣构。相对于两层之间的檐口而言，仍然强调了主檐口。阿尔伯蒂复兴的另一个历史悠久的方案是与曼图亚的圣塞巴斯蒂亚诺教堂的

四臂长度相等的正十字形平面（1459年）。在始建于1472年的曼图亚圣安德尔中，他再次利用了凯旋门的主题，不仅在门廊上，而且在中殿的内墙上引入了宽阔的拱形小教堂和以壁柱为边界的狭窄开间的有规律交替形式（图10-6）。文艺复兴时期的教堂中殿第一次以古典的方式采用一个不间断的镶板装饰筒形拱顶，形成拱形。首先在近代，也是阿尔伯蒂的建筑作品，从根本上影响了理论和实践，甚至到今天也如此。

图10-6 曼图亚，圣安德尔内部

其他佛罗伦萨学派 佛罗伦萨的伯鲁乃列斯基和阿尔伯蒂的追随者波拉尤奥洛（即克罗纳卡）、圣加仑的朱利亚诺和他的兄弟安东尼奥，以及其他许多人熟练地运用了新的古典形式，但没有贡献许多新元素。他们经常用已经创造出来的元素进行新的组合。因此，在佛罗伦萨圣灵教堂的八角圣器室中，经过圣加仑的朱利亚诺和克罗纳卡（1489—1496年）的设计，一个中央平衡型的建筑中通过壁龛和压凹的交替引入了一个有规律的组合。朱利亚诺建造了第一座纪念性的乡村别墅——波吉奥·阿·卡亚诺别墅（1485年），带有一个巨大的筒形拱形大厅，这在当时的住宅建筑中是一个新颖的特征。在外部，通过一个仿古典庙宇正面的三角形楣饰柱廊来表达，尽管没有突出到墙的平面之前。在克罗纳卡在佛罗伦萨建造的亡者灯塔教堂（1487年），有规律的组合趋势导致了侧天窗框架的三角形和扇形三角形楣饰的交替。

图10-7　帕维亚附近的切尔托萨立面

其他学派　在托斯卡纳区以外，除了佛罗伦萨学派的孤立作品，新形式只是在经过一段时间后才逐渐被采用，然后往往是因为其更肤浅的装饰品质而被采用。在意大利北部，突出的特点是规模小、可自由修改柱式的形式和比例、丰富的雕刻装饰。在伦巴第，第一次发现了佛罗伦萨的细部被广泛应用，这些在整个15世纪的大部分时间里，仍然只是中世纪特性的体现。在帕维亚的切尔托萨教堂的立面（可能开始出现于1493年），细部是无与伦比的奢华和多样性，盖过了建筑的轮廓（图10-7）。约1490年，开始了一场由多纳托·布拉曼特领导的变革（1444—1514年）。他在伯鲁乃列斯基和阿尔伯蒂作品的启发下走上了发展主流。在米兰圣萨蒂罗附近的圣玛丽亚圣器室和其他教堂里，他对围绕中轴线的建筑问题做出了重要贡献。在阿比亚泰格拉索，他在教堂前面加了一个巨大的拱形门廊，让人想起一个古老的开敞式有座谈话间。拱形门廊被支撑在壁柱上，第一次成对地连接或组合在一起。

威尼斯　威尼斯在1470年之前几乎没有采用新的形式，当时一个叫作隆巴尔迪的建筑师家族开始在那里工作。他们的工作一般是将当地拜占庭和哥特式的主题转换成伪古典形式，用丰富的大理石镶嵌物来构建。文特拉米尼府邸（1481年）也许是这种形式的最佳代表性建筑（图10-8）。就像在鲁切拉官邸一样，立面装饰有叠柱式，但是附墙柱式紧挨较低楼层的基座，这是更接近古代实例的元素。另一方面，窗花格将拱门细分，尽管拱门细部为古典形式，但其本质上是中世纪形式。通常与威尼斯的情况一样，保持宽度的三倍细分导致了复杂的有规律支撑分组。

图10-8　威尼斯，文特拉米尼府邸

在人文主义者尼古拉斯五世（1447—1455年）担任教皇期间，罗马首次经历了艺术复兴。他开始重建梵蒂冈，并提议用一座新的宏伟建筑来取代摇摇欲坠的圣彼

图10-9　罗马，圣马可教堂凉廊

得大教堂。随后的纪念性建筑，如威尼斯宫和圣马可教堂前庭（图10-9），虽然保留了中世纪的元素，但也包括了最具体的仿古复制品。这些建筑在其比例以及每一个附墙柱的柱上楣构和基座方面成功地模仿了罗马的建筑。随后是坎塞勒里亚宫殿（1486—1495年），其中的鲁切拉官邸体系具有较轻的浮雕，引入了新奇的元素。壁柱之间的宽和窄空间的连续交替——阿尔伯蒂在室内使用的"有规律的开间"——应用于立面上，末端略突出的部分即"末端楼阁"第一次出现。

"文艺复兴盛期"布拉曼特　　文艺复兴

的第二个成熟时期，有时被称为"文艺复兴盛期"，始于罗马教皇尤利乌斯二世
（1503—1513年）和利奥十世（1513—1521年）时期。该时期奢华的宫廷和伟大的
事业吸引了全意大利最优秀的人才来到这座城市，包括布拉曼特、拉斐尔、达·芬
奇和米开朗琪罗。布拉曼特是创立新罗马建筑学派的精神领袖，正如伯鲁乃列斯基
是佛罗伦萨学派的精神领袖一样。在罗马的第一个经证实的设计——圣彼得殉难处
神殿中，布拉曼特采用了带有列柱廊的罗马圆形神庙方案，在古典热情方面胜过
了他所有原先的作品（图10-10）。这座位于蒙托里奥圣彼得教堂所谓的"坦比哀
多"，顶上覆盖着一个高鼓形座圆顶，周围是一个圆形的带柱廊的庭院。

图10-10　罗马，圣彼得蒙托里奥的"坦比哀多"

图10-11　罗马，圣彼得大教堂内部

布拉曼特后期作品　布拉曼特很快接受了朱利叶斯很早就提出的两个最雄心勃勃的方案——梵蒂冈的扩建和圣彼得大教堂的重建。为了将梵蒂冈和绘画馆联合起来，他设计了一个几乎有1000英尺长的庭院，周围是有节奏的凯旋门主题的重叠楼座，最后是一个类似古罗马浴场的巨大半圆形壁龛。庭院内地面的上升采用了一种新的处理方式，即高梯级式挡土墙和栏杆台阶。对于新圣彼得教堂，布拉曼特考虑的不是满足传统的礼拜仪式要求，而是为上帝、创始人和教堂的荣耀建造一座纪念性建筑。为此，他选择了最喜欢的集中式组成建筑形式，进行夸张和精心装饰。用他自己的比喻来说，就是提议将万神殿建在马克森提乌斯大教堂的拱顶之上（图10-11）。他对建筑的研究涉及大量当前问题的新解决方案，是整个年轻一代建筑师的学派。晚年，他还对教皇宫廷的计划建筑中的宫殿设计提出了新的建议，即在地面层铺设巨大的粗面石堆砌块体。

拉斐尔和佩鲁济　布拉曼特的主要追随者虽然受到了强烈的影响，但同样对总体发展做出了新的贡献。拉斐尔、布拉曼特的侄子和门生（1483—1520年）在人民圣母教堂的小基吉礼拜堂里加入了布拉曼特对圣彼得大教堂的一些想法。他自己的宫殿（图10-12）在布拉曼特的帮助下完成，地面层作为一个沉重的粗面石堆砌地下室，连接在一起的附墙柱子强调主要的楼层（一楼主厅）。

图10-12　罗马，拉斐尔的宫殿

　　1514年，布拉曼特死后，拉斐尔在建筑领域占据主导地位。在修复梵蒂冈圣达玛索庭院的凉廊时，他重现了罗马内部的粉饰灰泥装饰，直至最近才被发现。因此出现了优美的叶子、数字以及他的学生在玛达玛庄园（图10-13）和其他地方模仿的小圆形浮雕。戴尔阿奎拉宫的立面上应用了类似的装饰，其中也有壁龛和带三角形楣饰的圣龛的丰富交替形式（图10-14）。在拉斐尔为佛罗伦萨潘道菲尼府邸设计的作品中，仅限于地下室门面的大型附墙柱完全消失了。其圣龛靠着一面带角形楔块的粉饰灰泥墙，这是后来许多罗马宫殿的模型。玛达玛庄园始于拉斐尔的设计，尚未完成，第一次在房子和庭院之间建立了亲密的建筑联系。这不仅通过复杂的轴向关系来实现，还通过露台、楼梯和壁龛（让人想起蒂沃利哈德良别墅）来实现。佩鲁济比年轻的拉斐尔多活了16年，他继续朝着在平面和立面上更加自由的方向发展。法内仙纳庄园似乎是他的设计，有着像坎塞勒里亚宫殿一样的末端楼阁，但是有两个开

图10-13　罗马，玛达玛庄园的凉廊内部

间围绕形成了一个U形庭院。他为罗马的马西米宫（1529年）设计了两座宫殿，在一个不规则的场地上展示了一个改编了古典元素的非凡设施（图10-15）。其中一个立面是弯曲的，以遵循街道的线条，窗框中的众多支柱开始缓解早期建筑形式严格的几何线条。米开朗琪罗身上体现了所有这些倾向的最强烈表达，无疑在很大程度上取决于他最早的建筑设计，这些设计体现在佛罗伦萨的圣洛伦佐立面（1514年）和美蒂奇礼拜堂（1521—1529年，图10-16）。然而，这些建筑和他的其他建筑共同形成了巴洛克风格下一个阶段的出发点，因此必须在后面讨论。

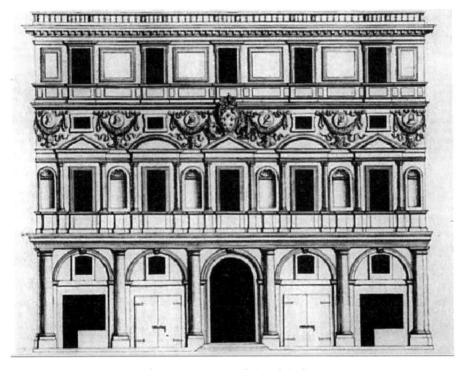

图10-14　罗马，戴尔阿奎拉宫

其他学派　意大利其他地区文艺复兴盛期的建筑师从罗马获得灵感，就像文艺复兴早期的建筑师从佛罗伦萨获得灵感一样。古典形式的语法现在随处可见，因此地方差异不太明显，但特色学派仍然存在。其中最著名的是威尼西亚，由布拉曼特的另外两个门徒桑米凯利（1484—1559年）和桑索维诺（1486—1570年）领导。

这些人在布拉曼特和拉斐尔的作品中更有力地运用了柱式。因此，在桑米凯利的维罗纳庞培宫殿（1530年）和桑索维诺的威尼斯大柯内尔宫殿（1530年），有拉斐尔设计的宫殿的影子。桑米凯利通过他著名的维罗纳城门（1533年及其后）开创了一系列更加凹凸不平的设计，带有箍形柱，体现了军事力量。在威尼斯的格里马尼宫（图10-17），他重新研究了早期的文特拉米尼府邸的设计，消除了中世纪的遗留痕迹，将真正的古典精神赋予了所有形式。桑索维诺将罗马国家档案馆作为他的圣马可图书馆模型（图10-18），其两层楼呈现了开放式拱廊的效果。使用附属的附墙柱来支撑上层，以及丰富的装饰性雕塑，二者是文艺复兴时期这种极端而又有特色的产物的特征。

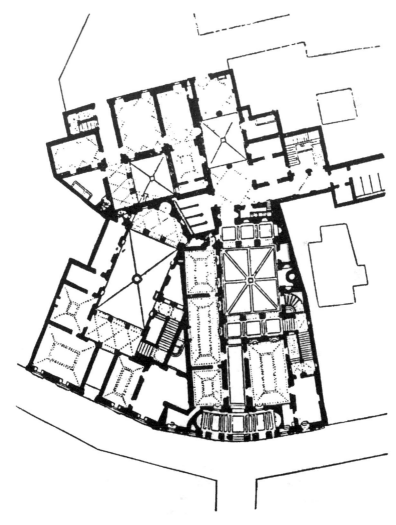

图10-15 罗马，马西米宫平面图

图10-16　佛罗伦萨，圣洛伦佐的美蒂奇礼拜堂

建筑类型　　在风格问题上的总体趋势中，存在一些单一类型建筑的个别发展，这提供了进一步的要点。

图10-17　威尼斯，格里马尼宫

　　这里的教堂分为两组，一组围绕纵轴组成，另一组围绕中轴线组成。正是前者代表了中世纪传统的延续，因此并不那么新颖。伯鲁乃列斯基对它的贡献是复兴了君士坦丁时代的巴西利卡方案，在中殿增加了平顶，在侧廊上增加了半球形穹顶。虽然在圣洛伦佐（1425年）第一个大教堂的T形平面采用了这种形式，但在圣灵教堂（1435年）采用了中世纪的完整拉丁十字架，被托臂和侧廊的方形末端完全围绕。当时认为这是最古典的带筒形拱顶的中殿拱形结构，只有在稳定侧廊的情况下才有可能采用这种方式。在这种情况下，中殿墙和更丰富的空间效果通过侧面的小教堂来呈现。伯鲁乃列斯基于1463年完成的菲耶索莱的巴迪亚教堂就是这样，那里的小教堂都大致相同，阿尔伯蒂在曼图亚设计的圣安德尔教堂也是如此，开创了有规律的墙墩体系。在威尼斯的圣萨尔瓦多（1506年），这种有规律的方案应用于一个有三侧廊的教堂，采用了圣马可的拱顶结构方案。在这些教堂里，已经出现了后来长中殿教堂的典型倾向。这种风格倾向于交叉甬道、唱诗席和等臂的中央型建筑耳堂的发展。

图10-18　威尼斯，圣马可图书馆

巴西利卡立面　巴西利卡教堂的立面也存在一个问题。那些最早的建筑师仍然留在简陋的砖瓦房里，急切地等待着完工。阿尔伯蒂是建立一般类型（柱式或叠柱式，间隔于门和窗之间）的建筑师。通常有一个三角形楣饰，侧廊屋顶对面经常有巨大的螺旋，将侧廊和侧天窗连接起来。在某些情况下，拱廊前面有不可避免的罗马拱柱式。

中央型教堂　由中轴线组成的教堂也许是意大利文艺复兴时期最具特色的问题（图10-19）。这些解决方案要么基于带有八边形圆顶或回廊拱顶的中央八角形，要么基于带有穹隅圆顶的方形中央空间。在第一个实例中——伯鲁乃列斯基的安杰利圣母教堂（1434年），八个附属空间同等重要。它们本身就有壁龛形式的小元素，由不重要的门连接起来。希腊式十字架型教堂的附属空间协调与之类似，从阿尔伯蒂的圣塞巴斯蒂亚诺教堂（1459年）开始，圣加洛长老在教堂中找到它们的终极表达。然而，从圣加洛和布拉曼特的圣器收藏室开始，在附属空间中通常有一个交替，这往往变得更加复杂，但通常除了通过中心空间之外，彼此之间没有联系。一个介于方形和八角形方案之间的中间体是由布拉曼特在圣彼得大教堂交叉甬道侧廊截断穹隅下方的拐角而创造。在对达·芬奇手稿的研究中可预见到他在某种程度上的进一步创新，他在这些建筑中试图系统地研究穹顶和附属空间的所有可能的组合。在这里，达·芬奇发展到了第二等级的集中式组成建筑，即发展到了附属空间本身由围绕中心轴的次要特征组成的群体。这是布拉曼特在圣彼得大教堂创作的一种更为精巧的作品。在一个巨大的希腊式十字架的四个臂之间，他放置了四个较小的希腊式十字架，通向较大的十字架臂，并且它们自己有一个较小的壁龛区域。虽然偶然呈现一个关于中心空间的流通方式，但它不是在一个协调的开间侧廊，而是涉及大十字架的臂定期出现。因此，空间效果的多样性大大增加，而教堂的每个部分都保留着强烈的个体统一性。

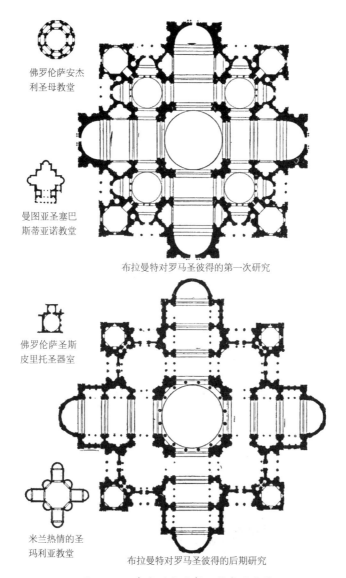

佛罗伦萨安杰
利圣母教堂

曼图亚圣塞巴
斯蒂亚诺教堂

布拉曼特对罗马圣彼得的第一次研究

佛罗伦萨圣斯
皮里托圣器室

米兰热情的圣
玛利亚教堂

布拉曼特对罗马圣彼得的后期研究

图10-19　中央型文艺复兴教堂的发展

　　宫殿　文艺复兴时期住宅建筑的典型问题是富商、专制君主或教会高官的城镇宫殿。这样的建筑必须以几层楼的形式矗立于一个有限的地点，由一条或多条街道围成，通常由共用隔墙分隔，并且必须为城市的动荡派系提供安全保障。像它的中世纪城镇的前身一样，它不得不因此开放一个庭院，并在外面封闭。在典型的平面中，庭院呈长方形，有拱廊环绕，至少在地面层的房间之间有一个隐蔽的通道。

总的来说，尽管在这个时期结束时有一种趋势是引入一个主要的大厅或楼座，但这些房间在大小和重要性上都不会大大超过其他房间。即使是这样，立面内部也没有分隔，而是保留了统一的轴线间距。小安东尼奥·达·桑加罗（约1520—1580年）在罗马最大的宫殿——法尔内塞宫中总结出所有这些特质。它没有体现任何激进的创新，但在扩散类型方面有广泛的影响（图10-20、图10-21）。其四周都可通往各处，每个面的中央都有通往庭院的通道，主要的一面有一个带柱廊的筒形拱顶。广场本身有罗马圆形大剧场的三层结构——多立克、爱奥尼和科林斯式，两个较低的有拱柱式，一个较高的有壁柱和有三角形楣饰的窗户。立面采用了拉斐尔的潘道非尼宫殿的方案，但增加了一层，并非强调中轴线。在布拉曼特时代的罗马宫殿里，次要的楼层立面开始得到认可。仆人们住的最上面一层的下方，其上柱式的柱上楣构下有小窗户，就像坎塞勒里亚宫殿的设置，或在主檐口的檐壁上，如在法尔内西纳的建筑。在只有某些大房间才需要全高的楼层中，习惯上把小房间的高度减半，在上面固定一个半层或夹层。这种最初出现在拉斐尔宫殿中的夹层窗，在很大程度上是附带的，趋向于获得越来越大的独立性。在威尼斯，正如我们已经看到的，继承的宫殿类型是普遍存在于其他地方的规则例外。没有纪念性的庭院，只有在前面的中心有一个大的主房间延伸到建筑的深处。两侧是小套间，三重划分的特点表现在立面。

图10-20　罗马，法尔内塞宫

别墅　　即使在文艺复兴的早期，国家日益增强的安全也允许在城墙外建造庄园。其中最早的米开罗佐的卡法吉奥罗庄园位于佛罗伦萨附近，在平面上仍然有些不规则，但有突出的凉廊，这暗示着房子和花园的结合在后来的发展。然而，这种突出部分相对较少。房子倾向于保持一个整体，就像在卡亚诺一样，花园的布局没有太多参考建筑的轴线。像玛达玛庄园这样的建筑方案，仅在这一时期结束时倾向于突显花园的布局，这种方式在后来也体现在巴洛克式庄园中。

公共建筑　　一些更重要的类型是市政厅和公立医院。像伯鲁乃列斯基的孤儿院一样，外部开放式凉廊象征着这种建筑对公众开放。佛罗伦萨以外的一个文艺复兴早期实例是维罗纳的市政会凉廊，被认为是弗拉乔康多（1476年）所建。该凉廊的小柱上具有依次递降的拱门，且其上层结构的丰富细部具有典型的北意大利风格特征。在科穆纳莱宫里，以更古典的形式呈现了一个类似的方案，拱柱式下面有突出的半柱，第二层是壁柱和像窗框一样的圣龛。该系列确实包括了威尼斯的图书馆（图10-18），其上层也是拱廊式。最后一个解决方案是，在位于维琴察的帕拉迪奥的"巴西利卡"（图11-3）中，两层的开放式凉廊完全围绕着建筑，这标志着下一个时期（1549年）的开端。

城镇规划　　文艺复兴时期的城镇规划在很大程度上仅限于对现有城镇的街道进行平整和矫直，扫除了妨碍教堂和公共建筑周围的隔间和小型建筑。在重要的新建筑前开放的广场，可以让人们欣赏它们的对称性，这是人们在早期所希望的，但只在少数情况下实现。广场在柱廊环绕的情况下保持独特性，不像希腊和罗马时代晚期那样连续。建筑物本身形成了整体，而不是广场。在极少数情况下，新城镇或地区的布局形式以规则和对称为主。皮恩扎的公民组织（1460—1463年）是执行方案中最著名的。在这里，主教宫和皮科洛米尼宫分列于大教堂广场的两侧，而大教堂广场的两侧又向观众位置汇聚，就像一些最著名的巴洛克广场一样。

个别形式　　文艺复兴时期的建筑形式（图10-22、图10-23）虽然受到罗马建筑的启发，但罗马形式本身仅仅是对希腊形式的模仿，而不是字面上的模仿。有的是由于中世纪的遗迹，有的是由于对古代知识的不足，还有的甚至是由于对古代的批评，所以文艺复兴时期的建筑师修改了古典形式，毫无疑问，直接原因在于这些建筑师。当然，在更简单的建筑中，有时几乎没有一个细部会暴露出罗马的时代。

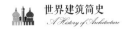

碧提宫的立面似乎仅仅是由材料和功能所决定。在后来和更丰富的建筑中，总是有一些细微差别，甚至除了新的组合之外，在这些组合中可以看到文艺复兴的原创性。

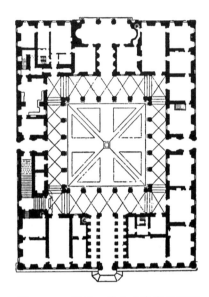

图10-21　罗马，法尔内塞宫平面图

墙体　　在文艺复兴早期和盛期，连续墙进行了许多有特色的处理。在早期阶段，通常的方法是粗面砌筑，这是一种中世纪做法的艺术修改，即让石头保留粗面，只修整接缝。在碧提宫，连续几层的石头突出结构有一个层次，在极端情况下，较低的石头突出结构超过两英尺。在美第奇官邸（里卡迪宫）有一个更明显的层次，下层是粗糙砌块，中间层是矩形槽，像一些罗马的实例，上层是光细琢石（图10-4），这是一种很大程度上模仿晚期佛罗伦萨结构的体系。上述建筑有不规则的高度和不同长度的石头。直到约1500年，在坎塞勒里亚宫殿和当时的其他建筑中才采用了完全统一的接合体系。与此同时，另一种外墙处理体系也在发展，主要表面粉刷了灰泥，但灰泥从一开始就是用于室内。在这种粉刷过的表面的衬托下，洞口周围的砌石形成了鲜明的对比，后来，在建筑物的角上出现了一层层粗面石堆砌的砖块或隅石。在潘道菲尼宫和法尔内塞宫，楔块由不同的长度组成，与墙壁接合。在拉斐尔及其学派的晚期作品中，灰泥本身就塑造成花饰彩装饰物和圆形浮雕，但仍然附属于窗户框架。

线脚 就像在罗马建筑中一样，墙的底部和顶部以及较小的分隔部分，都用水平线脚来标记。科林斯线条上的带有底层线脚、冠状线脚和反曲线线脚的檐口取代了中世纪的堞口式和城垛式檐口（图10-23）。楼层间有束带层，同样由古典元素组成。随着时间的推移，越来越接近柱式的全部构件。因此，美第奇官邸只有一个檐口，而斯特罗齐宫（1489—1507年）也有一个饰带，许多后来的建筑，即使没有柱子或壁柱，也有一个古典类型的完整柱上楣构。以同样的方式，在拱柱式、圣龛窗户和其他地方，使用了一个有自己的顶线脚和底线脚的基座，就像罗马圆形大剧场的上层一样。单个线脚的轮廓增加了线条的精致性和对古代原理的真实性，直到拉斐尔和佩鲁济的作品中有一种暗示希腊模型的细化。

1.佛罗伦萨美第奇官邸（里卡迪宫）的檐口；2.佛罗伦萨斯特罗齐宫的檐口；3.德拉·罗比亚设计的彩陶圆形浮雕；4.锡耶纳马尼菲科宫殿的旗杆托架；5、6.斯波莱托大教堂门廊上的柱头；7.佛罗伦萨斯特罗齐宫的灯笼；8.佛罗伦萨巴迪亚一座坟墓中的柱头和柱上楣构；9.佛罗伦萨斯特罗齐宫的窗户；10.佛罗伦萨碧提宫的檐口

图10-22 文艺复兴早期细部

洞口　最初的洞口主要是拱形。中世纪的传统在保留一圈深拱石、墙体轮廓凹陷以及带有窗花格状拱门的中央细长柱的存留方面具有强大的影响力（图10-22）。然而，在灰泥墙和内部，突出的古典柱顶过梁很早就出现了，没有细分的矩形和圆顶窗户也出现了。一种更复杂的处理方式是用一个柱式（通常是带有三角形楣饰的柱式）来包围洞口，这种方式最终会变成常规使用。中世纪的佛罗伦萨洗礼堂中重现了这种形式，伯鲁乃列斯基便是将其用在了圣洛伦佐圣器室的门上。对于其在窗户或壁龛上的使用，万神殿内部的圣龛及其共同的基座呈现了在潘道菲尼宫和其他同类建筑体现的模型（图10-23）。拉斐尔最开始使用了柱顶过梁上耳状物，米开朗琪罗和佩鲁济开始使用了支撑门窗檐口的托架。

柱式　文艺复兴时期的人区分了五种柱式，阐述了维特鲁威关于伊特鲁里亚人或"托斯卡纳人"和复合柱式的模糊建议。文艺复兴早期最受欢迎的柱式是科林斯柱式。这种柱式中较小的柱头虽然比中世纪的更古典，但与古代的实例相比，仍然有很大的改进。尤其常见的是只有一排叶子的柱头，通常有海豚或其他奇特的涡形花样替代装饰。在一系列这样的柱头中，每一个都是单独设计的，就像中世纪的作品一样（图10-22）。随着阿尔伯蒂的出现，尽管并不总是遵循多立克式、爱奥尼亚式和科林斯式的严格顺序，但由于其他柱式在圆形剧场中采用重叠式，因此越来越多的建筑使用这些柱式。从布拉曼特时代起，多立克柱式最受建筑师的欢迎，所有柱式的形式变得更加严格古典。还有一种趋势是增加柱式的尺寸，一个柱式的高度包含不止一个楼层。在教堂内部，使用一个单一的柱式到达拱顶的起拱点是中世纪带有拱柱身的教堂的遗产。在布拉曼特对圣彼得大教堂的研究中，当他引入从属的叠柱式时，这种柱式就一直存在，而且也出现在外部。在民用建筑中，也采用了单一的包容性柱式，尽管在文艺复兴时期只有一个夹层与主体楼层相结合。这些"巨大"柱式的另一个极端是使用微型柱来支撑护墙的顶部（图10-22）。然而，在卡亚诺别墅和后来的建筑中，这些细长柱被称为栏杆的花瓶状形式所取代（图10-23），这是文艺复兴时期的创作，此后一直保持着它们的重要性。

1.罗马法尔内塞宫的檐口；2.佛罗伦萨潘道菲尼宫的窗户；3.威尼斯圣马可图书馆一角

图10-23　"文艺复兴盛期"细部

拱门、过梁和柱子　　除了在没有拱顶或拱立墙的凉廊上，文艺复兴时期的建筑师很少使用自由水平过梁。起初，他们喜欢将弓形拱从一根柱子连到另一根柱子上，后来又用壁柱或附墙柱将弓形拱框起来。在这方面，他们颠倒了罗马建筑的发展顺序。然而，在这一时期的最后几年里，对丰富度的渴望导致他们用一个柱上楣构来代替拱柱式中的拱墩，并在它下面放置了一根小柱子。从而设计出了所谓的"帕拉第奥母题"，一个中央拱门坐落在横向方顶开间的柱上楣构上，该母题首先出现在帕奇礼拜堂，并在维琴察的帕拉第奥大教堂中实现了它的最终用途（图

11-3）。

壁构件　在使用柱状形式来建造墙的过程中，发展的趋势与罗马建筑的发展方向相同。然而，从阿尔伯蒂开始，壁柱和柱上楣构的细分较为常见，1500年后，除了窗户框架外，没有其他的柱式，墙面也恢复了原状。在布拉曼特宫殿中，地面层忽略了柱式，再次重现的只是裸露的粗面石工；在潘道菲尼和后来的许多宫殿里，这种效果完全依赖于华盖装饰，就像在罗马晚期的舞台背景中一样。当然，在文艺复兴盛期的宫殿中，经常用附墙柱代替壁柱，但是后来使用的柱子完全不在墙上，因此明显暴露了宫殿的装饰特征。桑索维诺在《威尼斯的桑索维诺前廊》（1540年）中以一种戏谑的方式重复了一遍图密善（君士坦丁）拱门的设计。

比例　随着古典形式的复兴，出现了古典比例的复兴，以及更多的古典比例体系。阿尔伯蒂和其他人反复灌输使用积分比和维特鲁威的模块化系统来确定柱式的构件。无论哪个时期的建筑师们在实际操作中如何随意偏离这样的数学比例，毫无疑问，他们十分注重块体和洞口设计中的几何相似性。在许多作品中产生了音乐形式的和谐，就像伯里克利时代的建筑一样。

装饰　无论是雕塑还是色彩，在整个中世纪都是意大利风格，在其中体现的对装饰的热爱，在文艺复兴时期得以延续。古典模型在这里比更大形式的建筑更容易让人接受。花环、玫瑰花结、阿拉伯式花纹、枝状大烛台和莨苕叶形装饰都是用知识和自由雕刻而成的，这表明它们已经成为文艺复兴时期艺术家的真正财产（图10-22）。尽管早期的佛罗伦萨建筑师具有作为雕塑家和装饰家的能力，但他们将雕刻的细部严格匹配建筑形式。在伦巴第这种情况不太常见，甚至壁柱本身也镶嵌着阿拉伯式花纹。在罗马，布拉曼特时代，抽象的建筑形式倾向于完全取代花卉装饰。布拉曼特的坦比哀多外部没有一片树叶。另一方面，在拉斐尔和米开朗琪罗的领导下，立面上重新展现出装饰特征（图10-14），而且在玛达玛庄园和梵蒂冈的凉廊上，这些装饰特征可能达到了最高发展水平（图10-13）。

空间形式　立面研究中出现的对比例的同样关注表现在内部空间形式的确定上。除了教堂，长方形几乎是唯一使用的形状。对于房间的长度和高度与宽度的关系，建议采用简单的积分比。一般来说，每个元素形成一个完全独立的单元，与其他元素在空间上没有任何联系。可能设有连接通道的楼梯，要么基于中世纪的螺旋楼梯，要么位于墙壁间狭窄的封闭通道。

拱顶 在积累了中世纪的丰富经验后，拱形结构的技术难题仍困扰着文艺复兴时期的少数人。他们可以自由选择那些最符合他们对空间构成感受的形式，无论是古典还是中世纪形式。最受欢迎的是穹顶。除了阿尔伯蒂试图模仿罗马的实例之外，穹顶通常用在一个正方形平面上——或者作为一系列支撑在交叉拱门上的半球形穹顶中的一个，或者作为一个位于平面中心点穹隅的穹顶。从布拉曼特对圣彼得大教堂的研究开始，他对穹隅上穹顶问题的解决方案——通过穹隅下方的短斜面扩大中心空间——就被广泛采用了。筒形拱顶经常出现在交叉平面的支臂和其他地方，同样很少具有不间断的连续性，但在中世纪流行后，在每个开间处与交叉拱门相结合。拱形结构表面的穿透可能会直接照亮拱顶，这种情况和罗马建筑一样罕见。交叉拱顶也不太受欢迎，几乎只出现在庭院的内部拱廊，此处必须有一个集中的推力，以使在每个开间处可能会接触到铁条。另一方面，回廊拱顶（一个正方形或八边形的穹顶）以及半圆形后殿（可能是半圆或半八边形）受到广泛使用。玛达玛庄园（图10-13）的凉廊丰富地结合了拱顶形式和与之完美匹配的支撑构件，其中还出现了一种典型的阿拉伯式灰泥装饰。

穹顶的外部处理 唯一一个高于屋顶的拱顶是中央穹顶，通常位于穹隅上，这个拱顶因高于屋顶而需要在外部体现。在佛罗伦萨大教堂，这已经在某种程度上高于外部，成了那个时期所有大圆顶的标志。在像帕奇礼拜堂这样的小型建筑中，圆顶可能仍然直接从穹隅中拱出，并围合在锥形顶中，但在更重要的实例中，不断地引入鼓形座，照亮了下面的空间，并将圆顶提升到突出位置。圆顶的曲线显示在外部。布拉曼特在他的坦比哀多中用类壁柱嵌板来处理这个鼓形座，嵌板交替地围合窗户和壁龛。对于圣彼得大教堂，他在鼓形座的周围设置了一个完整的外部列柱廊。柱廊上升到曲线的中心之上，并被一个基座和台阶所覆盖，圆顶因此有了万神殿和其他罗马样式的碟状效果。然而，仍然没有人模仿这种形式，因为趋势是增加曲线的陡度和鼓形座的高度。因此，圣加洛为圣彼得大教堂的圆顶所做的模型的底部被两层后退的罗马拱柱所环绕，并以一块巨大的天窗为顶，使整个建筑几乎呈圆锥形。

屋顶 意大利建筑的屋顶以栏杆为边界，要么是低斜度，要么是相当平坦，

在单个建筑的构成中相对来说并不重要。但在城镇和景观的总体效果中，红色瓷砖与盛行的白色墙壁形成了鲜明的对比。

文艺复兴形式的一般特征　通过文艺复兴时期的空间形式，聚集，这种细部形式体现了一致的特征，这种特征可表达为每个元素的内在统一并给观察者留下不变印象。每一个空间元素通过边界拱门的隔离、对以自我为中心的圆顶式和集中式组成建筑的偏好、每一层和每一个开间的独立性、洞口和山墙的不间断包围、缺乏突出块（可能使建筑与其周围环境之间有一个过渡，并使其效果随着视点的变化而变化）——所有这些都是对形式的明确感觉的表现，并将意大利文艺复兴时期与前后时期区分开来。

法国　意大利以外最早受到文艺复兴影响最深的国家是法国。人口中的拉丁因素在这里占主导地位，拉丁文化重新融入这里，迅速形成一个新的文化环境。中央集权给了罗马以外其他地方无与伦比的事业机会，也给了意大利一流艺术家们一展风采的机会。同时，中央集权决定了主要建筑类型的特征——国王的城堡或贵族宫殿。

发展（1495—1515年）　法国国王对意大利领土的索取导致了查理八世、路易十二、弗朗西斯一世时期一系列入侵，但这让他们发现了意大利艺术的辉煌和奢华，并导致了文艺复兴形式在法国的成功建立。这是一个渐进的过程，从1495年查理八世回归开始，占领历时20年。在此期间，建筑的主要特征仍然是哥特式，但文艺复兴形式与哥特式形式融合的比例越来越大。这种融合的早期建筑实例是路易十二建造的布卢瓦城堡侧翼（1503年，图10-24）。除了椭圆形的拱门和装饰墙墩的精致阿拉伯式花纹嵌板之外，古典的影响在这里显得微不足道。在盖隆城堡，壁柱和柱上楣构模仿拱柱式和其他古典特征。

文艺复兴早期（1515—1545年）　弗朗西斯一世时期。弗朗西斯一世统治时期（1515—1547年）恰逢文艺复兴早期，在此期间，尽管建筑的结构和布局仍然基本显示为哥特式，但又在外观上完全体现出伪古典形式。不规则的平面、圆形塔楼和带有屋顶窗的高而陡的屋顶依然存在，但这些楼层是通过精致的壁柱和柱上楣构的叠柱式处理而成，主檐口强调了意大利元素的结合。活动中心仍然在卢瓦尔河谷的皇家住宅区。这种风格的最早阶段体现在弗朗西斯一世时期的布卢瓦城堡侧翼（1515—1519年）上，在古典化装舞会上有宏伟的螺旋楼梯（图10-24）。在

1526—1544年建造的香波城堡里，细部相似，但平面第一次严格对称。在埃库昂城堡（1531—1540年），同样对称的方形塔或侧楼取代了圆形塔，巴黎附近的马德里城堡因其优雅的外部拱廊像佛罗伦萨庭院拱廊一样依靠柱子而呈现出真正的意大利气息。由于弗朗西斯征服了米兰，以及他资助北意大利艺术家，伦巴第的影响在细部上占主导地位。卢瓦尔河城堡的嵌板壁柱和华丽的装饰物是圣萨蒂罗和切尔托萨壁柱和装饰物的衍生物（图10-7）。

图10-24　布卢瓦，城堡庭院，展示了路易十二世（后侧）和弗朗西斯一世（左侧）时期的建筑侧翼

文艺复兴盛期（1545—1570年）　在弗朗西斯时期的最后几年和随后的亨利二世统治时期，由于风格的同化和罗马布拉曼特学派的影响，建筑形式发生了变化。将建筑形式带到法国的意大利大师——塞利奥（佩鲁济的学生）、普里马蒂乔（拉斐尔门徒的学生）表现了这一传统形式。同样，法国人第一次承担了现代意义上建筑师的角色。让·古戎、皮埃尔·雷斯科、菲利贝尔·德洛尔姆、雅克·安图埃·杜塞索和让·比朗不仅仅是建筑大师，其中大部分人都在意大利，研究过罗马大师的设计，这些人中有的在高等法院任职。他们的建筑显示了对古典形式语法的掌握，以及自由使用古典形式语法来获得新效果的能力，这些新效果具有鲜明的民族特色。这些建筑既有部分取决于不同的气候条件，有些需要构建较低的房间、较

大的窗户和高耸的烟囱，有些部分取决于传统，传统形式仍然保留了高屋顶的突出楼阁。

首个设计　　最早展示文艺复兴盛期特征的作品是巴黎的市政厅，始于1531年科尔托纳的多梅尼科（称为博卡多尔）的一个模型。该作品主题是根据拉斐尔的戴尔阿奎拉宫提出的，这个宫殿下面有一个罗马拱柱，主层的窗户之间有壁龛。到1535年，法国人自己也领略到古典主义的精神，就像古戎在鲁昂为路易·德·布雷泽建造的坟墓所示那样。在昂西勒弗朗（1538—1546年），普里马蒂乔不仅在严格矩形平面、庭院的外部和有规律的开间处理的统一柱间距上都使法国城堡的格局规则化。与此同时，德洛尔姆在圣莫尔德福塞引入了桑米凯利的粗琢柱式。约1545年，在南部的布尔纳泽，邻近的古典纪念性建筑激发了对凯旋门主题的处理，在纪念意义上具有真正的古典风格。其中最具特色的是巴黎卢浮宫重建的设计，这是雷斯科和古戎的作品（图10-25）。其中含有法国和意大利传统的微妙融合。较低的楼层——有着叠柱式、基座和带三角形楣饰的窗户—让人想起布拉曼特和拉斐尔的建筑。突出主题以末端开间和中心为标志，暗示了坎塞勒里亚宫殿的主题，以及法

国塔式楼阁。侧面轮廓的精细程度堪比佩鲁济的作品。大型窗、终止于阁楼的三角形楣饰源自北方，而壁柱和附墙柱的使用强调了这是雷斯科的一个新作品。

后期发展　　与意大利当代运动并行的更先进发展是普里马蒂乔、比朗、德洛尔姆和杜塞索的后期设计。在蒙锥克城堡里，这位意大利大师第一次受雇于法国——就在米开朗琪罗设计国会大厦宫殿的同一年（1547年）——设计了从两层楼上升到主檐口的"巨柱式"。比朗在埃库昂（约1564年）和其他地方建立的纪念性山墙中也有类似的独立式柱子的使用。圆顶小教堂是由德洛尔姆在阿内（1548年）和

图10-25　巴黎，卢浮宫庭院（雷斯科和
　　　　　古戎的原始构造）

普里马蒂乔在圣但尼（1559年及以后）建造——最后出现了由德洛尔姆为杜伊勒里宫（1564年，图10-26）和杜塞索为沙勒瓦勒（1572年）设计的围绕着众多庭院的巨大对称平面，这超过了意大利的任何平面。

建筑类型　文艺复兴时期的城堡，顾名思义，是从中世纪的防御堡垒发展而来。虽然不再用于抵御围攻，但它仍然通过护城河和门楼来抵御掠夺者，并保留了庭院布局，至少在各个角落上是对早期设防塔的回忆。最初的楼梯像中世纪的建筑一样呈螺旋形，后来发展成直线排列。通常，只能通过其他房间进入单独的房间，因为即使是通过意大利庭院的拱廊构建的露天通道通常也是不存在的。一个正殿主楼或国家职能楼座，通常像枫丹白露的亨利二世楼座那样，在大小和处理上采用纪念形式。护城河外的前院是提供服务的地方。

城市酒店　虽然此时的庭院仍主要建造在农村，但一些自命不凡的城镇房屋是由官员和富有的商人建造。这些房屋，比如图卢兹的阿萨泽特旅馆，不像意大利的城镇房屋那样直接面向街道。这些房屋按照法国较大的中世纪房屋形式构建，面朝庭院，一堵带拱形马车入口的分隔墙将庭院与街道隔开。

教堂　在文艺复兴早期，教堂建筑基本上仍然采用哥特式风格，这仅仅是对古典细部的替代，但人们对此知之甚少。巴黎的圣厄斯塔什教堂就是一个典型的实例，它仍然有一个像巴黎圣母院一样的平面，有交叉拱顶和飞扶壁。其中的许多建筑都因其所谓不协调元素的组合而同样有效。在文艺复兴盛期的大多数教堂中仍然存在同样的特征，但是由庭院建筑师设计的少数几个建筑展示了新的精神。因此，里昂的圣尼济耶教堂（1542年）的立面设有一个巨大的壁龛，里面有大型半圆柱，阿内的陵墓教堂（1566年）在其简单的矩形平面图和带有壁柱和阁楼的正面都是古典的。维莱尔科特雷公园里的德洛尔姆小教堂有一个圆形穹顶，上面有三个半圆形的小教堂和一个独立的带三角形楣饰的柱廊——这是法国最早的教堂，在古典风格方面比大多数意大利设计都要先进。他设计的阿内宫廷礼拜堂也有一个圆形的中央空间，但是有一个希腊式十字架臂。对于圣但尼的瓦卢瓦陵墓，普里马蒂乔采用了一个类似于伯鲁乃列斯基的安杰利圣母教堂的平面，有六个壁龛和一个围绕中央穹顶的楼座。这里的建筑构件，从里到外，都是最丰富和最纯粹的古典形式，这座建筑是文艺复兴时期所有集中式组成建筑中最重要的一座。

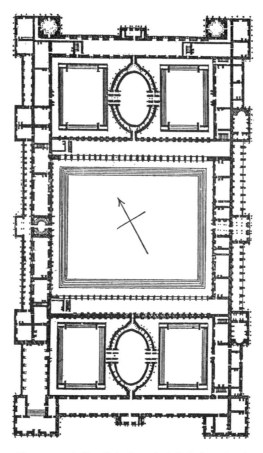

图10-26　巴黎，杜伊勒里宫（德洛尔姆平面）

详细信息　法国的气候几乎不适合意大利开放式凉廊、独立柱，无论是过梁还是拱都非常少见。在文艺复兴时期，简单的墙也是如此，因为柱子和柱上楣构是不可缺少的装饰元素。墙壁构件，也许结合了粗面石工，是当时细部问题中的主要问题。在解决方案中，最受欢迎的手段是某种形式的交替。早期的城堡采用壁柱来处理，一个开间通过窗户相互交替，然后在下一个开间配置空白嵌板。后来，采用了所有开间变体中真正有规律的方案。德洛尔姆将自己引入的箍形柱提升至第六柱式，他称之为"法式柱式"（图10-27）。与大多数意大利的柱式不同，一些法式柱式富集了最精致的雕刻特色。在文艺复兴早期，科林斯柱式与意大利柱式有着同样的偏好；但这些柱式在后来都没有特别受欢迎。法国常见的低矮天花板，带有法国建筑的盛行世俗特征，很少采用拱顶。意大利的平坦天花板采用精心设计的镶板装饰。与意大利建筑形成鲜明对比的一个显著特征是带有屋顶窗、山墙和烟囱的高屋顶。屋顶窗首先采用了带有尖顶的壁柱、精致的山墙和尖顶饰，后来，它仅仅以一个带有三角形楣饰的窗户形式呈现。檐口上方的栏杆被装饰性脊饰所替代。在墙和屋顶之间形成过渡的一个共同特征是一排三角形楣饰，它们在下面重复着相同的主题，就像卢浮宫一样。这样的元素，无论布局多么古典，本身就足以赋予法国建筑一种典型的民族特色。

西班牙 在西班牙，就像在法国和意大利以外的其他国家一样，意大利形式与已经存在于本土中世纪建筑中的形式混合在一起。然而，西班牙的中世纪风格本身包含了摩尔形式的大量混合。摩尔人在1610年被驱逐前仍然是杰出的工匠，因此对文艺复兴时期的形式也有所影响。由此出现了仿银器装饰或银匠式风格，所谓银匠式风格是因为其中充满了复杂精致的装饰。这与文艺复兴早期相对应，从约1500年延续到1560年。

图10-27 巴黎，
杜伊勒里宫细部

建于1527—1532年的塞维利亚市政厅便是一个显著的实例（图10-28）。在两楼层中应用了一个附墙柱式，其主线完全合乎语法规则，但其壁柱、柱子、窗框和嵌板同样覆盖着最强烈的阿拉伯式花纹和类枝状大烛台形式。萨拉曼卡大学的大门在构成模式上更具特色。其装饰聚集在洞口上方的一个大嵌板上，与不间断砌石的宽阔相邻表面形成对比。这种风格的其他显著特征是开放的连拱式凉廊，通常终止于立面，如萨拉曼卡的蒙特利住宅（1530年），以及在所有重要建筑中楼座所包围的庭院或露天庭院。像意大利文艺复兴盛期那样的形式最早出现在佩德罗·马舒卡为查理五世阿尔罕布拉宫（1527年）设计的宫殿里。这个建筑的平面呈正方形，有一个圆形的柱廊式庭院，排列有叠柱式、多利斯式和爱奥尼亚柱式（图10-29）。在纯粹和古典品质方面，该建筑拥有自己的意大利同时期纪念性建筑式风格。从那时起，临时建筑延续了更严格的古典倾向，其中最著名的实例确实出现在随后的时期。

图10-28　塞维利亚市政厅

德国和低地国家　在德国，众多小国导致了文艺复兴原理被同化的程度和不同地区的发展阶段存在巨大差异。约1536年建于布拉格的观景台有一个完整的外部列柱廊，柱子上降序排列着拱门，均为佛罗伦萨式。然而，如此设计只是个别的例外。在大多数建筑中，意大利的形式被严重修改过，中世纪的元素比在法国更持久。选举人奥托·亨利（1556—1559年）在海德堡的城堡中建造的侧翼显示了来自布拉曼特和他学派的元素与来自伦巴第的其他元素的结合（图10-30）。三个叠柱式、两个带壁柱较低柱式让人想起了坎塞勒里亚宫殿，但是每一个第二支撑都被一个梁托和一个雕像装饰壁龛所取代，就像拉斐尔引入的那些形式。在较低层，壁柱为粗面石堆砌，在下层，壁柱有阿拉伯式花纹嵌板。带有枝状大烛台竖框的窗框，让人想起帕维亚的切尔托萨。16世纪后期，大多数建筑中盛行着类似的特征，这些建筑开始受到意大利巴洛克运动的影响。正如我们将会看到的，巴洛克精神确实类似于德国文艺复兴时期工匠的精神，因为他们对赫尔墨斯、"涡卷饰"和间断的三角形楣饰窗侧的形式进行了现成的同化。弗里德里希四世在海德堡建造的侧翼（1601—1607年）展现了这些特征，乍看上去与它的前身几乎没有区别。纽伦堡的佩莱屋（1625年）显示了文艺复兴的持续活力，适用于德国最常见的问题之一——富裕的城镇商人的住所（图10-31）。其叠柱式包围着窗户，一直延伸到巨大的阶梯式装饰山墙，仍然显示着中世纪的延续。在佛兰德斯和荷兰，除了砖的使用更频繁之外，作品的总体特征与德国相似。

图10-29　格拉纳达，查尔斯五世时期的庭院

图10-30　海德堡，奥托·亨利时期的城堡侧翼

英国：发展　　最晚感受到文艺复兴对建筑影响的西方大国是与世隔绝且始终保守的英国。沃尔西和亨利八世聘用了意大利雕塑家，就像汉普顿宫（1515—1540年），其影响力体现在许多建筑本质上仍然保留着哥特式的雕刻细部之中。与此同时，古典对称的精神出现在平面中，在1558年伊丽莎白即位前不久，柱式开始被模仿并应用于建筑物的立面。与此同时，意大利人逐渐离开，但佛兰芒人和德国人开始占据他们的位置，至少有一个英国人约翰·舒特去意大利学习建筑（1550年）。他的第一个也是最主要的建筑基础（1563年）是基于维特鲁威的作品，并给出了柱式图。托马斯·格雷欣爵士从佛兰德斯获得了皇家交易所（1567—1570年）的设计，皇家交易所有一个佛罗伦萨式庭院，下面有拱门靠在柱子上，上面有壁柱和雕像壁龛。在朗利特庄园（1567—1580年），三楼层的整个外部采用了语法形式和比例的叠柱式，许多门廊和门道出现在这个时期不太精致的房子里，让人易于理解古典形式。这就是这一阶段的风格，持续不过几年，真正遇上了意大利和法国的文艺复兴盛期。巴洛克式装饰的潮流已经淹没欧洲大陆，也在中世纪或文艺复兴潮流耗尽其力量之前席卷了英格兰。德弗里斯（1559—1577年）和其他佛兰德斯人和德国人的建筑书籍——充满古典元素、涡卷形装饰、涡卷饰和模仿皮革切割的"带箍线条饰"的又新又怪的组合——受到了广泛欢迎。

类型　　虽然伊丽莎白和詹姆斯一世的建筑在细部上从中世纪过渡到了文艺复兴后，但在实际问题和类型上，它无疑形成了一个单元，被文艺复兴本身的存在期——斯宾塞、莎士比亚和罗利

图10-31　纽伦堡佩莱屋

时期——所支配。尽管君主制足够强大以确保和平，但土地贵族仍然非常富有和重要。贵族和绅士的乡间住宅通常规模很大，是那个时期的主要创作。这些人对世俗的东西的兴趣远大于对宗教的兴趣，所以很少建立新教堂，而且教堂几乎完全是哥特式。

房屋　　伊丽莎白和詹姆斯一世时期的房子是从中世纪的防御庄园发展而来的，这些房子更加对称和开放，并用古典细部装饰或覆盖某些部分。基本的布局是一个方形的庭院，庭院的一侧是大厅（主人和仆人们吃饭的地方），与门楼相对，融合在一起。大厅的一端是入口通道或"屏风"，另一端是高桌讲台，有壁炉和凸窗。在两个方向的另一边，分别是厨房和私人公寓，沿着庭院的两边，只有穿过那些中间通道或露天庭院才能到达住处。在第二层，靠近讲台的主要楼梯是长廊，这是汉普顿宫首次引入的豪华特色。其长度通常超过200英尺，宽度只有16到25英尺。在前面的实例中，无论是平面还是立面都没有试图保证形式对称。在萨顿广场（1523—1525年），庭院第一次严格对称，这种对称后来成为外部立面的规则，因为可以在任何单一视野中欣赏。

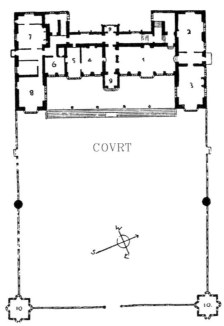

1.大厅；2.客厅；3.大餐厅；4.小餐厅；5.吸烟室；6.餐具室；7.厨房；8.侍者厅；9.门廊；10.花园洋房

图10-32　蒙塔丘特园（哥特式）

　　门楼和"屏风"以主轴为中心，讲台的凸窗在庭院的另一边重复出现。在蒙塔丘特园（1580）和许多后来的房子中省去了围有庭院的住所，房子自由地向四面八方开放。有了门廊和花园一侧的突出机构，这个平面就变成了E形或H形（图10-32）。中世纪的元素在外观和平面中仍然很重要，因为许多高屋顶、山墙、屋顶窗、塔楼、烟囱和凸窗使天际线和墙面多样化。即使在所有房子中最经典的朗利特庄园，竖框开间仍然比附墙柱式更有气势。在其他更典型的房子中，如哈特菲尔德庄园（1611年，图10-33），元素几乎纯粹是中世纪的，而将整体转化为新特征的只是对称和柱式的古典精神。

图10-33　哈特菲尔德庄园

文艺复兴时期的建筑

意大利	中心
1．文艺复兴早期，约1420—1500年。 佛罗伦萨学派 　　菲利波·伯鲁乃列斯基，1379—1446年。 　　　　孤儿院，1421年。 　　　　圣洛伦佐，始建于约1425年。 　　　　圣洛伦佐的帕奇礼拜堂和圣器室，约1429年。 　　　　安杰利圣母教堂，1434年。 　　　　圣灵教堂，1435年。	佛罗伦萨

文艺复兴时期的建筑	
意大利	中心
碧提官，约1440年（？）。 　米开罗佐·迪·巴尔托洛梅，1396—1472年。 　　　美第奇官邸（里卡迪官），始建于1444年。 　莱昂·巴蒂斯塔·阿尔伯蒂，1404—1472年。 　　　里米尼圣弗朗西斯科教堂，1447年。 　　　佛罗伦萨圣母领报大教堂，1451年。 　　　佛罗伦萨鲁切拉官，1451—1455年。 　　　曼图亚圣塞巴斯蒂亚诺教堂，1459年。 　　　曼图亚圣安德烈亚教堂，1472年。 　朱利亚诺·达·桑迦洛，1445—1516年。 　　　卡亚诺波吉奥别墅，1485年。 　　　佛罗伦萨圣灵教堂圣器室（克罗纳卡），1489—1496年。 　　　佛罗伦萨诗特罗奇官（与其他人），1489—1507年。 　西蒙·泼辣迪奥（克罗纳卡二世），1457—1508年。 　　　佛罗伦萨圣弗朗西斯科埃尔蒙特修道院，1487年。 　老安东尼奥·达·桑加罗，1461（？）—1534年。 　　　蒙特普齐亚诺圣比亚乔修道院，1518—1537年。 　　　卢西亚诺·洛拉纳，卒于约1482年。 　　　乌尔比诺公爵官，1468—1482年。 威尼斯学派 　彼得罗·隆巴尔多，约1435—1512年。 　　　文特拉米尼府邸，1481年。 　奇迹圣母教堂，1481—1487年。 伦巴第学派 　弗拉乔康多，约1433—1515年。 　　　（？）维罗纳市政会凉廊，始建于1476年。 　乔瓦尼·安东尼奥·阿马德奥，1447—1522年。 　　　帕维亚切尔托萨修道院正立面，始建于1493年。 　多纳托·布拉曼特，1444—1514年。 　　　米兰圣萨蒂罗附近的圣玛丽亚教堂圣器室，1489—1498年。 　　　米兰圣玛丽亚感恩教堂唱诗席，1492—1499年。 　　　阿比亚泰格拉索的圣玛丽亚教堂，1497年。	佛罗伦萨

续表

文艺复兴时期的建筑	
意大利	中心

罗马
 	
    威尼斯宫和圣马可教堂，1455—1466年。
    文书院官，1486—1495年。
	佛罗伦萨

2.文艺复兴盛期，约1500—1540年。
罗马学派
    多纳托·布拉曼特（1444—1514年），自1499年起。
        圣玛利亚修道院，1504年。
        蒙托里奥圣彼得小教堂，1500—1502年。
        梵蒂冈台阶院，始建于1506年。
        圣彼得大教堂，始建于1506年。
    拉斐尔卡普里尼官，1483—1520年。
        圣彼得大教堂，1514—1520年。
        梵蒂冈圣达马索庭院凉廊。
        布兰科尼奥·德·阿奎拉府邸。
        马达马别墅，始建于1520年。
        佛罗伦萨潘道非尼府邸，始建于约1520年。
    巴尔达萨雷·佩鲁齐，1481—1536年。
        罗马法尔内西纳别墅，1509—1511年。
        博洛尼亚阿尔伯加蒂官，1522年。
        罗马麦西米府邸，1531年。
    小安东尼奥·达·桑加罗，1482—1546年。
        罗马法尔内塞官，约1520—1580年。
威尼斯学派
    米歇尔·桑米切利，1484—1559年。
        维罗纳城门，1533年及以后。
        维罗纳庞培官，1530年。
        威尼斯格里马尼官，竣工于1539年。
    雅各布·桑索维诺，1486—1570年。
        威尼斯格拉西宫的角官，1530年。
        威尼斯圣马可图书馆，1536年。
        威尼斯钟楼桑索维诺前廊，1540年。
	罗马

文艺复兴时期的建筑	
法国	中心
1.过渡期，约1495—1515年。 查理八世入侵意大利，1494—1495年，路易十二世入侵意大利，1499—1504年。 布卢瓦路易十二世厢房，1503年。 盖隆城堡，1497—1510年。	卢瓦尔河谷
2.文艺复兴早期，约1515—1545年（弗朗西斯一世，1515—1547年）。 布卢瓦弗朗西斯一世厢房，1515—1519年。 尚博尔城堡，1526—1544年。 伊库恩城堡，1531—1540年。 巴黎附近的马德里城堡，1528—约1565年。 卡昂圣皮埃尔教堂，1518—1545年。 巴黎圣厄斯塔什教堂，始建于1532年。	
3.文艺复兴盛期，约1545—1570年。 科尔托纳多梅尼科（博卡多尔），卒于1549年。 　巴黎市政厅，始建于1531年。 让·古戎，卒于1564—1568年。 　鲁昂路易·德布雷泽墓，1535年。 皮埃尔·莱斯柯，1510—1578年。 　卢浮宫庭院（与古戎），1546—1576年。 弗兰西斯科·普列马提乔，1490—1570年。 　昂西勒弗朗城堡，1538—1546年。 　布里昂蒙索城堡，1547—1555年。 　圣丹尼斯瓦卢瓦墓，1559年及以后。 菲利贝尔·德洛姆，生于1510—1515年，卒于1570年。 　圣莫尔-德福塞城堡，约1545年。 　阿讷特城堡，1548—1554年。 　巴黎杜伊勒里宫，始建于1564年。 尚·比朗，约1525（？）—1578年。 　伊库恩城堡门廊，约1564年。 雅克·安德鲁埃·迪塞尔索，生于约1510年；卒于1584年后。 　佛内伊城堡，1565年及以后。 　沙勒瓦勒城堡，1572—1574年。	巴黎

续表

文艺复兴时期的建筑	
西班牙	
1.文艺复兴早期，"银匠式风格"，约1480—1530年。 恩里克·埃加斯，约1455—1534年。 　　圣克鲁斯医院入口，1514年以前。 　　萨拉曼卡大学入口，1515—1530年。 阿隆索·德·科瓦鲁维亚斯，约1488—1564年。 　　阿尔卡拉·德·埃纳雷斯大主教官，1534年。 　　托莱多阿尔卡萨尔城堡北立面，1537年。 　　萨拉曼卡蒙特瑞官。 　　塞维利亚市政厅，1546—1564年。 2.文艺复兴盛期，约1530—1570年。 第耶戈·德·西洛埃，约1500—1563年。 　　格拉纳达大教堂，1528年。 佩德罗·马丘卡。 　　格拉纳达查理五世官，1526—1533年。	
德国	
1.文艺复兴早期，约1520—1550年。 布拉格观景楼，1534年。 兰茨胡特官，1536—1543年。 布里格城堡入口，1552年。	
2.文艺复兴盛期，约1550—1600年。 海德堡奥托·海因里希斯堡，1556—1563年。 科隆市政厅门廊，1569—1571年。 吕贝克市政厅，1570年及以后。 陶伯河上游罗滕堡市政厅，1572年。	
海德堡弗里德里希堡，1601—1607年。 纽伦堡佩勒府邸，1605年。	包含巴洛克式特征

文艺复兴时期的建筑	
英国	
亨利八世，1509—1547年。意大利装饰的单独实例。 　　汉普顿宫，1515—1540年。 　　农萨其宫苑，约1537—1550年。 　　剑桥国王学院礼拜堂屏风，1532—1536年。 伊丽莎白一世，1558—1603年。 　　伯利别墅屋顶窗，1556年。 　　伦敦皇家交易所，1566—1570年。 　　朗里特庄园，1567—1580年。 　　柯比府邸，1570—1640年。 　　蒙塔库特府邸，1580—1610年。 　　沃拉顿厅，1580—1588年。	
詹姆士一世，1603—1625年。 　　布朗希尔庄园，1605年。 　　哈特菲尔德宫，1611年。 　　奥德莉庄园，1616年。 　　布利克灵大宅，1619—1620年。	包含巴洛克式特征

第十一章　后文艺复兴时期建筑

到16世纪中叶，意大利文艺复兴的精神力量已耗尽，新力量开始决定文化的发展。人们不再梦想着真正复活异教罗马，而是面临宗教改革和反宗教改革中激进基督教的复兴。随着中央集权国家的发展，君主方面出现了专制主义，细化了其庭院，最终确立了国内安全以及现代城市和乡村生活。

建筑变化　　在文化变革开始的同时，建筑也经历了同样重要的变革。事实上，古典形式仍是设计元素，与古典标准保持一致仍是某些地区的理想情况。然而，人们对构成古典特性的事物的感觉发生了变化，元素变成了可自由重组或玩弄的材料，重点转移至其他品质上，而非细节纯粹性和几何简易性。在这些品质中，首先是单体建筑的高度统一性，以及扩大构成的范围包括其周围环境，甚至包括整片地区或整个城镇。构成各个部分的孤立性和独立性相应减少：室内空间细分趋于消失，檐口和束带层的线条遭到中断，或者乡村街区打破了柱顶过梁、三角形楣饰和柱式。立面不再是单一平面，而是出现大胆的浮雕，导致一面随着观察者的每一个动作而变化。实际要求变得更加专业化，房间形式开始多样化，以便与其功能形成一种有机关系。

学院派和巴洛克倾向　　共享这些品质（使时代风格基本保持统一）的是两种不同倾向的建筑，在其与古典建筑的关系上彼此对立。一种学院派倾向，这种倾向延续了文艺复兴精确再现古典特征和制定比例数学标准的努力。另一种是所谓的巴洛克倾向，这种倾向无视古典布局和类似的理论规则，将柱式形式用作块体注塑的元素。这种在风格中追求严谨和自由的倾向在原则上并未提供新元素。迄今为止，仅与之对立的尖锐性不寻常，但即使这样也不能阻止在个别建筑和国立学校的作品中做出各种妥协。

包容性术语　在英语中，巴洛克这个名称一直仅适用于具有自由倾向的作品，而非像在德语和意大利语中那样，适用于那个时期的所有作品。因此，其他视为仍属于文艺复兴的作品常常从不仅与之同时代且与他们共享大多数基本品质的作品中分离出来。在本书中，作者认为最好保留那个时期的历史统一性，并为其取一个名称——后文艺复兴，这个名称仅仅表达了其按年代顺序排列的位置及其艺术遗产。

文化中心和传播　如同在文艺复兴中一样，新运动首先在意大利获得了形式和势头。在北方大陆，文艺复兴本身与宗教改革联系在一起，几乎到宗教战争时期才出现。但与文艺复兴不同的是，宗教改革在其他地方产生了与意大利同等重要的结果。与此同时，西班牙、法国和英国成为高度集权的国家，相继成为世界强国，而意大利和德国爆发内部斗争，仍然四分五裂。在这个时期的中心年份，欧洲政治和欧洲文化占主导地位，因此在随后几年，当代思想的法语版本产生了最大的影响。

意大利：学院派起源　意大利的学院派和巴洛克倾向萌芽刚好发生在文艺复兴时期。学院派主义的先驱是阿尔伯蒂和维特鲁威的早期编辑和评论家。所有这些很大程度上涉及各个建筑构件的正常形式和比例的确定。1500年后，维特鲁威的版本和译本迅速增加，对罗马作家绝无错误权威的信仰增加到令人难以想象的程度，这在1537—1575年出现的塞里奥著作短文中最能体现出来。即使这些规则与古代纪念性建筑的教义相冲突，也要遵守。到1542年，形式理论的拥护者非常多，也非常自觉，因此在罗马设立了维特鲁威学院。

巴洛克起源　为反对这种学院派倾向，出现了米开朗琪罗这位强有力的倡导者。他大胆地宣称自己的野心是"冲破建筑自身所承受的牢笼和枷锁"，他的意图是让自己不受任何古代或现代规则束缚。在他设计的圣洛伦索立面（1514年）和佛罗伦萨梅迪奇礼拜堂内部（1521—1534年，图10-16），展示出了一种新的自由。其中一个是独立式柱子和雕塑有更多浮雕，这里首次用作文艺复兴时期立面的装饰形式。另一个是在填充主建筑框架时非常规使用古典细节。他打破了柱上楣构，随

意省略了柱顶过梁和雕带，修改了比例，引入大量托架。在门上方的礼拜堂里，内部配框甚至穿透水平檐口，上升至三角形楣饰的鼓室中。在梅迪奇礼拜堂的石棺中，米开朗琪罗甚至提议打破三角形楣饰的上部反曲线饰，他和其他人很快便着手尝试。类似的细节自由出现在他在这个时期的另一个设计中，但他生前并未完成，此设计即佛罗伦萨劳伦提安图书馆的门厅。这里更引人注目的创新是在两层楼上升的房间中心放置楼梯，使得四面显得宽阔。

米开朗琪罗的后期作品　米开朗琪罗建筑作品的第二个也是更重要的时期始于安东尼奥·达·桑加罗去世（1546年），当时米开朗琪罗总体上继承了圣彼得教堂和教皇建筑的方向。

图11-1　罗马，东面视角的圣彼得教堂圆屋顶

那时米开朗琪罗已经71岁，但他活了下来，且又发展了18年。在圣彼得教堂，米开朗琪罗恢复了集中构成的布拉曼特方案，该方案因考虑到礼拜仪式而经过修改，他省略了迄今为止提出的外部走廊和小教堂，并恢复室外的单个跨层柱式。他用自己其中的一种设计代替了布拉曼特和桑加罗提出的圆屋顶，体现了许多新颖特征（图11-1）。这种设计遵循了菲利普·布鲁内莱斯基的圆屋顶，有多个单壳体，还有由具有较轻填料的深肋拱系统。但米开朗琪罗利用了壳体的多重性，使圆屋顶外部比内部更陡峭，并使肋拱内外均可见。他在鼓形座周围放置了一系列类似扶壁的块体，每个肋拱上放一个，而非连续的外部列柱廊。结果是获得新的更加高耸的

圆屋顶，在接下来的几个世纪里，这种圆屋顶几乎是通用的模型。

国会大厦　米开朗琪罗在罗马卡比托利欧山上的作品（始于1546年）几乎不受影响。他在这两座高峰之间的鞍部上创造了纪念性群体，迄今为止其统一性无与伦比（图11-2）。也许是从皮恩札广场得到的建议，他让广场各侧朝向参议员宫岔开，形成了大量展示古代雕塑的背景。左右两边是宫殿，彼此一致，与主宫殿和谐，但在高度和规模上从属于主宫殿。在这些建筑中，第一次在文艺复兴时期的世俗建筑中以罗马建筑方式将立面作为一个整体来构思，有裙楼、柱子和柱上楣构。楼层不是一个个叠加在一起的独立单元，而是通过分裂更大的统一体创造出来的。大壁柱的连续垂直线中断了水平分隔。整个构成的另一个明显特征是强调通过更大尺寸和浮雕的特征，或通过逐渐增加尺寸给出的中心轴。参议员宫的大型剪刀楼梯对这种强调起了很大的作用，而它本身非常新颖且有影响力。

图11-2　罗马国会大厦

倾向确立　在围绕并继承米开朗琪罗的年轻一代中，当时的双重倾向已根深蒂固。尽管更多人遵循自由或巴洛克倾向，但更严格的倾向或学院派倾向并未屈服，直至其最伟大的大师创造出后来产生广泛影响的模型。这位大师便是来自维琴察的安德烈亚·帕拉第奥（1518—1580年）。他年轻

图11-3　维琴察，巴西利卡

时对罗马遗迹展开了迄今为止最为深入的研究。他最早的建筑——维琴察的拉久内宫或巴西利卡（图11-3），尽管延续了文艺复兴时期的某些传统，但非常接近罗马时代的大教堂。毫无疑问，他选择这个模型作为自己的模型正是因为在建筑使用中的同一性。他后来的设计可追溯到米开朗琪罗以及古代的影响。在一些宫殿里，他采用了跨层柱式，而在另一些宫殿里，他仍为每个楼层保留一个柱式，他省略了中间的基座，允许用柱子中断栏杆线条。在这两种情况下，他经常增加上层当作阁楼，如同罗马凯旋门的阁楼一样。他中断建筑线条的距离比米开朗琪罗更远，允许上层的窗户穿透到主柱上楣构，并打破了巨大柱式的每个隔间的柱上楣构。尽管他因此减少了个别构件的独立性，但倾向于减少整栋建筑的隔离。他未强调建筑的倒圆角，而是经常弱化那里的表达，使作品不是一个缩影，而是宇宙的一个片段，就像文艺复兴时期的宫殿一样。在帕拉第奥的教堂和庄园设计中也出现了类似的特征。例如，在庄园中，他将房子周围的服务建筑视为宽阔的柱廊式翼，将房子和景观结合在一起。在教堂和庄园中，帕拉第奥试图模仿古代有山墙的神庙正面。维琴察附近的阿尔梅里戈别墅或"圆厅别墅"甚至有独立的柱廊，前面有六根柱子（图11-4）。这座别墅围绕一条中心轴构成，有一个圆屋顶中央客厅，是北方地区许多其他别墅的原型。

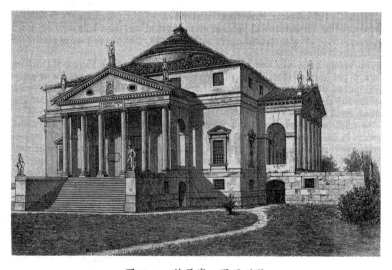

图11-4　维琴察，圆厅别墅

帕拉第奥的作品　帕拉第奥主要因其四本关于建筑的著作（1570年）而具有

影响力。在这四本书中，他不仅编纂了得到广泛采用的柱式内容，还提供了第一批众多的古代建筑测量图纸，出版其自身作品的版画，创造了一种新风尚。

维尼奥拉、瓦萨里、埃里希　其他帮助建立和传播新趋势的人包括维尼奥拉、瓦萨里、埃里希，他们均为米开朗琪罗的信徒。维尼奥拉为了维特鲁威学院的利益而测量古代碎片，出版了可能是最具影响力的柱式标准，在他的建筑中展示出极大的发明自由。他在卡普拉罗拉（1547年）中采纳了新防御方法的建议，建造了一座带有圆形庭院的五面墙城堡。他在教皇尤利奥三世别墅（1550年）大量使用了半圆形形式，在圣安德烈教堂中采用了椭圆形圆屋顶。瓦萨里以其艺术家传记而闻名，也在他的建筑中创造了许多新的空间效果。他在佛罗伦萨的乌菲齐艺术馆庭院（为公爵府的官员而建）一端自由开放，另一端部分开放，与早期宫殿的封闭庭院形成对比。埃里希设计了有拱廊式庭院和精致楼梯的宫殿，开始创建了现代热那亚。他在米兰的马里诺宫（图11-5）大量使用面板、面具、花环和托架来组织和活跃墙面，对阿尔卑斯山北部的文艺复兴时期建筑产生了最广泛的影响。在这三个人的作品中，粗面砌筑开始侵袭柱式和窗户配框。粗面砌筑突破了柱身和柱顶过梁，仅出现在柱头和基座、倒圆角或街区之间。雕塑人像或有雕刻和锥形柱身的头像方碑开始取代壁柱和配框，尽管几何形状和古典布局仍占主导地位。

图11-5　米兰，马里诺宫，庭院

巴洛克至上 在意大利，巴洛克无可争议地处于至上地位的时期是1580—1730年。严格遵循古典形式的建筑确实偶尔出现，即使是在有自由倾向的大师的作品中，但这些建筑是例外情况。总而言之，最大的自由在于规划和构件化方面。人们经常认为这种自由仅仅是反复无常或许可，导致文艺复兴形式解体或退化，也许最好视为一个积极的建设性过程。这种努力充分意识到其目标并研究其财富，以便追随极端后果，寻找融合统一性的品质和面貌的多样性，这是整个时期的理想。在努力过程中，几何复杂性取代了简单性，平面图中的曲率产生了不断变化的对角线视图，立面图中的曲线和投影产生了不断变化的轮廓。用膨胀的皮革样涡形装饰代替简单的挡板和面板、出现扭曲柱子、雕塑溢出建筑线条、用雕塑形式代替建筑框架本身，以及使用纹理和色彩丰富的大理石和镀金层，这些只是一致倾向的几种表现。学院派的目标是永远不要惊喜，巴洛克大师的目标和成就是不断地惊喜。

德拉·波尔塔、玛丹纳 第一批感受到新精神的建筑是别墅花园，在16世纪结束前很长一段时间内，这里的建筑在大量雕塑、人造粗面石工和破碎轮廓中丢失了其形式。类似主题很快渗透到纪念性建筑中。在由德拉·波尔塔（约1573年）设计的罗马耶稣教堂立面中，在同一个柱顶上有一个接一个的三角形楣饰。在宝拉泉的终端喷泉中，尽管有严格的古典模型，但轮廓因托架和尖顶饰而具有生机，非常显眼。玛丹纳（1606—1626年）增加的圣彼得教堂立面的浮雕向中心逐渐增加，其隔间放样和细分的节奏复杂，无法用任何因果分析来解释。其地平线消失在栏杆、雕像和涡形装饰中。

贝尼尼、博罗米尼 主导巴洛克运动后期的多面艺术家是乔凡尼·洛伦佐·贝尼尼（1598—1680年）。他在雕塑和建筑方面同样杰出，将建筑表达的范围扩大到前所未有的范围。圣彼得教堂（1624—1633年）祭坛上方的天篷，有着扭曲的花柱，还有控制台的皇冠和青铜的帷幔（图10-11），与它前面广场的柱廊（1656—1663年）相对应，并未减轻其多立克式简单性。但在每个部分均为碎片的概念中存在共同的品质，需要其他部分来完成。没有哪个部分本身是对称的。扭曲柱子转向相反方向，柱廊的一个半椭圆需要另一个半椭圆。主题的对边很少在一个平面上或平行。柱廊向圣彼得教堂广场汇集，蒙地卡罗皇宫（蒙太塞里瑞欧）的立面向两边同等地后退，梵蒂冈皇家楼梯线条向单一消失点汇集。贝尼尼的同时代人弗朗切斯科·博罗米尼的作品中也出现了类似的装置。他在罗马纳沃那广场设计的圣依溺斯教堂立面（1645—1650年）在平面图中使其所有线条弯曲，他为圣依华堂（1660年）制定的平面图结合了三角形和弧形，不断呈现出意想不到的东西。

罗马之外巴洛克至上　尽管罗马本身是巴洛克运动的中心，但其他意大利城市很快感受到其影响力。巴洛克受到欢迎的程度因当地传统或缺乏传统而大相径庭。因此，在布拉曼特学派从未根深蒂固的皮埃蒙特、热那亚和南方，巴洛克不受限制。然而在都灵，尤其是瓜里诺·瓜里尼的作品中，比如立面有双重反向曲线的卡里尼亚诺宫（1680年）则走向极端。另一方面，在佛罗伦萨，巴洛克几乎无立足之地，而在威尼斯，圣索维诺的传统限制了巴洛克的发展，仅有几个例子。其中最著名的是罗根纳设计的安康圣母教堂（1631—1682年），这座教堂位于大运河顶端，但在城市面貌中非常重要（图11-6）。这座教堂有八面，中央圆屋顶由承载雕像的巨大涡卷形装饰支撑，第二个大圆屋顶在唱诗席上方，其不断变化的透视图吸引了一代又一代的艺术家。

图11-6　威尼斯，安康圣母教堂

妥协：茹瓦拉、伽利略、范维特利　在18世纪，由于法国和英国返回的影响，意大利的学院派倾向得到加强。菲利波·尤瓦拉（1685—1735年）的作品中也有类似的润色，他在都灵的建筑包括苏佩尔加山的大圆屋顶教堂（1706—1720

年）。18世纪另一位意大利杰出建筑师是阿历桑德罗·加利莱（1691—1737年），他曾在范布勒的领导下在英国工作，代表了学院派倾向与巴洛克倾向之间的相互妥协。他为罗马拉特兰教堂设计的立面在使用古典元素和几何规则方面非常严格，但有自由的地平线和复杂的分组。

路易十四统治下的凡尔赛宫非常辉煌，引诱意大利各位王子去模仿。由此产生的最著名的乡村宫殿是卢吉·范维特利于1752年开始在那不勒斯附近建造的卡塞塔。建筑和花园的平面图体现了法国元素，长立面的构件化是枯燥无味的帕拉第奥式风格。从自由重新回到严格的循环即将完成。

建筑类型　　反宗教改革是一个狂热建造教堂的时期，也是一个回归设计中更具礼拜仪式概念的时期。像在中世纪一样，纵向型平面图再次受到青睐。一些文艺复兴时期的中央教堂中殿被添加到了圣彼得教堂中。中殿和耳堂交叉，往往失去其独立性。新设计很少采用中央型，除类似于苏佩尔加山和教堂的感恩教堂外。在教堂中，径向小教堂不再孤立，而是联合起来形成单一环绕走廊，这是自拜占庭帝国时期以来的第一次。在整座教堂中，以自我为中心的圆顶式拱顶被具有离心倾向的穹棱拱顶取代，而筒形拱顶被贯穿件打断，楼座往往将走廊处的隔间联合一起，甚至伸入中殿内。宽中殿和浅耳堂为教堂会众提供了空间，这与布道的重要性增加相对应。可以肯定的是，整个平面图越来越倾向于符合单个矩形，但通常细分为自身无强大统一性的部分。此外，立面也视为一个单元，与室内的细分无精确关系。文艺复兴时期的方案是在中心使用叠柱式，在四面使用托架从较低柱式过渡，这种方案在许多情况下均得到遵守。但更有特色的是采用了单一柱式，即中殿全高，掩盖了中殿和走廊高低不一。钟楼不再设计成独立单元，而是与立面相结合，并在两侧重复，如同在北部教堂正面一样。处理立面和更多室内时，经常有大量人物雕像和绘画，这可能是世俗性和戏剧性，但非常流畅且具有装饰性（图11-7）。领导反动宗教运动的耶稣会士在其他国家设计的教堂中坚持华丽的意大利模型，因此为巴洛克赋予了"耶稣会士风格"的国际性。

宫殿　　在城镇宫殿中，后文艺复兴时期的主要创新在于规划。门厅、庭院和楼梯不再孤立，而是结合在一个套间里，使整栋建筑统一起来。最值得一提的是热那亚例子，比如大学（1623年）。许多宫殿（例如罗马巴贝里尼宫）在一个街区里有不止一排房间，还有许多楼梯，允许独立进入和保护隐私。建筑师不再遵守单一中央庭院的老一套平面图，庭院不再总是封闭的，而是向街道或花园一侧开放。例如，阿曼纳提于1526年执行的佛罗伦萨碧提宫庭院便是这种情况。

图11-7　罗马，圣卡洛阿卡蒂纳里.圣塞西莉亚小教堂

　　别墅　　这一时期国内建筑的特色创造是别墅，别墅内的房子和花园现在不可避免地结合在一起。庄园通常位于山坡上，水资源丰富，包括一系列露台、台阶、水池和喷泉，所有这些均按照统一的轴向系统高度组织。房屋或娱乐场可能在斜坡顶部或底部，甚至在半途；在地面允许的情况下，可能还会有水平花坛，或者只有露台。中等规模别墅内精巧多样性的典型例子是维泰博附近的兰特别墅，由维尼奥拉设计，始于1566年（图11-8）。有中央喷泉和水池的花坛占据了整个长度的三分之一。第一条上坡路的左右两侧是两个娱乐场，这两个娱乐场提供了生活区，在宽度和高度各不相同的提升露台之上，通过将台阶和落水巧妙地混合在一起的各种特征在主轴线上连接起来。坡道和楼梯提供了许多替代的上升和下降方式。梵蒂冈花园中的皮亚别墅有椭圆形庭院和弯曲坡道，是生活艺术的另一个史无前例的背景。

　　喷泉　　喷泉不仅出现在庄园里，还出现在城市的任何地方，前所未有地增多和多样化。对于大量水或少量水以及高压或低压，人们发现了一些处理方法，使水本身在设计中占据主要位置，无论建筑或雕塑多么丰富和自由。

　　剧场　　现代的一个新问题是对剧场进行建筑处理。古典先例对帕拉第奥的建议是，对于其在维琴察的奥林匹克剧场（1580年），很相近地模仿了罗马剧场室

内，具有观众席，围绕着后面的柱廊以及建筑舞台门面。非常符合时代精神的附加元素是通过舞台开口看到建造的建筑透视图。帕尔马剧场（1618年）有更深的礼堂和单个宽阔的舞台入口，供活动舞台布景使用。用两层楼中的拱廊取代了后面的柱廊，这一点也同样重要。在18世纪，从这些拱廊发展为各层独立包厢，而独立包厢仍形成意大利剧场室内的特色处理尚未试图获得室外表达。

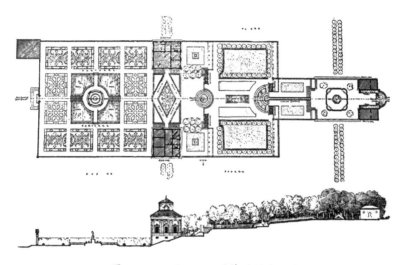

图11-8　巴尼亚亚，兰特别墅平面图

城镇规划　巴洛克原则的最终延伸是将整座城市包含在单一建筑构成中。这种努力大多停留在理想阶段，比如巴托缪·阿曼纳提（1511—1592年）的理想城市，其在佛罗伦萨的天主圣三桥为桥梁建设开创了一种新的轻盈感和优雅感。在现有城市中进行的改造工作远没有理论上的城市那么异想天开，但仍雄心勃勃，尤其是在罗马。这些改造工作均由朱里亚斯二世小规模地开始，由其继任者大规模延续。其中包括圣彼得广场和波波罗广场（这两个广场均由贝尼尼在约1656年开始修建）、西班牙台阶和台伯河的里佩塔港。在这一切中，出现了那个时期特有的宏伟的形式统一性和多样性。

个别形式　意大利后文艺复兴时期的主导概念是，每个单独元素只是一个碎片，部分高度统一会破坏整体统一。这个概念本质上与古代统一概念相冲突，后者并不排除"部分本身已足够"这一观点。因此，许多形式的结构表达不得不屈服于分割与合并的迫切要求。因此，如同在罗马建筑中一样，与希腊建筑相比，细节纯粹性因构图模式而显得不那么重要了。

墙壁　意大利时期的区别在于广泛使用灰泥，不仅像文艺复兴时期那样用于墙面，还用于所有开口和柱式构件。用途扩展首先带来了经济上的第一个实例，但在执行奢华的模型装饰方面却转为优势。很少使用粗面砌筑，除在突角中或开口周围外。在室内，大理石镶面墙壁的硬外层再次流行起来，镶嵌图案形成了鲜明的对比。

开口　在开口框架中，很少有意大利设计师遵循帕拉第奥的做法，即保留简单的矩形柱顶过梁，也许有雕带和檐口。甚至帕拉第奥自己也增加了耳状物和托架，并采用了隆起或凸面雕带。他的同时代人均已在用粗面柱顶过梁、打破的三角形楣饰和头像方碑或人物雕像来精心设计配框，这很快便成为规则。

柱子和墙壁构件化　柱子、拱门和墙壁的一般关系与文艺复兴时期大致相同，除经常使用"跨层"接合柱式外。当时出现了带有水平过梁的独立柱廊，但数量很少，尽管在圣彼得广场显而易见。支撑拱门的柱子仍用于庭院，但如今支撑件通常成对分组，这是埃里希特别喜爱的主题。在立面构件化中，对构件进行分组的倾向（从布拉曼特的组合柱开始）得到进一步的发展。壁柱通过在两边墙壁中轻微打破进行加固，或构成了柱身和壁柱组，如同中世纪的分组墙墩一样。在室内，这些壁柱再次给拱顶的不同构件提供了单独支撑，在室外，壁柱在柱上楣构和栏杆中相应打破，使轮廓更有活力。

楼梯　该时期的特殊产品是纪念性楼梯，无论是在建筑内部还是外部。米开朗琪罗在劳伦提安图书馆和国会大厦设计的楼梯给出该建议，随后该建议很快以许多不同方式得到采纳。因此，在蒂沃利的埃斯特别墅（约1550年）中，对称楼梯的两条支臂弯曲成半圆形；在教皇尤利奥三世别墅中则弯曲成四分之一圆。然后跟随楼梯，两条支臂并排，三条支臂靠着长方形房间的墙壁缠绕，如同在巴贝里尼宫（约1630年）中一样。这些方案的对称加倍有更多可能性，罗根纳在威尼斯设计的圣乔治马焦雷教堂回廊中首次尝试了这些方案（1644年）。在热那亚宫殿里，通过打破周围所有墙壁和在类似桥梁的拱顶上承载上层楼梯段，将穿过几层楼的楼梯带到单个构成中。

西班牙　学院派建筑。到16世纪中叶，西班牙征服了印度，成为欧洲最强大的国家。菲利普二世表达了这种强大，他建造了埃斯库里阿尔（1563—1584年），

包含感恩教堂和陵墓、修道院和宫殿，以及对教会和国家服务的所有必要依赖（图
11-9、图11-10）。其建筑主要在胡安·德·埃雷拉（1530—1597年）的手里，他
的工作严格遵循学院派形式，在西班牙建立了后文艺复兴倾向。当然，在福音传道
者庭院中，他采用了罗马拱柱式，有相等隔间和完整柱上楣构，但在其他地方，在
支撑件复杂分组、打破水平构件、通过穿透拱顶统一内部空间以及通过组合圆屋顶
和塔楼增加透视图面貌方面均有大量构件化。

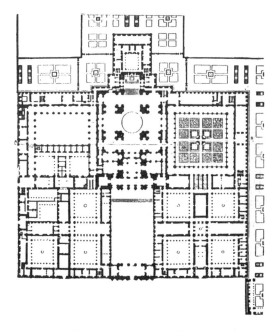

图11-9　埃斯库里阿尔平面图

图11-10　埃斯科里亚尔

巴洛克至上　埃雷拉的严肃很快为巴洛克式自由所取代，最终在丘里格拉（1650—1723年）手中成为最大胆的许可。银匠式风格的民族传统在"丘里格拉风格"中得到了体现，这种风格不太注重创造新的平面图和空间形式，而是注重对细节的华丽细化。这种风格在巨大的入口和祭坛装饰品上得到最充分的发展，例如塞维利亚萨尔瓦多教堂的高坛（图11-11）。

影响　波旁皇族于1714年就职标志着西班牙政治统治的结束，也带来了西班牙艺术倾向的服从。新统治者在拉格兰哈和马德里的宫殿不仅模仿凡尔赛宫的俗气，还模仿其建筑形式主义。巴洛克倾向与民族认同感非常契合，仍继续存在，但现在创造了新的室内空间形式，并仍用丰富的装饰填充柱式框架。

图11-11　塞维利亚，萨尔瓦多教堂的祭坛

法国　在法国，首先出现了短暂的巴洛克至上时期。但这个时期相对较短，人们很快达成了妥协，学院派倾向的最终胜利比在意大利更早出现，也更彻底。即使在妥协时期里，学院派倾向仍占主导地位，尽管在后来称为洛可可的时期，更自由的倾向再次有力地证明了自己。按照常规将法国时期细分为按国王名称指定的时期相当符合这一发展，尽管时期的持续时间绝非完全对应统治的持续时间。总体而言，巴洛克至上可与亨利四世和路易十三世风格相提并论；在具有路易十三世风格的更早、更严格形式和具有路易十五世风格的更晚、更自由风格中妥协；而具有路

易十六世风格的学院派取得最终胜利。

学院派和巴洛克倾向确立　正如我们已经看到的那样，文艺复兴全盛期本土大师的后期作品中已出现后文艺复兴倾向的迹象。一方面，德洛姆和布伦特撰写论著论述古典构件的适当形式和比例。另一方面，德洛姆和杜塞尔索在杜伊勒里宫和夏尔勒瓦尔宫苑采用了米开朗琪罗学派的许多形式，比如头像方碑、粗面柱顶过梁和打破的三角形楣饰。

巴洛克至上　随着亨利四世统治时期建筑的恢复，在宗教战争（约1600年）后，严格的古典形式在任何地方均让位于意大利当时取得胜利的巴洛克。但巴洛克原则很少支配整个构成。在亨利四世时期的典型建筑中，仅将巴洛克的细节应用到最简单的矩形块体。与荷兰新教的密切联系产生了砖石组合。此类特征的例子包括亨利四世在枫丹白露的附加物以及其在巴黎皇家广场和太子广场周围的建筑。所有这些建筑均对倒圆角和开口处的粗面突角进行简单处理，偶尔小规模使用托架、粗面柱顶过梁和打破的三角形楣饰。内部装饰更进一步走向意大利自由。处理门和烟囱时，使配框加倍，打破并交织构件，增加托架和涡形装饰。回忆同时代意大利运动的其他发展在于规划。在圣日耳曼，杜佩拉克为亨利建造了一系列巨大的露台和台阶，让人回想起埃斯特别墅的露台和台阶。为改善巴黎（从此以后成为国家生活的焦点），国王规划了两个已提及的大广场。这两个广场周围包围着统一设计的建筑，即城镇规划中一系列类似企业中的第一批。

路易十三　在路易十三世（1610—1643年）的统治下，巴洛克影响力仍占优势，尽管在一定程度上逐渐减少。当时再次频繁使用柱式，并将巴洛克元素限制在其标出的领域内。统治早期的主要建筑师是萨洛蒙·德·布罗斯（1626年），凯瑟琳·德·美第奇让其建造了卢森堡宫（1616—1620年），她希望卢森堡宫能像佛罗伦萨的皮蒂宫一样。她从意大利获得的绘画确实有其影响力，因为德·布罗斯的作品和阿曼纳提的作品有许多相似之处。敞开式庭院、叠置粗面柱式、粗面拱门、平坦和半圆形以及建筑框架刚度均一一重现。当然，宫殿的总体分组和打破的轮廓以及许多亭阁和高屋顶均完全为法国式。在德·布罗斯的圣热尔维哥特式教堂立面中，他还展示了更自由意大利倾向的影响力，以耶稣教堂为例，耶稣教堂为后来的法国教堂立面提供了模型。雅克·勒默西耶（1585—1654年）的早期设计代表了保守的法国倾向。他对卢浮宫庭院的扩建（1624—1630年）基于勒柯确立的体系，并添加了一些巴洛克元素，其巨大对称的黎塞留城堡的墙面处理完全依赖于用灰泥填充的粗面配框。

影响　在路易十三世统治的后期，导致妥协的学院派倾向已得到加强。由于种种原因，在意大利巴洛克最大发展之时，这种学院派倾向得到如此加强。其中最强有力的原因可能是法国在各个领域（君主政体、教会、一般艺术）越来越趋向于专制主义和组织。例如成立了法兰西学院（1635年），其目标是"给我们的语言赋予一定规则，并使之纯洁"。与其方向相似的是法国对"理性"和"理智"的基本信念，与巴洛克大师的情感自由相比，法国更认同意大利学术界的逻辑。戏剧中对古典模型的重新模仿（科尔内耶在约1635年开始）与在建筑中重新更严格地遵循古典形式相吻合。前往罗马的法国人不再像研究文艺复兴全盛期大师的作品那样研究当代建筑，他们与这些大师对罗马建筑有相同的直接兴趣。我们认真地阅读和比较了意大利人的学术著作。1640年派往罗马的弗雷特·德·尚布雷出版了《帕拉第奥》的第一个完整译本（1650年），同时也是十位主要理论家的标准。

图11-12　布卢瓦，加斯东·奥尔良公爵侧翼

妥协　在建筑实践中回归学术纯粹性的领袖是弗朗索瓦·芒萨尔（1598—1666年）。他在布卢瓦城堡（1635—1640年）设计的加斯东·奥尔良公爵侧翼几乎完全取决于叠柱式的比例和稳重构件化（图11-12）。除入口亭阁高度增加和中心

的单一涡形装饰外，所有建筑线条（甚至屋顶线条）均不间断地延续下来。粗面砌筑和屋顶窗同样不存在，巴洛克影响力仅出现在装饰性雕刻品中。芒萨尔在巴黎瓦德卡斯教堂（始于1645年）的作品中坚持了使用柱式的纯粹主义，尽管总体方案是意大利的巴洛克教堂，而且立面和圆屋顶中均出现了巴洛克托架。从那以后，在路易十四统治期间，学院派倾向与巴洛克倾向之间的妥协在几乎相同的时期盛行。在室外，甚至在室内的更大型构件化中，学院派框架主导了设计，巴洛克形式仅限于装饰。

勒沃　　路易斯·勒沃（1612—1670年）是勒默西耶去世后出现的庭院建筑师，他在凸显后文艺复兴特征方面超越了芒萨尔。芒萨尔总是在每个楼层使用一个柱式，而勒沃很少不引入"跨层柱式"，从低墙基层上升到主檐口。柱式在法国建筑中的确不是什么新鲜事物，但在巴洛克至上时期，这是已废弃不用的特征。勒沃在佛子爵城堡、卢浮宫南立面（1664年）和四国学院（1660—1668年）采用了柱式。但在所有这些情况下，仅一个或多个亭阁有较大的柱式，而将建筑的其余部分处理为叠柱式或无柱式。

卢浮宫　　人们认为有必要在卢浮宫的主正面修建更宏伟的建筑。在拒绝本土建筑师的多种设计后，最终决定从罗马召唤贝尼尼。他的设计产生于1665年，需要破坏大部分现有建筑。他建议用从地面上升的单个庞大柱式重建庭院，并用从粗面基底上升的规模同样大的柱式处理室外。这个方案过于奢侈，很快便放弃执行，后来克劳德·佩罗把着重点转向建筑的学者准备一种新设计。他得益于贝尼尼在设计统一性和规模广大性中的教训，更好地使立面适应现有作品，并给予更统一的构件化和比例（图11-13）。与贝尼尼一样，他将很大的科林斯柱式（包括两个上层）置于地下室的地面层高度之上，并在栏杆后面使用了平屋顶。但与贝尼尼不同的是，也的确在现代建筑中第一次出现，他不仅仅用接合柱式装饰墙壁，还在前方采用独立柱廊，类似于列柱廊神庙中的独立柱廊。他遵照德·布罗斯和芒萨尔的做法，采用组合柱，但规模更大，而且有更多罗马细节。此外，他还给长立面的五部分方案留下了新印象。这种新印象是在法国从中世纪城堡发展起来的，有倒圆角塔楼和中央门房，至今仍保留中世纪块体。佩罗对所有亭子做出些微突出的处理，且在中央亭子上方有一个三角形楣饰——这一方法至今仍很常见。

图11-13　巴黎，卢浮宫柱廊

学院　　1671年建筑学院的成立增强了以古风为基础的法律与秩序原则的主导地位，从而完成始于法兰西学院成立的文学的组织体系。通过定期派遣有前途的艺术家到罗马完成研究，进一步增强了古典主义的影响。因此，1677年特许在罗马成立法兰西学院。

图11-14　凡尔赛，凡尔赛宫

凡尔赛　　自1661年执政起，路易十四开始在凡尔赛为其父亲建造城堡，他对这座城堡情有独钟。最终，他将这座城堡作为自己的永久住所及其政府所在地。尽管这座城堡保留了其朝向前院的大部分原先外观，但原先的城堡是一座简单的砖石结构，不得不接受多次扩建，且不可避免地对后期作品的规模产生了影响（图11-14）。勒浮所开始的扩建工程是由佛兰考斯的侄孙于勒·阿尔杜安·芒萨尔完成。朝向花园的长整形立面最终采用的构件体系是一个粗面石堆砌的基底、一个柱式和一个带栏杆的阁楼。然而，在设计中建筑的关注点不在于室外的建筑处理，而在于其功能的多样性（图11-15）。问题是不仅要为国王和贵族王子提供住处，还要为整个宫廷提供住处，其中包括大臣办公室、服务设施、宽敞马厩、一个小教堂以及一个剧场。此外，一边是花园和公园，另一边是新建立的城镇——在宫殿主轴线上两者均对称。即使在埃斯库里尔，也从未出现过如此大规模的单一作品。室内装饰也相应地丰富多彩。在这里（不仅是室外），还出现了仍是当代建筑特征的巴洛克元素。因此，在查尔斯·勒布伦装饰的长形宫镜厅天花板上（图11-16），具有大量破碎的三角形楣饰、托架和纯雕塑。无论是规模还是奢华程度，凡尔赛均建立了一处欧洲诸位王子都梦想实现的理想宫殿。

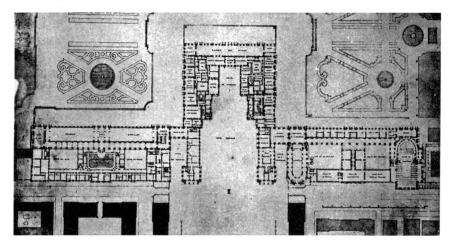

图11-15　凡尔赛，宫殿主楼层平面图

自由倾向的爆发　在其继任者的领导下，路易十四强加给生活和艺术的极端形式激起了新一轮自由倾向的爆发。这一自由倾向采纳了来自波罗米尼及其追随者晚期意大利巴洛克风格的许多建议，但迄今为止这种风格在法国几乎不受欢迎。这一运动最早以及最为显著的表现出现在室内装饰中。在平面图和立面图上，曲线均成倍增加，建筑线条破碎并充斥着雕塑。柱子和柱上楣构的浮夸装饰均从室内去除，取而代之的是更加精致和私密的处理，其中包括镶板、涡形装饰和花纹涡卷形装饰（图11-20）。贝壳工艺品或洛可可风格的盛行形成了广泛适用于新运动所产生的所有自由倾向作品的"洛可可"这一名称。人们并不想按照类似的线条来改造外部建筑。在J. A.梅索尼埃（1693—1750年）的许多设计中，放弃了垂直和水平构件，取而代之的是流动的反向曲线。然而在法国，任何实际建造的建筑的外部均达不到这一极限。柱式均保留在立面，只具有稍微宽泛一点儿的细节自由。在外部，自由精神主要通过增加平面曲线和角度元素的使用以及隔间内和檐口上方丰富的装饰来展示其本身。在南锡为洛林公爵斯坦尼斯拉斯（1750—1757年）建造的一组著名建筑中，所有这些特征均得到了很好的体现。

图11-16　凡尔赛，宫镜厅

学院派胜利　　与洛可可风格晚期同时代且在路易十五统治时期内，人们对自由倾向的奢侈程度有了新的反应，这与其继任者的名字有关。在其两层低楼层的柱子和拱门中，巴黎圣叙尔皮斯教堂（1732—1745年）立面的瑟瓦多尼设计展现了一种在当时不同寻常的古典严肃感和庄严感，且类似特征也出现在里昂苏弗洛（1737年）设计的主宫医院之中。在雅克·安格斯·加布里埃尔的作品中，1752—1770年间这一倾向大获全胜，学院派体系得到了最终的发展。加布里埃尔为协和广场（图11-17）、巴黎军事学院、贡比涅宫、凡尔赛宫剧场和小特里亚农宫（图11-18）所做的设计形成了一个学院派细节和装饰纯粹性均无可匹敌的作品体系。在大多数情况下，他遵循佩罗奉为神圣的设计——一种包含高基底之上两层楼的柱式。在处理柱式本身的过程中，在某些情况下，他获得了佩罗罗马式的辉煌。他经常将柱式限

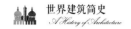

制在主亭，且除了细长优雅的窗户框外，其余的墙均未打破。在路易十六登基前，甚至建筑的室内也失去其奢华的自由。与此同时，由于对古典主义主题的照搬模仿（这导致了洛可可风格和学院派运动的结束），无论是在内部还是外部，其特征均开始发生变化。

图11-17　巴黎，协和广场

建筑类型　　宗教战争的结束再次让这个国家的生活变得安全，且为城堡提供了一种更自由的新发展。从此时起至使得经常居住在城堡成为必要的路易十四时期，贵族们建造了许多与英格兰无数庄园相映的城堡。尽管这些较大城堡中有一些保留了封闭的庭院，但倾向是忽略第四边的区块和缩短托架，因此在许多较小的例子中，只留下主区块。

图11-18　凡尔赛，小特里亚农宫

另一方面，主区块本身比较宽厚，其中设有一处双排房间，如此就无须穿过私人公寓。在弗朗索瓦·芒萨尔的设计中仍占据着中心的主楼梯被推到一边，成为一个纪念性门厅。房间的功能变得越来越专用化。如今客厅或接待室出现，且获得了中心的显要位置，同时朝向花园。自勒沃时代起，就赋予了它椭圆形状，如此允许向四周眺望。路易十四建立的政权以两种相反的方式对城堡产生影响。一方面，在凡尔赛宫，它将城堡扩大为现代宫殿。另一方面，它在宫殿附近建造了许多小型优雅的城堡作为休闲或私密场所，与意大利庄园中的娱乐场一样。马尔利、大特里亚农宫和小特里亚农宫（图11-18）均为表现亲密渴望不断增长的例子，这些最终形成了玛丽·安托瓦内特的乡村小村庄。

园艺　花园本身被赋予了一种崭新华丽的处理方式。这是由安德鲁·勒诺特在沃克斯揭幕，并由他在凡尔赛和其他皇家住宅进行开发。包括规模的普遍扩大，大规模的运河、盆地、瀑布和喷泉的引入，以及通过辐射和交叉林荫道的体系将花园设计扩建到所有邻近农村。特里亚农建筑中显而易见的华丽反应后期在花园中得到体现。采用了英格兰非正式或景观花园，作为更适合宫廷生活休闲阶段的环境。

酒店　巴黎发展成为一个全国性的大都市，推动了城市住宅或旅馆的发展，其庭院和花园的面积通常可与城堡媲美。恢宏的例子（大小相似）保留了前院和临街的屏风，同时客厅在一个区块，朝向后面的花园。酒店内也发生了与城堡内一样朝着更便利方向发展的内部变化。在为建筑的所有不同职能单独制定规定时，往往在有限和不规则的地点运用了极大的独创性。马厩和服务用房均设有自身的附属庭院（各种尺寸）。狭窄地段上的小房屋也被赋予了至今仍主导着城市面貌的古典主义形式建筑表现。有时候整排房屋均统一视为一个纪念性广场的四周墙壁，在其他时候，只有一个立面，通常是三个隔间。在这两种情况下，均采用了最受欢迎的高度划分，即一个上面还有两层楼的基底，对应一个柱式。随着土地价值的上升，建造了四层或更多楼层的公寓，这符合相同的建筑设计，但带有夹层和阁楼。

教堂　17世纪和18世纪的法国教堂不如国家或社会重要，但还是建造了一些著名的宗教建筑。教区教堂具有巴西利卡式设计，以及两层带有托架或双塔的立面，这是当代意大利巴西利卡式教堂的特点。当时更重要的教堂要么是具有宗教信仰性质的教堂，例如圣宠谷教堂（始于1645年）；要么是附属于一个机构的小教堂，例如索邦教堂（1635—1653年）、四国学院（1660—1668年）和荣军院（1692—1704年）。因此，这些教堂是被相对自由的正面礼拜仪式所限制，且可通过采用圆顶来实现其纪念功能。刚才提及的四个教堂均具有圣彼得教堂揭幕的高鼓形座和外部轮廓。索邦教堂和圣宠谷教堂均设有巴西利卡式中殿，且具有与巴西利卡式教堂一样的两层立面。在荣军院新教堂内，尽管教堂是一个纯粹的中心式建筑（没有走廊或楼座），但还是保留了这种设计。只有在四国学院才采用了单个柱式。所有这些圆顶教堂的设计均提供了有趣的例子，这说明后文艺复兴时代的倾向使各部分之间的相互关系成倍增加，而非保持其个体的统一。在凡尔赛宫，有不能引入圆顶的特殊原因。宫殿教堂不得不把轴向位置让给国王的皇家卧室，且因此不能接受一个会过分伤害整个群体对称性的开发。芒萨尔所采用的解决方案是一个巴西利卡式设计，低矮拱廊走廊之上的楼座视为高大的柱廊，这在教堂设计中非常新颖，但却非常符合那个时期的通用规则。

整体规划　始于法国建筑（包括德洛姆）的大规模统一集群的设计更具有后文艺复兴时期的特征。像凡尔赛宫和卢浮宫这样的大城堡并不是唯一的例子。巴黎荣军院为六千名残疾士兵提供住宿，同样规模巨大的军事学院是由一系列庭院对称组成。如同在大规模罗马集群内，从属轴体系实现了高度组织。同样的技巧表现在对角轴的处理以及通过圆形和椭圆形特征将不规则设计中的元素结合起来。

城镇规划　具有统一设计的私人建筑所包围的广场的创造（亨利四世所开创）在其继任者的领导下得以延续。皇家广场和亲王广场在设计上均为矩形。然而，一个从未实现过的工程——法兰西广场在城市入口处设有一个半圆形空间，其街道向四周辐射。在圆形胜利广场，路易十四也展现了类似的概念（1684—1686年）。路易大帝广场或旺多姆广场是一个长方形的建筑，通过在斜对角截断角而变得多样化，并在轴心点采用附墙柱和三角形楣饰进行装饰。与后两个一样，路易十五广场或协和广场主要是作为一处纪念性建筑的背景。其建筑只占一面，但带有与卢浮宫一样的独立柱廊，在其他例子中它们具有无可媲美的丰富性。在省镇广场和码头，也被视为统一的组成部分；在南锡，甚至连一系列的广场也整合成一个设计，其规模和复杂程度堪比最大的罗马广场。因此表达出时间对柱式和从属的喜爱，以及对在更大统一中吸收个体统一的喜爱。

结构　除亨利四世时期外，荷兰的影响导致在一些更容易获得石材的地区也采用砖头，石材几乎只应用于纪念性建筑。法国石灰石的柔软和细腻质感使雕刻几乎像在大理石之中一样自由和精致。大理石本身有使用但很少，且只是作为一种贵重的装饰，例如，在划分凡尔赛宫和特里亚农中心区块的柱身。石材加工的简易性以及法国建筑师的几何技巧使切割石材在拱顶中的应用达到了前所未有的程度，因此石材切割或切体学学科发展达到了最高水平。

详情　外部处理中整体统一的概念并不像在意大利那样经常被推行到破坏单一细节的统一（例如门框和窗户框）。在巴洛克风格盛行的短暂时期之后，这些细节均遵循古典主义或帕拉第奥风格，只做了轻微修改，在比例和轮廓的协调上与其相同。然而，那个时代的精神出现在对使用耳状物和托架的喜爱上，以及对支架的联结和组合的喜爱上。过渡构件的频繁使用也体现了这一点。因此，在小特里亚农宫（图11-18）的立面，在主突出柱廊的两侧引入了一个从属断面，且在侧窗的柱顶过梁引入了一个类似的细小断面。有时候，发现中断三角形楣饰令人反感的相同理性主义情绪要求完全忽略柱式，柱子不会履行其作为一个孤立支撑的原始功能。一个例子是巴黎圣丹尼门（图11-19），该建筑删除了罗马凯旋门设计，使用带雕刻奖杯装饰的大锥形镶板代替柱子。这种在18世纪逐渐增强的独特民族倾向在随后的时期内结出了丰硕的果实。

图11-19　巴黎，圣丹尼门主前门

图11-20　凡尔赛，路易十五的公寓细部

内部　　在室内，墙面处理和家具的设计统一是一种新颖显著的特征。事实上，在洛可可风格盛行期间，室内统一发挥到了极致——房间的形状、镶板的主题和家具的线条均基于相似的曲线，这就排除了各个部分的独立性（图11-20）。在路易十五和路易十六的统治下，渴望亲密感导致了房间大小和高度的缩小，在这些房间中，人们追求优雅而非华丽。

英国：巴洛克风格盛行　　第一种到达英国的后文艺复兴时期的形式是来自德国的巴洛克式涡形装饰和窄带装饰，正如我们所见，这些涡形装饰和窄带装饰大量应用在本质上仍是哥特式布局的建筑上（图10-30）。因此，与法国亨利四世类似，詹姆斯一世的统治（1603—1625年）成为巴洛克风格盛行时期。同样在法国，这种巴洛克风格的盛行昙花一现，很快就被以学院派元素为主的妥协方案所取代。

学院派形式的引入　　学院派形式引入英国基本上是伊尼戈·琼斯（1573—1652年）一人之功劳。其建筑生涯始于1613年和1614年的意大利之旅，其间他参观了罗马和维琴察，研究了帕拉第奥和其他建筑师的作品，并结识了马德尔纳和其他最重要的罗马当代建筑师。因此，他既受到学院派影响，又受到巴洛克风格的影响。然而，如同在法国，最终达成的妥协方案并不是基于该国已使用的形式，而是直接基于意大利当前所使用的形式。因此，早在1620年，英格兰就具有比意大利更为先进的建筑风格。琼斯最著名的设计是为白厅建造的宫殿（1619年）——一个与德·洛梅建造的杜伊勒里宫类似的大规模建筑。唯一建造的部分——国宴厅（图11-21）设有一个典型的帕拉第奥式立面，其柱式为两层楼、一个设有栏杆的平式屋顶和一个在支撑周围中断的柱上楣构。琼斯的圣保罗大教堂独立托斯卡纳柱廊、考文特花园、其格林尼治"女王宫"及其为旧圣保罗大教堂设计的巨型柱廊均代表了其学院派元素。然而，格林尼治医院的查尔斯国王区块设计紧跟圣彼得大教堂的马德尔纳立面，而位于约克楼梯的大门以及其他小型工程和室内设计均展示出明显的巴洛克风格特征。

图11-21　伦敦，白厅国宴厅

克里斯托弗·雷恩爵士　直至南北战争之后，琼斯的作品几乎保持孤立。然而，在复兴时期，一位杰出的数学家克里斯托弗·雷恩（1632—1723年）开始活动，他在建筑方面的主要训练来源于书籍和1665年（也即贝尼尼在巴黎获得成功的那一年）的巴黎之旅。自然而然在其身上，如同在伊尼戈·琼斯身上，学院派和巴洛克风格的影响应结合在一起，巴洛克元素甚至比其原有元素更强烈。在某些设计中，可以肯定的是，例如剑桥大学三一学院图书馆，凭借着对圣马克图书馆的回忆，他仍保持庄严的学院派元素；在纪念1666年大火的伦敦纪念碑上，他通过模仿图拉真柱，预见了后来的古典主义运动。然而，在其塔楼和塔尖中，在他对砖块和石材结合的喜爱中，尤其是在他室内华丽的细部中，展示了当代意大利和低地国家的影响。

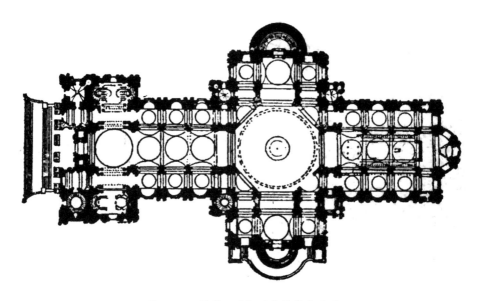

图11-22 伦敦，圣保罗大教堂平面图

圣保罗大教堂 雷恩最重要的使命是重建圣保罗大教堂（1668—1710年）。其第一个设计是一座设有一条环绕走廊的大型八角形圆顶教堂，如同威尼斯安康圣母教堂，但具有更多的连接和各种各样的空间效果。正如布拉曼特和米开朗琪罗的圣彼得大教堂中心设计所证明，这对神职人员而言太过激进，必须取代一种纵向设计

计（图11-22）。然而，正如佛罗伦萨大教堂，穹顶仍是一种主要特征，包括中殿和走廊的整个宽度。它在早期工程中的外部形式似乎是从圣彼得大教堂的圣加洛模型中衍生出来，但在其最终形式（图11-23）中，受到了布拉曼特设计的影响。如同蒙托里奥圣彼特罗的布拉曼特坦比哀多，它设有一条带栏杆的独立式柱子列柱廊、一个镶有镶板的鼓形座以及圆顶上的肋拱。圣保罗大教堂的大规模赋予了这座建筑新的威严。在立面，雷恩采用了当时大多数意大利教堂的两层楼设计，双塔结构与罗马圣依弱斯教堂及其他巴洛克风格的建筑类似。然而，

图11-23 伦敦，圣保罗大教堂

在中心的叠置柱廊，更具有帕拉第奥和佩罗的学院派尊严。室内巴西利卡式布局，加上侧天窗所需的飞扶壁，雷恩觉得必须通过在室外实行其第二层柱式来进行掩饰。室内穹顶也远低于室外穹顶，室外穹顶由支撑天窗的锥形砖上方木材框架形成。因此，牺牲了建筑的率真以获得设计的完全自由，这是后文艺复兴时期艺术家对室内和室外的要求。

范布勒　这一时期的双重倾向在约翰·范布勒爵士的作品中形成了鲜明的对比，他在35岁时开始从事建筑工作，在此之前，他作为喜剧作家取得了辉煌的成功。在其霍华德城堡、布伦海姆宫（图11-24）和其他贵族住宅的大规模设计中，他将柱式和房间的规模、生动的建筑群体以及从属柱廊和附属建筑对主要群体的支撑发挥到了极致。巴洛克风格的特征普遍存在于对小穹顶和天际线的处理中，而柱廊通常是庄严的古典主义布局。约1710年，范布勒及其学生尼古拉斯·霍克斯穆尔设计的牛津大学克拉伦登出版社大楼里出现了这种古典柱廊，没有任何巴洛克元素的组合。

图11-24　布伦海姆宫前院

学院派风格盛行　事实上，大学的影响明显是在古典主义和学院派一方，且是贵族业余爱好者的学校教育，其中前往意大利"游学旅行"必不可少。其中最有影响力的是伯林顿勋爵（1695—1753年），他在维琴察购买了帕拉第奥的画作，在1715—1716年发行了其作品版本，并在1730年修复了古建筑。他还通过委托和帮助

出版他们的设计来协助帕拉第奥倾向的建筑师科林·坎贝尔、威廉·肯特等人。1716—1717年坎贝尔所设计的伦敦伯灵顿大厦展示了帕拉第奥的设计，其中最受欢迎的是坎贝尔和伯灵顿本人所再现的圆厅别墅。在约克礼堂中，伯灵顿采用了帕拉第奥"两层楼中柱廊所包围的埃及人"仿制品。帕拉第奥所使用的独立式柱廊成为贵族大型住宅（图11-25）和教堂的惯例。此后整个世纪以来，在英国，细部的学术纯粹性达到了抛弃立面所有装饰性雕塑的地步，这些雕塑的效果完全依赖于抽象的构图和比例。因此，英国在一代或一代以上的时间内期待着学院派的胜利和其他国家古典主义的到来，并在其身上施加了强大的回归影响。

图11-25　巴斯附近的普赖尔公园

住宅建筑　　后文艺复兴时期是英国土地贵族的全盛时期，这一时期的特征类型自然应是大型乡村住宅。王宫几乎没有超过许多其他所在地的规模和华丽，且很可能视为与其在一起。在发展过程中，首先考虑的是形式，室内尽可能布置好，同时不影响立面。采用新柱式的第一座建筑是设计于1617年的格林尼治女王宫。这是一个实体长方形区块，在一处高基底上方设有一个中央柱廊凉廊，并设有一个平式屋顶和栏杆——与具有高高翅膀、隔间和山墙的典型詹姆士风格房屋形成了革命性的对比。在其白厅设计中，琼斯采用了叠加柱式；在格林尼治后期建筑中，则是一个跨层柱式和阁楼。在萨默塞特宫，正如所建造，他采用了穿过两层楼的壁柱，位于一个拱廊基底之上。这些设计在便利性和隐私方面取得了一定的进展，在许多区块，房间行列翻倍，走廊通常增加。在前院两边，还采用帕拉第奥的附属建筑（通过柱廊与房屋相连接）设计。在琼斯引入的意大利立面规则中，最受欢迎的是卢浮宫所采用的规则，这种规则的威望更高，即基底之上的高柱式。在汉普顿宫（1689—1700年）中，雷恩采用了这种规则，且后期帕拉第奥式风格（在范布勒偏爱跨层柱式之后）也恢复了这种规则。在范布勒大型房屋中，将主房的区块状部分改造成翼，从而提供朝向花园的长形套间，仿照凡尔赛宫的模式。在布伦海姆宫，事实上这些翼也是沿着房屋的侧面向前；厨房和马厩被推到更远处，并集中在第二个前院的两边，如同凡尔赛宫的皇家庭院。然而，与凡尔赛宫不同的是，范布勒的房屋强调中心和末端群体的质量，这使得其在轮廓上更加生动（图11-24）。随着帕拉第奥主义的回归，人们采用了大型独立人字形柱廊，通常由六根科林斯式柱组成，如同巴斯附近建于1734年的普赖尔公园（图11-25）。在其他帕拉第奥式房屋中，这种布局更具严谨性，甚至在两个轴上都对称，有时还设有四个外围区块（例如在霍尔卡姆）。如今服务用房设在地下层，不那么公开，但其与客厅的联系更加方便。

更小型的房屋　除众多的大型房屋及其学术机构的规模外，还有更多朴实无华的房屋，其中许多根本无须柱式。即使是那些视为琼斯和雷恩的作品，也仅仅是墙壁和洞口的简单组合——石材、砖块或者砖块和石材，有时还带有古典的柱顶过梁，有时甚至没有。带有铅框和竖框的窗户遭到抛弃，取而代之的是经过油漆的木制窗框，古典的细部限制在壁柱装饰的门口和主檐口。在更简单的例子中，除了一般的规则性和对称性之外，甚至可能没有任何特别古典的特征，例如在克利福德·钱伯斯（图11-26）中，"民间"风格展示在一个优雅华丽的典型自然环境中。

园艺　英国早期的花园受到外国的影响，相继是意大利式（带有露台、雕像和喷泉）、荷兰式（带有修剪成奇异形状的紫衫）和法国式（带有勒诺特的长林荫道和沟渠）。18世纪早期，在沙夫茨伯里、艾迪生和波普等作家的领导下，开始了对自然景观的现代欣赏，随之而来的是非整体式景观花园的创造——一种新的类型，特别是英式。巨大的整体式花园逐渐获得重建，直至房屋矗立在自然风格庭院上，在那里，每一个策略均用来创造令人愉快的景色和不断变化的特征。许多细微的装饰结构（其中古典神庙的有趣复制品开始出现）使庭园进一步多样化和富有生机。

图11-26　柯利弗德内庭

教区教堂　在后文艺复兴时期，除了伦敦，教堂建筑在英国并不常见。在伦敦，城市的巨大发展和1666年大火所造成的破坏使之必须建造许多新建筑。他们提出了一个问题——甚至连英国的国教也与法国和德国的新教都共同存在的问题：以文艺复兴形式建造一座教堂。在第一个例子——圣保罗大教堂、考文特花园（1631年）中，琼斯比帕拉第奥本人更接近帕拉第奥再现古典主义教堂的理想。经证明，这是一种孤立的外来物。雷恩解决了这个问题，其方法是采用广泛而紧凑的设计，几乎没有柱子，但具备最大的多样性和形式的独创性。如同圣布莱德教堂，带有筒形拱顶中殿的巴西利卡布局在教堂中并不罕见，且偶尔还会发现由柱子和对角拱支撑的穹顶，例如在瓦尔布鲁克圣史蒂芬大教堂。经常会增加楼座以增加座席容量。在外部，雷恩通常保留钟楼，并使教堂其余部分的建筑处理服从于其上部的繁复发展。他试图通过古典主义元素在递减时期的轻松组合来保持哥特式尖顶的表达效果。这些尖塔中第一个也是最有影响力的一个是圣玛莉里波教堂（图11-27），这座教堂从方形钟楼过渡到角形尖顶饰，并通过一系列托架进一步缩小直径。这种类型的后期发展是通过消除尖塔中的哥特式或巴洛克式元素，并通过在建筑主体上增加柱廊和其他古典主义构件来实现。所有这些变化的最佳体现是在詹姆斯·吉布斯的教堂中，其滨河圣母教堂通过叠加基于圣保罗大教堂的柱式来处理外部。其圣马丁教堂设计中有一个六边形的科林斯柱廊和一个尖塔，其中从正方形到八边形的过渡甚至比雷恩的更巧妙。它成了许多其他教堂的原型。

城镇规划　　许多建筑的统一设计是这一时期的特征，始于英国伊尼戈·琼斯的考文特花园设计——一座被开放式拱廊环绕的广场，拱廊视为穿过两层楼以上的壁柱基底。为了在1666年大火后重建伦敦，雷恩根据法国已经采用的辐射原则制定了一种设计，但受到影响的众多私人利益阻止了这一设计的实施。然而，伟大的地主继续建造统一的街道和广场，其地租制度支持这种方法。这类建筑最终范围的最好体现在伦敦以外的巴斯，在那里，建筑师约翰·伍德不仅建造了广场，还建造了具有通过壁柱或重叠柱子进行处理的连贯学院派立面的"圆形竞技场"和"新月楼"。

图11-27　伦敦，圣玛莉里波教堂

详情　　在英国，学院派倾向和巴洛克倾向之间的妥协时期通常是以严格遵循柱式本身的形式和比例为标志，但在其他细节上（特别是在室内），具有相当大的特许。因此，尽管（例如）涡卷柱子出现在很少的例子中（例如在伊尼戈·琼斯所建造的牛津圣玛丽教堂的门廊中），但经常出现中断和涡卷形装饰的三角形楣饰、带有粗面石堆砌的柱顶过梁和托架的自由组合。在雷恩的室内设计中，这些特征均与最奢华和最繁复的雕刻相结合，这是贝尼尼的精神传承者格里林·吉本斯和意大利装饰家的作品。所有这些作品中均呈现出后文艺复兴时期特有的感觉，即各个部分相互依存、相互转换、融合成一个不可分割的整体。然而，随着18世纪帕拉第奥运动的开展，出现一种放弃这种建筑模式的倾向，这种倾向甚至删除只要学院派形式就会遵循该倾向的帕拉第奥自身的作品。因此，逐渐抛弃使用亭子（在附墙柱上打破檐口）、耳状物和托架以及壁柱所中断的束带层。不中断檐口和自立门窗往往主宰着雄伟自立的建筑本身，同时很少向其环境过渡。因此，这里的学院派首先让位于注定要继承它的新古典主义。

巴洛克建筑　德国约1580年从意大利引入巴洛克形式后，巴洛克精神保持了彻底的主导地位。起初，它受占据主导地位的埃里希和意大利北部的影响，并与中世纪主义遗风相结合，产生了德国建筑的特征，例如海德堡的弗里德里克堡（1601—1607年）和奥格斯堡的市政厅（1614—1620年）。然而，三十年战争（1618—1648年）及其空前绝后的破坏，使德国的所有建筑陷入停滞，并摧毁了建筑传统本身。与此同时，在南方，天主教教员召集了意大利的耶稣会士来帮助他们，从而带来了意大利建筑师以及他们更成熟的巴洛克风格。因此，在1606年，帕拉第奥的学生文森诺·斯卡莫齐为萨尔茨堡大教堂制定了一种设计，该设计于1614—1634年期间实施，其形式令人想起罗马耶稣教堂。

意大利建筑师在布拉格建造了在叠置柱廊上带有其巨大的花园拱门凉廊的华德斯坦宫殿（1623—1629年），后来，在慕尼黑建造设有两层楼立面、高大穹顶和带有多个托架的西式塔楼的特埃蒂娜教堂（1663—1675年）。直至1700年后，一个独立的巴洛克德国版本才繁荣起来，当时涌现了一批在这种表达方式上表现出的能力甚至在意大利也难以匹敌的大师。

安德烈亚斯·施卢特在柏林王宫中注入了其雕塑的丰富装饰精神，马特乌斯·珀佩尔曼在德累斯顿的茨温格宫（1711—1722年）中通过每一个元素的不完整性和相互依赖性实现了所有元素的最终融合（图11-28）。乔治·巴尔通过其德累斯顿的圣母教堂（图11-29）将新教礼堂教堂的发展推向了一个辉煌巅峰，这座教堂设有圆形大厅和传奇内部楼座，实现了从体块到圆顶独特而成功的过渡。在维也纳，建筑先锋历史学家大约翰·菲舍·冯·埃尔拉赫表现出了一种更加折中的精神——在其圣嘉禄教堂中使用了古典柱廊和图拉真柱的仿制品作为元素——但总体上巴洛克式观念占据了主导地位。

图11-28　德累斯顿，茨温格宫中央展馆

图11-29　德累斯顿，圣母教堂

洛可可式　约从1730年开始，由于法国压倒性的威望，这种本土的增长为法国建筑师的涌入和法国的影响所淹没。这些建筑师是路易十五时期自由洛可可装饰的行家，他们不受学院派传统的限制，将曲线风格延续到外部。相反，盛行的本土巴洛克风格鼓励他们任其倾向沉迷于优雅的城堡之中，例如在德国以外没有对应风格的弗兰索瓦·德·屈维利埃的阿玛琳堡。

学院派的兴起　腓特烈大帝（1740—1786年）不仅转向法国，还转向英国，英国在18世纪后期甚至开始为法国本身设定模式。柏林皇家歌剧院（1743年）设有一个由六根柱子组成的人字形科林斯式柱廊，以及庄严的古典壁龛，且几乎完全没有雕塑。这种学院派倾向的最终胜利，预示着古典主义本身的胜利，出现在卡尔·冯·龚塔德所建造的柏林御林广场的装饰塔楼上（1780年），其中融合了对雷恩和苏弗洛高大圆顶的回忆。

后文艺复兴建筑时期	

意大利	1.学院派和巴洛克倾向的确立，约1540—1580年。
	米开朗琪罗·博那罗蒂，1475—1564年。
	  佛罗伦萨对圣洛伦佐立面的研究，1514年。
	  圣洛伦佐新圣器收藏室（梅迪奇礼拜堂），1521—1534年。
	  佛罗伦萨劳伦森图书馆，1524—1571年。
	  罗马圣彼得大教堂，1546—1564年。
	  罗马卡比多宫殿和广场，1546年。
	  罗马安杰利圣母堂，1559年。
	  罗马庇亚城门，1559年。
	安德烈亚·帕拉第奥，1518—1580年。
	  维琴察巴西利卡，1549年。
	  维琴察瓦尔马拉纳宫，始建于1556年。
	  威尼斯圣乔治马乔雷教堂，1565年。
	  威尼斯救主堂，1577年。
	  维琴察附近的阿尔梅里戈别墅（圆厅别墅），1570—1589年。
	  维琴察奥林匹克剧场，1580—1584年。
	贾科莫·巴罗兹·达·维尼奥拉，1507—1573年。
	  卡普拉罗拉宫，1547年。
	  罗马教皇尤利亚别墅，1550年。
	  罗马圣安德烈亚教堂，1550年。
	  维泰博附近的兰特别墅，始建于1566年。
	  罗马耶稣教堂，1568年。
	乔尔乔·瓦萨里，1511—1574年。
	  佛罗伦萨乌菲兹美术馆，1565—1580年。
	加里亚佐·埃里希，1512—1572年。
	  热那亚萨乌利宫殿，约1550年。
	  热那亚卡里尼亚诺圣母升天圣殿，始建于约1552年。
	  米兰马里诺宫，1568年。
	巴托缪·阿曼纳提，1511—1592年。
	  佛罗伦萨圣三一桥，1567—1570年。
	2.巴洛克风格盛行，约1580—1730年。
	贾科莫·德拉·波尔塔，1541—1604年。
	  罗马耶稣教堂立面设计，约1573年。
	多梅尼科·丰塔纳，1543—1607年。

后文艺复兴建筑时期	
意大利	宝拉泉，1585—1590 年。 卡洛·玛登纳，1556—1639年。 　　罗马圣彼得大教堂立面，1606—1626 年。 乔凡尼·洛伦佐·贝尼尼，1598—1680年。 　　罗马圣彼得大教堂，1624—1633 年。 　　圣彼得大教堂柱廊，1656—1663 年。 　　梵蒂冈连廊，1663—1666 年。 　　卢多维西宫（蒙特奇托利欧），1642—1700 年。 弗朗切斯科·波罗米尼，1599—1667年。 　　罗马斯帕达宫重建，1632 年。 　　四喷泉圣卡罗教堂，1640 年。 　　罗马圣，依溺斯教堂，1645—1650 年。 瓜里诺·瓜里尼，1624—1683年。 　　都灵卡里尼亚诺宫，1680 年。 巴尔达萨雷·罗根纳，1604—1682年。 　　安康圣母教堂，1631—1682 年。 3.妥协，约1730—1780年。 菲利波·尤瓦拉，1685—1735年。 　　都灵附近的苏佩尔加山，1706—1720 年。 　　都灵玛德玛宫，1718 年。 阿历桑德罗·加利莱，1691—1737年。 　　拉特兰教堂立面，1734 年。 卢吉·范维特利，1700—1773年。 　　卡塞塔宫，1752 年。
西班牙	1.学院派建筑，约1570—1610年。 胡安·德·埃雷拉，约1530—1597年。 　　埃斯库里亚尔，1563—1581 年。 　　巴利亚多里德大教堂，1585 年。 　　塞维利亚交易所，1584—1598 年。 2.巴洛克风格盛行，约1610—1750年。 胡安·戈麦斯·德·莫拉，卒于1647年。 　　萨拉曼卡耶稣会学院和教堂，1614—1750 年。

续表

后文艺复兴建筑时期	
西班牙	丘里格拉，1650—1723 年。 　玛丽亚·路易莎女王灵柩台，1689 年。 　萨拉曼卡市政厅。 佩德罗·里贝拉。 　马德里省医院立面，1772—1799 年。 文图拉·罗德里格斯，1717—1785年。 　马德里圣马科斯，1749—1753 年。 　马德里圣弗朗西斯科大教堂，1761 年。 3.反应，约1730年。 菲利波·尤瓦拉和乔瓦尼·巴蒂斯塔·萨切蒂，卒于1766年。 　拉格兰哈王宫，1721—1723 年。 　马德里王宫，1734 年。 佩德罗·卡罗，卒于1732年。 　阿兰胡埃斯宫，1727—1778 年。
法国	1.巴洛克风格盛行，约1590—1635年。 亨利四世，1589—1601年。 　埃蒂安·杜 贝拉克，约 1540—1601 年。 　　圣日耳曼宫殿和花园，1594年。 　克劳德·查斯蒂伦，1547—1616 年。 　　巴黎皇家广场，1604年。 路易十三世，1610—1643年。 　萨洛蒙·德·布罗斯，生于 1552—1562 年间，卒于 1626 年。 　　卢森堡宫，1616—1620年。 　　巴黎圣热尔韦教堂立面，1616—1621年。 　雅克·勒默西耶，1585—1654 年。 　　卢浮宫庭院扩建，1624—1630年。 　　黎塞留城堡，1627—1637年。 　　索邦教堂，1635—1653年。 2.妥协，约1635—1745年。 更庄严时期，约1635—1715年。 　弗朗索瓦·芒萨尔，1598—1666 年。 　　布洛伊斯加斯顿·奥里良之翼，1635—1640年。

续表

	后文艺复兴建筑时期
法国	巴黎附近的麦松府邸，1642—1651年。 　　　　巴黎圣恩谷教堂，始建于1645年。 　　路易十四，1643—1715年。 　　　　路易·勒沃，1612—1670年。 　　　　　　子爵谷城堡，约1656—1660年。 　　　　　　巴黎四国学院，1660—1668年。 　　　　　　卢浮宫后续，1664—1670年。 　　　　　　凡尔赛宫重建（大理石庭院），1665—1670年。 　　　　克劳德·佩罗，1613—1688年。 　　　　　　卢浮宫柱廊，1665年。 　　　　于勒·阿尔杜安·芒萨尔，1646—1708年。 　　　　　　凡尔赛第二次重建，1678—1688年；小教堂，1699—1710年。 　　　　　　巴黎荣军院穹顶，1692—1704年。 　　　　弗朗索瓦·布朗德尔，1618—1686年。 　　　　　　巴黎圣丹尼门，1672年。 　　自由时期，洛可可，约1715—1745年。 　　路易十五，1715—1774年。 　　　　J.奥贝特，卒于1741年。 　　　　　　尚蒂利马厩，1719—1735年。 　　　　　　巴黎毕洪宅邸，1728年。 　　　　吉拉迪尼，日期不详。 　　　　　　巴黎波旁宫，1722年。 　　　　热尔曼·博夫朗，1667—1754年。 　　　　　　巴黎阿姆洛酒店。 　　　　埃瑞·德·科尔尼，1705—1763年。 　　　　　　南锡新区，1750—1757年。 　　3.学院派胜利，1745—1780年。 　　路易十六，1774—1792年。 　　　　让·尼古拉斯·瑟瓦多尼，生于1695年或1696年，卒于1766年。 　　　　　　巴黎圣叙尔皮斯立面，1732—1745年。 　　　　雅克·日尔曼·苏弗洛，1709—1780年。 　　　　　　里昂主官医院立面，1737年。 　　　　　　巴黎圣吉纳维芙（万神殿），1757—1790年（见第十二章）。

续表

后文艺复兴建筑时期
法国	雅克·安格斯·加布里埃尔，1698—1782年。 　巴黎军事学院，1652年。 　贡比涅宫，1652—1672年。 　凡尔赛剧场等，1753—1770年。 　小特里亚农宫，1762—1768年。 　巴黎协和广场宫殿，1762—1770年。 雅克·丹尼斯·安托万，1733—1801年。 　巴黎造币厂，1771—1775年。
英格兰	1.巴洛克风格盛行，约1600—1620年。 （见詹姆斯一世时期的英国文艺复兴建筑） 2.妥协，约1620—1720年。 伊尼戈·琼斯，1573—1652年。 　格林尼治女王宫，1617—1635年。 　伦敦白厅宫，1619—1622年。 　圣保罗广场和教堂，考文特花园，1631年。 　伦敦旧圣保罗大教堂柱廊，1633年。 　格林尼治查尔斯国王街区，1637年。 　伦敦萨默塞特宫，1636—1638年。 　威尔顿府，1647年。 克里斯托弗·雷恩爵士，1632—1723年。 　牛津谢尔登剧场，1663—1668年。 　伦敦重建计划，1666年。 　伦敦圣保罗大教堂，1668—1710年。 　伦敦纪念碑，1671年。 　伦敦圣殿酒吧区，1671年。 　伦敦城市教堂，1670—1711年。 　圣斯德望，沃尔布鲁克，1672—1679年。 　圣玛莉里波教堂，1680年。 　圣布里奇特，1680—1702年。 　格林尼治的建筑，1676—1716年。 　剑桥三一学院图书馆，1678年。 　汉普顿宫，1689—1703年。

续表

后文艺复兴建筑时期
英格兰	威廉·塔尔曼，1670—1700年。 　　查茨沃斯，1681年。 约翰·范布勒爵士，1666—1726年。 　　霍华德城堡，1702—1714年。 　　布莱海姆宫，1705—1724年。 尼古拉斯·霍克斯穆尔，1661—1736年。 　　牛津大学克拉伦登出版社（与范布勒），约1710年。 3.学院派至上，约1720—1770年。 理查德·博伊尔，伯灵顿伯爵，1695—1753年。 　　巴斯魏德将军府，1723年。 　　奇斯威克的庄园，1729年。 　　约克集会厅，1730—1736年。 科林·坎贝尔，约1729年。 　　伦敦的伯灵顿府，1717年。 　　万斯特德，1720年。 　　梅瑞沃斯城堡，1723年。 詹姆斯·吉布斯，1628—1754年。 　　伦敦圣马丁教堂，1721—1726年。 　　牛津拉德克利夫图书馆，1737—1747年。 威廉·肯特，1684—1748年。 　　霍尔卡姆，1734年。 　　伦敦骑兵卫队，始于1742年。 约翰·伍德，约1704—1754年。 　　巴斯附近的普约尔公园，1734年。 　　巴斯圆形竞技场，1754年。 老乔治·丹斯，1698—1768年。 　　伦敦市长官邸，1739—1753年。 詹姆斯·派恩，1725—1789年。 　　沃克索普庄园府，1763年。 威廉·钱伯斯爵士，1726—1796年。 　　伦敦萨默塞特府重建，1776—1790年。

德国	1.巴洛克建筑，约1580—1730年。 　　慕尼黑圣弥额尔教堂，1583—1597年。

世界建筑简史
A History of Architecture

	后文艺复兴建筑时期
德国	海德堡的弗里德里克堡，1601—1607年。 埃利斯·霍尔，1573—1646年。 　　奥格斯堡市政厅，1614—1620年。 文森佐·斯卡莫奇。 　　萨尔斯堡大教堂设计，1606年，1614—1634年完成。 安东尼奥和彼得罗·斯佩扎。 　　布拉格华德斯坦宫的凉廊，1629年。 恩里科·祖卡利，1643—1724年。 　　慕尼黑铁阿提纳教堂，1663—1675年。 安德烈亚斯·施卢特，1622—1714年。 　　柏林王宫，1699年。 菲舍尔·冯·埃尔拉赫，1650—1723年。 　　维也纳欧根亲王宫，1703年。 　　维也纳圣卡洛·波罗莫教堂，1716—1737年。 马特哈乌斯·丹尼尔·波波尔曼，1662—1736年。 　　德累斯顿茨温格宫，1711—1722年。 乔治·巴尔，1666—1738年。 　　德累斯顿圣母教堂，1726—1740年。 巴尔塔扎·诺伊曼，1687—1753年。 　　布鲁赫萨宫殿，1722—1743年（部分洛可可）。 2.洛可可，约1730—1770年。 老弗兰西斯·屈维耶，1698—1768年。 　　慕尼黑附近的阿玛利堡酒店，1734—1739年。 皮埃尔·德拉古皮耶尔。 　　路德维希堡附近的蒙里普斯城堡，1760—1767年。 　　斯图加特附近的孤独城堡，1763—1767年。 乔治·冯·诺贝尔斯多夫，1699—1753年。 　　夏洛特堡的纽斯城堡，1740—1742年。 　　无忧宫，始于1745年。 3.学院派的兴起，约1740—1780年。 乔治·冯·诺贝尔斯多夫，1699—1753年。 　　柏林的皇家歌剧场，1743年。 卡尔·冯·冈塔德，1738—1802年。 　　波茨坦公社，1765—1769年。 　　柏林的广场塔楼，1780年。

第十二章　现代建筑

18世纪中期开始了一系列政治和文化变革，其重要性不亚于15世纪。尽管这些运动中有许多是文艺复兴运动的延伸或逻辑结果，但其重要性以及几乎同时出现证明了它们构成了一个新时代，特别是现代的开始。文艺复兴时期适用于文学和艺术、在宗教改革时期适用于宗教的调查自由，现在适用于历史、政治和科学。众多的个人倾向结合起来开创了考古发现和历史研究的时代、革命和民主的时代、自然科学和发明的时代、资本主义和殖民帝国的时代。这些注定不仅影响建筑的风格，而且同样影响建筑的主要类型和建造方法的性质，以及它们在世界范围内的传播程度。

一般特性　尽管各种力量千变万化的相互作用使得很难概括这一时期的建筑特征，但一般可认为它们是回顾性和进步性趋势的综合结果，这些趋势并存，与前一时期的学院派和巴洛克趋势并无不同。在形式和细节问题上，它对以前受到主要影响的风格具有新的历史理解，导致了一系列尝试性的复兴，随之而来的是一个折中主义的时机。然而，在规划和建设问题上，物质文明的增长和新的政府和商业形式的发展产生了大量的新建筑类型，且旧建筑类型和重要性不断变化，使得每一次假定的复兴都不自觉地成为一种新的创造。最后，一场有意识的运动已经开始，表现出功能类型和结构系统，这一表达也应新颖且完全有特色。

发展的复杂性　因此，在一个半世纪的实际问题的连贯发展中，出现了一系列以非常不同的细节形式区分的从属阶段。尽管这些阶段的数量或多或少可以区分，但主要的阶段可认定有四个，通常对应于文学和文化阶段：古典主义、浪漫主义、折中主义（主要是历史态度的产物）和功能主义（主要是自然科学的产物）。由于每个阶段像学院派和巴洛克运动一样，在不同的国家有不同的特点和持续时间，在讨论最现代的建筑时，要保持严格的时间式样和地方式样，较在讨论之前的建筑时更加困难。考虑到建筑趋势的基本国际特征，以及它们在所有国家的统一优势式样，按照它们的一般顺序考虑单个运动较逐个考虑单个国家更有成效。任何给定的单个类型的发展连续性，以及任何给定国家同时存在和相互作用的运动，几乎不具有特征性，可通过该方式来表示。

古典主义　影响建筑形式的第一次现代运动是18世纪中期的考古发现和出版热潮。迄今为止，关于古建筑的丰富知识，除了式样的细节极其少。一般而言，作家和雕刻家主要关心的是学术理论的构建，或者他们自己时代的建筑的描述——都是基于古风，但实际上是以最大的自由偏离它。可以肯定的是，帕拉第奥早在1570年就发表了罗马神庙的合理化修复，1682年德斯戈德茨制作了更精确的罗马城纪念性建筑的图纸。然而，这些只是现在开始出现的众多作品中孤立的先行者，其中许多描绘了迄今未获注意或完全未知的建筑。1730年，伯灵顿勋爵拿出了许多帕拉第奥绘制的罗马建筑图纸，这些图纸以手稿的形式闲置了一个半世纪。1741年，雕刻师皮拉内西制作出他的第一批图版，开始了一个庞大的古代遗迹和碎片系列，向公众展示了意大利罗马建筑的巨大财富，并以其惊人的艺术品质有力地刺激了古董风的流行。在18世纪50年代，开始出现关于赫库兰尼姆的插图作品，后来又出现了关于庞培的插图作品，这些埋葬的坎佩尼城市展示了罗马艺术，其方式较首都遭毁坏和掠夺的纪念性建筑更加生动和亲切。伍德和道金斯（1753年和1757年）对巴尔米拉和巴勒贝克神庙的研究和出版，以及罗伯特·亚当和克莱里索（1764年）对斯帕拉托宫殿的研究和出版，进一步丰富了罗马建筑的知识——这些建筑在组成和细节上与学术理论家的传统观念有很大不同。不久之后，希腊纪念性建筑的出现，迄今为止只有少数旅行者的模糊描述。1750年和1751年，科尚和苏夫洛在帕埃斯图姆绘图并测量；斯图尔特和雷维特在雅典绘图并测量。几年后，关于这些城市和其他地点的出版物开始大量涌现。勒罗伊的《雅典》出版于1758年，斯图尔特和雷维特的《雅典古物》第一卷出版于1762年，马约尔的《帕埃斯图姆》出版于1768年，钱德勒的《爱奥尼亚》出版于1769年，一系列具有相同性格的后续出版物一直延续到19世纪。与此同时，凯勒斯伯爵和温克尔曼在奠定考古学和艺术史的基础，温克尔曼第一次断言希腊建筑和雕塑优于罗马的建筑和雕塑。

对巴洛克和学院派公式的反应　对古代日益增长的欣赏与独立的倾向相一致，这在当代建筑中已经很明显。洛吉耶在1752年提出的原始式样的理性主义主张，温克尔曼在1755年提出的"典雅纯朴与祥和庄严"的呼吁，是基于与当代艺术的对立，而非基于对古人艺术的真正了解。巴洛克的极端渐进已经开始了，甚至在意大利，如苏佩加的作品和拉特兰教堂的立面。在法国，瑟瓦多尼的方式胜过洛可可，而在英格兰，从雷恩和范布勒到严格的帕拉第奥主义的回归很普遍。人们感到，在对动画、视觉效果和原创性的追求中，尊严和真诚已经丧失了。正是许多人都在寻求的冷静品质，现今在某些古代作品中得到了最好的体现。

古典主义的特征和发展　其结果是，实践的潮流转向对古典形式的更接近的模仿，最终甚至是对古典气质和集群的模仿。建筑师直接接触古风，而非通过帕拉第奥或维特鲁威。迄今为止，式样主要用于墙面装饰；柱子和壁柱自由地组合在一起，经常置于一个很高的基底上方。除了在英格兰（直接跟随帕拉第奥的例子），神庙柱廊已经很少使用或根本没有使用。另一方面，现在它变得几乎必不可少，柱子紧密等距，直接拔地而起。墙的构件被放弃，取而代之的是最简单的接合或粗面砌筑。像矩形神庙和万神殿这样的形式，在很大程度上预先确定，现在不仅要用来解决教堂、学校和住宅的传统问题，还要解决立法和其他政府建筑、银行、交易所和商业建筑、博物馆和剧场、集会和音乐厅、监狱和机构中的许多新问题，这些都是政治、经济和社会发生巨大变化的原因。然而，学院派保守主义，尤其是在法国，阻碍了对古代先例原原本本的模仿，只是按比例，因为它不同于目前接受的规则。因此，尽管罗马人和希腊人的倾向几乎从一开始就并存，但罗马人一直占据主导地位，直至1820年前不久。即使在那个时候，希腊的形式超过罗马的形式受到普遍欢迎时，罗马特征的重要纪念性建筑仍在继续建造。

罗马至上　约1760年，古典建筑改革在法国和英格兰同时开始。在巴黎的圣吉纳维芙教堂（1759—1790年），人们认为苏夫洛模仿了罗马万神殿的柱廊和圆屋顶（图12-1）。在法国，第一次有一个立面全高的直立式柱廊，其科林斯式柱子高

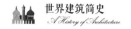
度不低于62英尺。很快，它的继承建筑是诸如波尔多大剧场（1777—1780年）（由维克多·路易斯设计，带有12根柱子的巨大门廊）和罗马人的城市住宅。这些房屋的特点是，格栅处有带凯旋门的列柱走廊前院，门口有一个神庙柱廊，圆形突出客厅上方有一个朝向园林的碟形圆屋顶，它们很好地结合在萨尔姆别墅（1782—1786年），成为现在的荣誉军团艺术宫。内部失去了洛可可的流畅线条，转而采用精致、简单的镶板和对代表路易十六风格的古风主题的精致模仿。

图12-1 巴黎，圣吉纳维夫教堂（万神殿）

在英格兰的起源 在英格兰，罗伯特·亚当和他的兄弟们（1760年），尽管并未创造出像巴黎圣吉纳维夫教堂这样具有不朽质量的建筑，但却有力地促进了更严格的罗马形式的使用，尤其是在内部处理方面。直立式柱子、带镶板的拱顶和圆屋顶、雕像壁龛和浅浮雕标志着甚至私人住宅的主要房间（图12-4），而瓶饰、格里芬和灰墁华饰的精致表面装饰，带韦奇伍德圆雕饰以及和谐设计的细长家具，给房间剩余空间增添了一种不同寻常的气氛。尽管皮拉内西和其他人已经预见到了这些特点，或者帮助亚当兄弟完成了这些特征，但正是亚当兄弟的技巧第一次将它们融合成一种连贯的风格。几乎与此同时，第一部作品受到希腊模型的启发，由斯图尔特和雷维特设计。然而，这些大部分是由传统的帕拉第奥线组成，式样的细节、壁端柱和叶状平纹的使用、装饰的纯净是主要的创新。这种精致和严肃，加上对较重式样的偏好，逐渐渗透到建筑的学院派风格中，这种风格仍长期延续。

古典模型的原原本本模仿　然而，与此同时，对古典模型更严格不仅延伸到个别细节和元素，还延伸至整个纪念性建筑。这首先出现在情感或风景园林中，这些园林装饰着微型古典神庙和废墟。斯图尔特用吕西克拉特纪念亭和其他雅典类型丰富了剧目。勒杜克斯在其《巴黎入市税征收所大门和车站》中，自由运用了古典主题（凯旋门、外列柱廊、圆形神庙）。甚至使用了无基座的希腊多立克式柱。朗汉斯将雅典的通廊作为他在柏林的勃兰登堡门模型（1788—1791年），尽管使用了一种更具罗马类型的柱子，并做出其他显著的变化，得到了一个原始创作（图12-2）。法兰西共和国及其继任者，通过对罗马的模仿，自然也复制了其纪念性建筑；拿破仑在复制旺多姆广场（1805—1810年）的柱子方面超越了所有其他人，建造图拉真的模型、卡尔赛门（1806年），建造的图密善之门（"君士坦丁大帝"）模型，最后是由夏尔格林建造的巨大的凯旋门（图12-3）。与它的大多数原先的模仿形成对比，这显示了在再现古风主题方面的极大自由，带有复兴时期法国建筑师特有的纯粹倾向。

图12-2　柏林，勃兰登堡门

其他原原本本的模仿　甚至在打算作实际用途的建筑中，在统治者和政治家的倡议下，原原本本跟随古典原型也开始出现了。凯瑟琳二世于1780年委托克莱里索为她设计一座严格的罗马式住宅。为了他的荣耀神庙，也就是现在的马德琳教堂，拿破仑坚持选择维尼翁（1807年）的设计，这是一座列柱走廊式科林斯式神庙，其内部处理体现在温泉浴场大厅。交易所的设计（1808—1827年）也包括一个外部列柱廊，但其巨大的宽度不允许形成三角形楣饰。所有这些作品都采用了罗马的形式，帝国风格的内部由佩西耶和丰泰内根据亚当和路易十六的风格发展而来。

希腊装饰元素丰富，甚至埃及形式也因拿破仑东征而流行。

图12-3　巴黎，凯旋门

图12-4　肯德莱斯顿，圆屋顶大厅

希腊至上　　希腊至上的地位始于拿破仑战争之后，重要的作品先是在英格兰，但后来是在德国。同样，在罗马复兴的情况下，希腊式样和更大元素的使用先于神庙的整体模仿。在英国建筑当中，由托马斯·汉密尔顿建造的爱丁堡高中（1825—1829年）尤其值得注意，注意点在于它在侧楼和露台进行希腊形式的塑性处理，而非在于它在中心特点方面复制了提修斯神庙的柱廊（图12-6）。在德国，一个伟大的人物弗里德里希·申克尔成功地将古典精神与现代要求结合在一系列作品中，其中柏林皇家剧场（1818—1821年）可能最为著名（图12-7）。后来，在巴伐利亚路德维希一世的支持下，利奥·冯·克伦泽进一步模仿古典集群，在雷根斯堡的瓦尔哈拉殿堂上达到顶峰（1830—1842年），这是帕特农神庙的复制品，建在一个巨大的梯形底座上。这种复制品的想法长期以来一直吸引着设计师：基利早在1797年就提议将其作为腓特烈大帝的纪念碑，爱丁堡的国家纪念碑根据它于1829年建立。

图12-5　伦敦，英格兰银行，罗斯巴瑞角

图12-6　爱丁堡，高中

来自原原本本的古典主义的反应　凭借这些建筑（可以肯定的是其中大多数并非具有严格实际功能的纪念性建筑），古典主义处于鼎盛时期，古典形式更理性的使用出现了回流。神庙柱廊弃之不用，希腊式建议的出现仅在于对多立克柱式的喜爱——精致的突出物，优雅的轮廓。在法国，罗马倾向最为强烈，学院派对实际复制的抵制最顽强，古典运动的最后阶段是第一个真正感受到希腊影响的阶段，因此它称为新希腊式。然而按照他们采用的其他趋势以及日期，新希腊建筑（尽管名称适用于他们）与其说是复兴运动，不如说是以下阶段的折中主义和功能主义。

图12-7　柏林，皇家剧场

古典运动时期的建筑类型　　与古典主义的极端形式倾向（将所有建筑同化为一个单一的古典类型）相反，实用主义倾向不断地根据建筑日益专用化功能来区分建筑类型。这在旧政权下已经开始了，但它受到了革命的强烈刺激，革命将许多政府职能从宫殿中分离出来，并将剧场和博物馆向所有人开放。

最早的现代行政建筑不同于宫殿，这些建筑在英国发展起来，海军部、萨默塞特府和许多其他建筑都属于学院派至上时期。然而，即使在法国，专用政府职能也开始进行不朽的表达，如造币厂（1771—1775年）和1776年后的司法宫重建。然而，所有这些建筑本质上是宫殿方案，因为他们的众多小房间允许这种表达，甚至它们中最新的一个房间也仅仅有一种多立克式的坚定和真诚来暗示这种特殊的性格。一个更明显的政府职能建议首先体现在都柏林四法院的宏伟立面，其居高临下的柱廊和古典圆屋顶由詹姆斯·甘登于1784—1796年建造。

立法大楼　　这种政府职能的新表达方式很快也出现在立法大楼中，在这些建筑中，一个或多个大型议事大厅强行采用了大的规模。早在1730—1739年间，都柏林的议会大厦就已经走在了前面，它有一个拱形柱廊和一个以万神殿呈现的圆屋顶大厅，但却是以帕拉第奥形式发展而来。座位以半个八角形房间排成半圆形。为了1789年在凡尔赛宫举行议会会议，一个令人印象深刻的带多立克式柱子的巴西利卡式房间临时搭建在一座普通的建筑内。起初，王位在这里的一端，座位在另外三面；但整体重建为国民议会时，椅子移到了长边的中央，座位排成了双马蹄形。后

来，半圆形的大厅（类似于罗马剧场）于1795—1833年间在巴黎波旁宫的议事大厅
的基础上发展起来，并在欧洲大陆得到广泛的跟随。对于一院制的立法大楼，1807
年在波旁宫前的十二柱科林斯式柱廊中出现了一个强有力的外部表达。

　　监狱　　与政治运动相关的是改革惩罚方法的鼓动，首先是在许多情况下用监
禁代替死刑，后来是监狱的改善，这种新的式样导致了监狱的成倍增加。第一阶段
的特点是伦敦的新门监狱（1770—1782年），由乔治·丹斯设计，其巨大的粗面砌
筑墙和狭窄的门道是力量的化身（图12-8）。然而，直至19世纪，人们才开始考虑
人性、卫生或改造囚犯的问题，结果监狱的形式就大不相同了。约1835年，通过单
独监禁或纪律劳动进行改造的想法最终导致了单间牢房，以及为不同类别的囚犯建
立高度组织化的单独工作间和场地系统得到普遍采用。

图12-8　伦敦，旧新门监狱

　　银行、交易所和商业结构　　其他的新颖结构由那个时代的商业和资本主义
发展形成，并证明在流行的古典模式中找到了合适的装束。银行或交易所前的巨大
柱廊传递了金融的力量或信用的稳定性，而古典纯粹主义建造的无窗墙恰恰满足了
巨大码头和仓库的需求。在重建第一个也是最伟大的现代金融机构——英格兰银
行（1788—1835年）的过程中，约翰·索恩爵士不得不设计多处无窗户的外部，有
许多大厅和轻型庭院。尽管用柱子和假窗的一般外部处理不如其他类似问题的解
决方案坦率，但某些特点如罗斯巴瑞角（图12-5）或洛斯伯里庭院是具有古典形式
和自由构图的杰作，而内部充满尊严。巴黎证券交易所和伦敦皇家交易所（1840—

1844年）有巨大的柱廊，延续了这一不朽的传统。商业实用主义的一面在巴黎的麦市场（1783年）得到了最显著的体现，这是一个圆形的圆屋顶市场大厅，无多余装饰，但由于其非常简单和适应目的而有效。

剧场　同样新颖的是剧场、博物馆和音乐厅，它们对民主的发展以及音乐和考古学的发展做出了反应。这些特点迄今为止通常是宫殿的附属建筑，现在他们分离出来，成为特殊处理的对象。第一个获得不朽外观的独立剧场是柏林皇家歌剧场（1741—1742年），为此腓特烈大帝坚持采用英格兰帕拉第奥形式。波尔多大剧场（1777—1780年），有更为古典的处理方式，巴黎的奥德翁剧场（1799—1802年）和许多其他剧场也是如此，尤其是在法国和英格兰。所有这些建筑均有巨大空间，其中设有舞台、礼堂和门厅。

一个更多样的形式出现在柏林的申克尔皇家剧场（1818—1821年），音乐堂、舞厅和茶点室也必须纳入其中（图12-7）。包含这些附属建筑的侧楼添加到主要空间内，这主导着他们的高山墙侧天窗，其不朽的楼梯，其爱奥尼亚式柱廊，都用希腊形式的轻浮雕和庄重的古典饰品进行处理。德国剧场问题的最终古典解决方案不一样，对于这个方案，不是神庙柱廊，而是为做一个"模型"的古代剧场本身。在这个方案中，礼堂的圆形末端及其周围的走廊形成了立面，清楚表明了建筑的性质，但门厅和楼梯有相当大的缩小，这些已经成为现代剧场的突出特点。最著名的例子是德累斯顿的旧宫廷剧场（1838—1841年），它显示了这种类型的持久性，即便未使用严格的古典形式（图12-13）。

博物馆和音乐厅　甚至在18世纪，德国就率先使博物馆有了一个独立的形式。在19世纪早期，德国建立了两座著名的纪念性建筑，冯·克伦泽（1816—1830年）在慕尼黑建造的古代雕塑展览馆和申克尔（1824—1828年）在柏林建造的老博物馆。这座纪念性建筑都是希腊爱奥尼亚式样的严肃作品，这一式样也用于查尔斯·巴里爵士设计的大英博物馆（1825—1847年）。对于音乐厅的问题，申克尔给出了一个较柏林剧场最优雅的解决方案。利物浦圣乔治大厅（1838—1854年）的主要特点是拥有一个流行音乐会礼堂，它还包括一个较小的演奏厅、两间法庭室和公共办公室。外部（由年轻的天才埃尔姆斯设计）有两个巨大的科林斯式柱廊，居高临下的阁楼，宏伟的露台和入口，在最有纪念意义的所有现代建筑中最为著名（图

12-9）。

图12-9　利物浦，圣乔治大厅

其他类型：教堂　　对于经过时间神圣化的问题（教堂、学院、房屋或宫殿），古典主义并未获得同样重要的解决新方案。部分原因是在前一个时期已经获得的令人满意的解决方案倾向于得到跟随，部分原因是这些问题本身较因年代而产生的问题变得次要，还有部分原因是其他力量倾向于很快就能完全不依靠古典建筑师解决这些问题。在教堂，就像在其他地方一样，人们试图模仿古典模型，矩形神庙类型和万神殿类型得到跟随。最著名的复兴主义教堂之一是伦敦的圣潘克拉斯教堂，其中模仿了厄瑞克修姆神庙的美丽细节——入口柱廊是北门廊，圣器室是"少女门廊"，尖塔是雅典风塔，两次重复。巴黎圣菲利普教堂的夏尔格林受到了基督教罗马巴西利卡的启发，产生了一个引人注目的系列。然而，其他建筑跟随既定的学院派类型，有一个高大的中央圆屋顶或两座西塔楼，只是采用了更古典的柱廊和细节。

住宅建筑　　在古典主义和革命并存的时期，很少建造宫殿。就连拿破仑本人也满足于改造旧政权留下的众多宫殿中三座宫殿的内部。尽管宏伟的城镇房屋仍在继续建造，但此后大的乡村宅邸也不再迅速增加。

如同已作出说明的路易十六时期建造的酒店，所有这些建筑通常有一个罗马或希腊细节的柱廊，通常是如万神殿一般的圆形沙龙。不太宏大的城镇房屋，坚固地建造在各个区块，通常有一个最克制的处理方式，仅取决于楼层和洞口的比例。通常，前一时期的城镇规划传统是由整条街道和广场上的房屋统一设计延续下来，如伦敦的阿德菲和摄政区或巴黎的里沃利街。现在，柱廊或拱廊有时在低层采用，以保护行人和增加罗马的壮丽效果。在较小的欧洲乡村房屋中，这是英格兰最常见的一种类型，约1820年，有人试图模仿神庙，尽管不是没有通过突出物或侧楼打破它的统一。然而，所有这些类型的住宅建筑，以及古典类型的教堂，都逐渐因浪漫主义的兴起而遭扫除，人们甚至一度认为浪漫主义是全部现代建筑的主流。

浪漫主义：文化变革 建筑中的浪漫主义，像古典主义一样，在文化和文学运动中有它的前身和同伴。在某些情况下，它们的起源同新古典主义倾向的起源一样早。现代人对景观的欣赏和景观园林的想法早在18世纪就开始了。感情主义在18世纪中叶由理查森和格雷提出，而在欧洲大陆，18世纪60年代由卢梭提出，他也嫁接并加速了对自然的崇拜。与此同时，英格兰和德国意识到对他们的北方民族遗产、神话和传说、中世纪历史和艺术的欣赏。1755年《研究者》的对话中肯定了哥特人对欧洲文化发展的重要性；历史、文学和艺术中的民族主义原则由赫尔德和他的朋友们在1773年的《论德意志风格与艺术》中说明。然而，这样植入的思想直至19世纪初才完全开花结果，甚至在文学上也是如此，有华兹华斯和柯勒律治、拜伦和斯科特，以及影响德国浪漫主义者的斯达尔夫人，通过她为雨果和19世纪30年代的法国人开辟了道路。对所有这些人来说，艺术成功的源泉在于个人的情感和热情，而非遵循学院派规则。情绪的剧变自然伴随着宗教信仰的复兴，这种复兴表现在夏多布里昂对传统基督教的赞美和施莱尔马赫对个人和自然主义信仰的宣扬上。

中世纪建筑的复兴 视觉效果和自然感、民族性和宗教性，似乎都体现在哥特式建筑中，而非古典建筑中，在当时，哥特式建筑是中世纪艺术的同义词。因此，中世纪建筑在北部地区的复兴源于种族和当代条件，因为古典建筑的复兴是在15世纪的意大利发展起来。此外，正如古典建筑在中世纪的意大利从未完全消亡而是残留着，为复兴提供了适宜的土壤一样，哥特式建筑从未完全停止实践，尤其是在英格兰。哥特式的传统以乡村教堂和牛津学院的残存一直延续到复兴时期，旧风格建筑的重建和修复在克里斯托弗·雷恩爵士的设计下继续存在，甚至延至18世纪中叶。与此同时，对中世纪纪念性建筑遗产的历史兴趣得到古物学家的作品证明，如《英国教会的修道院》（1655—1673年）和关于个别城镇和教堂的出版物。无论是书籍还是建筑，均未显示出任何关于中世纪细节形式或施工原则非常准确的知识，但它们提供了一个活的素材，浪漫的思想可用于在这个素材上。因此，英格兰（文学中浪漫主义运动最早和最强的地方）也是建筑中浪漫主义的发源地。

起源地：伪中式和哥特式设计　18世纪最早的纯粹自愿偏离古典建筑的行为几乎没有后来努力的严肃主题，而是通过对新奇和时髦的追求，在娱乐性、琐碎的结构中体现，这些建筑由当时对园林庇护所和亲密聚会的聚集品位所要求。东方旅行者的报道激起了人们对中国事物的热情，早在1740年，在法国和英格兰，据说是中国的柱廊和亭子的设计就与微型古典神庙一起执行。到1750年，其他被认为是哥特式的建筑在英格兰出现了，在他们奇异的盛行方面类似于伪中式，因为它们不同于它们的原型，仍不被完全理解。在英格兰已经很普遍的景观园林中，这种建筑现在开始获得一种情感的意义，因为它向观赏者表达了场景设计要唤起的不同情绪。哥特式象征着当时流行的质朴和超凡脱俗的理想，迅速流行起来。

英格兰的哥特式复兴　第一阶段，约1760—1830年，城堡式风格。第一个将哥特式的模仿延伸到更重要的建筑类型的人是贺拉斯·沃波尔，体现在他的庄园草莓山（1753—1776年）的改建中。他的灵感来自对中世纪的狂热崇拜，这种崇拜出现在他的先锋历史浪漫小说《奥特朗托城堡》（1764年）中，他希望给出一个纯粹哥特式的模型，与当时流行的无知的变态形成对比。有了这个想法，他模仿旧作品中的门廊和城垛、门、天花板和烟囱，但完全没有意识到它们在起源时期不一致，甚至完全无视设计的最初目的。由此产生的顾名思义的"城堡式风格"从别墅中得到广泛采用，其中许多风格得到如乔治·丹斯和威廉·钱伯斯爵士等著名学院派建筑师的采用。与此同时，第一批类似形式的教堂开始出现。

基督教会的影响　在18世纪最后25年，新的力量推进了这一运动，同时赋予它更多的基督教会色彩。新一代的古文物大量涌现在中世纪教堂的作品中，与一个世纪前的作品相比，这些作品数量更多，说明也更充分展示出来。人们的注意力专注到结构本身的修复上，并尝试修复，尽管了解不足，往往会带来灾难性的后果。修复者团队的负责人詹姆斯·怀亚特作为一名住宅建筑的建筑师，也很受欢迎。基督教会的名称经常赋予这些建筑，它们的窗户、扶壁和塔楼的细节是从教堂而非从

古老的庄园大厅衍生出来。其中最著名的是浪漫主义者威廉·贝克福德的奢侈作品放山修道院（1796—1814年）；伊顿庄园（1803—1814年）是另一个值得注意的例子（图12-10）。尽管当时英格兰的宗教情感仍处于低潮，新教堂很少，但越来越多的新教堂跟随当时所理解的哥特式风格。

图12-10　1870年改建前的伊顿庄园

对中世纪模型的本原模仿　1819年和1820年，瑞克曼的《试图辨别英格兰建筑的风格》、普金和威尔森的《哥特式建筑样本》出版后，细节语法的准确性和风格的年代一致性得到了很大的提高。这些书第一次对这种风格的发展提供了相当不错的历史记载，并第一次提供了准确的几何图纸，开启了一个对全部特征进行文字复制的时代，这些特征是从这个或那个时期认真挑选出来的。最常见的是后来的垂直式建筑。住宅建筑作品图纸的加入有助于放弃以前住宅采用的基督教会形式，而倾向依赖于空间、山墙和烟囱的住宅建筑处理——所谓的"男爵风格"。在仍被古典理想无意识支配的规划中，保留了严格的对称性；而在建筑和装饰方面，由于缺乏手段和富有同情心的工匠，人们无法复制被选择用来模仿的丰富的中世纪作品精神。

第二阶段　复兴的第二个也是更重要的阶段始于老普金的儿子奥古斯都·威尔比·普金的作品。他立刻表现出一种自由和创造力，表现出前所未有的哥特式形式以及对宗教狂热的热情。在其设计中（1830—1852年），他寻求并获得了中世纪规划和质量的视觉效果；在工作室，他训练雕刻师和金属工人执行其简易设计的细节；在著作中，他宣扬基督教建筑的复兴，正如他所说的，既有民用建筑，也有宗教建筑和住宅建筑。与此同时，英国圣公会开始复兴仪式，并开始研究与仪式安排有关的教堂建筑。所有这一切的结果是，哥特式不仅成为乡村住宅的既存风格，也成为教堂的既存风格，它们恢复了中世纪的功能和中世纪的形式。建筑师开始在既定的英国哥特式模式内进行设计，对自己更有信心，他们中的许多人从此专门致力于哥特式。

议会大厦　与此同时，普金出版了第一部著作（1836年），在保留哥特式风格方面中世纪主义取得了胜利，重建威斯敏斯特宫——新的议会大厦，于1840和1860年之间重建（图12-11）。建筑师查尔斯·巴里爵士在古典和哥特形式的设计方面经验丰富，目前这座建筑被称为在经典的主体上具有都铎王朝细节。然而，在体量上的强调，绝不是一个经典的类型，因为重点不在于规划的基本组成的两个房间，而在于标志皇家入口和支持时钟的塔楼。该设计的显著品质是对极其复杂的规划问题的实用解决方案，包括容纳仍保留的旧建筑的部分，以及对宏伟的河边场地的生动运用。当然，在如此重要的国家纪念性建筑中使用中世纪形式也极大地推动了其复兴。

罗斯金　与此同时，约翰·罗斯金的作品也产生了一种不同的冲动，但同样或更强烈。在《建筑的七盏灯》（1849年）和《威尼斯的石头》（1851年）中，他敦促回到中世纪的方法和形式，这不仅仅是基于宗教或仪式，甚至是道德。个体工匠从现代工业体系中解放出来，这本身就是一个目的，也是实现建筑真正美的一种手段。这项宣称不在于抽象的品质（如比例）而在于材料和结构的诚实，和人类奉献和思想的证据，首先出现在雕刻和绘画的细节中。他特别在意大利的大理石首都、彩色墙壁和马赛克中发现了如此生动的细节和色彩，他的崇拜者很快就转向这些地方寻求灵感。就在这时，建筑师们厌倦了古老的国家先例的限制，寻求更大的创造自由。因此，许多对罗斯金的原则不耐烦的人听取了各种各样的个人建议。

图12-11　伦敦，议会大厦

维多利亚哥特式　　所有这些力量的结果是所谓的维多利亚哥特式，其特点是对细节的精心制作，材料的多彩性，包括大理石、砖和彩瓦，以及倾向于意大利形式的"哥特式表面"而非北方的"哥特式线性"。这种风格的主要代表人物是吉尔伯特·斯科特爵士（1811—1878年）和他的学生乔治·埃德蒙·斯特里特（1824—1881年），他们在漫长而活跃的职业生涯中经历了许多阶段；威廉·巴特费尔德（1814—1900年）则努力创造一种新的发展与各种哥特式和现代元素。斯科特和这个群体的其他人甚至通过与所有学校的欧洲大陆建筑师的成功竞争，将他们的实践扩展到英格兰以外。

"风格之战"　　到1855年，哥特式追随者足够强大，足以挑战古典建筑在世俗建筑中至高无上的地位。越来越多的人相信，每种风格都只适合某些用途（哥特式风格适用于教堂、大学和乡村建筑，古典风格适用于公共建筑和城市住宅），他们反对单一风格必须盛行的传统信仰，并坚持认为哥特式在所有方面都优越。因此，"风格之战"在议会大厦展开，继续在一个更广泛的领域展开，且点燃了英格兰以外未知的热情。哥特风格者并非未取得成功，因为尽管帕默斯顿勋爵最终迫使斯科特用一个古典方案来代替他既定哥特式外交部设计（1858—1873年），但很快在曼彻斯特巡回法院（1859—1864年）和市政厅（1868—1869年）取得了胜利，这两个地方都是由阿尔弗雷德·沃特豪斯设计。在19世纪60年代，维欧勒·勒·杜克和法国哥特式的影响，凭借其更大的结构逻辑，给运动带来了新的力量和新的材料。随着1868年国家法院采用了斯特里特的设计，哥特式追随者感到他们的事业经证明正确。然而，这座建筑证明了他们至高无上地位的终结。到1884年完工时，它除了遭到很少的谴责，结论是直言不讳地说哥特式建筑不适合公共建筑。根本原因不在于建筑的某些缺陷，而在于公众口味的逐渐变化。复兴主义者姗姗来迟的热情再也无法抵挡在其他地方如此广泛流行的折中主义，这种折中主义甚至在英格兰也稳步增强。

德国的浪漫主义：哥特式和罗马式　在欧洲大陆，中世纪的复兴在德国最为重要，就像在英格兰一样，它与民族主义运动联系在一起。歌德年轻时在斯特拉斯堡大教堂（1773年）的颂词一直无人问津，然而，直至德意志解放战争后，博伊塞雷兄弟才唤起了人们对德国过去艺术纪念性建筑的普遍兴趣。约从1770年开始，伪哥特式建筑作为景观园林的附属建筑出现在英格兰模型上，但在德国建筑师卡尔·弗里德里希·辛克尔之前，人们并未认真考虑哥特式风格作为重要的建筑，辛克尔在1819年为柏林大教堂做了一个哥特式项目。在他为弗里德里希韦尔德教堂（1825年）设计的两个项目中，选择了哥特式而非古典式。正如所料，外部是哥特式，而非精神和建设原则上。在之前就对内部设计有许多深刻见解。此后，随着知识的不断稳定增长，这种风格经常用于教堂的建造，偶尔也用于其他建筑，尽管它从未普及，甚至作为浪漫表达的媒介，也不得不与更具民族特色的罗马式建筑分享荣誉。罗马式建筑最强有力的支持者是慕尼黑的弗里德瑞奇·范·加特纳（1792—1847年），然而他的建筑显示了很大程度上受意大利影响。德国土地上最著名的现代哥特式教堂是维也纳的信仰教堂，人们可能仍认为它是复兴的产物，由费尔斯泰尔于1853—1879年建造，其方案是一座带有西部塔楼和尖顶的大教堂。

法国的浪漫主义　在18世纪30年代浪漫主义爆发之前的法国，古典建筑的力量非常大，尽管早在1775年特里亚农和尚蒂伊的"小村庄"就以一种被认为是哥特式的风格在英格兰模型上开创了园林建筑，但这种模式长期以来一直未得到认真采用。然而，与此同时，亚历山大·勒努瓦从遭革命摧毁的教堂和城堡中收集了《法国古迹博物馆》，向法国人展示他们自己中世纪艺术的辉煌；《塞鲁·德阿金库尔艺术史》是第一部致力于中世纪艺术的综合性作品，记录了对它们的新的欣赏。到

图12-12　巴黎，圣克罗蒂德圣殿

1825年，像旺代的莱塞比耶教堂这样的作品就可建造了，尽管仍具有严格的古典对称性，但对法国哥特式的细节了解尚可。维克多·雨果1831年的《巴黎圣母院》激发了人们对它更广泛的欣赏，考古学家科蒙和拉苏斯，尤其是建筑师维欧勒·勒·杜克（1814—1879年）创造了更科学的理解，他在1840年后几年内，作为中世纪建筑的修复者和中世纪艺术的作家，开展了广泛的活动。在他伟大的《11—16世纪法国建筑词典》中，强调哥特式建筑原则本质上是结构性的，因此他的影响倾向于使当前的设计风格更加合理和有机。通过路易斯·拿破仑任命维欧勒·勒·杜克为巴黎美术学院教授，哥特式运动得到了学院派力量大本营的正式批准，但反对力量如此强大，甚至拿破仑皇帝被迫放弃了他的企图。总的来说，哥特式运动导致的新建筑很少，这些几乎都是教堂。其中最引人注目的是巴黎的圣克罗蒂德圣殿（图12-12），由建筑师高斯和巴卢于1846—1859年建造，有双尖顶和14世纪的细节。然而，相对于1860年后这场运动最后几天的一些例子，这座教堂相对生硬。

浪漫主义运动对建筑类型发展的影响　浪漫主义运动促成的建筑类型几乎完全是那些在中世纪有直接先例的建筑，如教堂、学校、市政厅和住宅。即使在这些类型中，发展很大程度上非常正式，布局仍接近中世纪，正如国家先例的特征和问题的相对稳定性所允许。事实上，正是中世纪布局的优越性满足了现代生活的需要，哥特风格者将它作为他们的主要论点之一。因此，他们在规划和结构方面的创新在很大程度上只是相对于他们之前的古典形式新颖，因为中世纪布局和建筑模式以及中世纪的细节形式通常受到追随。因此，对于天主教堂，甚至在天主教堂之外，中世纪长通道中殿和高坛取代了文艺复兴和新教的圆屋顶和大厅。其他类型只在某些地方受到影响。在英格兰，都铎或伊丽莎白时代庄园的灵活方案，凭借在门窗布局和服务区的处理上的自由，取代了帕拉第奥式房屋的严格对称。牛津和剑桥的旧寄宿学院在这些机构和英国寄宿学校的进一步发展中得到追随。德国和佛兰德斯的晚期哥特式市政厅和行会大厅专门用于类似用途的新建筑的模型。

折中主义：条件与理想　在浪漫主义运动的力量耗尽的很久以前，它已成为影响建筑风格的众多力量之一，只是作为一种普遍的折中主义的辐射而结合在一起。这种从多种风格中选择的自由无疑建立在当时的条件上，就像早期对单一风格的一致坚持一样。可以肯定的是，两种风格之间的选择以前经常由建筑师进行，比如哥特式艺术在13世纪引入意大利，或者文艺复兴艺术在16世纪引入北方。因此，新古典主义或复兴的哥特式的唯一选择方案本身并不是什么新的东西；新奇的是，他们之间的斗争并不像以前那样以任何一方的胜利而告终，而是继续进行，进一步细分，并接受了其他方案的加入。原因在于历史知识的增长，这是现代性最具特征的创造之一，它第一次使许多风格的形式为一代人所熟知。这已经在很大程度上促进古典主义和浪漫主义的发展，并使它们日益分化为希腊和罗马时期、哥特式时期和罗马式时期，并由从属的时间顺序和地方变体提供了进一步的选择——它们本身构成了一个运用某种折中主义的领域。对于这些领域，历史精神现在加入了其他与新古典主义和浪漫主义计划无关的风格，并很快在设计师中创造了在各种历史风格之间完全自由选择的自觉原则。这首先表现在创造一个历史模仿集合的纯粹渴望，基于个人偏好或对手头问题的适当性采用了一种特定的风格。后来，有时将多种风格的元素结合起来，创造出一种混合风格，作为个人的表达媒介。

建筑折中主义的起源　这种更广泛的知识和更广泛的折中主义本身的开端可在18世纪早期找到，当时维也纳建筑师费舍尔·冯·埃拉赫出版了《历史建筑设计》，1721年，包括插图，系统地安排、前古典、东方和希腊建筑，正如当时所理解，除罗马和当代法国、德国的建筑外。邱园和其他地方的18世纪花园模仿摩尔人的亭子和土耳其清真寺，以及它们的希腊、罗马、哥特式和中式建筑。然而，这种奇异的模式显然不适合任何广泛的采用，拿破仑的东方运动使埃及主题变得流行也是如此。

"意大利式风格"　古典和浪漫主义运动之外的严肃作品首先源于对文艺复兴时期意大利式风格的研究。对这些作品的欣赏是在意大利停留的副产品，这是对客户和建筑师传统教育的一部分。古典主义者首先欣赏文艺复兴时期的建筑，这是罗马和威尼斯两个旅游中心最经典、最引人注目的建筑。佩西耶和丰泰内是专注于罗马宫殿（1798年）和庄园（1809年）的两部作品，是最早引起人们对这种风格的注意并使图纸可供模仿的众多作品中的两部。不久之后，浪漫主义者仰慕之情从意大利的中世纪建筑扩展到佛罗伦萨最早的文艺复兴时期的建筑。这些欣赏的成果一如既往地在现行实践中出现了一二十年。然而，到1820年，巴黎旧歌剧院按照维琴察的巴西利卡的风格建造，许多其他建筑让人想起了意大利宫殿的拱柱式或无柱立面。德国在1825—1830年间占据了领先地位，在慕尼黑有克伦泽和加特纳设计的建筑—绘画陈列馆及其有壁柱拱门、国王殿、军务部和皇家图书馆，它们对皮蒂宫和其他佛罗伦萨设计提出了新颖的建议。在英格兰，巴里采用了意大利式风格，他认为这是伦敦俱乐部最合适的表达方式，他的旅行者俱乐部（1829—1831年）开创了一个长系列。

最新发展　随着所谓的"意大利式"风格的出现，这个领域为各种各样的模仿和灵感敞开大门。材料不仅来自个人观察，而且来自大量关于风格最多样的纪念性建筑的特别出版物。在实践中，人们可能会注意到追随如巴洛克、学院派和洛可可风格等越来越多新风格的普遍趋势。随着历史的重复，已开始对古典、哥特式和文艺复兴的连续模仿；但这种发展既非普遍，也非常规。因此，有必要单独描绘每个国家随后的发展趋势，而非试图追随这种或那种风格的线索，即使在单个建筑师的作品中，这种线索也经常与其他线索混淆交织。尽管折中主义运动的各种表现形式在所有国家都有出现，但其力量却有明显的差异。德国的学者在建筑的历史研究方面处于领先地位，他们自由地尝试各种不同的历史表达方式，而英格兰则为古典主义和浪漫主义之间的激烈斗争所撕裂，最终形成了真正的折中主义立场，而法国比其他国家更忠于古典传统。与采取折中实践成比例的是，出现了另一种一目了然的普遍现象。人们不再依靠任何人甚至两套形式的传统知识，也不能充分掌握其他形式（即使他们掌握），这使得训练有素的建筑师的几个设计和这些人建造的许多建筑之间的鸿沟越来越大。

德国：慕尼黑　在德国，折中主义主导了1825—1890年的建筑实践。在这段时间内，德国城市出现了惊人的增长，这给这场运动留下了深刻的印象。慕尼黑是第一个接受它的德国城市，本质上是路德维希一世（1825—1848年）的创造，在他的个人灵感下，克伦泽和加特纳随即转向希腊，转向意大利、中世纪。路德维希的继任者马克西米利安二世（1848—1864年）赋予他的折中主义一种不同的形式，希望通过结合旧元素创造一种新风格。这项任务落在建筑师伯克林身上，其建筑在平衡而生动组成和有节奏的架间分割方面有效，但由于缺乏执行力，这一尝试遭到了质疑。

德累斯顿和维也纳　戈特弗里德·森佩尔（1804—1879年）个性很强，其间他在德累斯顿的建筑尤其是宫廷剧场（1838—1841年，图12-13），使意大利文艺复兴的规模有所扩大。森佩尔也是现代维也纳的创造者之一，表现在1858—1860年拆除的防御工事上宏伟的环城大道的巨大建筑中。1861—1869年间，费斯特尔的沃提夫教堂和范德纽尔和锡卡德斯建造的歌剧院是一个开端，其形式让人想起弗朗西斯·塞默领导下的法国文艺复兴时期，在他设计的皇宫扩建中，宫廷剧场（1871—1889年）和艺术与自然历史博物馆（1870—1889年）继续从意大利式风格中汲取灵感，但现在却强烈倾向于巴洛克式的宏伟效果。在环城大道的随后建筑中，产生了由弗里德里希·施密特以德国哥特式建筑形式建造的市政厅（1873—1883年）、混合了法国和意大利文艺复兴形式的大学和司法殿，以及具有新希腊主义形式的议会大厦（1874—1883年）。

图12-13　德累斯顿，旧宫廷剧场

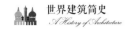

柏林、莱比锡和斯特拉斯堡　　随着德意志帝国的建立，柏林开始了一个统治时期，尤其以瓦洛特设计的国会大厦（1882—1894年）和拉什多夫设计的大教堂（1888—1895年）而闻名。作为基础的建筑形式，有时是学院派形式，有时是文艺复兴形式，通常受到巴洛克形式的影响，表现出对德国的研究甚至超过对意大利例子的研究。尽管现代主义者做出了努力，但这种风格在宫廷的影响下，仍受到政府建筑的青睐。其当代主要追随者之一是路德维希·霍夫曼，他在莱比锡的帝国最高法院（1884—1895年）取得了成功，并仍保持着保守派的领导地位。新德意志帝国的第三个不朽的创造是约1890年在斯特拉斯堡以学院派和巴洛克形式建立的宏伟建筑群。对于宗教建筑，中世纪风格仍是普遍的首选，而对于市政厅来说，晚期哥特式或德国文艺复兴风格经常获得采用。

英格兰的折中主义　　在英格兰，长期以来，折中主义与其说是有意识的宽容的结果，不如说是交战各派无意的产物，每一派都坚持自己选择的风格具有普遍优势。1840年以后，古典主义的一面主要由一些自由诠释古风或意大利主题的追随者保持，与法国新格雷克风格联合。他们的主要代表是科克雷尔和佩恩斯隆。前者因他对英格兰银行分行的限制设计而闻名，后者的作品是伦敦大学（1869年），最初设计为哥特式形式，保留了丰富的威尼斯式装束的垂直运动。虽然维多利亚哥特式也有其多种多样的原型，但是在1870年之前，人们很少最终接受普遍选择自由的原则。后来获得偏爱的风格并非以前喜欢的那种，而是所谓的"安妮女王"式。这种风格从17世纪末和18世纪初的英格兰居住建筑中吸取了它的建议，但寻求对实际要求的自由适应，并给建筑师个人留下了相当大的自由。这种个性也在其他风格的某些尝试中得到锻炼，而总的来说哥特式仍是教会的规则，因为它仍在英格兰，延续到今天。

　　"安妮女王"式和"自由古典式"安妮女王风格的创造者是住在摄政王公园（1864年）和邱园（1866年）的伊顿·奈斯菲尔德，以及住在其办公楼——新西兰办公楼（1873年，图12-14）的诺曼·肖。这些建筑坦率地表达了哥特式学校所开创的各种材料，形式让人想起英格兰威廉和安妮建筑中占主导地位的荷兰特征，以及现代的个体性组合。联合很及时，建筑以同样的方式成倍增加。它们不仅包括住宅，这种风格的创始人和许多其他人都致力于获得非凡的宜居性，还包括如银行和剧场这样宏伟的建筑，在这些建筑中，住宅的起源和较小的规模不具纪念意义，但很生动。19世纪90年代，通过重新引入帕拉第奥元素，开始寻求更高程度的纪念意义，因此产生了所谓的"自由经典式"（一种个人自由继续占据很大位置的巴洛克风格），直至最近一直主导着英格兰的公共和城市建筑。在追随者中可能会提到约翰·贝尔彻，他的特许会计师协会（1895年）和阿斯顿·韦伯爵士是学院派的宣言。过去五年，在巴黎美术学院的教学和美国古典建筑回归的鼓励下，回归更严格的学院派形式已显而易见。皇家汽车俱乐部（1911年）的立面仿照协和广场的建筑建造，是最早也最引人注目的例子之一。

图12-14　伦敦，新西兰商会

其他风格　除了这种主流的折中主义之外，英格兰在乡村房屋和教堂建筑上还延续了中世纪的传统（现在不再被视为逆流）。在这里，塞丁、博德利、皮尔逊和其他人的作品在精选的历史国家形式中，一丝不苟地忠实于材料和工艺。他们已设法让自己的设计具有个性化和留下深刻印象，同时比前辈更接近其精神，他们的模仿更原原本本（图12-16）。淳朴的乡村教区教堂尤其具有虔诚的特征和对迄今为止偏离现代建筑景观的适应性（图12-17）。由于英国圣公会已使用英格兰的中世纪建筑，那里的罗马教堂已转向其他风格。因此，自1895年以来，在威斯敏斯特大教堂，J.F.本特利主要采用了拜占庭的形式，确保了内部的巨大空间效果和深刻的宗教特征（图12-15）。各种不同的教派继续他们的传统，主要遵循当前的古典或巴洛克风格。直至最近，世俗建筑和宗教建筑中的更多异国风格并不罕见。因

此，阿尔弗雷德·沃特豪斯在他位于南肯辛顿的不朽的自然历史博物馆中使用了各种各样的罗马风格，阿斯顿·韦伯和英格里斯·贝尔在伯明翰的庭院上使用了改良的法国文艺复兴时期的风格。然而，近年来，英格兰的折中主义已变得不那么个人化，个人主义者在那些发誓放弃所有历史形式的人当中随处可见。

图12-15　伦敦，威斯敏斯特大教堂

图12-16　弗莱特旅馆，霍布尔顿附近

图12-17 贺罗斯，神圣天使教堂

法国的折中主义 在法国，与古典建筑的品位相一致是其他风格每一个尝试的标准，折中主义相对来说是一个细微差别的问题，除了教堂和乡村别墅。19世纪30年代的意大利风格由意大利和希腊的混合影响而来，也就是所谓的新古典主义。第一批研究派斯图姆神庙和其他希腊纪念性建筑的法兰西学院的退休人员拉布鲁斯特、迪尤和杜邦是法国这一运动的领导者。折中主义在杜班在巴黎美术学院的布拉曼特式作品（1832—1862年）和拉布鲁斯特的圣珍妮维叶芙图书馆（1843—1850年，图12-18）的精致立面中得到了表达，在这些作品中，希腊精致的侧面造型用在让人想起托斯卡纳宫殿的立面上。当代人对浪漫主义和民族主义的兴趣导致了法国文艺复兴风格的复兴，特别是受到巴黎市政厅（1836—1854年）的扩大和巴黎公社重建的刺激。在第二帝国时期，一个一流的天才查尔斯·加尼叶对巴洛克风格产生了强烈的冲动，这种风格很好地表达了一个奢华的社会。在巴黎歌剧院（1861—1874年，图12-19），他借鉴了威尼斯晚期风格，在蒙特卡洛娱乐场，在罗马式巴洛克风格中，他采用了技术设施和丰富的细节，这些都为他所拥有。在古典的广义概念中，法国建筑在形式方面仍占主导地位，加尼叶的影响长期以来一直存在。因此，吉罗设计的"时装博物馆"和吉拉尔特的"世博会巴黎美术馆"（1900年）大体上延续了他的传统。

图12-18　巴黎，圣日内维耶图书馆

图12-19　巴黎，歌剧院

教堂　在教堂建筑中，基督教对中世纪的认同导致了对古典建筑的偏离比世俗建筑更大，甚至出现在浪漫主义并未规定采用哥特式建筑的地方。罗马式建筑甚至在1840年之前就作为一种妥协而选择，在那之后，这种风格的教堂在大都市和各省成倍增加。人们更喜欢的变体让人想起昂古莱姆和阿基坦的建筑，它们暗示了拜占庭的外形。最明显的例子是阿巴迪和多梅特于1873年在蒙马特建造的圣心教堂（图12-20）。它高耸的场地、高耸的圆屋顶和闪亮的白色使它成为巴黎全景中引人注目的对象。在19世纪后半叶的其他教堂中，如圣奥古斯丁教堂和圣三教堂，文艺复兴形式重新确立了自己的地位，尽管很少不受到拜占庭或其他中世纪创作的影响。最后，在为火灾受害者举行慈善义卖的纪念教堂里，吉尔贝用现代巴洛克风格表达了对时尚界的虔诚。

住宅建筑 住宅建筑也尝试过使用哥特式和其他风格，但就城市住宅而言，它更倾向于回归18世纪典型的法国城市建筑，它仍几乎完全满足变化不大的需求。但对于法国人来说，这个小乡村别墅或村舍出现了一个相对较新的问题，他们试图通过英格兰或瑞士的例子显示的独特设计来解决这个问题，但不太成功。

其他欧洲国家 其他欧洲国家有一些不容忽视的建筑，它们是重要的国家运动的产物。因此，比利时经历了利奥波德二世时期（1865—1909年）的繁荣，导致布鲁塞尔重建，变得富丽堂皇。最著名的新建筑是巨大的司法宫（1866—1883年），由波拉尔建造。在这里，通过混合表示东方的元素对经典形式进行折中的修改，产生了意义深远特征的效果（图12-21）。意大利在1861年实现自由和统一后，进入了一个发展时期，这也对艺术产生了影响。罗马的维克多伊曼纽二世纪念碑，由朱塞佩·萨科尼于1884年开始建造，1911年完成，旨在象征意大利民族的胜利。它在广博程度上可与波拉尔的作品媲美，也以细节的形式显示了他的影响，既经典又新颖（图12-22）。这两座建筑是折中主义早期最著名的例子，折中主义不满足于采用完整的历史风格，而是希望对历史元素进行新的综合。

图12-20 巴黎，蒙马特圣心大教堂

图12-21 布鲁塞尔，司法宫

363

图12-22 罗马，维克多·伊曼纽尔二世纪念碑

折中主义运动对建筑类型发展的贡献 折中主义运动对建筑类型发展的具体贡献必然是形式上的，且在很大程度上是间接的。因此，总的来说，这场运动对古典运动为政府建筑、银行、交易所和剧场建造的类型，以及浪漫主义运动的教堂、市政厅和乡村住宅建造的类型都给予了认可。在这样的建筑中，折中主义引入的变化相对较小，例如帕拉第奥或巴洛克形式的古典主义色彩，或者替代北方文艺复兴时期哥特式形式。对于某些类型，可以肯定的是，这些折中主义的模型已经非常牢固地建立起来了。法国市政厅几乎成了国家文艺复兴时期形式的改编，就像在巴黎老市政厅里发现的一样。在这一时期，世界各地的政府部门的行政建筑成倍增加，已经获得了文艺复兴时期或后文艺复兴时期主题的国际面貌。许多新建造的类型，如现代大学、公共图书馆、浴场、福利机构、火车站和酒店，在这些首选的折中主义风格中获得了第一次加工，并倾向于保留这个印象。在一个年轻、值得注意的群体——历史和艺术博物馆中，人们感觉到了一种特殊的适当性，即采用具有时代或地区特征的形式，而在国际博览会上的国家和地方建筑中也表现出相同的趋势。在建筑中，建筑外部披上了一种或另一种历史形式的外衣，当然，这些平面通常显示出对纯粹现代要求的最新适应。努力适应，并将其表达在外部的聚集和细分上，但真正相对的是折中主义的潜在思想，最好视为是向功能主义运动的表现。

功能主义 与构成现代历史趋势一部分的折中主义运动在方向上有本质的区别，在建筑中发展成了另一种运动，这是自然科学趋势的一部分。它与形式适应功能和环境的生物学概念一致。这两方面的适应均符合哲学上的功能概念 —— 一个变量特性对其他变量的依赖。现代建筑中有意识地努力使个别建筑的形式与它们的结构功能相对应，使建筑外观具有它们的用途和目的的特征，使时代的风格表现出当代和民族文化中的不同元素，因此可用"功能主义"这个名称来概括。

早期结构纯粹主义 从狭义上来说，功能主义趋势作为一种在结构上追求真实和坦率的表达方式，已经出现在许多早期的风格中，如希腊和哥特式风格。因此，它与历史形式在现代使用并不矛盾。正如我们所见，这种结构纯粹主义的确是自17世纪以来法国建筑的一个显著特征——一种"理性"和"理智"的规则。它表现在苏夫洛和夏尔格林对柱子的限制，使其最初的功能成为一个独立的支撑，使圣但尼门的罗马凯旋门和巴黎凯旋合理化。同样的趋势出现在哥特式建筑的支持者中，他们声称自己的风格在功能性表达方面具有优势。事实上，普金的著作完整地陈述了结构理论："一座建筑不应有出于便利、建造或适当所不必要的特征""所有装饰都应包括丰富的建筑基本构造"。但普金得出的结论是，应采用哥特式形式，这也是维欧勒·勒·杜克早期理性主义著作的负担。同样满足于从历史形式中获得灵感的还有戈特弗里德·森佩尔和威廉·莫里斯，尽管他们的著作对基于材料和技术考虑的纯粹现代风格的想法做出了巨大贡献。

环境和进化理论 为了发展这样一种现代风格，自18世纪后期以来，一个更广泛的文化基础已逐渐形成。赫尔德和斯塔尔夫人在文学作品中阐述了民族个性和生物进化的原则，黑格尔将这一学说概括为历史和艺术哲学，施纳泽在其《美术史》（1843—1864年）中具体地运用了这一理论，在书中他第一次追溯了不同国家的艺术与环境、种族和信仰之间的关系。泰纳最终形成了这个想法并深受欢迎。与此同时，人们开始认识到自然界中进化和环境的重要性，最终形成了达尔文的生物学理论，并在意大利和德国统一的政治事务中应用了民族原则。对各种历史趋势的反应同样表现在创造性艺术中，表现在尼采、左拉、易卜生和托尔斯泰文学作品的激进主义中，以及米勒、马奈和夏凡纳绘画的激进主义中，在麦尼埃和罗丹雕塑中的激进主义中，以及在瓦格纳音乐中的激进主义中。

现代物质文明　与此同时，19世纪惊人的物质发展依赖于实用主义和应用科学，这已经随着现有社会条件、主要建筑类型、物质和结构系统的快速增加而发生变化。这一切导致了城市人口集中，尤其是美国和德国，城市人口出现了惊人的突然增长。尽管中产阶级成倍增长，生活达到了前所未有的舒适程度，但一方面却发展成了贵族，另一方面又发展成了有组织的无产阶级。资本主义带来了大量的工厂、商店和办公楼，蒸汽运输使人们建造了铁路和码头建筑、富丽堂皇的旅游地酒店和大型国际博览会。卫生设备和改变的社会理论已经彻底改变了学校、医院、收容所和监狱的建筑，以及工人阶级的住房。慈善事业捐赠了各种免费的图书馆、临时居住点和福利机构。经济压力导致人们努力最有效地利用空间、时间和技术资源。大多数早期风格所特有的过大强度已变得不切实际。钢铁的使用带来了新的可能性，可能可以跨越洞口和内部空间，以及一个新的静态理论，这从根本上改变了审美原则。其他新材料每天都在成倍增长，而便捷的交通工具使它们随处可见，并有打破当地特有的趋势。

功能主义建筑的特征　自19世纪中叶以来，所有这些影响已经产生了一个建筑体，尽管它具有多样性，但在努力表达功能性方面基本统一。有时，人们试图给新材料（如钢或玻璃）或新的建筑系统（如钢筋混凝土）提供一种由它们自身特性来表示的形式。有时，人们努力在建筑外部表现出每一个组成元素的功能，并赋予每一个建筑作为一个整体以与其目的相一致的特定特征。最近出现了一种不满足于此的趋势，除非所有采用的形式，即使是在解决历史悠久的问题的解决方案中，尽可能少地归功于历史风格，因此特别强调现代。

功能主义的发展　在功能主义建筑发展的初期，其原则被广泛阐述，但其应用相对有限。由于坚信历史建筑风格是当代种族、气候、宗教和社会条件的产物，人们开始认为在现代建筑中模仿这些风格不恰当，必须根据现代条件和现代问题发展出一种全新的风格。这是维欧勒·勒·杜克在其《建筑谈话录》（1863—1872年）和弗格森在其《建筑史》（1865—1867年）中后来的福音。但当时的科学和实用主义趋势使风格的标准主要成为结构系统的问题，因此风格现代化的倡导者的希望在于努力为新的建筑方法找到合适的表达方式。

铁结构建筑　当时新颖的建筑材料是铁，无论是铸造的还是锻造的铁，从19

世纪初就开始用于实用主义建筑。巴黎麦市场的圆屋顶于1811年用铁重建，而跨度前所未有的梅奈悬索桥建于1819—1826年间。尽管在新材料中对强度的精细数学计算倾向于从建筑师的领域中收回这样的建筑，建筑师们也不乏努力，甚至在刚才提到的理论著作之前，以一种既坦率又在艺术上令人满意的方式来使用铁。最著名的实例是圣日内维耶图书馆（1843—1850年）和国家图书馆（1855—1861年，图12-23）的大阅览室，在那里，拉布鲁斯特使用了非常细长和间隔很宽的铁柱，支撑着金属板制成的球形拱顶。在这些建筑中，立面是砖石结构，外部没有铁制品。在巴鲁（1851—1859年）设计的被称为"中央菜市场"的大型市场建筑中，外部也展示了由锌覆盖的铁柱构成的结构。这是乏味的，但与建筑的实际特征相协调。只能由金属制成的是跨度很大的吊桥、拱桥和悬臂桥，还有巴黎的埃菲尔铁塔（1889年），像许多桥一样，它们将优雅与结构的绝对坦率结合在一起。

图12-23　巴黎，国家图书馆阅览室

玻璃和铁　对于封闭式建筑，通过使用玻璃作为支柱之间的填充物，获得了更多的可能性。玻璃和铁的结构很早就用于种植植物的建筑，园艺家帕克斯顿在1851年伦敦国际博览会上提出了类似的结构。由此建造成了一种巨大的温室，它于1852—1853年在西德纳姆水晶宫永久保留，并在促进玻璃、铁或钢在建筑的应用方面产生了广泛的影响。在后期的一些建筑中，屋顶只有玻璃，如1855年巴黎博览会的工业宫和许多后期的博物馆建筑，实际上是巨大的有盖庭院。在其他建筑中，屋顶基本上是实心的，墙壁几乎完全是玻璃的，就像1878年巴黎博览会的建筑一样。由于过多阳光、热量和寒冷，人们普遍倾向于从最初采用的全部区域为玻璃的模式中慢慢减少，但在城市商店前面，光线和展览空间自然是最大的需求，所以会保持最大限度地使用玻璃。用可见的钢结构工程来解决这个问题的一个非常成功的方法是在巴黎的雷恩街大集市（图12-25）。

石头和铁　用长期使用的材料或新旧材料的结合来设计新的结构系统的试验也不可取。在巴黎司法宫的哈雷前庭（1857—1868年），J. L. Due采用了一种肋状石拱顶系统，这种系统既不是哥特式的，也不是古典式的，而是对其结构问题进行独立分析后产生的结果。维奥莱勒·杜克自己设计了一些作品，展示了在砌体和瓷砖的墙壁和拱顶上直接使用铁，这些作品后来得到了大量的应用，尽管主要是在实用的建筑中。

钢筋混凝土　钢的进一步应用与混凝土有关。19世纪后期，将波特兰水泥用作建筑材料的做法迅速得以推广，使得混凝土具有更大的抗压强度。在同一时期，发明家们试图通过建造铁棒网络来进一步加固混凝土。1868年后法国人约瑟夫·莫尼埃推广了这种复合结构，称为钢丝网混凝土、配筋混凝土或钢筋混凝土。其优点在于采用了钢和混凝土，每种材料都贡献了最适合的强度元素——混凝土（抗压强度和耐火性），钢（抗拉强度和抗剪切性）。在用新材料设计和建造墙墩、大梁、楼板和拱方面，理论研究和实践经验同步发展，新材料既可实现大跨度又经济安全。施工方法是在可能发生拉应力或剪应力的位置，将新拌的半液态混凝土浇注入临时的木材或金属模板，混凝土中首先放置钢筋。临时模板是最大的开支项目之一，且由于无法去除，目前的试验是针对设计可反复使用的模板。由于每个构件的钢筋已经结合到混凝土的保护体中，且由于铸造薄壁材料的困难，用包围壁来掩盖框架的基本构件时，使用钢筋混凝土比使用其他防火系统的吸引力要小。除这种直接接合的结构外，还设计了各种有特色的装饰处理方法，例如在混凝土表面嵌入瓷砖图案，以及在模板内部钉上砖块，创造凹槽。因此，特别是对于实用的建筑，在轻型和重力式建筑中已经获得了一些非常有趣的结果。

其他材料　独立于新颖的结构体系，比刚刚描述的最新发展情况更早的是某些遭忽视的材料的复兴，尤其是砖和赤陶。菲利普·韦伯通过在威廉·莫里斯设计的位于贝克斯利·希思的"红屋"（1859年）中使用砖而发起了这场运动。在随后时期的英美建筑中，通过使用不同的黏合剂，各种宽度、深度和颜色的砂浆接缝并采用各种颜色和图案对其进行了各种有趣的处理。迄今为止，赤陶主要用于雕带和装饰细节，由于制造方法的改进，可用于整座建筑，南肯辛顿自然历史博物馆（1868—1880年）就是一个著名的早期例子。白色赤陶最终实现了不透水的可能性，除此之外，还有颜色持久、便宜、防火和易于再生产装饰品的优点，这使这种材料越来越受欢迎。通过直接认识到其与石砌体建筑的不同之处，努力赋予它一种有特色的表达方式，已经产生了许多有趣的结果。

用途和特性的表达　与追求结构表达一样，为建筑的用途和特性寻求表达的努力也是根深蒂固的。歌德曾称赞特性的表达是建筑的最高优点，意大利评论家梅利兹和罗斯金以及维欧勒·勒·杜克将这一原则具体应用于表达建筑的中心目的和决定条件。折中主义者为不同类型的建筑选择几种似乎最适合他们一般目的的历史风格时，已在一定程度上认识到了这个原则。结构功能主义的先驱们不可避免地给了许多类型的结构，特别是那些有严格实用要求的结构，留下了一种以其用途为特性的印象。然而，对功能表达的渴望已经达到了很高的程度，影响了计划和体量。建筑师的目标不仅是使内部元素在范围、高度和相互关系上适应其目的，而且还要强调这些元素在外部的存在，并以这样一种方式表明它们的性质和关系，即建筑的目的和布置可能明确无误。对于功能主义运动来说，建筑类型的实际发展和形式发展在逻辑上密不可分。

功能主义运动对类型发展的贡献　随着建筑物的要求和类型的多样化和专业化，甚至不可能提到所有重要的要求。讨论一两个代表已有类型的转变和创造的全新类型就足够了。剧场是一种在古典运动中已经高度发展的类型，保留了重要性，并经历了有特色的修改。首先是外在表现。森佩尔认为，舞台具有根本的重要性且范围巨大，不应再与礼堂放在同一个屋顶下，而应得到独立的认可，这种日益增长的对高度的实际需求使其成为永久性。在巴黎歌剧院（1861—1874年），加米尔进一步推广了人物塑造的想法，强调外部的礼堂形式，所以门厅、礼堂和舞台形成一个上升系列，而舞台入口、更衣室和行政办公室都得到了直接和适当的表达

（图12-19、图12-24）。

剧场内部改造　内部结构即礼堂和舞台，也做了同样的修改，特别是那些与宫廷功能无关也不打算制作传统类型歌剧的剧场。这里的民主条件倾向于废除一层层排列成马蹄形的私人原木，并使房屋更接近扇形，以便尽可能提供有利的舞台视野。出于一些不同的原因，在拜罗伊特和慕尼黑专门为演出理查德·瓦格纳的音乐戏剧而建造的剧场也采用了类似的安排。在这些剧场，就像在古代剧场里一样，座位呈单一坡度上升。传统布置下的舞台技术装置一直保留到19世纪最后25年，突然之间就发生了变化，因为金属代替了木材，电力代替了体力。旋转舞台可快速切换场景，而电力照明则为一千种新的光学效果开辟了道路。

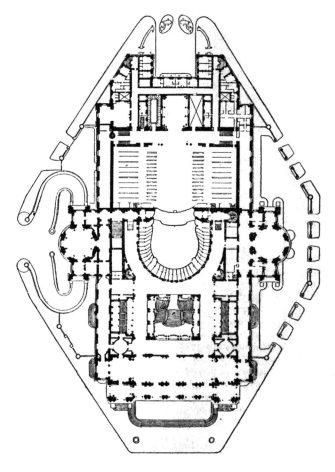

图12-24　巴黎歌剧院平面图

图12-25　巴黎，雷恩街大集市（现代建筑）

图12-26　柏林，沃特海姆商店，莱比锡广场正面（现代外观）

火车站　　火车站是在19世纪30年代才有的，它们同时必然地采取了仍存在的两种基本形式——终点站和中途。这两者（如果它们足够重要）很快就采用了跨越轨道和站台的单个车棚，随着轨道的增加和铁桁架的使用，在19世纪50年代初跨

度就达到了200英尺以上。车站中包含候车室和办公室的部分提供了纪念性处理的机会，建筑师很快意识到了这一点，就像哈德威克在1847年建造的伦敦尤斯顿火车站的经典大厅一样。在巴黎东站（1847—1852年），一个巨大的山墙包含一个单独的拱形窗户，在立面表现出后面火车棚的形式，在北站（1862—1864年），类似的主题得到了更大规模的宏伟处理。在欧洲，主建筑位于轨道前端的终点站，通常两侧分别用于到达和离开，为许多不同级别的乘客提供专门便利。在中途站和终点站，由于空间不允许主建筑位于末端，则通过降低或升高轨道，可直接进入所有站台。在以蒸汽为动力的情况下，全列车棚的烟雾导致越来越多地用靠近车棚上方的狭长槽取代低矮的单独"伞棚"。另一方面，在采用电力的情况下，更有纪念意义的单一大厅得以回归，如1901年开放的巴黎奥赛码头站（图12-27）。在赋予这种实际需求的表现形式时，往往远离传统的建筑领域，存在着由现代建筑类型的多样性所带来的大量问题。

图12-27 奥赛码头站内部（土木工程）

现代性和民族性的表达　　尽管为新建筑类型和新建筑系统寻找适当表达的努力不可避免地赋予了许多当前建筑一种现代性的特征，但传统材料中的细节形式长期以来一直沿用历史先例，许多传统类型保留了历史印记——无论是古典的、中世纪的还是文艺复兴时期。森佩尔所阐述的广泛原则"必须在现代性所赋予的前提下自由制定现代问题的解决方案"，直至其最终结论才得以推动得比其作者更多。然而，在19世纪的最后10年里，人们更加坚信，正如奥托·瓦格纳所说的那样，现代艺术必须给我们带来现代思想，我们创造的形式，代表了我们的能力、行为和偏好。

以基于材料和结构的形式　在这场运动中有两种不同的倾向，除此之外几乎无共同之处。其中一种倾向的代表人物有瓦格纳及其在德国的追随者、美国的沙利文以及英国和法国的莫里斯和维欧勒·勒·杜克的精神后裔，他们认为"我们时代的现代建筑寻求从目的、建筑和材料中获得形式和主题。如需清楚表达我们的感情，其也必须尽可能简单。这些简单的形式必须经过仔细的权衡，以确保优美的比例，而我们建筑作品的效果几乎完全取决于这些比例"。在这些人的作品中，只保留了传统上强调的基座和檐口。通常避免了划分窗户的框架和各个楼层，墙墩的基座和顶部、门和檐口的细节形式是根据材料的自然属性和技术处理所表明的单独形式。

建筑服从于可塑形式　另一个现代派持有完全不同的观点。早在1889年，L.A.布瓦洛就提出了其基本理论："与其先建造，不关注最终的外观，承诺自己利用建造的巧妙性作为装饰，不如将结构的巧妙性置于辅助手段的位置，不值得出现在已完成的作品中。"该学派认为一种材料具有一定程度的艺术价值，因为其更具可塑性，更容易受到艺术家个人情感的影响。现代主义的这一分支属于早期的新艺术，在这一时期，植物形态暗示的曲线在艺术中发挥了巨大的作用。凡·德·威尔德和其他人目前的作品也属于这一范畴，他们几乎将其形态看作软骨状，在连接点处形成。这些可描述为无古典元素的巴洛克风格。在巴黎美术学院，尽管保留了古典形式，但对这一现代主义流派的风景理论还是很赞同的，事实上，大多数现代古典建筑都与之有很多共同点。因此，在1900年的巴黎博览会上，结构形式的怪异遮蔽——在早期的法国博览会上，这种遮蔽本身就是装饰处理的基础——从现代主义的角度来看，与其说是一种倒退运动，不如说是现代主义不同时期的胜利。

除这两种体系的一贯追随者外，一如既往地，还有一大批实践者，他们的信念是不完全一致的元素的混合体，他们只是在对历史形势的反叛中才团结在一起。

现代主义形式的发展　现代建筑个性化处理的先驱是英国莫里斯的信徒，他们在1888年创立了工艺美术展，展示他们自己制作的手工艺品和室内装饰作品。在

1892年和1893年，伦敦的哈里森·汤森、布鲁塞尔保罗·汉卡和维克多·霍塔以及芝加哥的路易斯·沙利文几乎同时首次尝试在建筑外部使用原始形式。

图12-28　温德米尔湖上的布罗德利

汤森背离了美国人理查森的罗马式风格，用新颖的投影处理、丰富的原始装饰和丰富的色彩加以改造。在英国，尽管工艺行会做了准备，但事实证明，新的背离方向对于大众品位来说过于激进，而且很少有建筑师追求它的理想。然而，其中的佼佼者沃伊齐已在所选择的住宅领域取得了很大成功（图12-28），在这一领域，他最严格地坚持了节约的思想，同时也通过采用粗涂，用广泛而不拘谨的色彩涂漆的木制品以及对衣架、家具和五金的个性化设计，获得了有趣的效果。

比利时和法国　　比利时人引入了一些奇妙的曲线组合，同时尝试了与砖、混凝土、马赛克和彩色玻璃相关的钢结构。他们在法国和德国率先推动了建筑的发展，尽管在农村的住宅建筑中效仿英国的模式，但独立的创作很快就超过了所有外部贡献。比利时人的影响在约1896年以新艺术名义传到了法国。其最初出现在次要艺术中，很快就渗透自1898年以来赫克托·吉马德设计的轻型优雅的玻璃和钢结构建筑中，作为巴黎地铁的入口——"地铁"。然而，在对新形式产生了最初的热情之后，法国很少有建筑能如此明显地打破传统。新的推动力主要是在学院派风格本身的更大自由中出现的，而19世纪的法国，由于其拉丁元素和对古典传统的忠实，不无道理地将其视为自己的一种民族风格。

图12-29　维也纳，大都会火车站

德国：维也纳　正是在德国，这一运动已经深深扎根，因此，尽管它起源于国外，但艺术家（如果不是政府）已经将其视为反抗拉丁人主导的古典建筑的条顿精神的表达。维也纳的奥托·瓦格纳是这一方面的先驱，1894年他在出任维也纳美术学院教授的就职演讲中发表了一篇独立于历史风格的宣言。他的大都会火车站（1894—1897年）是直接从目的、环境和现代材料发展而来的，几乎没有装饰，而且是自由发明的（图12-29）。1897年维也纳"分离派"形成，瓦格纳的学生约瑟夫·奥尔布里希为此设计了一座风格新颖、装饰理念清新的展览馆，开创了绘画和手工艺方面的类似趋势，为建筑运动提供了很大的支持。另一位学生约瑟夫·霍夫曼在1903年效仿莫里斯的做法创建了"维也纳工作坊"，并在住宅建筑和室内装饰领域产生了广泛影响。尽管瓦格纳在历史建筑物邮政储蓄银行（1905年）实现了钢结构和大理石贴面的显著表达，但官方保守主义阻止了其他一级纪念性项目的实施，迄今为止维也纳最先进的功能主义倾向的建筑都是由私人首创的。

北德意志　同样的情况在北德意志也普遍存在，该运动首次取得的惊人成功是在柏林的韦特海姆百货公司，由阿尔弗瑞德·迈索尔在1896—1904年期间建造（图12-26）。尽管历史形式——起初是巴洛克式，后来是哥特式——在这里有一些迹象，但所有这些建筑都已经发生很大变化，给人的印象主要是现代风格。黑森州大公爵恩斯特·路德维希首先对这场运动给予了积极的官方鼓励,他把奥尔布里希、彼得·贝伦斯和其他人召集到达姆施塔特,让他们自由发挥。他们在1901年首次展示了住宅建筑和手工艺品,开启了这些领域的广泛改革,主要是按照英国的路线进行,但较少受到中世纪的影响,充满了新的装饰理念。贝伦斯于1909年在其位于柏林的通用电气公司的汽轮机厂中发现了对工厂本质的表达,这没有任何历史性的迹象,因此在其现代性中得到了体现(图12-30)。单一的巨大大厅有巨大的玻璃区域限制在棱角分明的混凝土块之间,其桁架和钢柱的形式以不同寻常的直接方式和技巧表达出来。当时德国绝大多数职业建筑师都参与了现代主义运动,只有皇帝在公共工程方面的个人干预才阻止了其几乎在德国普遍流行开来。

图12-30 柏林,通用电气公司汽轮机厂

欧洲的建筑活动由于“一战”而停止的时候,两种相反的倾向正在为风格问题而争夺主导权。一种倾向强调延续过去的元素,另一种倾向强调现代文明中的新奇元素。在日耳曼国家,激进地强调新奇元素取得了优势,在法国和英国,保守地强调连续性总体上保持了优势。鉴于当时民族主义愈演愈烈,人们自然会期望这些民族差异至少在一段时间内得到发展和延续。国际主义的基本元素存在于实际问题、材料和结构体系的共同体中。然而,保守运动和激进运动本质上的国际性似乎表明,这种特殊主义将是相对暂时的。无论是现在的保守主义还是现在的激进倾向取得最终胜利,我们都可肯定建筑风格必然会不断变化,建筑将仍是一种活的艺术,其对现代生活复杂肌理的表达并不比对更早和更简单时期生活的表达更少。

	现代建筑时期
法国	1.古典主义，约1780—1830年。 雅克·日尔曼·苏弗洛，1709—1780年。 　　巴黎圣杰耶芙（万神殿），1757—1790年。 维克多·路易斯，1736—1802年。 　　波尔多大剧场，1777—1780年。 　　巴黎皇家官殿的柱廊，1781—1786年。 查尔斯·尼古拉斯·勒杜，1736—1806年。 　　巴黎之门，1780—1788年。 皮埃尔·卢梭，生于1750年，卒于1791年。 　　巴黎的萨尔姆别墅（荣誉军团艺术官），1782—1786年。 让·弗朗索瓦·塞雷塞·查格林，1739—1811年。 　　圣菲利·普杜鲁勒，1769—1784年。 　　巴黎凯旋门，1806—1836年。 维尼翁，1762—1829年。 　　巴黎马德莱娜，1807—1842年。 亚历山大·布隆尼亚尔，1739—1813年。 　　巴黎证券交易所，1808—1827年。 查尔斯·珀西埃，1764—1838年和皮埃尔·丰泰内，1762—1853年。 　　巴黎卡尔赛门，1806年。 　　巴黎赎罪礼拜堂，1815—1826年。 2.浪漫主义，约1830—1865年。 　　旺代的莱塞比耶教堂，1825年。 弗朗索瓦·克里斯蒂安·高斯，1790—1854年。 　　巴黎圣·克洛蒂尔德，1846—1859年（与西奥多·巴卢，1817—1885年）。 维欧勒·勒·杜克，1814—1879年。 　　巴黎圣母院的修复和小尖塔，1857年以后。 3.折中主义，约1820—1900年。 意大利时期 　　巴黎老歌剧院，1820年。 新复兴样式时期 　　雅克·费利克斯·杜班，1797—1870年。 　　　巴黎美术学院，1832—1862年。

续表

现代建筑时期	
法国	泰奥多·拉布鲁斯特，1799—1875 年。 　　巴黎圣日内维耶图书馆，1843—1850年。 约瑟夫·路易·杜克，1802—1879 年。 　　巴黎司法宫竣工，1857—1868年。 **法国文艺复兴时期** 　　让·巴普蒂斯特·莱塞尔，1794—1883 年。 　　巴黎市政厅扩建，1836—1854年。 **巴洛克时期** 　　查尔斯·加尼叶，1825—1898 年。 　　巴黎歌剧院，1861—1874年。 　　蒙特卡洛娱乐场。 　　保罗·吉纳因，1825—1898 年。 　　巴黎时尚博物馆，1878—1888年。 　　查理·吉罗，1851 年。 　　巴黎美术馆，1900年。 **拜占庭时期** 　　保罗阿巴迪，1812—1884 年。 　　巴黎圣心教堂，1873年至今。 4.功能主义，约1850年至今。 泰奥多·拉布鲁斯特，1799—1875年。 　　圣日内维耶图书馆阅览室，1843—1850 年。巴黎国家图书馆，1855—1861 年。 约瑟夫·路易·杜克，1802—1879年。 　　巴黎司法官的哈雷前庭，1857—1868 年。 巴尔塔，1805—1874年。 　　巴黎中央菜市场，1852—1859 年。 　　巴黎博览会的建筑，1878 年和 1889 年。 亚历山大·埃菲尔，1832年。 　　1889 年巴黎博览会上的埃菲尔铁塔。 埃克托尔·吉马尔，1867年。 　　巴黎地铁站（"地铁"），1898 年。 奥古斯特·佩雷，1874年，古斯塔夫·佩雷，1876年。 　　香榭丽舍剧院，1912 年。

现代建筑时期

英格兰	1.古典主义，约1760—1850年。 罗马时期 　　罗伯特·亚当，1728—1792年，詹姆斯·亚当，1794年去世。 　　　　伦敦海军部屏幕，1760年。 　　　　肯德莱斯顿重塑，1761—1765年。 　　　　爱丁堡录音室，1771年。 　　　　伦敦阿德尔菲，1772年。 　　　　爱丁堡大学建筑，1778年。 　　约翰·索恩爵士，1753—1837年。 　　　　伦敦英格兰银行，1788—1835年。 　　哈维·伦斯达尔·埃尔莫斯，1814—1847年。 　　　　利物浦圣乔治大厅，1814—1854年。 希腊时期 　　詹姆斯·斯图尔特，1713—1788年。 　　　　格林尼治医院小教堂。 　　托马斯·哈里森，生于1744年。 　　　　切斯特的"城堡"，1793—1820年。 　　托马斯·汉密尔顿，1785—1858年。 　　　　爱丁堡高中，1825—1829年。 　　罗伯特·史墨克爵士。 　　　　伦敦大英博物馆，1825—1847年。 2.浪漫主义，约1760—1870年。 第一阶段，约1760—1830年 　　草莓山，1753—1776年。 　　放山修道院，1796—1814年。 　　伊顿堂，1803—1814年。 第二阶段，约1830—1870年 　　奥古斯都·威尔比·普金，1813—1852年。 　　　　拉姆斯盖特圣奥古斯丁教堂，1842年。 　　查尔斯·巴里爵士，1795—1860年。 　　　　伦敦国会大厦，1840—1860年。 　　吉尔伯特·斯科特爵士，1811—1878年。

现代建筑时期	
英格兰	坎伯韦尔圣贾尔斯教堂，1842—1844年。 威廉·巴特费尔德，1814—1900年。 　伦敦玛格丽特街诸圣节，1849年。 乔治·埃德蒙·斯特里特，1824—1881年。 　伦敦法院，1868—1884年。 阿尔弗雷德·沃特豪斯，1830—1905年。 　曼彻斯特巡回法院，1859—1864年。 　伦敦自然历史博物馆，1868—1880年。 3.折中主义，约1830年至今。 意大利和新复兴样式时期 　查尔斯·巴里爵士，1795—1860年。 　　伦敦旅行者俱乐部，1829—1831年。 　查尔斯·罗伯特·科克雷尔，1788—1863年。 　　牛津泰勒和伦道夫建筑，1840—1845年。 　　英格兰银行利物浦分行，1845年。 　詹姆士·佩恩斯隆爵士，1801—1871年。 　　伦敦大学，1866—1870年。 安妮女王时期 　伊顿·奈斯菲尔德，1835—1888年。 　　1864年居住在摄政公园，1866年在英国皇家植物园。 　理查德·诺曼·肖，1831—1912年。 　　伦敦新西兰商会，1873年。 4.功能主义，约1850年至今。 　约瑟夫·帕克斯顿爵士，1803—1865年。 　　伦敦水晶宫，1851年。 　师查尔斯·哈里森·汤森。 　　伦敦主教学院，1893—1894年。 　　伦敦霍尼曼博物馆，1900—1901年。 　查尔斯·弗朗西斯·安斯利·沃塞，1857年。
德国	1.古典主义，约1770—1840年。 罗马时期，约1770—1790年 　圣布拉西恩修道院教堂，1770—1780年。

现代建筑时期	
德国	在纽伦堡的德国教堂，1785年。 希腊时期，约1790—1840年 　　卡尔·格特哈德·朗汉斯，1733—1808年。 　　　　柏林勃兰登堡门，1788—1791年。 　　弗里德里希·基利，1771—1800年。 　　　　柏林的提议腓特烈大帝纪念碑，1797年。 　　卡尔·弗里德里希·申克尔，1781—1841年。 　　　　柏林皇家剧场，1818—1821年。 　　　　柏林旧博物馆，1824—1828年。 　　利奥·冯·克伦泽，1784—1864年。 　　　　慕尼黑古代雕塑展览馆，1816—1830年。 　　　　雷根斯堡沃尔哈拉，1830—1842年。 2.浪漫主义，约1825—1850年。 　　卡尔·弗里德里希·申克尔，1781—1841年。 　　　　柏林大教堂的哥特式项目，1819年。 　　　　柏林韦尔德教堂，1825年。 　　弗里德瑞奇·范·加特纳，1792—1847年。 3.折中主义，约1830—1900年。 意大利文艺复兴时期 　　利奥·冯·克伦泽，1784—1864年。 　　　　慕尼黑绘画陈列馆，1826—1833年。 　　　　慕尼黑国王大厦，1826—1835年。 　　弗里德瑞奇·范·加特纳，1792—1847年。 　　　　慕尼黑皇家图书馆，1832—1843年。 　　戈特弗里德·森佩尔，1804—1879年。 　　　　德累斯顿旧宫廷剧场，1838—1841年。 哥特式和北方文艺复兴时期 　　海因里希·费尔斯泰尔，1828—1883年。 　　　　维也纳感恩教堂，1853—1879年。 　　弗里德里希·冯·施密特，1825—1891年。 　　　　维也纳市议会厅，1873—1883年。 巴洛克时期

续表

现代建筑时期	
德国	戈特弗里德·森佩尔，1804—1879年。 　　维也纳皇宫扩建，1870年 　　维也纳宫廷剧场，1871—1889年。 保罗·瓦洛特，1841—1912年。 　　柏林国会大厦，1882—1894年。 路德维希·霍夫曼，1852年。 　　莱比锡帝国最高法院，1884—1895年。 4.功能主义，约1850年至今。 　　奥托·瓦格纳，1841年。 　　　维也纳高架铁路站，1894—1897年。 　　　维也纳邮政储蓄银行，1905年。 　　阿尔佛雷德·梅塞尔，1853—1909年。 　　　柏林维特海姆店，1896—1907年。 　　约瑟夫·欧尔布里希，1867—1908年。 　　　维也纳分离派展览馆，1897年。 　　　杜塞尔多夫蒂茨店。1906—1908年。 　　彼得·贝伦斯，1868年。 　　　达姆施塔特房屋，1901年。 　　　柏林汽轮机厂，1909年。

第十三章　美国建筑

　　殖民前建筑　　早在欧洲探险家和殖民者穿越大西洋之前，美洲文化便非常繁荣，尽管仍不知道铁，甚至不知道青铜，但建筑也高度发达。首先，在某些方面最伟大的是玛雅，其中心位于现代尤卡坦半岛。他们在基督纪元最初几个世纪里繁荣昌盛，他们的伟大建筑早在西班牙征服者到来之前便已成为废墟。他们在帕伦克（图13-1）、奇琴伊察等地方的巨大结构表明他们有能力运输和加工大尺寸石材，采用柱子和叠涩拱顶，设计一些复杂的对称平面图。宗教结构最为重要，甚至比王宫还重要。典型特性是将所有重要建筑提升至巨大的下部结构上，通常采用坡面或阶梯金字塔形式。主面上宽阔陡峭的楼梯通向上层平台。上层平台设有由巨大的碎石混凝土构成的建筑本身，表面覆以石头（图13-2）。平面图布置以使用叠涩拱顶覆盖所有室内空间为条件。这导致狭窄房间长度可无限延长，但必须一个接一个地增加，确保深度更大。利用木材、石材过梁或通过较小的叠涩拱跨越通向室外或腔室之间的开口。在室外，带状层标有内部拱墩线，与高拱顶相对的空间通常视为带有浮雕装饰的宽雕带。一个独有的特征是"条脊"，一堵长长的漏墙，沿着平屋顶中心升起。大部分主要建筑是神庙，尽管还建立了大规模的修道院和宫殿。

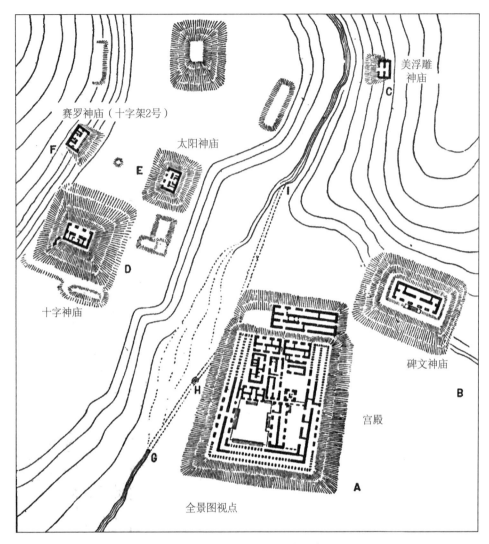

图13-1 帕伦克，宫殿和神庙草图

墨西哥 相继入侵的部落不如玛雅文明，但继承了玛雅的艺术，并在墨西哥各地传播其自身的版本。托尔特克人和后来阿兹特克人的建筑与旧文明的建筑规模相当，但显示出较少的精致和建筑技巧。他们保留了露台和金字塔底层结构、浮雕装饰、房间长而窄的一般平面图类型。建筑或房间通常围绕着四方院子和庭院。总体上废弃了叠涩拱顶，用混凝土制成的平台屋顶由木梁支撑着。可用材料的不同特性导致出现许多局部结构差异。例如，在米特拉，可用大石头做柱子和过梁；在其他地方，几乎找不到适合饰面材料的石材，只能使用泥砖或黏土坯，用灰泥和颜色装饰。随着西班牙人于1519年开始征服墨西哥，这些本土发展走到了尽头。

金字塔上部显示楼梯在左侧。a.普通门道穿透的下部墙区；b.显示侧柱的方形和经装饰石材的门道；c.在长度中间切割的木制过梁；d.连接前室和后室并显示固线器位置的门道；e.装饰有斜坡的拱门内表面　f.天花板或拱门的顶石；g.下部线脚线（古老檐口的残存物）；h.经装饰的柱上楣构区域；i.上部线脚和压顶板；j、k.带装饰的假正面（偶尔增加）；l.带装饰的屋顶（偶尔增加）

图13-2　典型玛雅建筑的横截

秘鲁　在秘鲁，西班牙人在1532年征服印加帝国时，发现了另一种充分发展的建筑风格，这种建筑风格独立发展了许多世纪。宫殿、堡垒和城市在重要性上相当。在奥伦塔坦博，由巨大块体组成的多边形墙从许多露台升起，守卫着安第斯山

脉的山口。房屋和宫殿建在庭院周围，有时第二层楼从第一层楼开始后退，支撑在叠涩拱顶上。显著特征是带有倾斜侧柱的窗户和壁龛。

殖民建筑　　随着欧洲殖民者来到新世界，现代时期的建筑出现了新的独特问题，文明人不得不面对完全原始的条件，与不利条件作斗争，从而实现传统的建筑理想。因此，到处均处于拓荒时期，当时殖民者利用手头的第一批资源（黏土坯、木头甚至草皮），尽可能简单地建造出满足庇护和崇拜基本需求的建筑。后来，他们试图用其祖国的建筑模式来取代这种建筑模式，但由于可用材料以及经济和社会条件不同，这些模式不可避免地或多或少经过改良。拓荒时期本身的持续时间因殖民者的特性和支持以及该国的资源和气候而有很大差异。

西班牙殖民地建筑　　被征服的墨西哥和秘鲁帝国已存在财富和大量文明的土著居民，后来西班牙人很快能够建起自己的建筑，甚至建立了规模和数量可与祖国相当的纪念性建筑。植入天主教信仰的愿望从一开始便对教堂很重要。最早的几座教堂，毫无疑问包括1524年建立在墨西哥城伟大的阿兹特克神庙基础上的小教堂，展示了对银匠式风格甚至哥特式和摩尔式细节的怀念。这种建筑很快被更为细致的结构取代，后者要么由西班牙的庭院建筑师设计，要么由其他移民到新世界的能力差不多的人设计。因此，对于墨西哥大教堂，西班牙在1573年和1615年提出了两个设计，其中第二个设计由胡安·戈麦斯·德莫拉提出（图13-3）。利马大教堂（1573年）和许多其他建筑均由赫雷拉门徒弗朗西斯科·贝塞拉当场设计。西班牙殖民地忠实地反映出西班牙风格的连续转变，通常是几年后，巴洛克倾向自然占主导地位。1749年，洛伦佐·罗德里格斯开始建造墨西哥大教堂的大圣器室，当时他在立面上采用了最华丽的巴洛克细节集合（图13-3）。但到了1797年，大教堂塔楼有所增加，学院派反应至高无上；最后一位伟大的殖民地建筑师弗朗西斯科·爱德华多·特雷斯格拉斯（1745—1833年）的作品展示了学院派元素的处理方式，会使人回想起夏尔格林的作品。

图13-3　墨西哥城，带有圣器室的大教堂（右）

建筑类型　教堂的主要类型是巴西利卡式教堂，如同墨西哥大教堂一样，即为实心矩形，有桶形穹隆中殿和耳堂，每个隔间均有贯穿件，走廊上有圆屋顶隔间，扶壁之间有小教堂。像这里一样，西方双塔楼在其他地方也很常见，一般特征是十字架上有圆屋顶。此外，中央型圆屋顶教堂也不需要。墨西哥大教堂——墨西哥城主教座堂的圣器室出现了中央型的特殊发展。包括刻在正方形上的希腊式十字架（十字架上有八角形圆屋顶）、桶形穹隆臂以及在十字架角度上的次要圆屋顶。世俗和住宅建筑遵循祖国的建筑，围绕拱廊或庭院构成。

佛罗里达州　西班牙设在北美洲的前哨站圣奥古斯丁建于1565年，并非没有某些建筑预张力的结构，尽管这些结构具有相对功利的特性。古堡及其粗面堡垒以及城门的模制和镶板柱仍矗立着，还有一两栋有粉刷墙壁和木制阳台的简易房屋。

新墨西哥州　新墨西哥州偏僻内陆的建筑仍更加原始。那里的土著居民较为稀少且相对贫穷，因此除传教士般的热忱外，很少有东西会吸引西班牙人来到这片土地。圣胡安绅士教堂的第一座传教教堂建于1598年，到1630年完全覆盖整个国家。此类建筑只是由黏土坯或泥砖制成的立方体结构，也许有一个简易钟楼，由当地人在方济会神父的监督下建造。甚至圣达菲的圣弗朗西斯大教堂（1713—1714年）也主要因其规模更大而与此类教堂有所不同。此类教堂的门道及其西方双塔楼同样缺乏古典细节，但为祭坛保留了装饰物，这是对西班牙和墨西哥奢华例子的遥远回忆。

加利福尼亚州　　直至1769年，上加利福尼亚才尝试殖民地化，当时传教士朱尼佩罗·塞拉在圣地亚哥建立了第一座传教教堂，于1823年在旧金山湾北部的旧金山索拉诺县结束。第一座灌木小教堂和钟楼的木制框架很快被单一中殿的黏土坯结构所取代，其柱子屋顶覆盖着黏土或芦苇。随着传教事业的蓬勃发展以及在神父指导下工作的印度皈依者人数增加，更大更壮观的建筑取代了此类建筑。因此，在圣巴巴拉，第一座教堂于1787年举行献堂典礼，于1788年扩建，于1793年重建，并于1815—1820年再次重建，因此建成了该省最大、建得最好的教堂（图13-4）。这座教堂里面，早期教堂的粗糙立面出现的巴洛克残存物被古典优雅的尝试（即具有六根接合爱奥尼亚柱的低三角形楣饰）所取代。穿透钟楼墙壁的单塔楼或双塔楼（如在圣盖博一样）、长拱廊式走廊或回廊（如在圣胡安斯特拉诺一样）均为加利福尼亚州建筑的特征，否则效果取决于其墙壁的宽阔表面和巨大扶壁。

图13-4　圣巴巴拉，传教与喷泉

加拿大和路易斯安那州内的法国和西班牙殖民地建筑　　北美洲的法国拓荒者通常是猎人和商人，而非定居者，因此建筑相应很少。魁北克建于1608年，后来逐渐发展起相当大的城镇，同时还发展起教堂、修道院和大学建筑以及监督官和大主教宫殿。此类建筑大多有简易墙面和路易十三世时期的细节，尽管在更精细的室内，对以下统治时期的壁柱进行了大量处理。新奥尔良直至1718年才建立。新奥尔良的典型房屋是被带有轻型支架的有顶阳台包围的房子，有时为一层楼，有时为两层楼。1764年，路易斯安那州被割让给西班牙，几乎与英格兰赢得加拿大同时发生，使得此类法国殖民地后来的建筑落入外国统治之下。因此，在1788年大火后的新奥尔良，按照连贯平面图重建了达尔姆广场周围的建筑，采用了西班牙的当代风格。总督府或市政厅（1795年，图13-5）有两层敞开式拱廊，带有拱柱式和三角形楣饰，最初均具有相当古典的面貌。

图13-5　新奥尔良，总督府

新荷兰的荷兰殖民地建筑　荷兰人于1624年建立了奥尔巴尼，并于1626年定居在曼哈顿岛，他们自然倾向于遵循其祖国的建筑模式，仍充满了中世纪的回忆。尽管大部分建筑长期以来均用木材建造，用芦苇盖住屋顶，但很快建成了一些石材房屋，后来频繁使用砖块。在这些砖石结构中，采用了荷兰极其常见的朝向街道的阶式山墙以及瓦片屋顶。最引人注目的建筑"斯塔特—休斯"便是这种类型，这栋建筑于1642年专为城市酒馆而建，于1653年改造为市政厅。这种建筑有成对垂直倾斜的扇形有头窗户，还有简单的敞开式小穹顶来容纳钟。尽管在1664年被英国征服之前，这里的建筑几乎没有什么进步，但后来在英国统治下，萌生出独立发展的种子。

英国殖民地的建筑　在美洲的英国殖民地最初稀稀疏疏，在特性和用途上非常不同，因此即使是定居者主要出生于英国之处的建筑也有许多差异。但某些普遍特征对所有建筑均适用，其中包括17世纪所有建筑的基本中世纪性质。鉴于19世纪英格兰大多数建筑的基本中世纪性质，这种普遍特征在伦敦和宫廷外几乎不可能发生。英格兰是最后一个采用文艺复兴时期细节形式的国家，而且采用古典类型平面图和块体的时间要晚得多。在英格兰，整个17世纪的乡村教堂均为哥特式，乡村别墅和小型乡间邸宅均采用中世纪风格，只有少量应用细节和对称倾向。甚至在伦敦，我们可能还记得，第一座古典教堂直至1630年才建成，直至1666年以后才没有模仿建筑。因此，毫不奇怪，如果殖民者本身主要来自农村地区，那么建造几乎剥夺结构上不可缺少的每个细节的建筑揭示了其基本中世纪性质。这种情况以及相对原始的社会状态的必然结果是普遍缺乏专业建筑师，以及工匠建筑师在风格和工艺方面依赖于传统。17世纪的另一个普遍特质是几乎普遍流行将木材用作建筑材料，甚至在后来保存的纪念性建筑用砖石建造的地区也是如此。相比之下，在英格兰，新大陆覆盖着茂密的森林，因此在清除土地上的树木用于耕地时，可随时砍伐木材。在人口稠密的中心地区，直接引入锯木厂使得厚木板仍比其他材料便宜，因此多年来，甚至直至今天，砖块和石材在成本上处于劣势，远远超过欧洲任何地方。

弗吉尼亚州和南方　弗吉尼亚州一开始便得到一家强大的贸易公司支持，并拥有一种独特的主要作物——烟草。这种作物很快便成为非常有价值的出口商品。随着英国爆发内战，殖民地和马里兰州成为保皇派的避难所，他们中的许多人均拥有一些财富。尽管如此，建筑的发展非常缓慢。自1607年詹姆斯敦建立以来，地方当局不断努力建立城镇，并要求用砖块建造房屋。但种植制度的绝对必要性迫使居民分散在通航河流沿岸，并导致任何种类的机械都稀缺。框架房屋始于约1620年，到1632年仍不常见。尽管那里有黏土和一些制砖工人，但第一栋完全用砖块建造的房屋似乎直至1638年才建成。17世纪的典型弗吉尼亚州房屋是大小非常中等的矩形构架建筑，没有任何建筑装饰物，两端均有巨大的砖砌烟囱。这类烟囱的扶壁状形式，加上屋顶的陡峭程度，显示了这种设计的中世纪基础。这一点在弗吉尼亚州现存最古老的教堂——圣卢克教堂、史密斯菲尔德教堂中甚至更为明显，包括一些1631年的砖块，尽管非常怀疑整个构造是否如此早建成。尽管其塔楼有突角，但这种教堂设有尖端和竖框窗户，无疑是外向哥特式的英国教区教堂。马里兰州和卡罗来纳州后来重复了同样的通史，更富有的种植园主采用了当地制造的砖块。尽管卡罗来纳州直至1660年后才有人定居，直至约1700年才建造大房屋，但其中一两栋仍展示了杰克魔豆庄园奇妙的弯曲山墙。

新英格兰 在新英格兰，完全用砖块和石材建造的建筑尤其罕见，但在普利茅斯（1620年）、波士顿（1630年）和哈特福德（1636年）建立后，几乎立即建立了永久性木制构架建筑，没有长时间的临时替代品。最早的定居者包括木匠，在盛行的城镇生活条件下，工匠在整个殖民地时期为数众多。他们带来了中世纪英国传统，即用垂悬的上楼层构建房屋框架，以及在可能的情况下用砖块填充框架。多变的气候不利于将这种半木材作品暴露在天气中，而且从一开始，至少在大多数情况下，外部均覆盖着护墙板。窗户均为小铅框窗扉，基本上采用中世纪风格，烟囱的聚集形式和垂悬物倒圆角的装饰性雨珠饰也是如此。可区分几种不同类型的平面图，每种平面图均有特定地区的特征。在马萨诸塞湾和康涅狄格州殖民地，通常类型是楼上和楼下有两个房间，中间有一个入口和一个大烟囱，后面通常添加一个单坡屋顶小房。后来，单坡屋顶小房从一开始便包括在内，如同在马萨诸塞州伊普斯威奇的惠普尔之家中一样（图13-6），得到很好的保存和修复。普罗维登斯种植园的典型房屋是下面一个房间，一端有一个大烟囱，形成了U形石头端房屋。偶尔情况下，如同康涅狄格州哈特福德市的狄奥斐卢斯·伊顿之家一样，带有中央"大厅"的伊丽莎白式U形或H形平面图保存了下来。在室内，洞穴般的壁炉、下墙板和偶尔出现的镶板均没有任何文艺复兴时期细节。到1700年，人们抛弃了构架垂悬物，但中世纪细节和方法一直延续到18世纪。新英格兰的教堂或"会议厅"同样保留了中世纪形式的残存物，但其布局从根本上受到该地定居者的极端新教影响。在经过最早的简易小木屋后，这类教堂倾向于符合英格兰和欧洲大陆流行的新教类型，即略呈方形、类似大厅的房间，三面是楼座，第四面是布道坛，通常是较长的一面。这类教堂没有塔楼，钟楼只是在一端横跨在屋脊上，或者在屋顶设有斜脊时中间的甲板上，如同在马萨诸塞州欣厄姆市的"旧船"会议厅中一样。

图13-6　伊普斯威奇，惠普尔之家

宾夕法尼亚州　　费城直至1682年才建立，因此宾夕法尼亚州的殖民地建筑大多具有18世纪的后文艺复兴时期细节。但在离开中世纪残存物之前，人们必须考虑到宾夕法尼亚州的德国教派建筑，尽管最早的任何预张力直至1700年以后才建立，其他预张力直至约1750年才建立。类似于埃夫拉塔处的宗教社区的修道院大厅有粉刷墙壁和小窗户、陡坡屋顶和一系列小屋顶窗，无疑是德国中世纪的衍生物。

18世纪的殖民地建筑　　在18世纪，人们有更多财物，感到更加舒适，更广泛地使用永久性材料，以及采用细节的古典形式。整个沿海地区现在处于英国的统治之下，当地的多样性受制于统一的英国影响力。此时，在英格兰，各地确立了琼斯和雷恩的风格，小省城到处都有门道和室内木制品，其中最受喜爱的后文艺复兴时期主题——断裂的三角形楣饰、托架和大量雕刻均显而易见。对殖民地而言，更重要的仍是将当前建筑编纂成大大小小的书籍，既再现了柱式公式，又再现了整栋建筑的其他细节和设计。这些书籍均非常自由地进口，未来将对单一建筑和流行风格产生很大的影响。在19世纪初，殖民者只是采用经典细节作为其建筑的个别特性（即檐口、门口，也许还有小穹顶），除对称布置外，无任何普遍的经典处理。后来，教堂和公共建筑，最后甚至是住宅，开始呈现出纪念性特征。此外，在殖民统治后期，还出现了一些帕拉第奥式严格性的倾向，这种倾向在英格兰中占有优势，并主导了后来的建筑出版物。在这些运动中，如同在英格兰一样，有教养的业余爱好者发挥了主导作用，尽管建筑师本身很快掌握了书籍的教学，也承担了建筑师的职能。

房屋 18世纪初过渡的第一个标志是采用不太陡峭的屋顶，用上下拉动的窗户代替铅框窗扉，以及倾向于采用统一檐口和四坡屋顶或三角形楣饰山墙而非中世纪类型的山墙。为檐口和门赋予更多细节（飞檐托和带有三角形楣饰的壁柱）时，约1730年，在弗吉尼亚州韦斯托弗（图13-7），以及当时整个殖民地中最好的房屋中举例证明了该方案。在韦斯托弗看到的充足而对称的属地是弗吉尼亚州和马里兰州的特征，有时在费城也能看到。经常使用弯曲和打破的三角形楣饰和粗面配框表明雷恩作品中的巴洛克元素仍流行。在少数情况下，从约1735年开始将高壁柱应用到房屋的倒圆角。但由于这些高壁柱仅与单个基座和柱上楣构的一个片段有关，因此未创出普遍的建筑处理。最早试图进行更具学院派方案的重要房屋是弗吉尼亚州芒特艾里（1758年），其中两个凉廊（一个是拱形，另一个是柱廊式）是带有均衡附属建筑物的群组的轴向特性，显然取自詹姆斯·吉布斯发表的设计。直至1760年或更晚时候才将带有三角形楣饰的独立式柱廊应用于住宅，并直至大革命后才变得很常见。在少数情况下，特别是南卡罗来纳州查尔斯顿的迈尔斯·布鲁顿之家（约1765年），在帕拉第奥许多别墅设计的总体方案上有叠加柱廊，尽管在比例和细节上有更高自由度。1771年在大革命前夕，托马斯·杰斐逊为蒙蒂塞洛设计住宅，这才开始在住宅作品中严格遵循帕拉第奥标准。部分由于木质镶板的流行，房屋室内在建筑处理上比室外更加丰富和连贯。用壁柱分割墙壁并不罕见，尽管更为常见的情况是，门道或壁炉架等每个重要元素均单独精心制作，如同在布鲁顿房屋中。巴洛克特性甚至在从室外消失后依然存在。

图13-7 弗吉尼亚州，韦斯托弗

教堂　最先表现出更先进倾向的建筑是教堂。查尔斯顿的老圣菲利普教堂于1723年被奉为神圣，其塔楼前有由四根柱子组成的柱廊，仅仅在几年后，伦敦的一些大教堂也有类似的部分。在约翰·基尔斯利医生指导下于1731—1744年建立的费城基督教堂的中殿采用了罗马拱柱式的建筑处理，两层中有壁柱。这两座建筑均采用了圣桥及其他伦敦教堂的巴西利卡式室内处理，这种处理成为了更为细致的殖民地例子最爱的体系。在圣菲利普，室外柱廊仅具有塔楼的宽度，而在查尔斯顿圣米歇尔（1752—1761年）以及在纽约州圣保罗小教堂（1764—1766年，图13-8）则得到扩建，包括了几乎整个教堂的宽度。尖塔遵循英国例子，其中圣马丁教堂及其他在吉布斯出版作品中复制的设计吸引的模仿者最多。

公共建筑　最早采用任何预张力的公共建筑，例如旧纽约州市政厅（约1700年）和威廉斯堡的旧弗吉尼亚州国会大厦（1702—1704年），尽管有圆形拱门或连接凉廊的柱子，但其H形平面图中仍暴露出挥之不去的中世纪性质。即使在所有中世纪特性均已消失的建筑中，例如费城的旧州议会大厦（独立大厅）（1732—1752年），建筑特性基本上仍为住宅，公共功能仅通过建筑的较大尺寸及其小穹顶来体现。事实上，独立大厅室内有使用带有接合柱子的拱柱式的纪念性处理，这在殖民时期几乎是独一无二的。

图13-8　纽约州，圣保罗小教堂

学院派设计的第一次尝试是波士顿法尼尔厅（1742年），由画家斯米伯特设计，拱柱式在两层中，下层形成敞开式市场。纽波特的彼得·哈里森设计了一系列具有独特建筑特性的建筑，无论他是否在英国接受过专业训练，均应值得被誉为北美第一位专业建筑师。他在纽波特设计的红木图书馆（1748—1750年）有一个由四根柱子组成的罗马多立克式柱廊，由一根完整柱上楣构联合至建筑主体上（图13-9）。原本仅立面侧面的小翼导致建筑不完全符合神庙类型，但已在英格兰的花园神庙中模仿这种建筑。纽波特市场（1761年）代表比法尼尔厅更先进的学院派阶段，因为其涉及贯穿两层楼的接合柱式，位于拱形基底上方。这是大革命前夕更雄心勃勃的建筑的典型主题，例如宾夕法尼亚医院、查尔斯顿交易所等。但大多数建筑（甚至是公共建筑）不仅保留了适中材料、砖块和木材，还保留了简单的墙面和19世纪早期的孤立细节。

图13-9　纽波特，红木图书馆

民族时期的建筑　　在大革命期间（1775—1783年），这座建筑几乎完全暂停。大革命结束时，尽管一些工匠继续以与以前相同的风格工作，但领导人受到极其不同的理想鼓舞。他们认识到，殖民地风格为省级，无论其优点如何，他们寻求建造配得上新的主权共和党州以及很快与这些州结合起来的伟大民族的建筑。此外，在与政治和社会制度相关的所有类型建筑中，美洲的共和党和人道主义理想需要与欧洲传统截然不同的解决方案。

图13-10　里士满，弗吉尼亚州国会大厦（原始模型）

对于政府建筑、监狱、精神病院及其他类型的场所，必须找到新布局。这两场运动的拓荒者是托马斯·杰斐逊，他的政治生涯为他实现建筑构思提供了无与伦比的机会。他认为，即使是细节形式，也不应借鉴当代欧洲风格，尽管应对外国观察家有所尊重。在这种情况下，他转向他认为是不容置疑的古人权威，在古人的共和国中，一般认为新州有其最接近的类比。在里士满弗吉尼亚州国会大厦（1785年，图13-10）——第一栋现代共和党政府建筑的设计中，他大胆地将尼姆方形神殿作为其自己的模型。为节省开支，爱奥尼亚柱式遭到取代，窗户必须穿透内殿墙壁，并细分室内，以便符合立法和司法功能的平衡，前提是不完全符合室外表达。很少有人意识到这种设计比国外任何类似设计要早得多。古典例子确实在园林神庙和纪念性建筑中模仿过，但从来没有如此大的规模，也从来没有在用于实际用途的建筑中模仿过。甚至基利提议的腓特烈大帝神庙（1791年）和维尼翁的拿破仑荣耀神庙（1807年）也只是纪念性建筑，直至建立起伯明翰市政厅（1831年），欧洲才有真正类似于美国国家建筑的第一栋纪念性建筑。

学院派主义和古典主义　种植的复兴古典文字的种子需要时间来结出果实。与此同时，许多具有不太先进特性的建筑仍证明了殖民地思想的改变。本土和外来工程师、建筑工人和业余爱好者联合起来，给此类建筑注入了规模广大性和学院派特性。来自都柏林的詹姆斯·霍班在其位于哥伦比亚的南卡罗来纳州国会大厦（1786—1791年）和法国军事工程师昂方在其对美国第一个国会大厦——纽约州联邦大厅（1789年）的改造中，均采用了最受欢迎的学院派公式：在高基底上设置柱状中央亭阁。威廉·桑顿的费城图书馆（1789年）和塞缪尔·布洛杰特的费城美国银行（歌德银行）的大理石立面（1795年）均有类似的主立面，上升到整栋建筑的高度。华盛顿国会大厦（1792—1793年）的竞争性图纸显示了确保实现纪念性成果的坚定决心。桑顿的设计基于英格兰伟大的帕拉第奥式布局，获得了一等奖。更先进的是斯蒂芬·哈雷特的竞争性设计，他是受过最高专业训练的法国建筑师，获任命负责这项工作。在他的第一次研究中，他采用了一种在立法建筑中非常流行的方案，即带有平衡翼的高中央圆屋顶，其形式类似于巴黎的四国学院。

图13-11　波士顿州议会大厦

在杰斐逊的影响下，后来的各种研究均基于列柱廊神庙、巴黎万神殿和罗马万神殿的主题，这仍是公认的中央特性。在此类研究中，哈雷特也预见了半圆形立法大厅的外国实例。查尔斯·布尔芬奇展示了在波士顿烽火台柱（1789年）（以罗马

例子为依据）和马萨诸塞州房屋（1795—1798年）中的古典和学院派影响，还有其高高的圆屋顶以及拱形基底上方的柱廊（图13-11）。19世纪中叶的纯法国学院主义出现在纽约州市政厅（1803—1812年，图13-12），由法国工程师约瑟夫·曼金与约翰·麦库姆合作设计。这里是美国第一次出现带有角亭子的学院派立面，具有叠柱式、拱门饰和粗面砌筑的复杂墙壁处理。即使是在罗马时期，古典主义的彻底胜利也是在1815年之后才接踵而至。正是这场运动的发起人杰斐逊用弗吉尼亚大学群组的设计为其胜利加冕。在这里，连接不同设计的古典亭子的长柱廊通向中央圆形大厅或图书馆，以罗马万神殿为依据。

图13-12　纽约，市政厅

希腊复兴：拉特罗布　早在古典主义盛行之前，罗马复兴便因希腊复兴而加强。本杰明·亨利·拉特罗布是受过这两个国家专业训练的建筑师，由于他的缘故，引入了已在英格兰和德国使用的希腊形式。他于1796年来到美国，在他的第一项纪念性作品——宾夕法尼亚州银行（1799年）中，在两个六柱式柱廊中采用了希腊爱奥尼亚柱式，因此可进入圆屋顶银行房间。1803—1817年，他负责执行国会大厦的工作，他的主要机会在于室内，在室内创造了大半圆形代表大厅（如今的雕塑大厅），其科林斯柱廊采用了希腊首都的吕西克拉特类型。他的最后一个设计是费城的第二家美国银行（1819—1824年），无疑受到了希腊爱好者尼古拉斯·比尔德（后来的行长）的鼓励，采用了帕特农神庙本身的八柱式多立克式形式（图13-

13）。室内需要额外空间确实导致了侧柱廊受到压制，但即使这样，这座建筑也比迄今为止在欧洲建立的任何现代建筑更接近最终的雅典理想。

图13-13　费城，美国银行（海关大楼）

后来的古典主义者　直至快1850年，希腊影响才主导着美国建筑。罗伯特·米尔斯是拉特罗布的学生，他在先进古典主义方面与其大师不相上下，采用了高度接近100英尺的希腊多立克式柱，作为其在巴尔的摩的华盛顿纪念碑（1815年）的话题，在华盛顿的华盛顿纪念碑（1836年）中采用了500英尺的方尖碑。一系列国会大厦遵循了神庙形式，特别是在现为国库分库的原纽约州海关大楼（1834—1841年）中——帕特农神庙另一个更合乎事实的版本。最近和最丰富的例子是费城歌德学院的主建筑（1833—1847年），尼古拉斯·比德尔为此强迫采用神庙形式，由托马斯·乌斯提克·沃尔特用吕西克拉特类型的科林斯柱式执行。但对于州国会大厦而言，这种具有圆屋顶和翼的类型由于建成国会大厦（1829年）而获得声望，从那以后有更多的拥护者。另一个最受欢迎的话题是长而完整的柱廊，如在罗伯特·米尔斯设计的华盛顿国库原始（第十五街）立面（1836—1839年）和艾赛亚·罗杰斯设计的纽约州商人交易所（现在形成国家城市银行下层）（1835—1841年）中所使用的那样。新奇的事物是费城商人交易所的大半圆形柱廊，由威廉·斯特里克兰设计。华盛顿的国会大厦在1851—1865年由沃尔特扩大到目前形式（图13-14）时，

他自然要遵循外部的学院派——罗马外部结构布局，因此帮助为古典活动的后期建筑提供一个较小的希腊化印记。通过所有这些设计，国家和民族被赋予了纪念性和庄严的政府建筑传统，这一传统一直延续到今天，但期间略有中断。

住宅建筑　在革命后的住宅建筑中，殖民时期风格由工匠们所恢复，且几乎没有什么变化，因此很可能将一大批建筑描述为"后殖民"。早期的一个例子是塞缪尔·麦金泰尔在塞勒姆的皮尔斯·尼克尔斯之家（约1790年）。

图13-14　华盛顿，美国国会大厦

建筑物正面与50年前在梅德福德建造的皇室几乎没有什么不同，除了在角落壁柱和门口更显眼的加工中取代了沉重的多立克柱式（图13-15）。古典影响不久以两种截然不同的方式表现出来。其中一种方式仍未打破过去，是包括外部和内部详细的亚当式运用。因此，发展了比例的衰减和装饰物的精致性，这是麦金泰尔在塞勒姆的后期作品特征，是19世纪初新英格兰的典型，偶尔也可在其他地方看到。这些形式在最普通的材料、木材中制作的适合程度使其具有特殊的吸引力。另一种古典倾向统治着更南部的州，且在其灵感和方向上截然不同。其从帕拉底欧风格和从法国模型中脱离开来，且最终试图将房子也同化为神庙的理想形式。从一开始，高柱的门廊或主立面较为常见，一个突出的例子是华盛顿的白宫（1792年，图13-16）。

图13-15　塞勒姆，皮尔斯·尼科尔斯之家

　　通过杰弗逊的众多设计，恢宏的门廊在弗吉尼亚和南方变得特别受欢迎，在可能的情况下，他寻求给人们一个单一故事的效果，就像在据说是法国的罗马建筑中一样。在改造其自己的房子即蒙提萨罗（1796—1809年）时，他在突出客厅上引入了一个圆顶，以确保与巴黎的萨尔姆别墅等此类建筑更加相似。弗吉尼亚大学的教授宿舍被他设计为"建筑讲师的样本"，包括对前柱式神庙的模仿，这些均在不存在任何教学主题的地方被广泛复制。尼古拉斯·米德尔以他对一切希腊式事物的一贯热情，为他在特拉华州安达卢西亚的乡间别墅采用了一种提修斯神庙、列柱廊等等模型。甚至在新英格兰，希腊形式的前柱式神庙最终得以延续，然而在南方，列柱廊式神庙以其显然适合气候的特征被广泛采用。类似弗吉尼亚的阿灵顿的此类宏伟样本，在此模仿了伟大的帕埃斯图姆神庙中的笨重支柱，如同新贝德福德的贝内特纪念馆，其具有六式的爱奥尼亚式主门廊和四柱式耳墙，如同弗吉尼亚的贝里山露营地，其具有两个八式希腊多立克式门廊和平衡的同阶附属建筑，或如同佐治亚州雅典的山丘之屋，其具有一个科林斯柱式的八柱宽列柱廊，展示了国外无法比拟的古典主义极端。街区中的城市房屋显示出了与坐落在偏远处的房屋相同的趋势。1793年，布尔芬奇首次在美国建造了一个统一设计的街区，即波士顿富兰克林新月，具有学院派计划和亚当细节的凉亭。尽管人们很少意识到，但对该街区的一些连贯处理仍是一种理想。后来最显著的例子是纽约拉法耶特大楼的柱廊式联排住宅

（1827年），其具有一个独立式的希腊科林斯柱式贯穿其整个长度。通过摒弃了镶板，以及通过将所有细节局限于基本结构元素的纯洁纯粹主义，古典房屋的内部装饰变得富丽堂皇。恢宏凉爽的房间，偶尔存在柱子屏幕，现在成为丰富家具和窗帘的中性背景。

图13-16　华盛顿，白宫

教堂　后殖民时期的建筑与革命之前建造的更先进的建筑略有不同，但共和国在早期的教堂中也很常见。在此也加入了具有亚当细节的细长比例。尽管如此，在19世纪初之后，出现了更多与在公共建筑中达到的纪念性效果。最基本的作品是巴尔的摩的拉特罗布天主教大教堂（1805—1821年），这是在美国修建的第一座大教堂，其规模和仪式布置与其古典形式一样新颖。该平面图是一个拉丁十字架，整体呈拱形，在交叉甬道上建有一个低圆顶，一个希腊式细节的西方门廊和两个尽可能希腊化的钟楼。1816年，拉特罗布在华盛顿的圣约翰圣公会教堂采用了希腊式十字架的形式。罗伯特·米尔斯在弗吉尼亚州里士满纪念教堂（始于1812年）和其他教堂中发展了八角形或圆形的礼堂类型。这种神庙形式只是后来才被采用，例如在波士顿圣保罗教堂（1820年），其建有一个六柱的爱奥尼亚式前柱式门廊。

监狱和精神病院　随着政府所有分支机构的新政策，美国很快在惩罚方法和治疗精神病的改革中处于领先位置。由约瑟夫·曼金于1796—1798年建造的纽约州监狱包含了针对性别隔离和罪犯分类的规定，而由拉特罗布于1797—1800年建造的弗吉尼亚监狱则基于单独监禁的原则。随后，这些想法由英国出生的建筑师约翰·哈维兰更充分地应用并具体体现在放射式平面图中。到1835年，美国的监狱如此广为人知，以至于来自英国、法国和其他欧洲国家的委员会前往对其进行研究，并向国外介绍其原则。

图13-17　纽约，圣三一教堂

美国的哥特式复兴时代建筑　　尽管杰弗逊早在1771年就以其潜在的浪漫主义倾向提出了对哥特式模型的模仿，但拉特罗布是第一个在费城（1800年）附近的塞耶利的一座乡间别墅实施哥特式设计的人。对于巴尔的摩的大教堂，他提交了一个替代方案，该方案是美国第一个哥特式教堂设计。1807年，法国工程师兼建筑师戈德弗鲁瓦使用哥特式的形式建造了巴尔的摩的圣玛丽神学院的小教堂。其他建筑师很快尝试使用哥特式的形式建造建筑，但与其说是受到折中主义的有意识原则的启发，不如说是出于对风格的浪漫主义兴趣，其中的结构原则和装饰形式均未得到很好的理解。理查德·厄普约翰（1839—1846年，图13-17）在纽约建造的圣三一教堂建筑开启了哥特式复兴时代建筑的新时期。此处的设计可从英国例子中仔细研究。尽管詹姆斯·伦威克在纽约州圣帕特里克大教堂（1850—1879年）中采用了双西塔的传统法国方案，但这些一直是人们最喜欢的模型。在19世纪60年代，罗斯金的影响引起了对意大利哥特式细节的采用，并引起了一股在道德上倡导中世纪精神的热情，这在美国是前所未有的。与此同时，在19世纪60年代，住宅建筑对神庙的模仿被抨击为荒谬和不切实际的，其中哥特式、伊丽莎白式、瑞士式或"意大利

式"风格的小屋和庄园将其取而代之，因为这些风格更灵活、更方便、更家居，且与景观更协调。然而，个别希腊形式继续用于其他房屋的细节，尤其是在城镇里，因此无论是浪漫主义还是古典主义均逐渐被折中主义所取代，折中主义为每栋建筑选择似乎最适合其用途和环境的风格。

折中主义　　在美国，训练有素的建筑师或易于使用的模型极少，用不受限制的折中主义取代传统知识形式将对最普通的建筑产生比在欧洲更灾难性的结果。南北战争（1861—1865年），伴随由此产生的经济复兴时代的唯物主义加剧了这一困难，并使政府体系结构受制于机械系统。然而，有能力和考虑周到的人没有哪个时期不寻求支持其在代表欧洲当代潮流的建筑中的艺术理想。最著名的早期人物是理查·莫里斯·亨特（1828—1895年），第一个在巴黎美术学院学习的美国人，他在1855年将学校的理性主义训练和对法国文艺复兴形式的偏好带到了纽约，然后在第二帝国时期占主导地位。在纽约州的莱诺克斯图书馆（1870—1877年），他遵循了拉布鲁斯特的倾向；然而在纽约范德比尔特庄园房子里和在比尔特莫庄园，在阿斯特住宅，在新港的"别墅"中，他充分利用了所喜欢的风格的各个阶段，且在年轻人的影响下，他仅在生命最后几年采用了一种更古典的倾向。与此同时，英国培训的老建筑师们试图建立维多利亚女王时代哥特式的最高地位，至少在教堂里理所当然地采用中世纪形式。

理查森和罗马式　　另一位接受过法国学术训练的美国人亨利·哈柏森·理查森在其接受的波士顿圣三一教堂项目（1872年）中选择了罗马式风格，他主要受到场地轻微深度的影响，该深度对哥特式中殿来说是不利的。他为宽阔的十字形中殿和巨大的中央塔上覆盖了一层粗糙的彩色砂岩覆盖层，让人联想到奥弗涅和萨拉曼卡（图13-18）。然而，当这座建筑于1877年竣工时，他看到罗马式对美国的需求形成了一种影响深远的适应性，这将允许发展真正的民族风格。其简单性和坚固性似乎同样适用于现成材料、资金的一般限制以及相对缺乏的熟练雕刻师。在随后的建筑中，例如匹兹堡的阿勒格尼县法院（1884年），他用罗马式元素的个人词汇自由地表达了许多当代类型的理想特征和实际条件——乡镇图书馆、乡村火车站，甚至是大仓库。然而，理查森的过分独特风格，例如对塔楼和对宽阔的低拱的喜爱，比他那生动且逻辑合理的能力更容易被其他人所获得。因此，在他于1886年英年早

逝后，其风格很快受到模仿者的怀疑，在此期间更有能力的建筑师继续他们的独立
发展。

图13-18　波士顿，最初建造的圣三一教堂

"安妮女王"和殖民复兴时期的开端　圣三一教堂建立的同时，英国也掀
起了英国安妮女王运动，其坦率和口语化的计划非常广泛。通过1876年的百年博览
会向美国展示了外国的艺术品和工艺品。这些启发了许多模仿的尝试，以及一些
自由和独创，例如1881年由麦金·米德·怀特建筑公司建造的新港娱乐场。迄今为
止，这些人和其他一些人的注意力被法国文艺复兴或罗马式风格所吸引，他们自然
而然地被吸引到17世纪和18世纪的美式建筑中，其中这些建筑符合国外安妮女王风
格的原型。因此，开始了殖民建筑的直接复兴，在19世纪80年代的许多房子里，其
外表有着丰富的精致细节，当然，这与老式住宅的普通简单性截然不同。

文艺复兴形式的采用　正是这种对本地文艺复兴形式的改编，从而使麦
金、米德和怀特为采用意大利的文艺复兴形式做准备。他们的一个同事霍尔顿·威
尔斯首次在纽约维拉德别墅（1885年）中使用这些形式，秘书厅的拱形窗户提供了
动机。然而，关键作品是波士顿公共图书馆（1888—1895年，图13-19），在此，
麦金离开圣洁内薇叶芙图书馆，为该方案赋予了阿尔伯蒂的圣弗朗西斯科教堂在里
米尼中更温暖和更健壮特征。在内部，建筑的每一个元素在意大利例子中得到高度
的重视，其中这些例子展示了古典元素的结构使用，对每种材料的特有处理以及在
美国前所未见的装饰物的协调。

图13-19 波士顿，公共图书馆

　　麦金关于图书馆细节的纯粹主义得到了怀特和威尔斯在世纪俱乐部和纽约麦迪逊广场花园（1891年）对文艺复兴时期装饰物的奢华加工的补充。对电流实践的影响是电。几乎在一夜之间，罗马式和"安妮女王式"为文艺复兴形式所取代，这种形式自希腊复兴以来比任何风格都更接近于普遍接受。当然，也存在变形。来自巴黎美术学院的新生倾向于遵循法国文艺复兴和学院派建筑而非意大利。对于住宅建筑，许多人更喜欢模仿18世纪殖民地的"格鲁吉亚式"房屋。然而，在查尔斯·普拉特的作品中，意大利的倾向得到了有力的加强，他将意大利的规则式园林引入了美国（图13-20），并在不偏离他最喜欢的风格的情况下稳步扩大了他的建筑活动范围。其仍然有很多追随者。

图13-20 罗克维尔，"麦克斯韦庭院"花园

新古典主义 对自由和现代艺术思想解释（主要是中世纪）的支持者和严格遵循某种经典建筑形式的支持者之间的关键考验于1893年在芝加哥哥伦比亚博览会建筑中开展。博览会的最初顾问建筑师约翰·威尔伯恩·路特的研究是不受约束的半罗马式特征，对钢结构和建筑的临时性质有一定的认识。如果不是路特在工程前夕去世，留下以亨特为首的东方建筑师小组，即路特向其吐露了名誉法庭建筑使其自由地执行他们自己的想法，则这些概念很可能已主导总效果。这些是其建筑的相互依赖性和法院的正式特征，需要一种普遍具有罗马古典特征的一致风格，其中统一的檐口高度固定在60英尺。这并不排除仅仅是学术性铸型的处理，细节上受意大利或西班牙的影响，因此其在古典方案中存在相当多的风格多样性。然而，最令人钦佩的建筑是那些主檐口由严格的罗马式特征的单一柱式延伸的建筑——即由麦金设计的农业建筑、美术团体和查尔斯·B.阿特伍德设计的朝向湖泊的"列柱廊"（图13-21）。阿特伍德在美术大楼的设计里遵循了贝斯纳德的罗马大奖项目，其中央门廊建有一个阁楼且背面是一个碟形圆顶；麦金同样受到同一设计的极大影响，尽管他对该设计的遵循程度要小得多。正如其设计师所希望的那样，古典建筑产生了一种和谐且华丽的累积效果，这种效果深深地印在了整个国家的记忆中。

图13-21 芝加哥博览会，名誉法庭，建有农业建筑（位于右侧）和列柱廊（位于后侧）

新古典主义 最新发展。尽管博览会的主要建筑师曾希望给予一个引人注目的经典和学院派公式价值的实例，他们几乎未预料到随之而来的结果。然而，早些时候，出现一个或两个具有严格古典形式的独立试验，例如纽约的格兰特陵墓（1891年），整个国家的公共建筑如今变成了一个纪念性和古典的通道。这场运动的第一个成果是麦金为纽约哥伦比亚大学设计的统一古典设计，以及其伟大的圆顶图书馆（1895年）。在1901年的火灾后，通过怀特对弗吉尼亚大学的修复，且麦金与丹尼尔·伯纳姆、奥姆斯特德及圣高登斯对华盛顿改善委员会的活动，带来了新动力。因此，共和国早期建筑的特征给予了古典主义倾向一种民族主义认可，且新政府建筑的风格因此确立。运动过程中的里程碑是纽约的尼克伯克（哥伦比亚）信托公司，其单一丰富的科林斯柱式包括整个建筑的高度，以及宾夕法尼亚州终点站，其长多立克式立面和大厅，从字面上讲即抄袭了罗马的温泉浴场，且几乎无实际功能。从一开始，频繁使用的柱式包括希腊形式，且这些形式已被越来越多地使用。最近最著名的一个例子是华盛顿的林肯纪念碑（即一个列柱廊式内殿），旧复兴运动倡导者对抽象建筑理想的热情战胜了任何个性特征的暗示。当前倾向于雇用亚当或路易十六，其在住宅和酒店中的形式显示了延伸运动至更多纪念性处理将是不合适的领域。美国的第二次古典复兴在除英国外的国外几乎没有当代的相似之处，其本身在这个问题上也受到了横跨大洋发展的影响。尽管世界其他地方正在以这样或那样的方式寻找表达现代生活新元素的新形式，但这种形式对过去传统权威的坚持只能用该国家形成时期无与伦比的古典纪念性建筑遗产来充分解释。因此，共和国的创始人目前似乎已实现了他们的目标，即将古典建筑作为一种永久的民族风格。

哥特式残存物 尽管古典形式取得了压倒性的胜利，但哥特式倾向仍保持活力，这主要通过开展多年合作的拉尔夫·亚当斯·克拉姆和拜泰姆·格罗夫纳·古德修两个人的热情和艺术。他们最初的成功是马萨诸塞州阿什蒙特的圣使大教堂（1892年，图13-22），其体现了与英格兰塞丁设计相同的自由倾向。这些趋势一直在古德休的后期作品中得以延续，例如美国西点军校的小教堂和其他建筑，以其独特的风格适应崎岖的场地。克拉姆倾向于更严格地遵循先例，且其在中世纪风格中范围更广，例如他在匹兹堡的"早期英国式"加略山教堂，以及在得克萨斯州休斯敦莱斯学院的晚期拜占庭行政大楼。甚至在其最后的要塞据点，即基督教会和学院风格建筑中，哥特式建筑也不得不让步，尤其是在殖民复兴时期。然而，尽管新教教派和罗马天主教会现在更倾向于与其过去明确相关的风格，但英国国教主教对哥特式形式的偏好以及哥特式领导者的个人威望和能力仍保持着哥特式倾向。

图13-22　阿什莫特，圣使大教堂

功能主义　在19世纪的所有运动中，在美国和欧洲追求个性表达（即建筑功能主义原则）似乎是次要的。结构纯粹主义是拉特罗布设计的一种品质，但事实上，更确切地说，其为遵奉哥特式风格者的设计。在文艺复兴和新古典主义的早期，罗斯金和维欧勒·勒·杜克的教训未被遗忘，当时人们认为柱子仅用于其最初的孤立支撑功能。即使在这些运动的后期，结构纯粹主义已让位于纪念性特征的表达时，这一特征本身被认为只是控制建筑不同阶段（即公民、宗教和住宅）的众多理想之一。此外，尽管折中主义倾向在美国如此强烈，特别是在麦金的作品中，以便提前在所选择的个别原型上为建筑外部建模，但在美术家的领导下，逻辑计划和计划的表达一直在稳步发展。麦金和怀特本身是材料独特使用的先驱者，这种材料产生了如此有趣的结果，诸如"哈佛大学"和"挂毯"砌砖工程、模式化和彩色瓷砖，以及费城当地礁石复兴。

结构表达　在结构表达上，钢架结构提出了一个新问题。由于缺乏法律限制，因此在约1889年，纽约和芝加哥拥挤地区的许可房地产所有者可通过将楼层完全支撑在铁柱或钢柱上来增加新办公楼的层数，从而使墙壁仅承受其自身重量。电梯或升降机的发展使上层和下层一样理想，并使像建有375英尺高的纽约世界大厦一样的"摩天大楼"成为可能。然而在此处，自承墙在柱底达到了9英尺的厚度，并损害了较低层的价值。设计师们很快想到，墙本身可能会间隔地支撑在钢架上，并简化为一个单板，从而带来巨大的经济效益。因此，12层到20层建筑普遍存在于每一个大型城市，其中纽约的伍尔沃斯大楼达到779英尺这一极端高度。砌体外壳的保留，使这些建筑从国外的钢铁和玻璃店中区别开来，其最初是由于对传统的自然坚持。其因一个更加重要的原因而使此类高层建筑防火的极端必要性永久存在，在此之前，所暴露的钢结构被证明是扭曲和弯曲的，且将带来灾难性后果。唯一充足的保护被证明是通过砌体（最好是砖或陶土）包裹所有结构构件，这些材料已穿过火焰。在巴尔的摩（1904年）和旧金山（1906年）大火灾的经验的帮助下，这一耐火结构的技术得以发展，因此，借助于金属内饰、夹丝玻璃、放置在工字钢梁上的复合地板和其他装置，现在可建造一座不仅不可燃且可绝对防火的建筑，无论是在周围产生的还是在没有清扫周围的情况下。该系统明显的实际优势导致在世界范围内采用其许多特性。然而，其在立面上的运用涉及一个微妙的新表达问题。

图13-23　布法罗（保诚）担保大厦

解决方案　约1895年，尤其是路易斯·沙利文在布法罗的担保（保诚）大厦（图13-23）中，实现了砌体不再是自支撑而是依赖于钢框架的可视指示。他放弃了方石的墙面，取而代之的是框架构件的简单外壳，其中玻璃填充了中间的整个空间。其通过强调垂直线来认识垂直构件所承载的更大重量。为避免外壳中的任何结构暗示，他使用了具有精致表面图案的陶土。其设计原则已被高层建筑的建筑师广泛遵循，无论采用何种风格，尽管很少有人能通过逻辑这一完整性将其贯彻到底。对卡斯·吉尔伯特来说，对垂直线的强调暗示了哥特式形式的采用，其在伍尔沃斯大楼（图13-24）中对这种形式的采用在某种程度上得以推广。然而，在许多最近的建筑中，一种基于古典主义在其他建筑部门的压倒性优势的反动倾向，导致了对平面墙面的回归和柱式的应用。

图13-24　纽约，伍尔沃斯大楼　　　　图13-25　芝加哥博览会，交通大楼局部

现代主义形式　　美国摆脱了传统约束，同样自然而然成为第一批试用新形式的国家之一，有意识地倾向于过去那些表现现代型的形式。对"美式风格"的旧愿望无法仅通过普遍采用任何一组历史形式来满足，即使像折中的罗马复兴式情况一样，其采用的形式纯粹是一场美国运动。正如我们所注意到的，在理查森作品中存在一种关于细节的修改和独创性的强烈倾向，这种倾向由艾利斯、路特和中西部的其他人通过特殊才能加以采用。真正独立进步倾向的"宣言"为路易斯·沙利文的芝加哥博览会交通大楼（1893年，图13-25），与国外最早的类似尝试同时代。在此，与新古典主义的第一批纪念性建筑并列的是一座建筑，其中该建筑确实存在一些对罗马式和回教徒艺术思想的回忆，但其中最重要的努力是表达建筑类型、其材

料及其结构系统的现代性和新颖性。朴素的粉刷墙面，其完整的块状檐口由丰富的原始浮雕装饰所填充，拱和柱均具有新颖且富有表现力的形式，预计多年来在德国"分离"中得到相应处理。尽管博览会的古典总效果对整个美国产生了压倒性的影响，但这座建筑使一些人转变，主要是芝加哥人。通过萨莉文对镶面钢架的先锋表达，这场运动的影响远远超出了它自己的追随者范围。

图13-26　橡树公园，联合教堂

最新发展　萨莉文的一个学生弗兰克·劳埃德·赖特很早就确定了参与这场运动并不仅仅是模仿其领袖。在其住宅设计中，他采用了宽阔的分支平面图、宽阔的屋檐、新颖的窗户配列和装饰物抽象动机的和谐使用，这些附带日本人的暗示。这些房屋与湖泊和平原景观的适合程度已得到了广泛认可，且他们对中西部的建筑产生了深远的影响。类似形式的更有雄心的应用并不缺乏。在芝加哥的中途岛花园中，赖特以丰富而微妙的幻想形式体现了欢乐的精神。在橡树公园的联合教堂（图13-26）中，他为现代理性主义的信徒们发展了一个纪念性且特有的礼拜堂。然而，到目前为止，这场运动在国外受到了比国内更多的赞赏。

新古典主义倾向的广泛接受和民族主义基础是否能使其克服导致早期古典复兴衰落的弱点因素，或功能主义的国际力量是否最终会导致现代主义形式的更广泛地被采用仍有待观察。

美国建筑时期	
1.殖民时期，到1776年（或随后的西班牙殖民地）	

佛罗里达州（圣奥古斯丁建于1565年）
    圣奥古斯丁的圣马可堡垒（马里恩堡垒），于1756年竣工。
    圣奥古斯丁大教堂，始于1793年（重建于1887年）。
    新墨西哥州（圣达菲建于1605年）。
    圣达菲的圣弗朗西斯大教堂，1713—1714年。
加利福尼亚州（圣地亚哥建于1769年）
    圣卡洛斯教会，当前教堂，1793—1797年。
    圣胡安卡皮·斯特拉诺教会，后期教堂，始于1797年。
    圣盖博教会，当前教堂，始于1812年。
    圣塔芭芭拉教会，当前教堂，1815—1820年。
路易斯安那州（隶属西班牙），1764—1800年。
    新奥尔良大教堂，1792—1794年。
    新奥尔良的卡伯尔多，1795年。
	西班牙殖民地

新阿姆斯特丹的"安特卫普市政厅"，1642年（已拆除）。	荷兰殖民地， 1624—1664年

17世纪
弗吉尼亚州（詹姆斯敦建于1607年）
    索罗古德宅，安妮公主镇，约1640年。
    圣路加教堂，史密斯菲尔德，1631年后。
马萨诸塞州（普利茅斯建于1620年，波士顿，1630年）
    迪达姆的费尔班克斯住宅，1636年。
    伊普斯威奇的惠普尔住宅，约1650年。
    欣汉姆的"老船"会议厅，1681年。
卡罗来纳州（查尔斯顿于1680年建在其现在位置）
    约曼厅，鹅溪，约1693年。
宾夕法尼亚州（费城建于1682年）
    费城的威廉·佩恩（利蒂希娅）住宅，1683年（？）。
18世纪
房屋
    桑堡，南卡罗来纳州，1714年。
    韦斯托弗，弗吉尼亚州，约1730年。
	英国殖民地

续表

美国建筑时期	
1.殖民时期，到1776年（或随后的西班牙殖民地）	

皇室，梅德福德，马萨诸塞州，约1737年。
艾利山，弗吉尼亚州，1758年。
怀特霍尔，马里兰州，约1760年。
费城的芒特普莱森特，约1761年。
查尔斯顿的布鲁顿住宅，约1765年。
蒙蒂塞洛，弗吉尼亚州（托马斯·杰斐逊），始于1771年。
林地，位于费城附近，约1775年（？）。
教堂
  圣菲利普，查尔斯顿，1723年（自重建以来）。
  基督教堂，费城，1727—1744年。
  国王礼拜堂，波士顿（皮特·哈利森），1749—1754年，门廊1790年。
  圣迈克尔，查尔斯顿，1752—1761年。
  圣保罗教堂，纽约州（麦克贝恩），1764—1766年，尖塔1794年。
公共建筑
  纽约旧市政厅，1700年（已拆除）。
  威廉斯堡的老弗吉尼亚国会大厦，1702—1704年（已拆除）。
  安德鲁·汉密尔顿（1676—1741年）。
  费城的旧州议会厅（独立大厅），1732—1752年。
  约翰·斯米伯特（1684—1751年）。
  波士顿的法纳尔大厅，1742年（自两次重建以来）。
  彼得·哈利森（1716—1775年）。
  新港红木图书馆，罗得岛州，1748—1750年。
  新港的砖市，罗得岛州，1761年。
	英国殖民地

2.民族时期，1776年至今	

托马斯·杰斐逊，1743—1826年
  里士满的弗吉尼亚国会大厦，1785—1798（已改建）。
  蒙蒂塞洛的改建，1796—1808年。
  弗吉尼亚大学，1817—1826年。
皮埃尔朗方，1754—1825年
  纽约联邦大厅，1789（已拆除）
	古典主义，约
	1785—1850年

续表

美国建筑时期	
2.民族时期，1776年至今	
华盛顿市平面图，1791 年。 　　罗伯特·莫里斯住宅，费城，1792—1795 年（已拆除）。 斯蒂芬·哈雷特 　　华盛顿国会大厦的设计，1792—1794 年。 詹姆斯·霍班，约1762—1831年 　　哥伦比亚南卡罗来纳州国会大厦，1789 年（已拆除）和华盛顿白宫，1792—1829 年。 威廉·桑顿，1761—1828年 　　费城图书馆，1789 年（已拆除）。 　　华盛顿国会大厦的设计，1793—1802 年。 查尔斯·布尔芬奇，1763—1844年 　　波士顿的信标柱，1789 年。 　　波士顿的马萨诸塞州议会大厦，1795—1798 年。 　　波士顿马萨诸塞州总医院，1818—1821 年。 　　华盛顿国会大厦竣工，1818—1829 年。 塞缪尔·布洛杰特，1759—1814年 　　费城的美国银行（吉拉德银行），1795—1797 年。 本杰明·亨利·拉特罗布，1766—1820年 　　费城宾夕法尼亚银行，1799 年（已拆除）。 　　在华盛顿国会大厦中工作，1803—1817 年。 　　巴尔的摩大教堂，1805—1821 年。 　　巴尔的摩交易所、银行和海关大楼（以及戈德弗鲁瓦），1815—1820 年（已拆除）。 　　（第二）费城美国银行，1819—1824 年。 约瑟夫·曼金和约翰·麦库姆，1763—1853年 　　纽约市政厅，1803—1812 年。 　　圣约翰，瓦里克街，纽约，1803—1807 年。 罗伯特·米尔斯，1781—1855年 　　巴尔的摩的华盛顿纪念碑，1815—1829 年。 　　华盛顿金库的东柱廊，1836—1839 年。 　　华盛顿的华盛顿纪念碑，1836—1877 年。 威廉·斯特里克兰，1787—1854年 　　费城的商业交易所，1832—1834 年。	古典主义，约1785—1850年

续表

美国建筑时期	
2.民族时期，1776年至今	
纳什维尔的田纳西州国会大厦，始于约 1850 年。 伊帝尔·汤 　纽黑文前康涅狄格国会大厦，1829 年（已拆除）。 　纽约海关大楼(子金库)(和 A. J. 戴维斯)，1834—1841 年。 艾赛亚·罗杰斯 　纽约商业交易所(旧海关大楼)，1835—1841 年(已改建)。 托马斯·乌斯提克·沃尔特，1804—1888 年 　费城的吉拉德学院，1833—1847 年。 　华盛顿国会大厦的挡泥板和圆顶，1851—1865 年。	古典主义，约 1785—1850年
本杰明·亨利·拉特罗布，1766—1820 年 　费城附近的塞耶利，1800 年（已拆除）。 　巴尔的摩大教堂哥特式项目，1805 年。 马克西米利安·戈德弗鲁瓦 　巴尔摩圣玛丽神学院教堂，1807 年。 　理查德·厄普约翰，1802—1878 年。 　纽约圣三一教堂，1839—1846 年。 詹姆斯·伦威克 　纽约格雷斯教堂，1843—1846 年。 　纽约圣帕特里克大教堂，1850—1879 年。	浪漫主义，约 1800—1850年
法国文艺复兴时期 理查·莫里斯·亨特，1828—1895年 　W. K.范德比尔特在纽约的住所，1883 年。 　纽约莱诺克斯图书馆，1870—1877 年（已拆除）。 　比尔特莫庄园，北卡罗来纳州。	折中主义，约 1850年至今
亨利·哈柏森·理查森，1838—1886年 波士顿圣三一教堂，1872—1877 年（西塔建有门廊，1896—1898年）。 匹兹堡的阿勒格尼县建筑，1884 年。	罗马式阶段
查尔斯·B·阿特伍德，1849—1895年 　美术大楼，芝加哥博览会，1893 年。	古典阶段

续表

美国建筑时期	
2.民族时期，1776年至今	
查尔斯·F.麦金，1847—1909；威廉·R.米德，1846年生，斯坦福·怀特，1853—1906年 　　新港娱乐场，1881年。 　　亨利·维拉德在纽约的住所，1885年。 　　波士顿公共图书馆，1888—1895年。 　　农业建筑，芝加哥博览会，1893年。 　　纽约哥伦比亚大学图书馆，1895年。 　　纽约宾夕法尼亚车站，于1910年竣工。 约翰·M·卡雷尔，1858—1911年，托马斯·哈斯廷斯，1860年生 　　圣奥古斯丁庞塞德莱昂酒店，1887年。 　　纽约公共图书馆，1897—1910年。 卡斯·吉尔伯特，1859年生 　　圣保罗的明尼苏达州国会大厦，1898—1906年。 　　纽约伍尔沃期大厦，1911—1913年。 查尔斯·A.普拉特，1861年年生 　　布鲁克林的拉兹·安德森花园。 　　克利夫兰领袖大厦，1912年。	古典阶段
拉尔夫·亚当斯·克拉姆，1863年生；拜泰姆·格罗夫纳·古德修，1869年生 　　万圣教堂，阿什蒙特，马萨诸塞州，1892年。 　　美国西点军校，1903年。 　　圣托马斯，纽约，1906年。 　　匹兹堡的加略山教堂，1907年。 　　休斯敦的莱斯学院，1909年。	哥特式阶段
路易斯·沙利文，1856年生 　　交通大楼，芝加哥博览会，1893年。 　　布法罗的保诚（担保）大厦，约1895年。 弗兰克·劳埃德·赖特 　　布法罗拉金大厦，1904年。 　　橡树公园联合教堂，伊利诺伊州，1908年。	功能主义，约1893年至今

第十四章 东方建筑

正如我们如今所意识到的那样，东方是一个在启蒙运动、财富和范围方面早已超越基督教欧洲的世界。随着其伟大的宗教和哲学，出现了持续时间和复杂性都相当的繁荣的建筑风格。与一般的西方风格相比，这些风格较少关注结构问题，而更多地关注重复和形式组合的抽象问题。一个显著的特征是，在最多样的政治和宗教霸权下，每个东方人对其自身的艺术传统的坚守程度。然而，艺术的影响并未在东方人之间以及在东方人和西方人之间来回传递，因此各地均有不同的历史发展。可将两个主要潮流区分开来，一个位于远东，包括印度、中国及其他国家，另一个位于近东，包括波斯和其他最终受伊斯兰教影响的国家。

近东建筑的发展 作为其对黎凡特前古典文明遗产的回报，希腊赋予亚历山大及其继任者的亚细亚帝国一种希腊化艺术，这种艺术甚至超越其边界。帕提亚统治者（前130—226年）占领美索不达米亚时，他们采用了希腊柱式体系。然而，随着萨珊王朝（227—641年）统治下的新波斯帝国的崛起，艺术的潮流再次开始从东方流向西方。古美索不达米亚的地下拱顶和偶尔出现的圆顶被认为是一贯拱形风格的基础。在此类实例下，例如在泰西封宫殿（图14-1），其巨大的椭圆形拱形大厅和封闭拱廊的正面达到了既有纪念性又有装饰性的新效果。在其他情况下，圆顶是一个显著的特征，其通过斜拱或对角斜拱支撑在一个方形房间上。正如我们所看到的，这种阳刚之气的艺术在其向西扩展的过程中，极大地促进了拜占庭建筑和装饰体系的形成。

图14-1 泰西封，王宫

伊斯兰教建筑：普遍发展 萨珊帝国因伊斯兰教的突然扩展而灭亡。在其先知从麦加（622年）逃离的几年，其追随者服从他的命令，用剑传播他们的信仰，征服了美索不达米亚（637年）、埃及（638年）、波斯（642年）、北非和西班牙（711年）。起初，这些地区的伊斯兰教建筑只是不同被征服民族适应征服者的崇拜和习俗的艺术。在叙利亚、埃及和西班牙，拜占庭柱和拱被用于建造建筑，例如开罗的阿姆鲁清真寺（642年）或大马士革和哥多华的大清真寺（785—848年）。在美索不达米亚和波斯，萨珊王朝的圆顶和拱形大厅被用作设计的显著特征。然而，除项目的一致性外，不同地区之间的某种艺术特征社区很快发展起来——一个明显的东方特征。这是在一定程度上取决于阿拉伯人自身的品位和传统，但更大程度上取决于早期对东方土地的征服，这些土地作为大马士革和巴格达早期哈里发王朝所在地的威望，以及东方艺术作为中世纪早期灵感一般来源的活力。因此，叙利亚夏塔宫的花边状雕刻在早期促进了拜占庭的发展，如今出现在非洲和西班牙最早的阿拉伯纪念性建筑上。因此，同样地，尖拱从8世纪开始常见于波斯，且从9世纪初开始出现在叙利亚和埃及。尖顶轮廓的恢宏圆顶和与之毗邻的拱形大厅——同样属于波斯特征——其在13世纪和14世纪渗透到埃及中。对印度北部的征服和其向伊斯兰教的转变为波斯在14和15世纪的影响开辟了道路，然而波斯本身随后也从那里得到借鉴。随着奥斯曼土耳其人对君士坦丁堡的征服（1453年），最终，拜占庭建筑在其东方帝国开始了新的回归影响，通过模仿圣索菲亚大教堂，成为土耳其哈利发的主要清真寺。由于当地传统和远方影响的混合而导致的各类学院的发展一直持续到18世纪甚至19世纪，且一直受到内部混乱和欧洲列强征服的制约。

图14-2　科尔多瓦，清真寺内部

清真寺　伊斯兰教的对外仪式较为简单——面向麦加方向祈祷，在该仪式之前要进行净化沐浴。对于正式的礼拜场所（清真寺），早期的信徒们自然采用了列柱廊庭院——黎凡特的普遍方案——该庭院的柱廊提供了躲避热带阳光的地方。米哈拉布是外墙上的小壁龛，它指示着麦加的方向，在庭院的这一侧，柱廊加深并成倍增加。该基本方案可在征服埃及后建造的第一座大清真寺（开罗阿姆鲁清真寺）中看到（图14-3）。趋势是将庭院的较深一侧建成封闭式建筑——通常范围很大，哥多华也是如此（图14-2）。走廊在圆柱走廊和拱廊后面，还有木梁和平台屋顶。在后期西方清真寺中，通向米哈拉布的侧廊拓宽了，在它前面还建了专用圣所。波斯早期建造了大圆顶圣所，这座圣所前面建有广阔的开放式中殿或壁龛，庭院的其他基点也采用了大圆顶圣所的相应特征。埃及的清真寺以波斯模式为基础，例如，苏丹·哈桑清真寺（1377年），庭院很小，因此，每侧大部分地方都采用了这些特征，这个结构形成了十字形。占领君士坦丁堡时，圣索菲亚大教堂——带中庭、东边的主楼、中央大中殿以及东边的半圆形后殿——非常适合伊斯兰教徒做礼拜。这座教堂几乎原原本本复制了君士坦丁堡的苏莱曼清真寺（1550年）。其他奥斯曼帝国的清真寺也可能使用了不同的建造模式，特别是中央圆顶连接着四个半圆顶的结构，这是拜占庭人自己没有建造的部分。清真寺次要元素（最引人注目的特征）就是尖塔或细长的塔楼，建有突出的阳台，宣礼员在这些阳台召唤信徒祷告。这些尖塔都建在清真寺的一个或多个角落上，巧妙地融入其中。其形式随着地区不同而出现很大变化，奥斯曼帝国的形式表现为圆柱形柱身非常高，末端是细长的圆锥体，显得特别大胆。

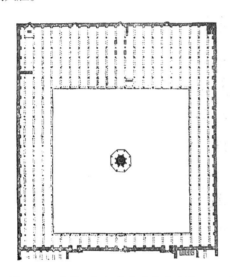 

图14-3 开罗，阿姆鲁清真寺平面图　　图14-4 格拉纳达，阿尔罕布拉宫，狮子院

宫殿　　伊斯兰教并不轻视对世俗商品和快乐的享受，哈里发拥有的绝对权力和巨额收入让他们能够通过建造宏伟的宫殿来满足自己对华丽和奢侈的追求。在这种情况下，东方的风俗习惯要求人们谨慎对待外部世界，严格地将男性的住处和会客室与女性和孩子的私人公寓（即闺房）分开。房间分布在一个或多个庭院中，立面尽可能隐蔽，但不包括由格子屏风保护、高出地面的凉廊和阳台。为了缓解炎热的气候，庭院周围建有成荫的柱廊、水池和喷泉。复杂的轴向系统决定了主要房间和庭院之间的关系。有时，格拉纳尔的阿尔罕布拉宫可充分体现这种豪华和优雅，这是西班牙最后的伊斯兰教统治者主要在14世纪和15世纪建造的宫殿。狮子院（图14-4）建有细长的圆柱，柔和的钟乳石由灰墁装饰，既色彩缤纷又金光闪闪，

这展示了伊斯兰教建筑在当地学校的最终发展，当时不同来源的元素融合为独特的整体。

陵墓 在埃及、波斯，特别是在印度，帝王的陵墓堪比宫殿和清真寺。印度风格的陵墓是一座坐落在花园中间的圆顶陵墓。最著名的例子就是阿格拉的泰姬陵（图14-5），由沙贾汗于1630年建造，泰姬陵中央圆顶的侧面与四个较小的圆顶相连接，主轴、次轴和对角线轴由大拱在外部标示出来，呈现出和谐的比例。

图14-5 阿格拉，泰姬陵

细节形式 伊斯兰教建筑师遇到了一些结构问题，罗马晚期、拜占庭和萨珊建筑也尚未找到解决这些问题的方法。起初，他们像早期的基督教建筑师一样，借鉴古典圆柱和柱头来支撑着拱墩块和上心拱。他们早期的圆顶建在内角拱上。后来，他们对基本结构要素（如拱和拱顶）的处理由装饰理念所决定。在西班牙和非洲，拱呈马蹄形或尖形；在波斯、埃及和西班牙，人们用大量类似钟乳石的小内角拱来装饰拱顶。钟乳石主题也用于一些柱头中，但其他改良的科林斯式主题也会使用，最具表现力的哥特式例子也是如此。装饰很少依赖于大胆的浮雕效果，但很大程度上依赖于线条、材料，尤其是色彩的效果。禁止采用阿拉伯人的数学天赋来表现人物和动物，于是就出现了交错图形的几何装饰，这些装饰内容十分丰富、错综复杂。珍贵材料可自由使用。在波斯，整个建筑表面都是色彩缤纷的釉面彩陶，图案来自小地毯和纺织品。

远东建筑的发展 早在基督纪元之前，中国人和在印度的雅利安人就已各自采用了建筑体系中的基本建筑元素和宗教象征，这些持久的保守主义（在中国与祖先崇拜相结合）一直保留至今。每种建筑一开始都采用木结构，有柱子、横梁和支架——印度屋顶是茅草屋顶，中国屋顶则是曲瓦屋顶。在中国，木结构仍是典型建筑结构；在印度，早期发展了一种石构造，同样是基于横梁和支架，还有类似于突拱和拱顶的装置。这两个国家的特点是相似的装饰元素倍增，在规模上逐渐扩大，在布局上微妙变化，兼有巨大的装饰效果。随着王朝兴衰、文化欠发达的外国征服者确立自己的地位、宗教体系——印度的婆罗门教、耆那教和佛教，或中国的儒家、道家和佛教——相互继承或转变，本土建筑体系稳步适应流行的计划，而未从根本上改变风格。实际上，内在历史发展受到了这个或那个制度的影响。印度伊斯兰教采用了波斯式尖拱和辐射形连接，中国在某些情况下，根据印度式尖顶或尖塔的建议，改造宝塔。然而，总体而言，这些变化和影响不受信仰或王朝的限制，因此，不同教派的神殿可同时一起建造，基本上是一种风格——不是佛教、婆罗门教或伊斯兰教，而是印度或中国。边远地区也会受到大文化中心的影响。因此，爪哇在8世纪到13世纪发展了以印度模式为基础的著名艺术，还对柬埔寨高棉族艺术产生了影响。日本受到中国的启发，在不受侵略干扰的情况下，传承和保留了在中国出现的趋势。

印度 印度宗教建筑的基本特征是佛塔，佛塔建有半球形钟形顶或圆顶，最初用作墓碑，然后才联系到宗教。在阿旃陀早期佛堂（公元前2世纪和公元前1世纪）中，佛塔用作祭坛或圣髑盒，矗立在大厅半圆形后殿状末端，四周的柱廊环绕着半圆形后殿。佛塔的圆顶形式也用作湿婆神殿的顶部特征，湿婆代表着婆罗门教三位一体的毁灭者，而毗湿奴作为互补的保护者，采用了尖顶状尖塔。这些都是印度中世纪大神庙的主要元素，其中典型例子包括卡久拉霍的毗湿奴神殿（图14-6），这座神殿建有巨大的芽状尖塔、前厅和象征性门廊，还有大量雕刻装饰。伊斯兰教徒征服印度时，他们的艺术已经吸收了印度元素，不必彻底改变建筑和构成方法。湿婆圆顶去除了雕刻的象征意义后，就成为清真寺的圆顶。神庙的平台得以保留，而标志着平台角落的小尖塔成了尖塔，泰姬陵也是如此。因此，在英国人引进欧洲理念之前，印度工艺传统一直保存完整。

图14-6　克久拉霍，毗湿奴神庙

爪哇　爪哇比印度本国更晚受到印度运动的影响，因此，它的佛教纪念性建筑可追溯到8世纪到12世纪，婆罗门教神殿主要在随后的时期建造。两种建筑都包含了典型的印度元素。有时，集群也是印度风格，建有金字塔形的小教堂，前面设有门廊，类似于门杜寺（图14-7）。然而，有时总体设计更表现出爪哇风格的特征，这取决于反复出现大致相同的小神殿（围绕着中心纪念碑），数量往往很多。这是婆罗浮屠大神庙（9世纪）的体系，大钟形中心佛塔周围是三个露台上的小吊钟，它们本身支撑在六阶金字塔上，金字塔上建有数百个壁龛状神殿。

柬埔寨　柬埔寨在印度和爪哇的影响下，出现了高棉文明，他们的帝国在9世纪到13世纪享有盛名。尽管它借用了某些形式，例如爪哇附属神殿组合体系，但它建成的建筑与印度和爪哇的任何建筑明显不同。正如我们在吴哥城及宫殿和吴哥窟神庙（图14-8）中看到那样，这种风格包括复杂直角坐标轴系统控制的庞大集群，建有湖泊和护城河、进城堤道、通向复杂入口处又高又直的楼梯，两侧是长长的柱廊，还有大量轮廓十分明确的尖塔状塔楼。随处可见的精美石灰石铺设得非常精确，却没有使用砂浆，上面充分、明显雕刻着无数浮雕，其中，蛇头主题非常引人注目。独特之处在于柱廊和入口处墙墩及柱头的精美限制件和结构适应性，这符合西方古典经典标准，而其他东方建筑很少如此。

图14-7　爪哇，门杜寺

图14-8　吴哥窟，柱廊西南侧视图

中国　　中国与西方不同，甚至与印度不同，一直将木材作为纪念性建筑的材料。单一木质大厅仍是基本元素，甚至最大的神庙也不例外。因此，中国木材建筑发展到其精细程度和表现力可与其他地方的大砌筑结构体系相媲美。基本结构包括圆柱（臂状托架），支撑着横梁体系，广泛悬于四坡屋顶之上，其建设模式自然在一定角度上形成轻微向上的曲线。如果跨度很大，则引入一行或多行内部支架，形成环绕侧廊或一系列侧廊，每个侧廊都有自己的屋顶和直墙部分（图14-9）。多层建筑也会产生类似的效果，因为每层都有飞檐遮蔽。层数越来越多时，就形成宝塔，这通常是神庙的特征，但通常作为纪念碑。宝塔也用石头建造，在这种情况下，层与层之间的屋顶就简化为装饰性束带层，有时为整个建筑赋予了更多印度尖塔的特征。中国的房屋和宫殿（由围壁中成组的门厅构成）建有自然主义风格的花园，里面还有迷你山脉、湖泊和桥。同样值得注意的还有浩大的防御工程，包括城墙和城门，尤其是中国长城，长1,200英里[①]，最早在公元前3世纪建造，为土制墙体，并在15世纪和16世纪用石头重建了城墙和塔楼。

图14-9　北京，天坛

日本 中国建筑风格由7世纪的佛教传教士带到日本。法隆寺时期的门厅和宝塔是纯中国风格。然而，日本人很快就能够朝着更加谨慎和优雅的方向，做出独特的修改。在藤原时期（898—1186年），这些建筑的质量达到了顶峰，这可在精美、雅致的宇治凤凰堂中看到，凤凰堂的圣所两侧是柱廊和亭台楼阁（图14-10）。后来，托架体系变得更加复杂，但雕刻几乎完全不存在，直至到了德川时期（1587—1867年），浮华代替了早期的简单和庄严。上漆的雕塑金光闪闪，遮盖了结构构件，屋顶有奇特的弯曲件和大量装饰。这就是开放欧洲贸易港口（1854年）带来西方艺术思潮时的流行风格，至少在当时，这些西方艺术思潮倾向于淹没日本本土艺术。

图14-10 宇治市，凤凰堂

东方建筑时期	
近东	
费罗萨贝德官殿。 萨尔维斯坦官殿。 泰西封官殿。	萨珊时期的建筑，227—641年

续表

东方建筑时期	
近东	
叙利亚和埃及 阿姆鲁清真寺，开罗，642年。 大马士革清真寺，始于707年。 伊本·图伦清真寺，开罗，878年。 苏丹·哈桑清真寺，开罗，1356年。 凯特·贝墓，开罗，1472—1476年。 **西班牙** 哥多华大清真寺，始于770年。 塞维利亚王宫，1199—1200年，1353年修复。 阿尔罕布拉宫，格拉纳尔，始于1230年：正义之门，1337年； 狮子院，1354年。 **美索不达米亚和波斯** 伊斯巴罕大教堂清真寺，760—770年，16世纪重建。 柔贝依德墓，巴格达，831年。 伊斯巴罕皇家清真寺，1612—1628年。 **印度** 德里顾特卜塔，约1200年。 法塔赫布尔-西格里的建筑，1560—1605年。 阿格拉泰姬陵，1630年。 **奥斯曼帝国** 君士坦丁堡苏莱曼清真寺，1550年。 君士坦丁堡苏丹·艾哈迈德一世清真寺，1608—1615年。 开罗穆罕默德·阿里清真寺，1815年。	伊斯兰教建筑， 公元622年至今
远东	
卡尔和阿旃陀石窟寺，公元前2世纪和公元前1世纪。 凯拉萨神庙，埃洛拉，公元8世纪。 卡久拉霍神庙，10世纪和11世纪。	印度建筑
婆罗浮屠神庙，9世纪。	爪哇建筑

续表

东方建筑时期	
远东	
吴哥城和官殿，9世纪。 吴哥窟的神庙，12世纪。	柬埔寨 高棉建筑
长城，公元前3世纪，15世纪和16世纪重建。 龙门石窟，7世纪。 南金瓷塔，1412—1431年。 北京天坛，18世纪，19世纪重建。	中国建筑
法隆寺早期神庙建筑，7世纪初。 宇治市凤凰堂，11世纪。 日光东照宫神社，日光，17世纪。	日本建筑

术语表

中文	英文	含义
顶板	Abacus	柱头的主要或最主要构件。
小祭台	Absidiole	小型、半圆形后殿状建筑，经常用作小教堂。
叶形装饰	Acanthus	根据莨苕叶形装饰设计的建筑装饰。
山墙顶饰	Acroterion	古典建筑中指置于三角形楣饰角落和尖端的装饰物。
黏土	Adobe	未灼烧的土坯。
阿底顿	Adyton	一些希腊神庙的内部圣所摆放着的形象。
广场	Agora	希腊的公共广场或市场。
走道	Aisles	建筑为柱廊或墙墩线纵向隔开的一个分区，尤指侧区，通常比中央区低。
小径	Allee	通常由树木环绕的花园小路或林荫路。
交替系统	Alternate system	建筑系统术语，一个较简单的桥墩与一个较复杂的桥墩交替出现。
读经台	Ambone	布道坛，尤指巴西利卡式教堂中的布道坛。
回廊	Ambulatory	建筑中的走廊，尤指环绕半圆形后殿的走廊。
前后廊柱式建筑	Amphiprostyle	神庙前后两段都有圆柱，但两边没有。
双耳瓶	Amphora	细颈长壶，通常用赤陶制成。
环形穹顶	Annular vault	环形拱顶。

中文	英文	含义
壁角柱	Anta	墙体末端建有过梁，由突出的壁柱装饰。
花状饰纹	Anthemion	希腊金银花装饰品。
更衣室	Apodyterium	罗马浴场的更衣室。
后殿	Apse	半圆形或多边形平面壁龛，为半圆屋顶或其他拱顶所覆盖，尤其是教堂唱诗席的半圆形末端。
高架渠	Aqueduct	导水管道或水道，尤指由砌石拱支撑的管道或水道。
阿拉伯式花纹	Arabesque	多变或式样奇特的装饰物，包括叶子、花朵、人物等。
拱廊	Arcade	一系列由墙墩或圆柱支撑的拱。
拱	Arch	由小石块或小砖块组成、跨越洞口的结构装置。在"真正的"拱中，组成部分包括楔形块或拱石。
拱柱式	Arch order	古典建筑中由圆柱和柱上楣构形成拱的体系。
大主教十字架	Archiepiscopal cross	有两条横臂的十字架，较长的横臂靠近中心。
柱顶过梁	Architrave	通常有水平条纹或线脚的过梁。
拱门饰	Archivolt	如同柱顶过梁的线脚条纹，环绕着弧形洞口。
琢石	Ashlar	呈方形且用作饰面的建筑石块。
男像柱	Atlas	用作支撑的男性人像。
中庭	Atrium	罗马式建筑中指早期房屋的主要空间，更复杂的建筑中指半露天的庭院，基督教教堂建筑学中指巴西利卡前厅的露天庭院。
阁楼	Attic	建筑檐口上方的基座状结构或楼层。
座盘	Attic base	由两个凸起线脚或环状半圆线脚组成的线脚柱基，中间凹陷或有凹形边饰。

中文	英文	含义
轴	Axis	对称或其他平衡结构的中心线。
栏杆柱	Baluster	支撑栏杆的垂直构件，通常呈瓮形或有其他膨胀轮廓。
铁楞窗	Bar tracery	由细石条组成的花格窗饰，根据拱门的原理连接在一起。
筒形拱顶	Barrel vault	半圆柱形拱顶，或一种接近这种形状的拱顶。
巴西利卡	Basilica	罗马式建筑中指有屋顶的长方形大厅，通常由圆柱或墙墩再隔开，用于商业交易和司法管理；基督教建筑中指类似形式的早期基督教堂，构成涉及纵轴线。
巴西利卡式	Basilican	如同巴西利卡，建有纵向圆柱形或一扇凸起侧天窗。
城垛	Battlement	锯齿状护墙，弓箭手可藏在后面保护自己。
开间	Bay	最初是两个圆柱或墙墩之间的洞口，延续为建筑（由多个这样的分区组成）的一个分隔间或分区。
底层线脚	Bed-molding	支撑檐口的线脚或一组线脚。
钟楼	Beffroi	法国和佛兰德斯指民用或公共钟楼而非教堂的钟楼，中世纪的军事用语有时指攻击有城墙防御工事的可移动塔楼。
带层	Belt-course	见"String-course"。
诵经台	Bema	为早期基督教巴西利卡提供T形结构的基本耳堂。
方坯结晶器	Billet mold	由短构件、缺口构件、圆柱形构件构成的线脚，其轴线与线脚轴线平行。在诺曼罗马式建筑中尤为常见。
壁上拱廊	Blind arcade	用于墙面的拱廊，这样就不会出现真正的洞口。
议事厅	Bouleuterion	希腊市政厅。

中文	英文	含义
缺口三角形楣饰	Broken pediment	斜挑檐出现缺口的三角形楣饰。
锯齿形螺纹	Buttress	抵御侧向推力的支持物，尤指与墙体形成直角的突出构件，设计用来承受这样的推力。
高温浴室	Caldarium	罗马浴场的热水房。
意大利钟楼	Campanile	意大利用来描述钟楼，指附墙式或独立式钟塔。
主礼拜堂	Capilla mayor	大教堂，几乎占了半圆形后殿，挡住了回廊的视线，常见于西班牙教堂。
柱顶	Capital	柱子最顶端的构件，因独特的建筑装饰区别于柱身。
涡形装饰	Cartouche	形状不规则或奇异的装饰物，围绕的地方有时用纹章等来装饰。
女像柱	Caryatid	用作支撑的女性人像。
娱乐场	Casino	小型娱乐场所，尤指在意大利别墅中的娱乐场所。
地下墓穴	Catacombs	广阔的地下埋葬通道和拱顶。
主教座位	Cathedra	早期基督教堂里的主教座位，通常位于该教堂纵轴的半圆形后殿后面。
主教教堂	Catholicon	希腊语中指主教的主教座堂。
凹弧饰	Cavetto	四分之一凹陷形状的线脚。
内殿	Cella	神庙必要或主要的殿室。
中心	Centering	在拱顶石位于合适位置之前，支撑拱或拱顶的木头框架，让整个结构能够自我支撑。
倒角	Chamfer	切掉普通建筑构件的方边。
圣坛	Chancel	教堂东端的一部分，有栏杆围起来，供神职人员使用。

中文	英文	含义
圣母教堂	Chapel of the Virgin	专门敬奉圣母的小教堂，通常延续到教堂长轴上的半圆形后殿之外。
圆室	Chevet	法国大教堂复杂的东端。
人字形饰	Chevron	V形或之字形装饰物。
唱诗席	Choir	供唱诗班使用的教堂部分，位于耳堂和半圆形后殿之间的十字架臂。
圣礼容器	Ciborium	早期基督教堂祭坛上方的顶篷，通常由大理石制成，由圆柱支撑。在意大利经常用来指"保存圣饼"的凿刻容器。
圆形竞技场	Circus	罗马式建筑中指赛马和战车比赛的场地；英语中指房屋包围的圆形或半圆形开放空间。
侧天窗	Clerestory	建筑高出相邻屋顶的部分，允许开有窗口。
回廊	Cloister	回廊环绕的庭院，通常有拱廊。
回廊穹顶	Cloister vault	方形或多边形圆顶。
顶板镶板	Coffer	天花板、拱顶或拱腹中的凹形镶板或隔间。
牧师会教堂	Collegiate church	设有学院或分会的教堂，有教长，但没有主教的职位。
柱廊	Colonnade	一系列圆柱，通常由过梁连接。
细长柱	Colonnette	小圆柱。
跨层柱式	Colossal order	穿过建筑多层的柱式。
柱子	Column	圆形支撑构件，通常有柱基和柱头。
混凝土	Concrete	由碎石或其他小材料混合而成的人造石块，用黏合材料或水泥黏合在一起。
托架	Console	支架或梁托，通常呈反曲的卷曲形状。
枕梁	Corbel	从墙体伸出的砌体支架，用作支撑架。
挑檐	Corbel table	梁托上伸出的砌体层，通常由拱连接。

中文	英文	含义
突拱	Corbeled arch	由水平层建成的拱组成，每一个拱都在下方一个拱的上方突出。
檐口	Cornice	位于建筑墙体最顶部的突出水平构件；任何类似形状的突出线脚。
科罗式	Coro	精心制作的唱诗席区，有时几乎是一个独立建筑，通常位于西班牙大教堂的耳堂西侧。
耦合型	Coupled	成对组合的圆柱或壁柱。
前院	Cour d'honneur	在一侧开放的入口庭院。
庭院	Court	建筑内或与之相连的封闭空间。
卷叶饰	Crocket	突出的雕刻物，通常呈叶状，常用于装饰哥特式建筑的山墙边缘或尖顶侧脊。
环状列石	Cromlech	由一圈石头组成的史前纪念碑。
十字架	Crossing	十字形教堂的空间，位于中殿和耳堂的交叉处。
地下室	Crypt	教堂铺地下方的一层空间，通常用于保存圣物。
圆屋顶	Cupola	圆顶或天窗。
元老院	Curia	罗马元老院进行审议的建筑。
齿尖	Cusp	装饰拱或窗花格拱腹的小圆弧或叶状饰尖头。
巨石式建筑	Cyclopean	早期用未琢凿或不规则大石块的砌体。
反曲线	Cyma	轮廓中出现反向曲线的线脚。表反曲线中薄的凹陷部分突出，里反曲线中凸起部分突出。
护墙板	Dado	围绕墙体底部的连续基座或壁板。
齿状装饰	Dentils	小型突出块，呈牙齿状，形成檐口支撑的一部分。

中文	英文	含义
圣器室	Diaconicon	教堂南侧的一个房间，最初是执事保存教会礼拜用器皿的地方，后来成为教堂的圣器收藏室。
犬牙饰	Dog-tooth	棱角分明的齿状线脚，常见于诺曼罗马式建筑。
石室冢墓	Dolmen	一对有盖板的石块，用于史前纪念性建筑。
圆顶	Dome	半球形拱顶以及基于这种拱顶的外部特征。
带有圆顶的巴西利卡	Domed basilica	带有圆顶的一个或多个隔区的巴西利卡式建筑，尤其是在东方。
主塔	Donjon	塔楼状建筑，通常是独立式建筑物，是欧洲中世纪城堡最坚固的部分。
屋顶窗	Dormer	从屋顶斜面突出的窗户。
鼓墙	Drum	经常支撑圆顶或回廊穹顶的圆柱形或多边形直墙。
耳状物	Ear	线脚柱顶过梁的突出角。
柱帽	Echinus	柱头的凸起构件，支撑顶板，轮廓呈抛物线或双曲线。
城郭	Enceinte	军事建筑中围绕堡垒或城市的墙或城墙，通常带有堡垒、塔楼和幕墙。
附墙柱	Engaged column	圆柱状构件，从墙体突出，实际上通常是墙体砌体的一部分。
柱上楣构	Entablature	过梁建筑的一部分，其依靠在柱上，向上延伸到屋顶或延伸到上方楼层或阁楼的开端。
柱微凸线	Entasis	柱子侧面的轻微隆起。
开敞式有座谈话间	Exedra	古典建筑中的开放式平台，通常是半圆形，且设有座位；在基督教建筑中是一个半圆形后殿或壁龛。

中文	英文	含义
拱背	Extrados	楔形拱石或石头构成的拱或拱顶的外表面。
立面	Facade	建筑的正面之一，尤指主面。
封檐	Fascia	长平条纹或带，通常构成一套线脚的一部分，且通常是最宽的构件。
扇形拱顶	Fan vault	英国垂直哥特式建筑中拱顶的形状像一个倒置的凹锥，且暗示其延伸横梁的外观是一个开放式扇形。
开窗式	Fenestration	建筑中窗户的布置。
填角	Fillet	伴随一根线脚或一组线脚的窄平构件。
尖顶饰	Finial	哥特式建筑中叶状设计的专横、球形装饰物，通常放置在尖顶点或尖柱上。
小尖塔	Fleche	一种极高且细长的尖顶结构，尤指在法国用于标记建筑的重要部分，如交叉甬道。
凹槽	Flute	一个在平面上通常呈扇形或半圆形的凹槽。
飞扶壁	Flying buttress	由一个拱或一系列拱组成的扶壁，其将拱顶的推力穿过教堂的一条或多条走廊推到建在外墙上的实体墙墩。
广场	Forum	罗马城市的市场。
门厅	Foyer	剧场中用于散步的前厅或大厅。
法国柱式	French order	带有粗面凹槽柱的柱式。
湿壁画	Fresco	在灰泥尚湿时涂在灰泥墙上的矿物颜料墙漆，允许其和灰泥一起干燥。
回纹饰	Fret	以矩形排列的连续条纹或压边条的装饰物。
饰带	Frieze	一条延长长度的纵向条纹，通常用雕塑装饰；具体来说，这一条纹在柱顶过梁和檐口之间的柱上楣构上。
冷水浴室	Frigidarium	罗马洗浴场所的冷室，包含冰水浴池。

续表

中文	英文	含义
山墙	Gable	起脊屋顶末端，在其屋檐和拱顶之间通常设有一面三角形墙。
滴水嘴	Gargoyle	一种通常雕刻怪异的喷水口，且将其设计用于从檐槽中运水，并把其运至建筑墙壁之外。
希腊式十字架	Greek cross	四个等边成直角相交的十字架。
格栅	Grille	任何种类的栅栏，但最常见的是铁制品或穿孔石板。
交叉拱	Groin	由两个筒形拱顶相交形成的边缘或棱角。
交叉拱顶	Groin vault	一种复合拱顶，其中两个筒形拱顶相交，形成称为交叉拱的边缘或棱角。
圆锥饰	Gutta	一种垂饰，一系列悬垂装饰物中的一个。通常以截头圆锥体的形状，但有时呈圆柱形，附着在檐石或其他建筑特征的下侧。
女眷内室	Gynaccea	通常以三拱式拱廊的形式出现的楼座，通常被安排在东欧性质的巴西利卡中，以隔离女性。
半露木	Half-limber	一种由砖或黏土填充的木材框架组成的建筑。
大厅式	Hallenkirche	一种德国哥特式教堂，其中走廊和中殿一样高，取消了侧天窗，且使建筑的外观像一个大厅。
神柱	Herm	半身像支撑在四边形底座上，其重量大致上相当于半身的重量。
六柱式	Hexastyle	正面具有六柱。
竞技场	Hippodrome	在希腊式建筑中，举行赛马和战车比赛的地方。
四坡顶	Hip-roof	两端以及两侧均倾斜的屋顶，因此其平面以对角线或屋脊相交。

中文	英文	含义
露天式	Hypathral	无屋顶，用于某些神庙内殿。
多柱式建筑	Hypostyle	用柱子支撑其天花板。
拱基	Impost	拱或拱顶起拱点的水平构件。
墙角柱间	In anils	两墙或壁角柱两端之间包围的柱子。
分柱式	Intercolumniation	柱廊的两列之间的空间或距离。
交叉拱门	Interlacing arches	两个系列排列成相互交叉的拱门。
拱腹线	Intrados	拱或拱顶的内表面。
基石	Keystone	该术语适用于拱中最顶端的楔形石头或楔形拱石，通常是最后放置的，这使得整体安全。
商队客店	Khan	东方住宅的服务用房，也是一家东方酒店。
蒸汽室	Laconicum	罗马洗浴场所的蒸汽浴室。
提灯	Lantern	小穹顶或塔状结构，上升至建筑物的圆顶或屋顶上方，且其表面设有洞口，借此照亮内部。
亡者光塔	Lanterne des marts	中世纪时建造的一座装饰性石制柱身，用于显示公墓的存在。
小型家庭教堂	Lararium	古罗马住宅中的一个小神殿，在此敬拜守护神或家庭守护神。
拉丁式十字架	Latin cross	最常见的十字架形式，其中一边比其他三边长得多。
枝肋	Lierne	插在拱顶的两根主肋拱之间的小型附属肋拱。
楣梁	Lintel	跨越洞口的水平横梁。
前座	Loge	剧场礼堂中的包厢或隔间。
凉廊	Loggia	至少在建筑物中一侧开放的走廊，一侧为拱廊或柱廊。
碟口	Machicolation	用于投掷投射物等目的的投射楼座地板上的洞口。

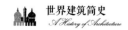

中文	英文	含义
石室坟墓	Mastaba	古王国贵族使用的平顶、长凳状埃及坟墓。
陵墓	Mausoleum	大型而精致的坟墓。
回纹波形饰	Meander	见"回纹饰"。
巨石纪念碑	Megalithic	由巨大的石头组成的纪念碑。
正厅	Megaron	爱琴海或希腊住宅中的大厅，通常为长椭圆形，且有时通过一个或多个纵向支成范围细分。
竖石纪念碑	Menhir	单一一根直立的石柱，用于史前纪念性建筑。
排挡间饰	Metope	多立克式雕带中两个三陇板之间的空间。
夹层	Mezzanine	在两个更高的楼层之间引入的或通过细分一个更高的楼层而构建的缩小高度的楼层。
尖塔	Minaret	伊斯兰教建筑中为一种细长而高耸的角楼，其具有一个或多个突出的阳台。
米哈拉布	Mirhab	清真寺中指向麦加方向的壁龛。
飞檐托	Modillion	通常雕刻有用于支撑檐口的涡卷形装饰的支架。
模块	Module	建筑物尺寸的单位或公约数。
整体	Monolithic	由一块石头组成。
马赛克	Mosaic	由镶嵌在砂浆中以几何或图案设计的镶嵌地块或玻璃立方体或大理石组成的装饰物。
清真寺	Mosque	伊斯兰教礼拜场所。
竖梃	Mullion	构成框架一部分的细长、垂直中间立柱，将其划分开一个洞口，且这通常有助于支撑玻璃。
飞檐托块	Mutule	多立克式檐口拱腹上的突出块体。

中文	英文	含义
神殿内殿	Naos	希腊神庙的基本或主要房间，内殿。
前廊	Narthex	一层或多层有顶门厅，通常是开放式的且前面设有柱廊，置于建筑物前，这在早期基督教时期尤为常见。
中殿	Nave	教堂最靠近入口的部分，构成拉丁式十字架的长边，属于外行人。建筑物的主要中央区，即柱廊之间的中央空间，而非走廊。
壁龛	Niche	墙式凹槽，通常是半圆形和半圆头形，且通常将其用于安放雕像。
方尖碑	Obelisk	矩形平面的锥形轴，通常配有一个金字塔形拱顶。
八柱式	Octastyle	正面具有八柱。
小剧场	Odeion	希腊式建筑中适用于音乐和演讲比赛的有顶建筑物。
双弯曲线	Ogee curve	双S曲线在华丽的哥特式建筑中尤为常见。
后室	Opisthodomos	位于神庙内殿后部的开放式门厅。
亚历山大马赛克	Opus alexandrinum	由大理石板和镶嵌地块精心制作的几何镶嵌砖。
法国式	Opus francigenum	"法国作品"，该词首先由德国人应用于哥特式建筑中。
小毛石饰面	Opus incertum	用不规则碎片装饰混凝土墙的罗马方法。
方锥形石块饰面	Opus reticulatum	用立在对角线上角上的小方块装饰混凝土墙的罗马方法。
嵌砖细工	Opus spicatum	用放置在人字形图案的核型碎片装饰混凝土墙的罗马方法。
表演场地	Orchestra	希腊剧场中，为舞蹈领域现代剧场中为音乐家的空间或拼花地板。

续表

中文	英文	含义
柱式	Order	古典建筑中公认的关于柱和柱上楣构的形式系统。
有机建筑	Organic architecture	拱形建筑，其中拱顶由肋拱、墙墩和扶壁所支撑，排列方式为直接参照支撑拱顶和抵抗其推力的需要。
圆凸形装饰线条	Ovolo	轮廓接近四分之一圆的轮廓凸型线脚。
宝塔	Pagoda	在中国和日本的建筑中，一座若干层的圣塔。
角力学校	Palastra	专门用于摔跤、拳击和类似的体操运动的建筑物或围壁。
帕拉第奥母题	Palladian motive	一个位于侧方头隔间的柱上楣构上的中央拱门。
护墙	Parapet	置于平台、露台、阳台等边缘的挡土墙。
花坛	Parterre	配有中间砾石或草皮的地基花园。
露天庭院	Patio	在西班牙或西班牙美洲中，房屋里的庭院是露天的。
帐篷	Pavilion	纪念性建筑或建筑物立面的中央、侧面或中间部分，其在建筑上通过投影或其他方式突出。
基座	Pedestal	柱子或建筑的底座或支架，通常具有其自己的柱头和柱基线脚。
山墙	Pediment	以水平檐口和斜挑檐为界的低矮三角形山墙。
穹隅	Pendentive	倒置的、三角形的、凹形的砌体片，放置在墙墩上以支撑拱顶的一部分。在数学术语中，半球一部分的直径等于有顶的正方形或多边形的对角线。
渗透	Penetration	拱顶中与主拱顶表面相交，表面允许横向洞口上升到其起拱点线上。

中文	英文	含义
列柱廊	Peristyle	围绕建筑物外部或庭院内部的连续的围绕柱廊。
一楼主厅	Piano nobile	意大利房屋的主要楼层，在底层以上。
墙墩	Pier	作为支撑的砌体构件，与柱子的区别在于其质量更大，其形状与圆形不同，或其是用成层砌体构建。
墙墩扶壁	Pier buttress	紧靠拱顶建造的实心砌体墙墩，以抵抗其推力。
壁柱	pilaster	扁平的矩形构件，略微从墙表面突出，且以柱的方式配备柱头、柱基等。
无帽壁柱	Pilaster strip	啮合在墙中的细长的、墙墩状构件，在中世纪建筑中用作加强肋或基本扶壁。
支柱	Pillar	不精确使用的表示用作支架分离的垂直圬工块。建筑学中应用于一种既不是墙墩也不是严格意义上的柱子的支架。
石雕窗花格	Plate tracery	由在薄石鼓室中穿孔的洞口组成的窗花格，与铁棱窗花格形成对比。
柱基	Plinth	通常用作柱基的矩形块。
裙楼	Podium	连续基座。
吊闸	Portcullis	用于切断通往闸门或通道的滑动道栅或栅栏。
门廊	Portico	配有由柱子或墙墩支撑的屋顶的开放式门廊或门厅。
司祭所	Presbyterium	教堂中专门供奉圣职人员的部分，其中放置了高坛且这构成了东部唱诗席的终止。这通常比教堂的其他部分高出几级。
门廊	Pronaos	位于希腊神庙内殿的门厅。
前殿	Propylceum	希腊式建筑中设有一个或多个柱廊的精致入口。

中文	英文	含义
台前柱廊	Proskenion	希腊剧场中将携带一个平台的舞台前的一堵墙或一系列墙墩作为部分或全部演员的舞台。
柱廊	Prostyle	适用于仅在前门设有柱子的神庙或凉亭的术语。
圣餐台	Prothesis	早期基督教堂北侧的教堂或房间,祭衣室的原型。
垫状	Puhinated	膨胀或凸出,适用于弯曲部分的饰带。
桥塔	Pylon	通往埃及神庙的纪念性入口,任何古典设计的门楼。
金字塔-石室坟墓	Pyramid-mastaba	具有石室坟墓形状的,顶部具有一个小型金字塔的埃及坟墓。
四马二轮战车	Quadriga	由四匹马牵引的战车。
四分拱顶	Quadripartite vault	通常呈肋状且由四格组成的交叉拱顶。
墙角	Quoins	加固建筑物角柱的石头或块体。
斜挑檐	Raking cornice	三角形楣饰的倾斜线脚。
斜坡	Ramp	从低层上升到高层的倾斜面取代台阶。
有节奏的隔间	Rhythmical bay	适用于描述宽隔间和窄海湾连续交替的术语。
拱肋	Rib	通常从拱顶表面突出并成型,形成拱顶支架的骨架结构的一部分的砌体拱。
肋状拱顶	Ribbed vault	具有由肋拱支撑的相对较薄的腹板的砌体拱顶。
装饰物	Rocaille	洛可可式装饰的特征是贝壳工艺品或卷轴装饰物。
屋顶屋脊	Roof comb	在玛雅建筑中,上升至建筑屋顶上方的穿孔花格墙。
圆形图案	Roundel	圆形装饰。
粗石	Rubble	形状和大小不规则的石头砌成的砌体。

续表

中文	英文	含义
粗面石	Rusticated stone	石砌体与光滑方石的区别在于接缝下沉，且有时大致或粗糙地装饰石头表面。
石棺	Sarcophagus	通常用雕刻装饰的石棺。
碟形圆顶	Saucer-dome	在外部仅显示其表面上部区域的圆顶。
景屋后墙	Scana frons	通常用柱子装饰形成舞台背景的弧拱前墙。
比例	Scale	建筑物或其构件产生的尺寸效应。
凹圆线饰	Scotia	圆形平面的凹形线脚。
过厅	Screens	在英伦庄园住宅中穿过大厅一端的通道。
六肋拱穹	Sexpartite vault	通常呈肋状且在拱顶顶部具有横向肋拱的交叉拱顶，其将整个拱顶分成六格。
轴	Shaft	柱子的主要圆柱形构件。高且水平尺寸相对较小的、嵌入式或独立式以及通常用作支撑的直立构件。
短工和长工	Short and long work	在墙角柱的砌体中水平和垂直地交替嵌入的石头，用于加固角柱，且其在早期撒克逊建筑中尤为常见。
尖塔	Sikhara	用于毗湿奴神殿的印度尖顶。
弧拱	Skene	在希腊剧场中，建筑包含其正面作为活动背景的更衣室。
拱腹	Soffit	建筑构件的下侧，例如过梁或拱。
脊	Spina	将跑道纵向分成两条跑道的道栅。
塔尖	Spire	高耸的、细长的、通常为八角形的构件，用于为中世纪塔加顶。
斜面	Splay	与另一个大型倒角形成斜角的倾斜表面。
突角拱	Squinch	穿过正方形或多边形的角柱的楼板或小拱，使其形状更接近圆形，从而容纳圆顶的底部。

中文	英文	含义
体育场	Stadion	长度为600希腊英尺的竞走路径。
阶梯塔楼	Staged towe	构建在若干个后退平台或舞台上的塔。
钟乳石拱顶	Stalactite vaulting	由一个接一个看起来像钟乳石的小型对角斜拱组成的拱顶。
尖塔	Steeple	附属在教堂或其他建筑物上的高耸结构。
石柱	Stele	用作纪念碑的立柱石。
梯级金字塔	Step-pyramid	由递减的阶梯组成的金字塔结构，形成一系列大型梯级。
切石法	Stereotomy	切石科学。
支柱	Stilt	将拱的起拱点提高到柱头或拱墩水平上方。
支柱块	Stilt-block	柱头上方用于支撑拱门或拱顶的块体。
拱廊	Stoa	希腊式建筑中为长而窄的大厅，通常由柱子纵向分隔，且在侧壁之一处具有一个开放式柱廊。
带作品	Strap-work	由折叠或交错的仿皮革压边条或条纹组成的装饰物。
束带层	String-course	通常是模制的且标志着建筑物的一个建筑分区的水平砌体层。
灰泥	Stucco	用作墙体涂层的灰泥或水泥。
舍利塔	Stylobate	印度建筑的特征是半球形圆顶。
柱列台座	Stylobate	用作柱子共同底座的连续的墙基层或台阶，尤指希腊多立克柱式。
礼拜堂	Tabernacle	人字形或有天篷的壁龛。
塔布里鲁	Tablinum	罗马住宅中指中庭背部的凹槽或公寓。
温水浴室	Tepidarium	罗马洗浴场所中间的一间公寓，其温度介于高温浴室和冷水浴室之间。
露台屋顶	Terrace-roof	无论是平坦的还是几乎觉察不到倾斜的屋顶。

中文	英文	含义
嵌镶块	Tessera	用于镶嵌砖设计的构成的大理石或玻璃小立方体。
圆形建筑	Tholos	希腊式建筑中环状构造或神庙。
推力	Thrust	通过拱或拱顶施加的向外水平力。
栓杆	Tie-rod	通常用铁制成，安装在拱形或拱顶的砌体中的杆，以抵抗其向外推力。
中间肋	Tierceron	拱顶中的次要肋拱或中间肋拱，从对角线肋拱两侧的墙墩处伸出。
圆环	Torus	接近半圆形的背弧型面线脚，尤其用于柱基。
横梁式建筑	Trabeated architecture	适用于柱和过梁或水平建筑系统，而非拱形或弓形系统。
耳堂	Transept	教堂中与建筑的长轴成直角的一个大型分区。其可能从早期的基督教讲坛发展而来。
气窗	Transom window	用一块石头或铁水平分隔的气窗。
躺卧餐桌	Triclinium	罗马式建筑中餐厅配备三张沙发。
三边为半圆平面图	Triconch plan	以三叶草或三叶草形终止的平面图，在叙利亚很常见，后来在卡洛林和德国建筑中也很常见。
三拱式拱廊	Triforium	过道上方的天花板和单坡屋顶之间的盲区，侧天窗下的任何相应部门。
三竖线花纹装饰	Triglyph	多立克式雕带中突出块体，通过垂直凹槽加以标记。
战利品	Trophy	胜利界标或纪念碑，尤指由代表它们的边和其他废石或的雕塑组成的界标或纪念碑。
桁架	Truss	因此，将木料或铁制品的组合排列成用于跨越洞口等的坚硬框架。
四心拱	Tudor arch	四心尖拱，常见于英国都铎式建筑。

中文	英文	含义
坟墓	Tumulus	冢。
拱顶开间	Vault cell	拱顶的一个细分区，由相邻交叉拱顶或肋拱定义的部分。
拱顶腹板	Vault web	由肋拱支撑的构成肋拱拱顶主要部分的砌体薄填充物。
遮阳帐篷	Velarium	在罗马剧场或圆形剧场座位上延伸的遮阳篷。
镶面板	Veneer	具有装饰性且覆盖在建筑物的结构材料上的木质或其他材料的薄饰面。
螺卷形饰	Volute	螺旋卷轴。
拱石	Voussoir	用于建造拱或拱顶的楔形石头之一。
墙式柱身	Wall shaft	墙体厚度的柱身将一个洞口分成两个或两个以上的部分。早期撒克逊建筑的特征。
轮形窗扇或玫瑰花窗	Wheel, or rose, window	由窗花格分隔，且通常放置在哥特式大教堂的西端的圆形窗户。
塔庙	Ziggurat	由高阶塔或阶梯金字塔组成，且设有进入顶部的坡道的美索不达米亚宗教结构。